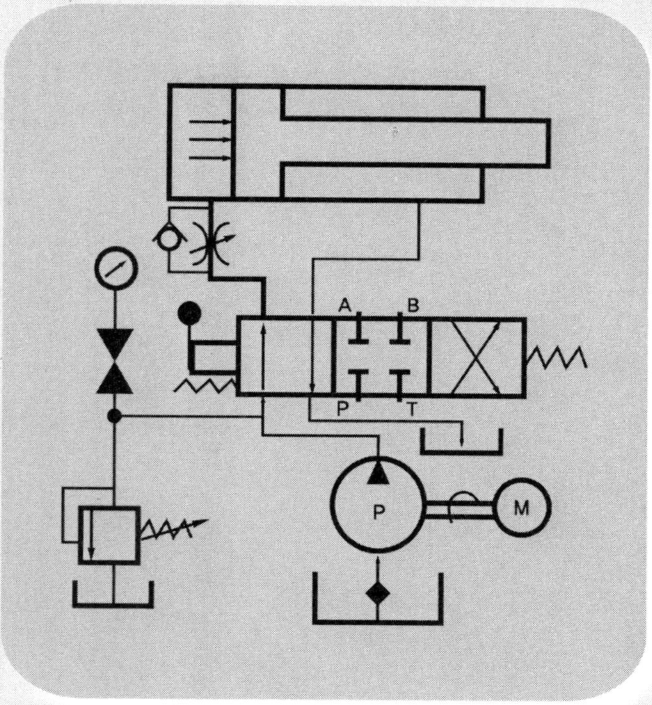

제 3 판

공유압일반

이 상 호 저

B.C.Info

PREFACE

공유압 에너지는 작업용 요소와 제어용 요소로서 산업체 제조 공정에서 많이 이용되고 있다. 또한 제조 공정에 사용되는 것은 물론 농업, 임업, 수산업 등의 일차 산업에서부터 우주 항공 산업에 이르기까지 광범위하게 응용되고 있다.

근래에 공유압 에너지는 첨단 전자 장치와 조합되어 그 응용 범위는 확대일로에 있다.

이 책은 현장의 일반 기계 기술자의 공유압 기초 교육용 교재로 사용할 수 있게 하였으나, 광범위하게 사용되는 공유압 장치를 각 분야에 걸쳐 기술하는 것은 매우 어렵기 때문에 가장 기초적인 공유압의 기초 지식 습득에 중점을 두었다.

필자는 다년간 공학도에게 강의하면서 얻어진 강의 내용과 현장 기술자의 교육을 통하여 얻어진 현장의 애로점을 감안하여, 독자가 공유압의 기본적 원리를 충분히 이해하고 각 부품의 요소별 특징을 학습함으로써 통합적인 공유압 시스템의 구동 및 구성을 쉽게 습득할 수 있도록 다음 사항에 역점을 두고 이 책을 편집하였다.

첫째, 공유압 에너지의 특성을 이해하기 위하여 유체 역학의 기초 부분을 다루었다.

둘째, 공유압 기기의 각 부품에 대한 특성을 역학적 이론 해석 방법을 탈피하고 실제 현장에서 사용되는 부품을 사용하여 설명함으로서 현장 실무에 바로 적용할 수 있게 하였다.

셋째, 공유압 기기의 기호 표기 방법은 가급적 KS규격에 따랐으나, 국제화의 추세를 고려하여 ISO규격 및 DIN규격을 병용하였다.

넷째, 공유압 회로는 가장 기초적인 형태를 예로 들어 실제 현장에서 사용되는 회로를 응용 할 수 있는 능력을 갖도록 하였다.

끝으로 이 책으로 공부하는 현장의 실무자에게 작으나마 이 책이 도움이 될 것이라는 것을 확신하고 이 책의 출간을 위하여 많은 도움을 주신 출판 관계자 여러분께 고개 숙여 깊은 감사를 드린다.

저자 씀

CONTENTS

CONTENTS

CONTENTS

제4장 유압 기기

CONTENTS

제5장
유압
회로

제1장

공유압 개론

제1절 공유압 장치의 개요

01 공유압 기술의 역사

인류가 공기와 물을 사용한 역사는 매우 오래되었으며 그 학문적 역사는 고대 그리스 시대로 거슬러 올라가면 수력학과 고전 유체역학 등에서 찾을 수 있다.

압축 공기를 사용하는 Pneumatics는 고대 그리스어의 "Pnema"(영혼, 호흡)에서 유래되었으며 주로 오일을 작동 매체로 하는 Hydraulics는 본래 수력학에 그 어원을 두고 있다.

에너지로서의 공유압에 대한 역사는 파스칼의 원리(Pascal's principle, 1650)에서 비롯되었으며 1750년 파이프 내를 흐르는 유체에 대한 에너지 보존법칙을 발견한 베르누이(Bernoulli)의 베르누이 정리가 공유압을 응용 및 해석하는데 중요한 역할을 하였다.

19세기에 이르러 전기 기술의 발달로 공유압 기술이 소홀히 취급되었으나 1906년 미(美)전함 버지니아호의 하역장치와 제어장치에 오일을 사용한 유압 장치가 사용된 이후 세계 제2차 대전을 거치는 동안 병기, 항공기, 함선 등에 공기압과 유압 장치를 이용하는 기술의 축적이 계속되어 오늘에 이르고 있다.

우리 주위에서 살펴볼 수 있는 공·유압 기술의 응용 예는 산업 현장의 자동화 기계, 자동차 및 항공기 등의 제동 장치, 건설 중장비의 동력 전달 장치와 거대한 댐의 수문 제어, 조선소의 선박 건조 독(dock) 등 헤아릴 수 없는 많은 분야에 폭 넓게 사용되고 있으며, 조작의 간편성과 수배에서 수백 배까지의 힘을 증가시킬 수 있는 효율성 때문에 그 이용은 계속 증가하고 있는 추세이다.

공유압 기기는 각각 공기와 오일을 매체로 하여 운동에너지를 전달하고 그 에너지를 사용하여 유용한 일을 하는 기계장치이다.

[그림 1-1]의 (a)에서 (i)는 공기나 오일을 에너지로 응용한 예를 제시하였다.

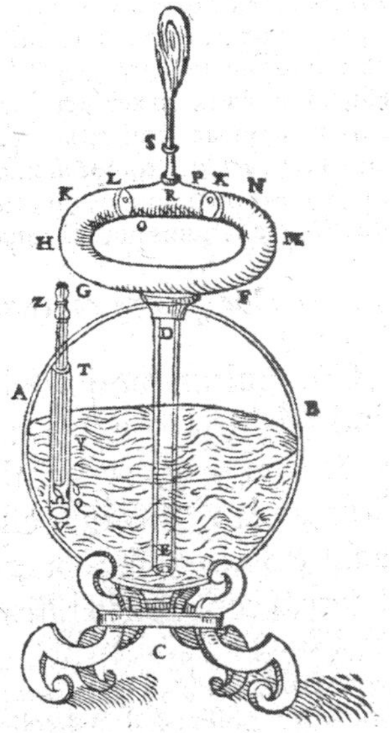

(a) 헤론의 증기기관

(b) 바람의 힘을 이용한 범선

(c) 공기 해머

(d) 공기부양선

(e) 우주선의 조종 장치

(f) 항공모함의 제어장치

(g) 탱크의 조향장치

(h) CNC 공작기계

(i) 굴삭기

[그림 1-1]

02 공유압의 특징

현대 산업사회의 거의 모든 분야에서 사용되는 기구, 장치, 기계를 구동하기 위해서는 다양한 형태의 동력이 요구된다.

동력의 발생과 전달 방법에 따라 기계 에너지, 전기 에너지 혹은 공유압 에너지 등을 독립적으로 사용하거나 각각의 동력을 적절히 조합 배치하여 사용하게 되는 것이 보통이며, 동력 전달 과정에서 공유압 장치는 기계 장치에 비해 매우 유리하다.

최근 산업계 전반에 걸친 자동화의 추세에 매우 적합한 공유압 장치는 전기 전자 제어장치와 결합되어 공장 자동화의 근본이 되며 다음과 같은 특징이 있다.

가. 공기압 장치의 특징

공기압이 산업 분야에 본격적으로 이용된 것은 1950년대이므로 비교적 짧은 기간이나 에너지의 특성이 우수하므로 공기압 제어 기술은 산업 전반에 광범위하게 사용된다.

공기압 기술의 가장 큰 특징은 에너지로 사용하는 공기가 현재까지는 사용할 수 있는 양이 무한히 존재하며, 이송과 저장의 용이성, 사용 후 대기로 방출시켜 재활용이 가능하며, 청정한 에너지이므로 인체나 기기, 재료에 대하여 안전하며 제어가 간단하고 힘의 증폭이 용이하다.

그러나 큰 출력을 필요로 하는 경우 유압에너지에 미치지 못하는 힘의 크기에 대한 한계가 있고 배기시의 소음과 공기가 압축성 유체이므로 균일한 속도를 얻기가 비교적 어려운 단점도 있다.

그러므로 공기압을 이용하려면 공기 에너지의 특성을 잘 알고 그 특성을 고려하여 사용 유무를 결정하는 신중함이 필요하다.

공기압 기술의 특징은 〈표 1-1〉에 나타내었다.

〈표 1-1〉 공기압 기술의 특징

장점	단점
1. 사용에너지를 쉽게 구할 수 있다.	1. 압축성에너지이므로 위치 제어성이 나쁘다.
2. 동력의 전달이 간단하며 먼 거리 이송이 쉽다.	2. 전기나 유압에 비하여 큰 힘을 낼 수 없다.
3. 에너지로서 저장성이 있다.	3. 응답성이 떨어진다.
4. 힘의 증폭이 용이하고 속도 조절이 간단하다.	4. 배기 소음이 발생한다.
5. 제어가 간단하고 취급이 용이하다.	5. 균일한 속도를 얻기 힘들다.
6. 폭발과 인화의 위험이 없다.	6. 윤활장치가 필요하다.
7. 과부하에 대하여 안전하다.	7. 초기 에너지 생산 비용이 많이 든다.
8. 환경오염의 우려가 없다.	

나. 유압 장치의 특징

유압은 작동 유체를 압축시켜 얻은 에너지를 사용하여 동력을 발생시키고 전달하여 기계 및 장치를 제어한다.

초창기 유압 장치의 작동 유체는 주위에서 구하기 쉬운 물이 이용되었으나 겨울철에 얼고, 윤활성이 떨어지며 특히 금속 제품을 부식시키는 문제점이 있었다. 그러므로 근래에는 주로 석유계의 오일이나 합성유 등이 이용되고 있다.

유압 장치의 큰 장점은 기계나 전기 에너지에 비해 큰 힘을 낼 수 있는 점이다. 힘의 증폭

방법이 같은 크기의 기계적 장치(예: 기어, 체인, 풀리 등)에 비하여 매우 간단하여 수십 배 이상 쉽게 증폭시킬 수 있으며 그 예는 소형 유압잭에서부터 거대한 건설 중장비, 항만의 하역 장치 등에서 쉽게 찾을 수 있다.

또한 유압 장치 자체의 자동 제어는 한계가 있으나 전기, 전자 부품과 조합하여 사용하면 훨씬 그 효과를 증대시킬 수 있고 전기식과 비교하여 크기가 작고 가벼우므로 관성의 영향이 적다.

근래 동력을 전달하는 방법으로 그 작업 특성에 따라 기계에너지, 전기에너지나 공유압 에너지를 사용하는 방법이 있다.

그러나 최근에는 어떤 형태의 에너지를 사용해도 컴퓨터에 의한 제어 방법을 이용하는 것이 일반적이므로 에너지의 효율적인 이용과 생산성 향상을 위하여 각 에너지를 적절히 혼합하여 사용하기도 한다.

유압 에너지가 가지고 있는 특징을 〈표 1-2〉에 나타내었다.

〈표 1–2〉 유압 기술의 특징

장점	단점
1. 소형 장치로 큰 출력을 얻을 수 있다. 2. 제어가 쉽고 조작이 간편하다. 3. 동력 전달 방법 및 기구가 간단하다. 4. 자동 제어가 가능하다. 5. 원격 제어가 가능하다. 6. 입력에 대한 출력의 응답이 빠르다. 7. 무단 변속이 가능하다. 8. 방청과 윤활이 자동적으로 이루어진다.	1. 고압에서 누유의 위험이 있다. 2. 온도의 변화에 따른 점도의 저하가 장치의 작동에 영향을 미쳐 액추에이터의 출력이 변할 수 있다. 3. 오일에 기포가 섞여 작동이 불량할 수 있다. 4. 인화의 위험이 있다. 5. 전기 회로에 비해 구성 작업이 어렵다. 6. 공기압 보다 작동 속도가 떨어진다. 7. 먼지나 이물질에 의한 고장의 우려가 있다.

03 공유압 장치의 구성

가. 공기압 장치의 구성

공기압 장치는 압축 공기를 생산하는 동력원과 공기압 발생장치, 양질의 공기를 만들어 주는 공기 청정화 장치, 액추에이터에 공급되는 공기의 흐름 방향, 속도, 공기 압력의 크기를 조절하는 제어부와 일을 수행하는 구동부로 구성되어 있다.

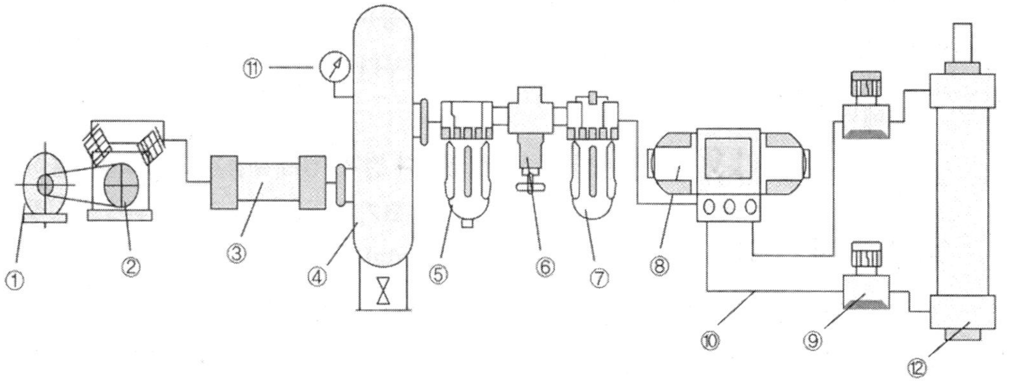

[그림 1-2] 공기압 장치의 기본 구성

① 동력원(power unit) : 공기 압축기를 구동하기 위한 전기 모터, 기타 동력원
② 공기 압축기(air compressor) : 압축 공기의 생산(일반적으로 10 bar 이내)
③ 애프터 쿨러(after cooler) : 공기 압축기에서 생산된 고온의 공기를 냉각
④ 공기탱크(air tank) : 압축 공기를 저장하는 일정 크기의 용기
⑤ 공기 필터(air filter) : 공기 중의 먼지나 수분을 제거하여 압축 공기를 양질화
⑥ 압력 조절기(air regulator) : 감압 밸브가 주로 사용되며 장치에 사용 압력 공급
⑦ 윤활기(lubricator) : 밸브나 액추에이터의 원활한 작동을 위한 윤활유 공급
⑧ 방향 제어 밸브(directional control valve) : 압축 공기의 흐름 방향을 변화시킴
⑨ 유량 제어 밸브(flow control valve) : 액추에이터에 공급되는 공기의 양을 증감하여 액추에이터의 속도 조절에 사용됨
⑩ 배관(pipe) : 압축 공기를 각 공기압 요소에 전달함
⑪ 압력 게이지(pressure gauge) : 설정된 압력을 지시함
⑫ 공기압 실린더(air cylinder) : 압축 공기 에너지에 의해 일을 함

[그림 1-2]에서의 구동 순서를 보면, 전동기(power unit)에 의해 구동된 공기 압축기(air compressor)가 압축 공기를 생산하여(압축 공기의 생산 과정에서 공기는 고온이 됨) 애프터 쿨러를 거쳐 공기탱크(air tank)에 저장된다.

다음 배관(pipe)을 통하여 필터(air filter)를 거치면서 먼지와 수분을 제거하여 양질의 압축 공기가 된다.

압력 조절기(air regulator)를 통하여 사용 압력(공기 압축기에서 생산된 공기 압력보다 낮은 압력)으로 감압되어 안정된 압력을 갖게 된다.

이어서 윤활기(lubricator)를 거쳐(공기 압력 차이를 이용하여 에어로졸 상태의 오일과 섞임) 방향제어 밸브(directional control valve)와 유량제어 밸브(flow control valve)의 제어에 의해 공기압 실린더의 전진 혹은 후진이 일어난다.

나. 유압 장치의 구성

유압 장치도 기본적으로 동력을 발생시키는 동력원(오일 탱크, 펌프, 전동기)과 액추에이터의 운동을 제어하는 제어부(압력 제어 밸브, 방향제어 밸브, 유량제어 밸브 등), 그리고 유압 실린더나 유압 모터 등의 액추에이터와 배관으로 구성되어 있다.

유압 장치의 구성 요소는 공기압 장치의 명칭과 기능이 거의 같으나 사용 유체의 특징에 따라 공기 압축기 대신에 유압 펌프가 사용되며, 공기압 장치의 경우 사용한 유체(공기)를 대기 중에 그대로 방출하나 유압 장치의 경우는 사용된 유체(오일)를 탱크로 귀환시켜 재사용한다.

유압 장치의 구성 요소 중에서 유압 작동유는 유압 장치의 성능과 수명에 크게 영향을 준다.

유압 장치를 효율적으로 사용하려면 무엇보다도 먼저 불순물이 없는 청정하고 물리적 성질이 우수한 오일을 사용해야한다.

유압 작동유의 기능과 성질은 다른 장에서 자세히 설명하기로 하겠다.

[그림 1-3]은 유압 장치의 기본 요소를 나타낸 것으로서 유압장치의 각 구성 요소의 명칭과 기능은 다음과 같다.

① 동력원(power unit) : 유압 펌프를 구동시키기 위한 전기모터, 내연기관 등
② 오일 탱크(oil tank) : 유압 작동유의 저장 기능, 열의 분산 및 유압 부품의 설치 공간 제공
③ 릴리프 밸브(relief valve) : 회로 내의 압력 상승을 제한하여 설정된 압력의 오일 공급
④ 방향 제어 밸브(directional control valve) : 회로 내의 유체의 흐름 방향을 조절하여 유압 액추에이터의 작동 방향을 바꾸는 데 사용
⑤ 유량 제어 밸브(flow control valve) : 오일의 유동량을 제어하며, 액추에이터의 속도 조절 기능
⑥ 유압 구동기(hydrulic actuator) : 유압 장치 내에서 요구된 일을 하며 유체동력을 기계적 동력으로 바꾸는 역할

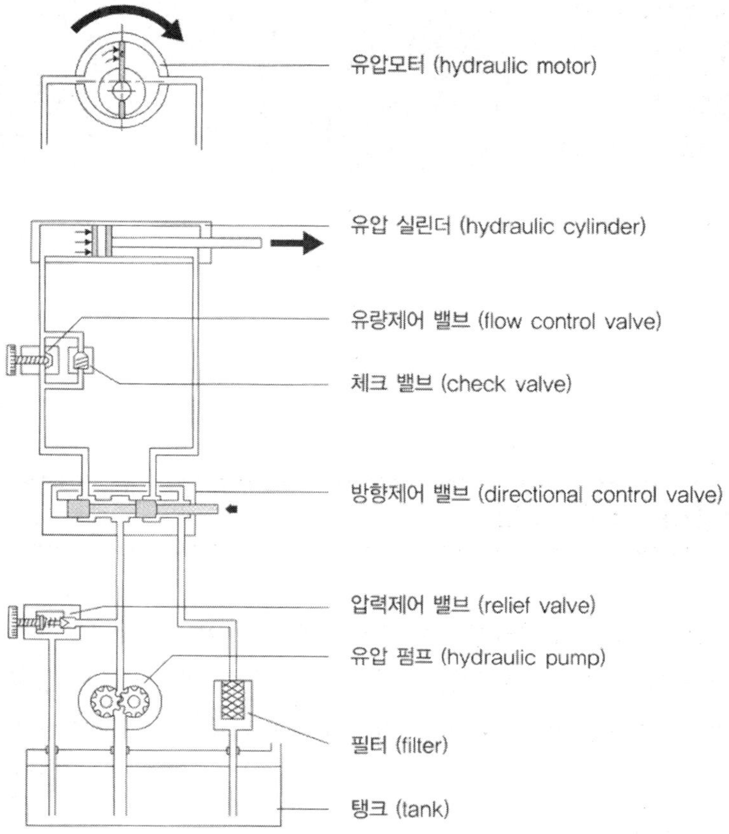

[그림 1-3] 유압 장치의 구성 요소

[그림 1-3]의 작동 원리를 살펴보면 우선 전기 모터에 의해 구동된 유압 펌프가 펌프 내의 기계적 작동으로 유체를 흡입한 후 펌프 출구를 통하여 압력이 있는 오일을 유압 실린더나 유압 모터로 공급하여 작업 형태에 따라 요구된 운동이 이루어진다.

이때 힘의 크기는 릴리프 밸브에 설정된 압력 값에 따르며 방향제어 밸브와 유량제어 밸브를 통하여 각각 운동 방향과 속도가 결정된다.

이러한 구동기(hydrulic actuator)의 작업 형태를 일련의 순서로 프로그래밍을 하였을 때 사용 기기 및 기구의 간이 자동화나 생산 라인의 자동화가 이루어지게 된다.

제2절 공유압의 기초 이론

01 유체의 기본 성질

공기압이나 유압 장치에는 공기와 오일이 주로 사용된다. 공유압 장치의 사용 효과를 극대화하려면 사용되는 유체의 기본적 성질을 정확히 파악해야 그 성질을 잘 이용할 수 있다. 또한 유체의 어떤 역학적 성질을 이용하여 에너지로서 이용되고 있는지 알아보기로 한다.

가. 차원과 단위

유체의 운동이나 자연계의 물리적 현상을 다루려면 물질이나, 변위 또는 시간의 특징을 구성하는 기본량이 필요하다. 이러한 기본량을 차원(dimension)이라 하며, 질량(M: mass), 길이(L: length), 시간(T: time), 온도(K: kelvin)를 기본차원이라고 한다. 이 기본차원에서 유도된 힘(F), 압력(P), 유량(Q) 등의 차원을 유도차원이라고 한다.

차원의 크기를 나타내기 위한 것이 단위(unit)이며, 단위에는 절대단위와 중력단위가 있다. 명확한 의사소통을 위하여 여러 나라에서는 동일한 단위체계를 사용하게 되었으며 미터계(metric system)를 사용한 절대단위를 SI단위(System International unit)라고 한다. 〈표 1-3〉은 유체역학에서 볼 수 있는 대표적인 물리량의 차원을 나타내었다.

〈표 1-3〉 대표적인 물리량의 차원과 단위

양	공학단위	SI단위	MLT계 차원	FLT계 차원
길이	mm	m	[L]	[L]
질량	$kgf{\cdot}s^2/m$	kg	[M]	$[FL^{-1}T^2]$
시간	s	s	[T]	[T]
면적	m^2	m^2	$[L^2]$	$[L^2]$
체적	m^3	m^3	$[L^3]$	$[L^3]$
속도	m/s	m/s	$[LT^{-1}]$	$[LT^{-1}]$
가속도	m/s^2	m/s^2	$[LT^{-2}]$	$[LT^{-2}]$
각속도	rad/s	rad/s	$[T^{-1}]$	$[T^{-1}]$
비중량	kgf/m^3	$kg/m^2{\cdot}s^2$	$[ML^{-2}T^{-2}]$	$[FL^{-3}]$
밀도	$kgf{\cdot}s^2/m^4$	kg/m^3	$[ML^{-3}]$	$[FL^{-4}T^2]$
운동량	kgf·s	kg·m/s	$[MLT^{-1}]$	[FT]
힘, 무게	kgf	N, $kg{\cdot}m/s^2$	$[MLT^{-2}]$	[F]
토크	kgf·m	$kg{\cdot}m^2/s^2$	$[ML^2T^{-2}]$	[FL]
압력(응력)	kgf/cm^2	N/m^2(Pa), bar	$[ML^{-1}T^{-2}]$	$[FL^{-2}]$
에너지, 일	kgf·m	J, N·m, $kg{\cdot}m^2/s^2$	$[ML^2T^{-2}]$	[FL]
동력	kgf·m/s	W, $kg{\cdot}m^2/s^3$	$[ML^2T^{-3}]$	$[FLT^{-1}]$
점성계수	$kgf{\cdot}s/m^2$	$N{\cdot}s/m^2$	$[ML^{-1}T^{-1}]$	$[FL^{-2}T]$
동점성 계수	m^2/s	m^2/s	$[L^2T^{-1}]$	$[L^2T^{-1}]$
온도	℃, K	℃, K	[T]	[T]
공학기체상수	m/K	kJ/kg·K	$[LT^{-1}]$	$[LT^{-1}]$

(1) 절대단위

질량(M: mass), 길이(L: length), 시간(T: time)의 단위로, 각각 미터(m), 킬로그램(kg), 초(s)를 기본단위로 하는 절대단위계를 SI단위계(표 1-4 참조)라 하며, 이 단위계에서 힘의 단위는 뉴턴(N, newton)과 다인(dyne)을 쓴다.

(가) C. G. S 단위계

길이, 질량, 시간의 단위로 각각 cm, g, second(sec)를 기본단위로 질량 1 g의 물체에 1 cm/s^2의 가속도를 생기게 하는 힘을 1 dyne(dyn)이라 한다.

$$1\ dyn = 1\ g \times 1\ cm/s^2 = 1\ g{\cdot}cm/s^2 = 10^{-5}\ N$$

(나) M. K. S 단위계

질량 1kg의 물체에 1 m/s^2의 가속도를 생기게 하는 힘을 1 Newton(N)이라 한다.

$$1\,N = 1\,kg \times 1\,m/s^2 = 1\,kg{\cdot}m/s^2 = 10^5\,g{\cdot}cm/s^2 = 10^5\,dyne$$

(2) 중력단위

길이, 시간 단위로는 m, sec를 쓰고, 힘의 단위로서 질량 1kg의 물체에 미치는 중량 즉, 질량 1 kg의 물체에 중력을 받고 있을 때를 1 kg중(kgf)이라 한다.

$$1\,kgf = 1\,kg \times g(\text{중력가속도}) = 1\,kg \times 9.81\,m/s^2 \fallingdotseq 9.8\,N$$

$$1\,kg = 1\,kgf \div 9.81\,m/s^2 \fallingdotseq 0.1019\,kgf{\cdot}s^2/m$$

〈표 1-4〉 SI 기본 단위와 보조 단위

물리량	기호	공학단위	SI단위
길이	l	m(미터)	m(meter)
질량	m	$kgf{\cdot}s^2/m$	kg(kilo gram)
시간	t	s(초)	s(second)
온도	T	℃(섭씨 도)	K(kelvin)
전류	I	A(암페어)	A(ampere)

〈표 1-5〉 SI 단위계에서 유도된 유도 단위

물리량	단위 호칭	기호	SI단위
힘	뉴톤(Newton)	N	$1[N] = 1kg{\cdot}m/s^2$
일, 에너지, 열량	주울(Joule)	J	$1[J] = 1N{\cdot}m = 1kg{\cdot}m^2/s^2$
동력	와트(Watt)	W	$1[W] = 1J/s = 1kg{\cdot}m^2/s^3$
압력	파스칼(Pascal)	Pa	$1[Pa] = 1N/m^2$

나. 밀도, 비중량, 비체적, 비중

지구상의 모든 물질은 유체나 고체에 관계없이 지구 중력의 영향을 받는다. 이 힘을 물체의 무게(중량)라 하며 다음과 같이 나타낸다.

$$F = W = mg$$

여기서, F: 힘(kgf), W: 무게(kgf), m: 물체의 질량(kg), g: 중력 가속도(9.81 m/s^2)이다.

(1) 밀도(density)

밀도는 단위 체적이 갖는 유체의 질량으로 나타내며, 다음과 같이 정의된다.

$$\rho = \frac{m}{V}$$

여기서, m: 질량, V: 체적, 밀도의 차원은 ML^{-3}이며,

1 atm, 4 ℃때 순수한 물의 밀도는 ρw = 1000 kg/m^3(SI단위)

또는 1000 $N \cdot s^2/m^4$(절대단위) = 102 $kgf \cdot s^2/m^4$(중력단위)

(2) 비중량(specific weight)

유체의 비중량은 단위 체적에 유체가 갖는 중량(무게)으로 정의된다.

$$\gamma = \frac{W}{V}$$

여기서, W: 중량, 비중량의 차원을 FL^{-3}이며,

1 atm, 4 ℃일 때, 순수한 물의 비중량은

γw = 9800 N/m^3(절대단위, SI단위) = 1000 kgf/m^3(중력단위)

(3) 비체적(specific volume)

유체의 비체적은 단위 중량이 갖는 체적, 단위 질량당의 체적 혹은 밀도의 역수로 정의된다.

$$Vs = \frac{1}{\rho} = \frac{1}{\gamma}$$

비체적의 차원은 $M^{-1}L^{3}$이며 단위는 m^3/kg, m^3/kgf이다.

(4) 비중(specific gravity)

비중은 물체의 밀도를 순수한 물의 밀도로 나눈 값으로 물의 비중은 1로 보고 유체의 상대적 무게를 나타낸 것이다.

$$S = \frac{\rho}{\rho_w} = \frac{\gamma}{\gamma_w}$$

여기서, ρ: 물체의 밀도, ρ_w = 물의 밀도, 비중은 무차원 수이다.

다. 압력

압력은 유체의 유동 및 압력 용기의 설계 등에서 매우 중요하다. 압력은 압축된 공기와 오일을 사용하는 공·유압 장치 내에서 가장 중요한 변수이므로 그 개념과 단위를 확실하게 정립할 필요가 있다. 압력은 단위 면적에 작용하는 유체의 압축력 즉, 단위 면적당 작용하는 수직 방향의 힘으로 정의된다.

단위 면적 A에 유체의 압축력 F가 작용할 때 압력을 P라 하면,

$$P = \frac{F}{A}$$

여기서 P: 압력(kgf/cm^2), A: 면적(cm^2)이다.

압력의 단위로서 기압을 사용하기도 하는데, 수은주 760mm의 높이에 상당하는 압력을 표준 기압(standard atmosphere)이라 한다.

$$
\begin{aligned}
1\ \text{표준기압(atm)} &= 760\ \text{mmHg(수은주)} \\
&= 1000 \times 13.6 \times 0.76\ (\rho_w \cdot g \cdot s \cdot h) \\
&= 10336\ \text{kgf/m}^2 \\
&= 1.0336\ \text{kgf/cm}^2\text{(중력단위)} \\
&= 10.336\ \text{mAq(물기둥)} \\
&= 101292.8\ \text{N/m}^2\text{(SI단위)} \\
&= 1.013\ \text{bar} \\
&= 1013\ \text{hpa}
\end{aligned}
$$

공학에서는 압력 1 kgf/cm^{2}를 공학 기압이라 하고 다음과 같은 관계가 성립한다.

$$
\begin{aligned}
1\text{공학 기압(at)} &= 735.5\ \text{mmHg} \\
&= 10.0\ \text{mAq}\ \ (\text{* Aq = Aqua의 약자로 물}) \\
&= 1.0\ \text{kgf/cm}^2
\end{aligned}
$$

압력을 비중량으로 나누면 길이 단위가 되며 이를 양정 또는 수두(m)라 한다.

$$H = \frac{P}{\gamma}$$

압력에는 그 측정 기준에 따라 절대 압력과 게이지 압력이 있다. 공학에서는 대기압을 기준으로 하는 것이 일반적인 방법이며 대기 압력을 0으로 하여 측정한 방법이 게이지 압력(gage pressure)이다.

사용 압력을 완전한 진공으로 하고 그 상태를 0으로 하여 측정한 압력을 절대 압력(absolute pressure)이라 한다.

따라서 절대 압력과 게이지 압력은 다음과 같은 관계가 있다.

$$\text{절대 압력} = \text{대기 압력} \pm \text{게이지 압력}$$

[그림 1-4]는 압력측정의 단위와 척도를 나타내었다. 게이지 압력에서는 국소대기압(local atmospheric pressure) 보다 높은 압력을 정압(+), 대기 압력보다 낮은 압력을 부압(-) 또는 진공압(vacuum pressure)이라 하며, 공기압에서는 부압을 진공으로 표시하고, 수은주의 높이(mmHg) 또는 백분율(%)을 사용하여 나타낸다.

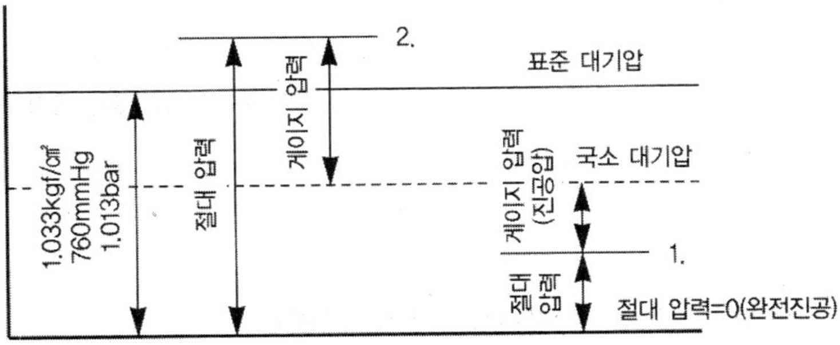

[그림 1-4] 압력 측정 단위와 척도

라. 압력의 측정

유동하는 유체의 속도와 양을 결정하기 위하여 유체의 압력을 측정하게 되는데 그 방법으로 액주계 등이 이용되고 있다. 그러나 압력이 커지면 액주계의 높이가 상승하여 측정 오차의 발생으로 인한 정밀 측정이 불가능하다.

압력 게이지에 가장 많이 사용되는 것으로는 [그림 1-5]는 부르동관(Bourdon-tube)의 원리에 의해서 동작되는 부르동관 압력계이다.

이 압력 게이지는 설치 위치에 따라 대단히 민감하여 지정된 위치에 설치해야 한다.

[그림 1-5] 부르동관 압력계

마. 체적 탄성 계수

체적 탄성 계수(bulk modulus of elasticity)는 유체가 압축되기 어려운 정도를 나타낸 것으로 체적 탄성계수가 클수록 압축이 잘되지 않는다.

유체의 체적 탄성 계수 K는 다음과 같이 정의된다.

$$K = \frac{\Delta P}{\Delta V / V}$$

여기서, K: 체적 탄성 계수(kgf/cm^2), V: 원래의 체적(cm^3), ΔP: 압력의 변화량(kgf/cm^2)
ΔV: 체적의 변화량(cm^3), (-)부호: 압력의 증가에 따라 체적이 감소함을 의미
ΔV/V는 무차원이므로 K의 압력 단위와 같다.

$$\beta = \frac{1}{K}$$

체적 탄성 계수 K의 역수를 압축률(compressibility) β라 한다.

02 공기의 상태 변화

가. 압력과 체적의 관계(보일의 법칙)

온도가 일정할 때 공기의 체적은 압력에 비례한다. 압축하기 전의 공기 압력 P_1, 체적을 V_1이라 할 때 압축 후의 공기의 압력 P_1, 체적 V_2 사이에는 다음과 같은 식이 성립한다.

$$P_1V_1 = P_2V_2$$

여기서, P: 절대압력(kgf/cm^2), V: 체적(cm^3)

나. 체적과 온도의 관계(샤를의 법칙)

공기의 압력을 일정하게 유지한 채 초기 체적이 V_1, 절대온도 T_1이 일정량의 공기를 가열 또는 냉각하여 변화된 체적을 V_2, 온도가 T_2로 되었다면(등압변화) 체적과 온도는 서로 비례한다.

$$T_1/T_2 = V_1/V_2$$

다. 압력, 체적, 온도의 관계(보일–샤를의 법칙)

기체의 압력, 체적, 온도의 세 요소가 함께 변화하는 경우에는 두 법칙을 하나로 정의할 필요가 있다. 이것이 보일-샤를의 법칙이며, 즉 일정량의 기체 체적은 압력에 반비례하고 절대온도에 정비례한다.

$$PV = GRT$$

여기서, G: 기체의 중량(kgf), R: 기체상수(kgf·m/kgf·K)

R은 기체상수라 하며 기체의 종류에 따라 다르다.

공기의 경우, R = 29.27 kgf·m/kgf·K이다.

03 압력, 힘, 면적과의 관계(파스칼의 원리)

[그림 1-6]과 같이 볼 형상의 분사 장치에 피스톤을 작동시키면 피스톤의 압력은 용기 안의 유체 내에서 크기가 변하지 않고 용기의 안쪽 벽면에 수직으로 작용하여 유체를 분무한다.

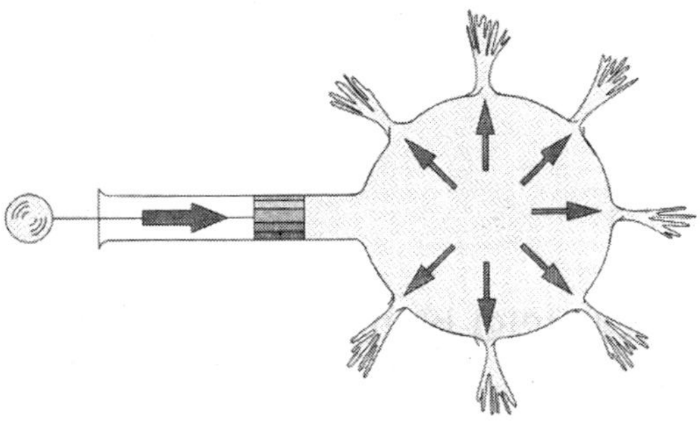

[그림 1–6] 분사 장치

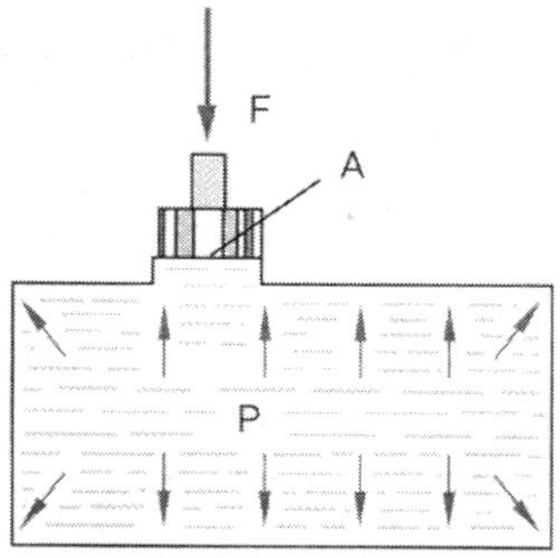

[그림 1-7] 압력의 전달

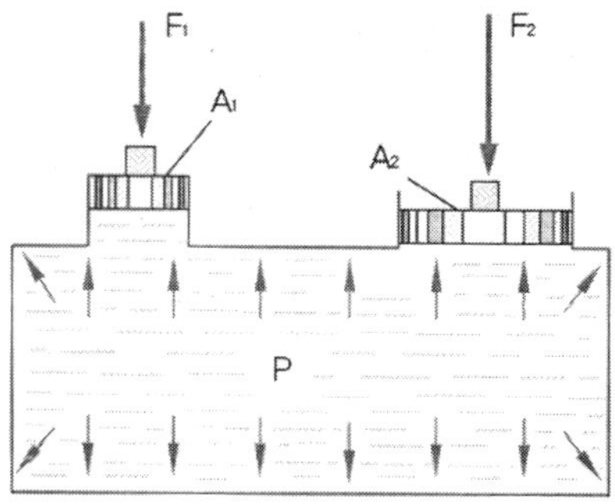

[그림 1-8] 힘의 전달

또한 [그림 1-7]과 같은 밀폐된 용기에서 피스톤 A에 하중 F를 작용시키면 이 압력은 용기의 안쪽 벽면에 동일하게 작용하게 된다.

이것을 파스칼의 원리라 하며 이 원리를 이용한 [그림 1-8]과 같은 유압장치에서 작용하는 압력 P(kgf/cm^2)은 용기 안에서 모두 같으며, 다음의 식으로 나타낼 수 있다.

$$P = \frac{F_1}{A_1} = \frac{F_2}{A_2}$$

여기서 A_1, A_2는 피스톤(cm^2)의 단면적이므로 피스톤에 작용하는 힘 F_1, F_2 (kgf)는 다음과 같다.

$$F_2 = PA_2 = F_1\frac{A_2}{A_1}$$

[그림 1-9]는 압력 증강 장치이다. 피스톤의 면적 차이에 의해 큰 압력을 얻을 수 있으며, 압력 증강 장치에서 압력은 피스톤의 면적에 반비례함을 알 수 있다.

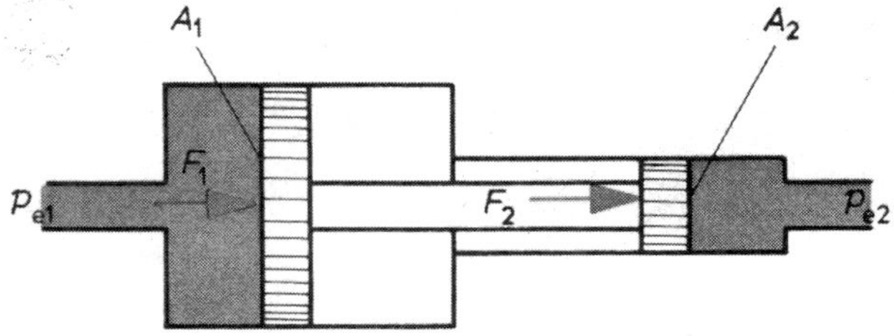

[그림 1-9] 압력 증강 장치

04 연속의 법칙

유체의 흐름이 일정한 위치에서 그 상태가 시간의 변화에 관계없이 연속적으로 되는 정상류의 경우는 유체의 밀도가 일정하면 관의 모든 단면에서의 유량은 일정하다.

[그림 1-10]과 같은 관속에 유체가 가득 채워져 흐른다면 단면적 A_1을 통과하는 단위시간당 중량 유량은 단면적 A_2를 통과하는 중량 유량과 같다. 이를 연속의 법칙이라 하며 이때 유체의 비중량을 γ_1, $\gamma_2(kgf/m^3)$, 유속을 V_1, $V_2(m/s)$라고 하며 중량 유량G(kgf/s)는 연속의 법칙에 따라 다음 식으로 나타난다.

$$G = \gamma_1 A_1 V_1 = \gamma_2 A_2 V_2 = \text{일정}$$

이 식을 연속의 식(law of continuity)이라 하며, 비압축성 유체에서는 γ_1과 γ_2가 같으므로 γ로 나타내며, 다음 식으로 정리된다.

$$\frac{G}{\gamma} = A_1 V_1 = A_2 V_2 = Q = \text{일정}$$

여기서, Q는 유체의 유량을 체적으로 나타낸 것으로 체적유량이라 하고 단위는 m^3/s, m^3/min, l /sec를 사용한다.

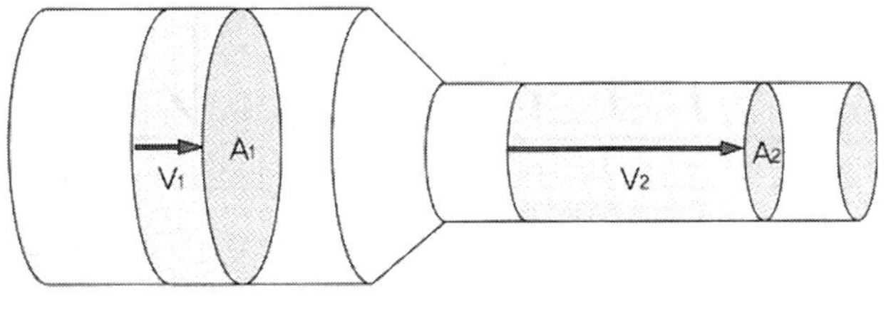

[그림 1-10] 연속의 법칙

05 베르누이 정리(Bernoulli's theorem)

관 속을 흐르는 유체가 에너지 손실이 없다고 가정하면 에너지 보존의 법칙으로부터 설명될 수 있다. [그림 1-11]과 같이, 관내에 W(kgf)의 유체가 흐르면 ①과 ②의 위치에서 가지고 있는 에너지는 같다. 에너지 보존 법칙에서 유체가 가지고 있는 에너지는 위치 에너지(potential energy)와 운동 에너지(kinetic energy), 압력 에너지(pressure energy)로 나눌 수 있다.

위치 에너지는 무게 W(kgf)의 유체를 Z만큼 위로 올리면 에너지는 WZ만큼 증가하고 속도가 v이면 $Wv^2/2g$만큼의 운동 에너지를 가지게 된다. 또한, 압력이 P인 상태의 유체에는 WP/γ만큼의 잠재 에너지가 존재한다. 따라서 마찰이 없는 경우에 다음 식이 성립한다.

$$WZ_1 + \frac{Wv_1^2}{2g} + \frac{WP_1}{\gamma} = WZ_2 + \frac{Wv_2^2}{2g} + \frac{WP_2}{\gamma}$$

$$Z_1 + \frac{v_1^2}{2g} + \frac{P_1}{\gamma} = Z_2 + \frac{v_2^2}{2g} + \frac{P_2}{\gamma}$$

위의 식을 베르누이 방정식이라 하며, 에너지 손실이 없는 경우에 유체의 위치, 속도 및 압력 수두의 합으로 표시된다.

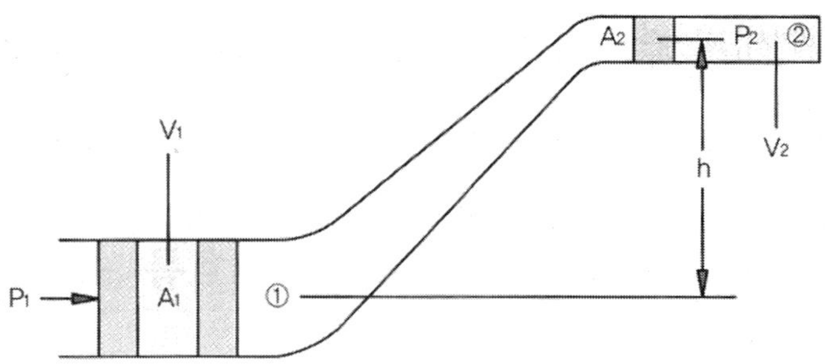

[그림 1-11] 베르누이 정리의 응용

06 공유압 회로에서의 손실

유압 회로에서 파이프, 파이프 이음, 밸브 등에 의해 에너지의 손실은 항상 존재한다. [그림 1-12]와 같은 파이프 내에서 발생하는 손실을 수두(손실수두: HL)로 나타내면, 다음식과 같다.

$$H_L = f\left(\frac{L}{D}\right)\left(\frac{v^2}{2g}\right)$$

여기서, D: 파이프의 지름(m), L: 파이프의 길이(m)
v: 파이프 내 유체의 평균 속도(m/s), f: 마찰계수, g: 중력 가속도(m/s^2)

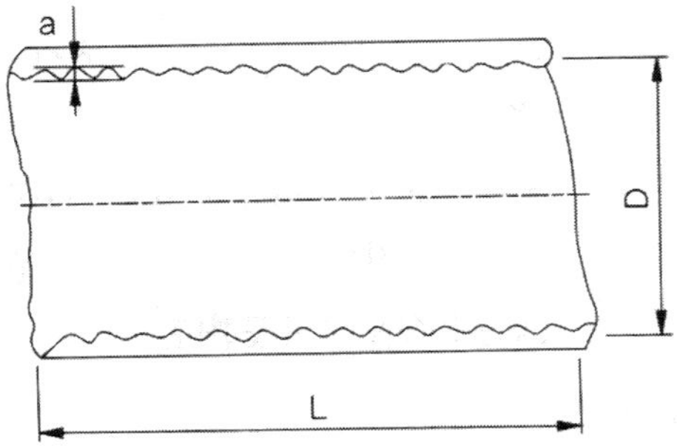

[그림 1-12] 파이프 치수와 거칠기

파이프를 흐르는 유체는 레이놀즈수(Reynolds number)에 따라 층류와 난류로 구별된다. 층류와 난류의 경계 값은 보통 Re = 2320 정도이며, 층류의 마찰계수 f는 이론적으로 $f = \frac{64}{Re}$ 이며, 난류의 경우 f는 Re와 관 내벽의 거칠기 ω에 따라 달라진다.

그러므로 보통 손실 수두는 유체의 운동 에너지에 비례한다고 생각하여 다음 식으로 나타내어 사용한다.

$$H_L = K\frac{v^2}{2g}$$

여기서, K는 손실 계수를 나타내며 밸브나 파이프 이음부의 통로 모양이나 운동 상태 등에 따라 달라진다.

07 오리피스(orifice)를 통과하는 공기의 흐름

오리피스를 통과하는 공기의 흐름은 [그림 1-13]에서 나타낸 것처럼 흐름의 단면이 변화하게 된다. 즉 오리피스를 통과하기 전의 압력 P_1을 일정하게 유지하고, P_3를 P_2와 같은 압력으로부터 서서히 감소시키면 B점의 유속이 증가된다. 이와 함께 B점의 압력 P_3도 감소하여 P_2가 어느 압력까지 감소하면 B점의 유속과 압력은 일정한 값을 가지며 P_2를 더 감압하여도 변하지 않는다.

그 이유는 B점의 유속이 음속에 달하여 그 이상의 유속이 될 수 없기 때문이다.

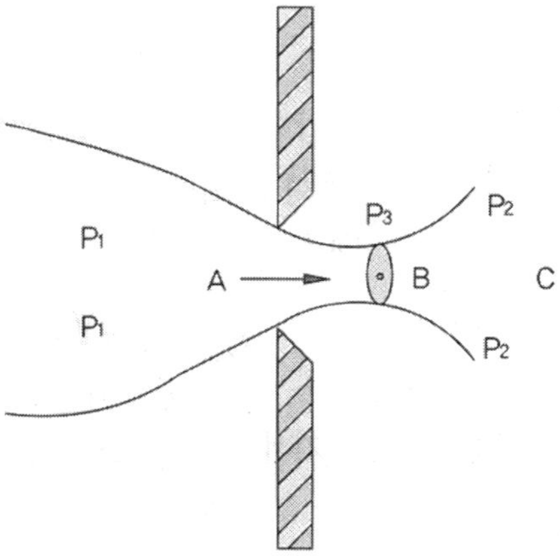

[그림 1-13] 오리피스의 흐름

$$\frac{P_1}{P_2}=1.893$$

이와 같이 흐름이 음속이 되면 하류 압력의 영향을 받지 않는데, 이것은 공기 중의 압력 전달 속도와 음속과 같으므로 B점의 유속이 이미 음속이면 하류에 압력 변화가 생겨도 그것이 B점에 전달되지 않기 때문이다. 유속은 음속을 넘지 못한다.

08 일과 동력

힘을 작용하여 물체를 이동시킬 때 일을 했다고 한다. 이러한 일을 할 수 있는 능력을 에너지라 하며 에너지는 그 형태에 따라 전기 에너지, 열에너지, 기계 에너지 등으로 생각할 수 있다. 에너지 보존의 법칙에 따르면 에너지는 그 형태가 변하여도 에너지의 총합은 같다. 다만, 일의 형태로 바뀐 에너지가 외부로부터 작용하거나, 외부에서 들어오면 그 양은 변하게 된다.

일은 어떤 물체에 일정한 크기의 힘을 가했을 때 그 힘의 작용 방향으로 물체가 이동했다면 그 힘과 움직인 거리의 곱으로 표시되며 다음과 같은 식으로 나타낼 수 있다.

$$\begin{aligned} W &= F \cdot S \\ &= 1\,N \times 1\,m = 1\,J \\ &= 1\,kgf \times 1\,m = 1\,kgf \cdot m \end{aligned}$$

여기서, F: 작용한 힘(kgf), S: 움직인 거리(m), W: 일(kgf·m)이다.

동력은 단위시간에 전달되는 에너지의 양, 또는 단위 시간에 수행한 일, 즉 일률을 말하며 다음과 같은 식으로 표시된다.

$$P_W = \frac{W}{t} = \frac{F \cdot S}{t} = F \cdot v$$

여기서, PW는 동력을 나타내며, 동력이란 결국 힘과 속도의 곱으로 나타낼 수 있다.

동력 단위인 마력(PS)은 다음과 같이 나타낼 수 있다.

$$1\ PS = 75\ kgf{\cdot}m/s \fallingdotseq 735\ W$$

또한 회전체에 대한 동력의 전달은 풀리 기어 등에서 볼 수 있으며 회전축 둘레의 모멘트를 받고 회전하여 동력을 전달하는데 이 모멘트를 토크(torque, T)라 한다.

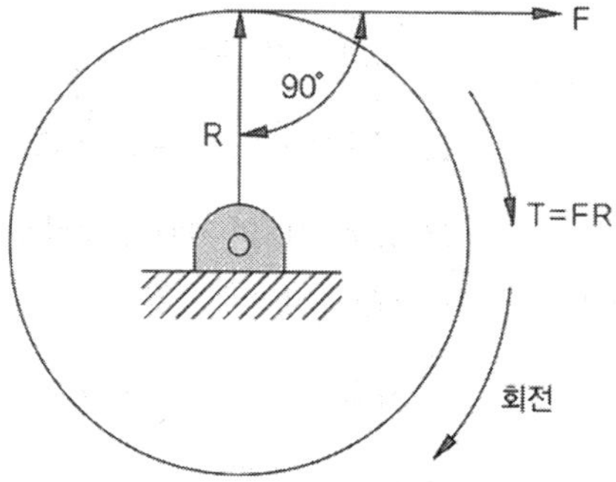

[그림 1-14] 회전체에 작용하는 토크

[그림 1-14]에서 회전체의 반지름 R인 위치에서 힘 F가 직각으로 작용하면, 토크(T)는

$$T = F \cdot R$$

여기서, T: 토크(kgf·m)이고 동력의 식을 적용하여 동력을 구하면,

$$Pw = F \cdot \upsilon = F \cdot R\omega = T \cdot \omega$$

여기서, ω= 회전 각속도(rad/sec)

그러므로 회전체에서의 동력 Pw는 다음 식으로 정리할 수 있다.

$$Pw = T \cdot \omega$$

익힘 문제

01 완전한 진공을 "0"으로 하는 압력은?

02 압력을 비중량으로 나누면 그 단위는 어떤 단위가 되는가?

03 유체의 운동이나 자연계의 물리적 현상을 다루기 위한 물질, 변위, 시간의 특징을 구성하는 기본량을 무엇이라 하는가?

04 기본 차원(dimension)을 기호로 나타내 보시오.

05 질량 1[kg]의 물체에 1[m/s^2]의 가속도를 생기게 하는 힘은?

06 질량 1[g]의 물체에 1[cm/s^2]의 가속도를 생기게 하는 힘은?

07 단위 체적이 갖는 유체의 질량을 무엇이라 하는가?

08 단위 체적이 갖는 유체의 중량을 무엇이라 하는가?

09 단위 중량이 갖는 체적이며 밀도의 역수로 표현되는 것은?

10 표준 대기압을 중력 단위[kgf/cm^2], SI단위[hPa]로 나타내시오.

11 1[torr]는 어떤 단위인가?

12 푸아즈(poise), 센티푸아즈는 어떤 단위인가?

13 점성계수를 밀도로 나눈 값은?

14 동점성계수의 단위를 2개 쓰시오.

15 압력(=P), 힘(=F), 단면적(=A)일 때 파스칼의 원리를 간단한 수식으로 나타내시오.

16 연속의 법칙에 대하여 간단한 수식으로 나타내시오.

17 베르누이 방정식의 결과 식을 써 보시오.

18 유체의 유량을 나타내는 단위를 3가지 쓰시오.

19 1[kW]는 몇 [kgf·m/s]인가?

20 1[PS]는 몇 [W]인가?

제2장

공기압 기기

제1절 공기압 발생장치

01 공기압축기

공기압 기기는 "압축기나 송풍기 등에 의해 기계적 에너지를 공기(또는 기계)의 에너지로 변환해, 이 압축 공기를 제어 밸브 등으로 적당히 제어하여 액추에이터에 공급함으로써 그 출력을 부하의 요구에 적합한 기계적 에너지로 출력하는 일련의 기기와 그 응용 기기"로 정의할 수 있다.

공기압 발생장치는 공기를 압축하는 공기 압축기(air-compressor), 압축된 공기를 냉각하여 수분을 제거하는 냉각기(cooler), 압축 공기를 저장하는 공기탱크(air tank), 압축 공기를 건조시키는 공기 건조기(air-dryer) 등으로 구성되어 있다.

가. 공기 압축기

압축 공기를 생산하여 에너지로 사용하려면 공기를 작업 압력으로 만들어 줄 수 있는 장치가 필요하다.

공기 압축기(air compressor)는 공기를 흡입하여 압축하는 과정에서 공기압 에너지를 만드는 장치이며 모든 공기압 장치에 동력을 공급한다.

공기압 발생장치에는 에어 컴프레서(air compressor)와 송풍기(blower)가 있으며 사용 압력이 게이지 압력으로 1 kgf/cm^2 이상의 압축 공기를 생산하는 것을 압축기라 하며, 0.1 kgf/cm^2이상 1 kgf/cm^2 미만의 압축 범위의 것을 송풍기(blower), 0.1 kgf/cm^2 미만의 것을 팬(fan), 그리고 대기압 이하에서는 진공 펌프가 사용된다.

[그림 2-1] 공기 압축기

[그림 2-2] 송풍기

공기압은 유압에 비해 작은 압력 범위와 경 하중에 주로 사용되며 사용 공기압의 상한은 10 kgf/cm^2 이하이다.

일반적으로는 4 ~ 6 kgf/cm^2를 사용 압력으로 하는 자동화용 공기압 기기에는 1단형 압축기가 많이 사용되며, 그 이상은 다단 압축하여 사용한다.

[그림 2-3]은 일반적으로 사용되는 공기 압축기를 압축 원리에 따라 분류하였다.

공기 압축기는 원리에 따른 분류 이외에 출력에 따라서 0.2 ~ 14 kW의 것을 소형, 15 ~ 75kW의 것을 중형, 75kW를 초과하는 것을 대형으로 분류한다.

토출 압력에 따라서 7 ~ 8 kgf/cm^2의 것을 저압, 10 ~ 15 kgf/cm^2의 것을 중압, 15 kgf/cm^2 이상의 것을 고압으로 분류한다.

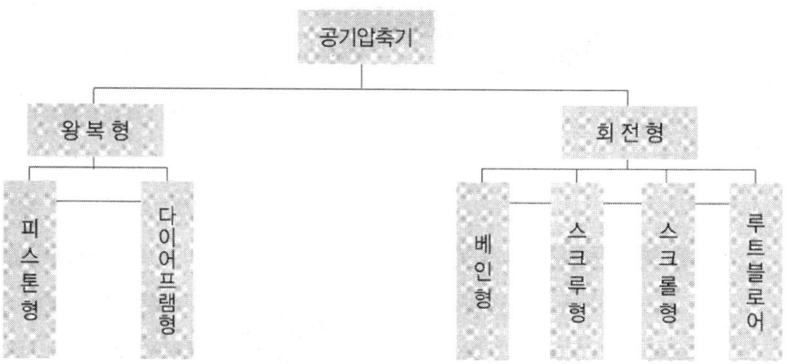

[그림 2-3] 압축기의 분류

(1) 왕복형 공기 압축기

왕복형 공기 압축기는 흡입 밸브에 의해 실린더 내에 공기를 흡입하여 압축한 후에 토출 밸브를 통하여 공기탱크에 저장한다.

피스톤 압축기의 외형이며 [그림 2-4]와 같이 실린더 내의 피스톤이 하행할 때 흡입 밸브가 열려 공기를 흡입하고 상행할 때 일정 구간까지 압축하여 생산된 압축 공기를 토출 밸브에 의해 압축 공기가 만들어진다.

압축기에서 공기를 압축할 때 발생되는 열을 냉각하기 위한 방법으로 실린더 벽면에 핀(fin) 등을 부착한 공냉식과 물 자켓(water jaket) 등을 설치한 수냉식이 있으며, 중형 이상의 압축기는 수냉식에 의한 냉각 방법을 많이 사용한다.

피스톤 압축기의 일반적인 압축 능력을 1단 압축에서 4 kgf/cm^{2}까지, 2단 압축에서 15 kgf/cm^2, 다단 압축에서도 15 kgf/cm^{2}의 범위이다. 또한 1단 압축에서 12 kgf/cm^{2}까지, 2단 압축에서 30 kgf/cm^2, 다단 압축에서 220 kgf/cm^{2}까지도 가능하나 실제적으로 비경제적이며, 압력도 이보다는 낮은 값이다.

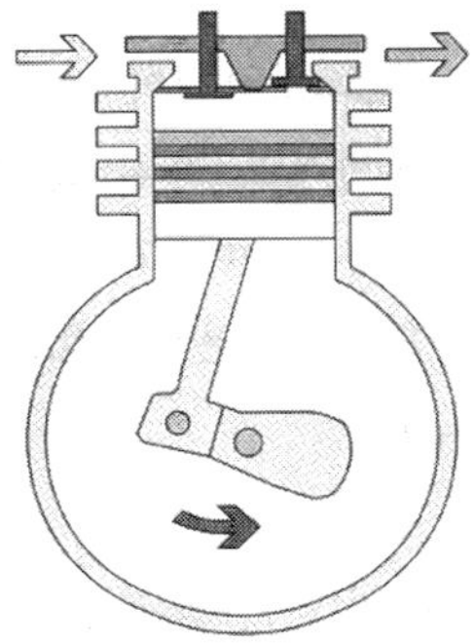

[그림 2-4] 왕복 피스톤 압축기

또한 청정 공기를 얻기 위해 [그림 2-5]과 같은 다이어프램(diaphram)형이 사용되는데 이것은 피스톤이 다이어프램에 의해 공기를 흡입하는 부분이 분리되어 있어 피스톤의 기계적 운동부와 공기 압축실을 격리시켜 이물질이 공기에 포함되지 않아 식품, 의약품, 화학 산업 등에 많이 사용된다.

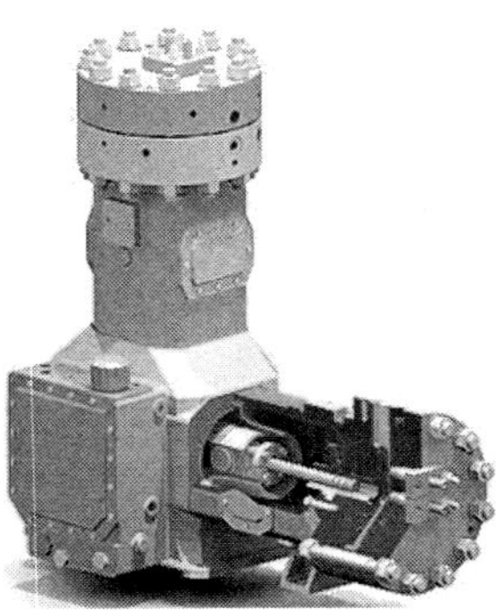
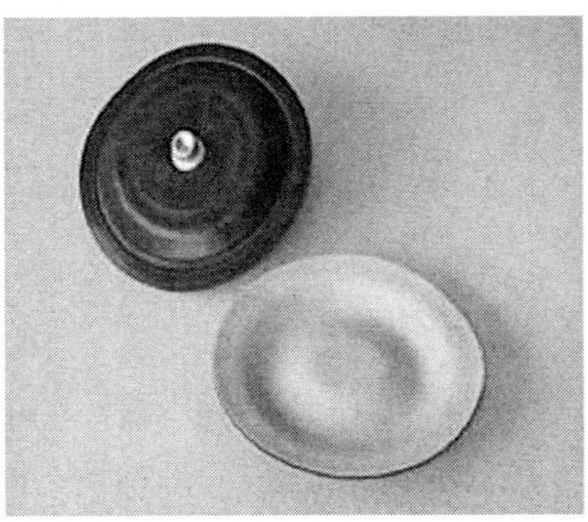

[그림 2-5] 다이어프램형 압축기

(2) 회전식 공기 압축기

회전식 공기 압축기는 베인(vane)형, 스크루(screw)형, 스크롤(scroll)형, 루트블로워(root blower)가 있으며, 회전과 동시에 밀폐된 용기 내의 체적이 감소하여 공기를 압축하게 된다.

(가) 베인(vane)형 공기 압축기

미끄럼 날개 회전 압축기라고도 불리며 [그림 2-6]과 같이 편심 로터(roter)가 흡입, 토출 구멍이 있는 하우징(housing) 내에서 회전하는 구조로 되어 있다.

로터의 작은 홈 속에 있는 가동하는 베인과 하우징의 안쪽 벽은 작은 공간이 형성되어 있다. 로터가 회전함에 따라 원심력에 의하여 베인이 하우징의 안쪽 벽에 달라붙게 되면 하우징에 둘러싸인 공간에 공기를 흡입하고 계속되는 회전에 의한 압축이 이루어지며, 하우징의 형태에 따라 체적을 증감할 수 있다. 이 압축기는 조용한 운전과 공기를 안정되고 일정하게 공급할 수 있는 장점이 있다.

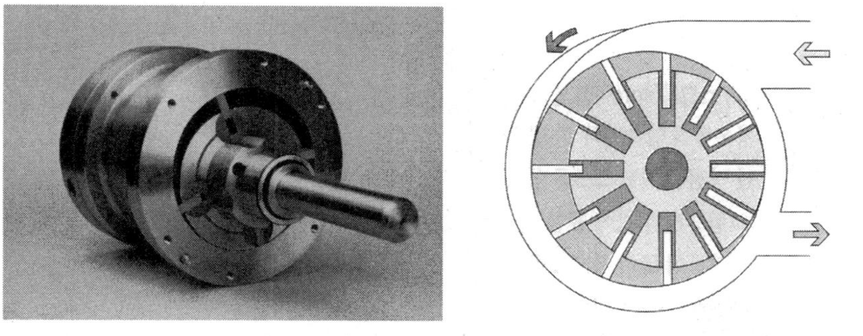

[그림 2-6] 베인 압축기

(나) 스크루(screw)형 공기 압축기

나사형 회전자의 회전운동을 이용하여 압축 공기를 생산하는 구조이다. [그림 2-7]은 트윈 스크루(twin screw)형 압축기로서 두 개의 나사형 로터가 하우징 양 끝의 베어링에 평행으로 지지되어 서로 맞물려 하우징에 둘러싸여진 공간에 공기를 흡입한 후에, 계속 회전으로 공간이 감소하여 압축한다.

공기의 흡입, 압축, 토출의 과정은 회전자의 회전 운동이 연속적으로 이루어지므로 왕복 피스톤 압축기에서 발생되는 토출 공기의 맥동 현상이 없으며 큰 용량의 공기탱크가 필요 없다. (그림 2-7 (a)(b)(c)(d) 참조)

또한 저주파 소음이 없어 소음 대책을 마련하기 쉽고 고속 회전이 가능하다.

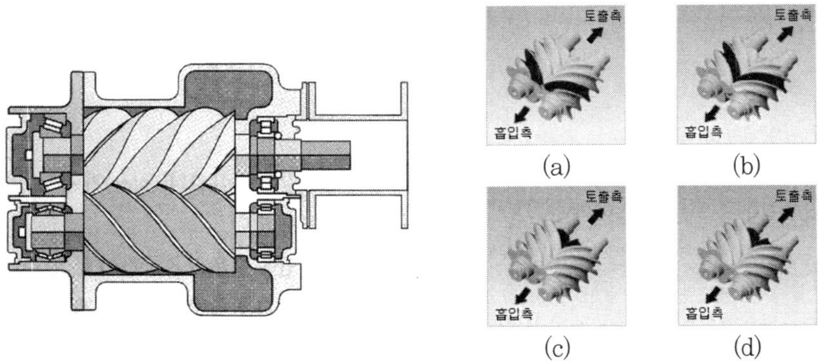

[그림 2-7] 스크루 압축기

(다) 스크롤(scroll)형 압축기

왕복동식 압축기와 회전형 압축기에 비해서 효율이 뛰어나고 저진동, 저소음, 저중량의 뛰어난 장점을 지닌 스크롤 압축기는 앞으로 많은 사용이 예상된다.

[그림 2-8]과 같이 흡입, 압축, 토출 공정이 선회 스크롤 1회선으로 연속하여 이루어지므로 토크 변동이 극히 작고 조용하게 작동한다.

최근에 그 사용 범위와 연구 논문들이 늘어나고 있으며, 국내에서도 스크롤 압축기에 대한 집중적인 연구가 이루어지고 있다.

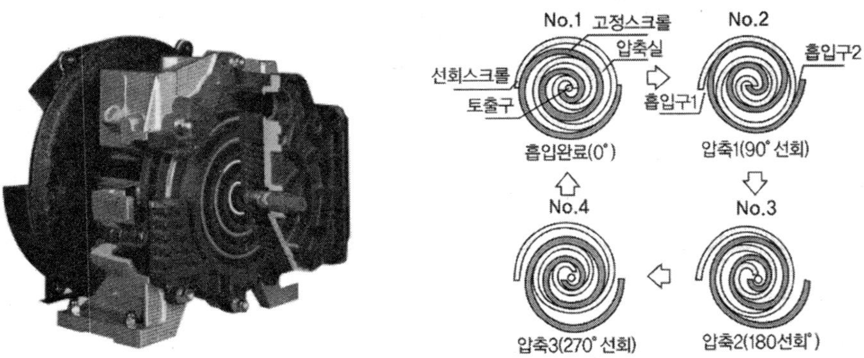

[그림 2-8] 스크롤 압축기

(라) 루트 블로워(roots blower)

루트 블로워는 [그림 2-9]에 나타난 것과 같이 2개의 회전자를 서로 90˚ 위상으로 설치하여 회전자 간의 미소한 틈을 유지하고 역방향으로 회전시킨다.

흡입측에서 흡입한 공기는 고치형 회전자와 하우징 사이에서 밀폐되고, 밀폐된 공간이 토출측에 가까워지면 고압의 공기가 역류하여 압축된다.

비접촉형이므로 무급유, 고압 송풍에 쓰이나 토크 변동이 커서 소음이 큰 편이다.

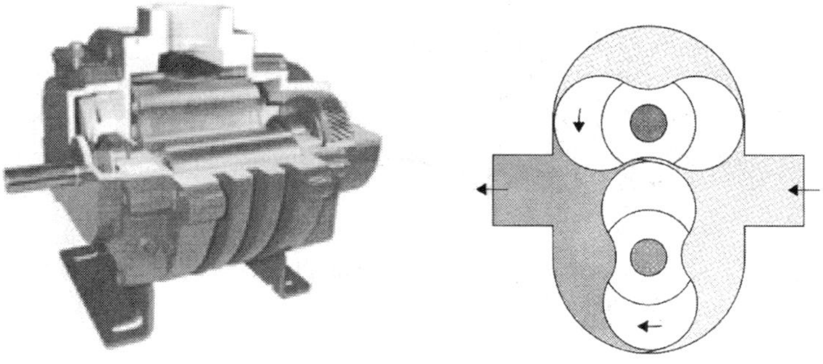

[그림 2-9] 루트 블로워

(3) 터보형 공기 압축기

공기 유동의 원리(air flow principle)를 이용한 터보형 공기 압축기는 각종 플랜트, 고로(高爐)와 같은 대용량에 적합하다.

하우징 내에 설치한 날개바퀴를 고속 회전시키면 날개를 통과하는 기체의 운동량이 증가되어 압축과 속도를 높인 것으로 축류식(axial type)과 원심식(radial type)이 있다.

[그림 2-10]는 공기가 날개바퀴를 축 방향으로 통과하는 축류식이며, [그림 2-11]은 반지름 방향으로 공기를 가속시키는 원심식이다. 공기는 1개 또는 여러 개의 터빈에 의하여 속도를 얻게 되며, 이러한 운동 에너지를 압력 에너지로 바꾸어 압축하는 형태이다. 회전 운동에 의해 압축 효과를 얻으므로 진동, 소음이 적고 고속 회전이 가능한 구조이다. 토출 공기의 맥동이 적고 무급유 설계가 가능하나 공기압 장치의 동력원으로 사용하는 일은 드물다.

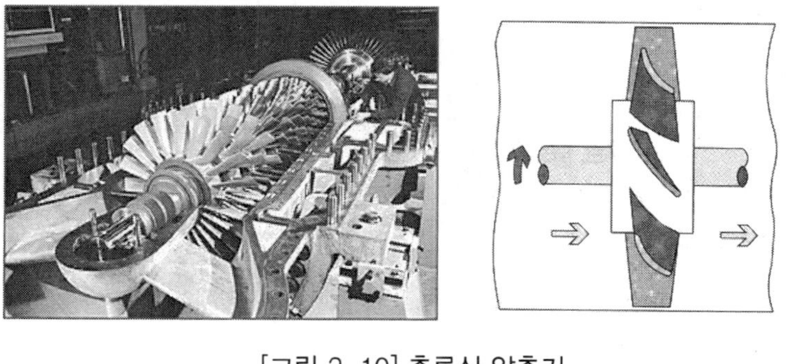

[그림 2-10] 축류식 압축기

[그림 2-11] 원심식 압축기

(4) 공기 압축기의 선택

공기압 장치에 사용되는 공기 압축기의 압력은 게이지 압력으로 1 bar 이상의 것이 대부분이다. 용도에 맞는 압축기를 선택하려면 토출 공기 압력, 토출 공기량, 구동 방식 등에 대한 면밀한 검토가 필요하다.

(가) 압축기의 선정

공기압 장치에 사용되는 공기 압력의 범위는 통상적으로 7 ~ 9 bar 정도가 요구되며 공기압 라인 중의 공기 누설을 감안하여 최종 소요 공기량에 대략 20 %의 여유를 주어 토출 공기량을 결정한다. 그러므로 대부분의 공기압 장치에는 왕복식이나 회전식 공기 압축기가 많이 사용된다.

(나) 압축기의 용량

공기압 장치에 사용되는 공기 소비량이 결정되면 적정 용량의 공기 압축기가 선정되어야 한다. 또한 공기 압축기의 토출 공기량은 압축된 상태의 체적이므로 대기압 상태로 환산한 소요 공기량을 구해야한다.

공기 압축기가 공급하는 공기량은 왕복 피스톤 압축기의 경우 한 행정에서 피스톤이 움직여 얻어진 체적에 회전수를 곱한 것이 된다.

(다) 압력

압력에는 작업 압력(working pressure)과 작동 압력(operating pressure)이 있다.

작업 압력은 압축기 출구 측의 압력 또는 탱크나 파이프라인의 압력이며, 작동 압력은 공기압 기기를 작동시키는 곳에서 요구되는 압력이다. 작동의 신뢰성을 높이기 위하여 토출

압을 일정하게 유지하는 것이 중요하며 작업 속도, 힘, 구동부의 작동 순서가 일정 압력유지에 관계되는 요소이다.

(라) 구동 방식 및 조절 방법

공기 압축기는 작업 환경 및 조건에 따라 이동식과 고정식의 형태로 구별할 수 있다. 일반적으로 공장에서는 전동기에 의한 구동이 대부분이며 도로 공사장과 같은 야외의 경우는 내연기관에 의한 구동이 대부분이다.

소요 공기량을 조절하기 위한 압축기의 조절 방식은 무부하 조절, 저속 조절, ON-OFF조절 방식이 있으며 최대 압력과 최저 압력 사이에서 조절된다.

(마) 냉각 방식

공기 압축기에서 공기를 압축할 때 열이 발생하게 된다. 작은 용량의 압축기에서는 핀(fin)을 통한 방열이 많이 이용되며 용량이 큰 경우는 별도의 냉각팬(fan)이 사용된다. 또한 30㎾ 이상의 압축기에서는 수냉식을 채택하여 양질의 압축공기를 생산한다.

(5) 압축기의 사용상 주의사항

공기 압축기는 공장 설비에서 공기압 장치를 정상적으로 가동시키기 위한 중요 부분이므로 운전시의 주위 사항을 준수하여 고장이나 결함에 의한 압축 공기의 공급에 이상이 발생해서는 안 된다. 다음에 제시된 내용은 소형 왕복식 공기 압축기의 설치 및 운전에 관한 주의사항을 나열한 것이다.

(가) 압축기의 설치 조건

① 소음, 진동에 대한 대책을 세워야하며 필요에 따라 방음벽 또는 별도의 방음실에 설치한다.
② 지반이 견고한 장소에 설치하여 소음, 진동을 예방한다.
③ 예방 정비나 고장 수리가 가능하도록 충분한 설치 공간을 확보한다.
④ 빗물, 바람, 직사광선 등에 대하여 보호될 수 있도록 지붕이나 보호벽을 설치한다.
⑤ 저온, 저습한 장소에 설치해서 드레인 발생을 적게 한다.

(나) 공기 흡입부

① 공기 흡입구에 반드시 흡입 필터를 설치한다.(압축기 구입 시에 이미 부착되어 있으나 사용 기간, 여과 정도에 따라 정기적으로 교환해야 한다.)

② 오존, 유해가스, 유해 물질이 아주 적은 곳에 압축기를 설치하여 청정 공기를 흡입할 수 있게 해야 하며 공기 흡입구가 실내에 설치될 경우 가능한 온도와 습도를 낮게 하여 압축기의 효율을 높인다.

(다) 운전 및 관리

① 급유식의 경우 윤활유의 유무를 매일 점검한다.
② 동절기에는 충분한 워밍업(warming up) 후에 규정 압력으로 서서히 높여간다.
③ 공기탱크 내의 드레인을 매일 제거한다.
④ 윤활유의 산화 오일을 제거하기 위한 필터를 붙이고 에프터쿨러를 설치한다.
⑤ 공기탱크를 설치해서 압력의 급 변동을 피하고 최대한 온도의 안정을 유지한다.
⑥ 정기 점검을 실시한다.

02 압축 공기 청정화 장치

가. 압축공기 청정화 장치의 설치 목적

모든 산업분야에 광범위하게 사용되고 있는 압축공기는 경제적이고 안전하며 조작이 편리한 에너지원으로서 생산 공정에서 중요한 역할을 차지하고 있다. 대기를 흡입 압축하여 생성되는 압축공기는 흡입공기의 품질, 압축장치의 종류에 따라 고형분, 수분, 유분 및 미생물 등의 불순물이 함유된다. 이러한 오염물질이 생산 공정에 투입될 경우 생산 설비의 고장을 일으켜 제품의 품질을 떨어뜨리며 생산성을 저하시키는 중요한 요인이 되다.

압축기의 고장원인은 공기의 질에 기인되는 경우가 대부분이므로 양질의 공기를 유지 할 수 있는 관리가 필요하게 된다.

관로 중에 발생한 오염 물질을 제거하기 위하여 압축기 이후에 공기 청정화 장치를 설치하는데 이것은 경제성, 신뢰성, 안정성, 보수 관리 측면과 공기 청정화 기기의 성능 및 특성이 그 목적에 최적인가의 판단에 매우 중요한 과정이 된다.

나. 압축공기의 품질 등급

압축공기에 포함된 주요한 오염물질인 고형입자, 수분 및 오일에 대한 양을 규정하기 위한 작업은 1970년대 초에 영국 압축공기협회(British compressed Air system) 및 PNEUROP (European Committee of Manufactures of compressors, Vacuum Pumps and Pneumatic Tools)에 의해 시작되었으며 1984년 PNEUROP은 권고규정 6611 Part1. "Quality classes of compressed Air for General use"에서 압축공기에 포함된 주요 오염 물질인 고형입자, 수분, 오일의 최대 허용량을 규정하였으며 Part2. "Testing"에서는 오일에어로졸을 측정하는 테스트 절차를 규정하였다.

PNEUROP 6611 Part1.에 기초한 국제권고 규정인 D98573/1이 국제 규격의 초안으로서 여러 나라에서 승인을 받았으나 ISO 내부에서의 절차상의 지연으로 인해 공식적인 ISO 규격은 1990년대에 와서야 가능하게 되었다.

〈표 2-1〉 압축공기 품질분류(ISO 8573.1)

품질 등급	고형분(입자 수/m^3)			수분(압력하 이슬점 ℃ at 7 bar g)	유분(mg/m^3)
	0.1–0.5(μm)	0.5–1.0(μm)	1.0–5.0(μm)		
1	100	1	0	−70 (0.3)	0.01
2	100,000	1,000	10	−40 (16)	0.1
3	–	10,000	500	−20 (128)	1.0
4	–	–	1,000	+3 (940)	5
5	–	–	20,000	+7 (1240)	–
6	–	–	–	+10 (1500)	–

다. 공기 청정화 기기의 종류

(1) 애프터쿨러(after cooler)

압축기에서 토출된 압축 공기는 고온으로 다량의 수증기를 포함하고 있다. 이 수증기는 냉각이 되면 드레인으로 되어 공기압축기 등에 나쁜 영향을 준다. 애프터쿨러는 압축기의 바로 직후에 설치하여 강제적으로 냉각시켜 공기 중의 수분을 분리 제거하는 기기이다. 애프터쿨러는 그 냉각방법에 의해 공랭식과 수냉식이 있으며 일반적으로는 40[℃]정도까지 냉각하여 수분을 제거한다.

공냉식은 공기 배관에 방열냉각용의 팬을 부착하여 팬으로 송풍하여 냉각하는 것으로 통풍이 잘되게 벽에서 어느 정도 떨어진 곳에 설치한다.

수냉식은 공기를 통하는 용기 내에 냉각용의 수 배관을 설치하고 냉각수를 순환시켜 냉각한다.

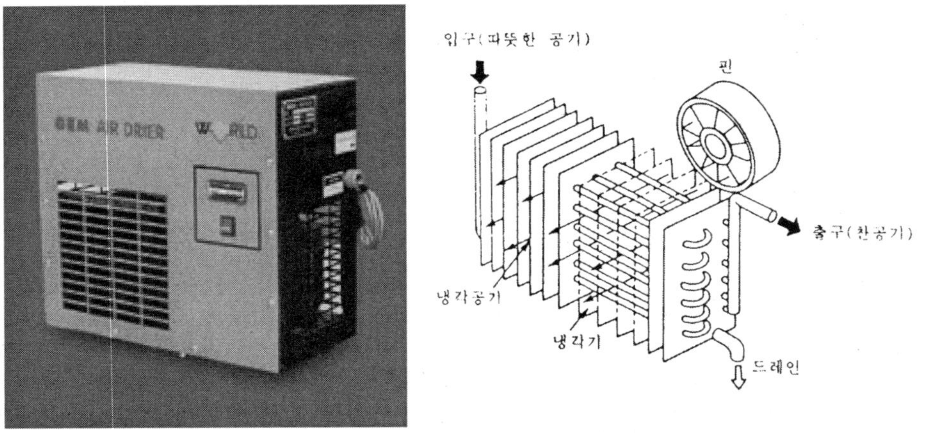

[그림 2-12] 공랭식 냉각기

(2) 공기 건조기(air dryer)

공기 건조기는 압축 공기 중에 포함된 수분을 제거하여 건조 공기로 만드는 공기압 기기이며 다음과 같은 방식으로 분류된다.

(가) 냉동식 에어 드라이어

냉동식 에어 드라이어(그림 2-13 참조)는 이슬점 온도를 낮추는 원리를 사용한다. 이슬점 온도는 공기 또는 가스에 포함된 수증기가 응축되기 시작하는 온도이다.

따뜻하고 습한 공기는 차가운 공기와 혼합하지 않고 예냉기(air to air heat exchanger)로 들어간다. 이때 공기냉각은 포화상태의 공기를 응축시키고 열 부하를 최소화시킨다. 응축수는 드레인을 통해 제거되고 냉각된 공기는 다시 열교환기로 흘러가면서 4℃ ~ 10℃로 냉각된다. 이때 압축공기 수분은 배수기를 통해 수분이 분리되며 자동 배출된다. 차가운 공기는 유입되는 따뜻한 공기에 의해 재열 되고 예냉기를 통해 흘러나간다. 재열은 공기의 부피를 증가시키고 공기의 상대습도를 낮춘다.

냉동식 에어드라이어는 필요 압력 노점이 0.5 ~ 38 ℃ 사이에서 운전비, 유지비 등이 저렴하여 가장 경제적으로 널리 쓰인다.

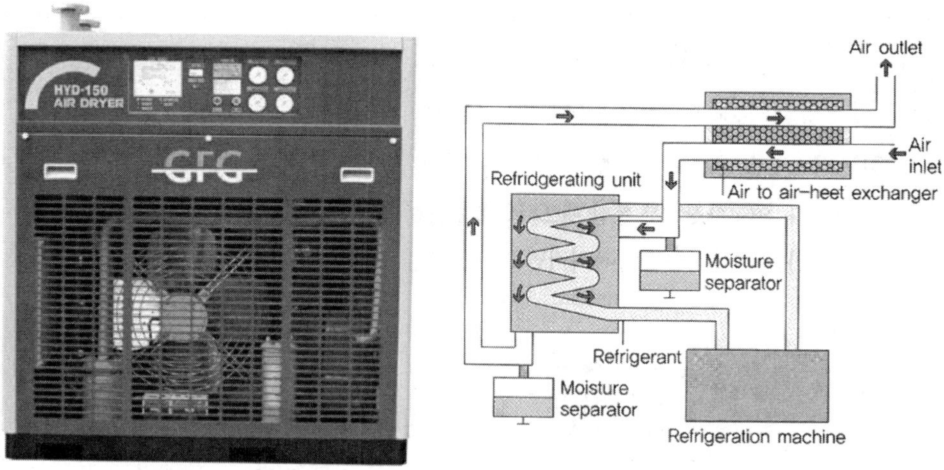

[그림 2-13] 냉동식 에어 드라이어

(나) 흡착식 에어 드라이어

실리카겔, 활성 알루미나 등의 고체 흡착제를 사용해서 수분을 흡착하는 것으로, 습기 있는 압축 공기가 이 건조제를 지나가면 건조제가 압축 공기 중의 습기와 결합하여 혼합물을 형성하고 따라서 공기는 습기를 잃어 건조된다.

흡착식 에어 드라이어는 건조된 압축 공기를 제습제의 재생에 사용하기 때문에 설계가 매우 단순하며 성능이 우수하다. [그림 2-14]와 같이 2개의 흡착기를 평행으로 연결한 용기 내에 단단하고 마모에 강한 활성 알루미나가 충진 되어 있으며 한 용기에서 압축 공기가 건조되고 있는 동안 다른 용기에 있는 제습제는 재생된다.

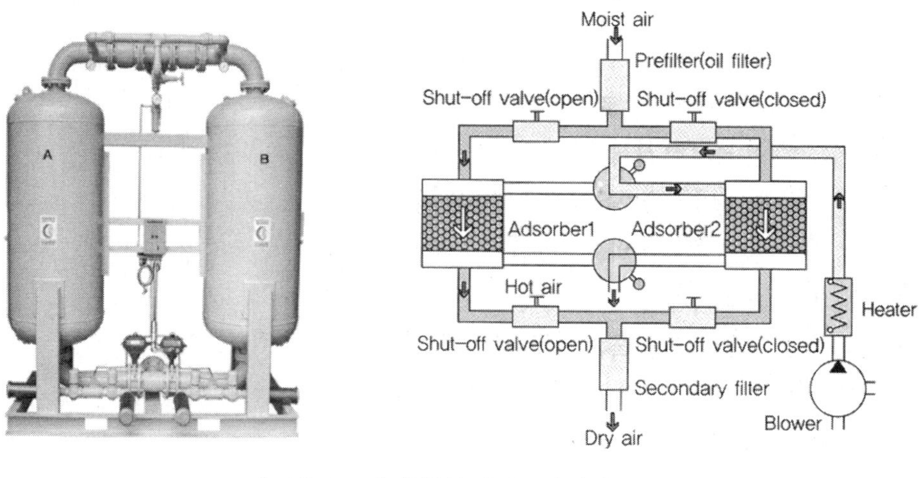

[그림 2-14] 흡착식 에어드라이어

제습제의 재생에는 작은 양의 건조된 공기(약 13 %)가 재생 용기 내에서 대기압에 가깝게 팽창되어서 건조제를 재생한 후 대기로 방출된다. 대기압에 가깝게 팽창된 공기 가 압축 공기보다 더 많은 습기를 흡수할 수 있는 원리이다.

특히 히트리스형(heatress type) 에어드라이어는 별도의 히터나 블로워를 사용하지 않아도 된다. 보통 3 ~ 5년에 한 번씩 제습제를 교체하며 최대 -70℃까지의 노점(露點)을 얻는 것이 가능하다.

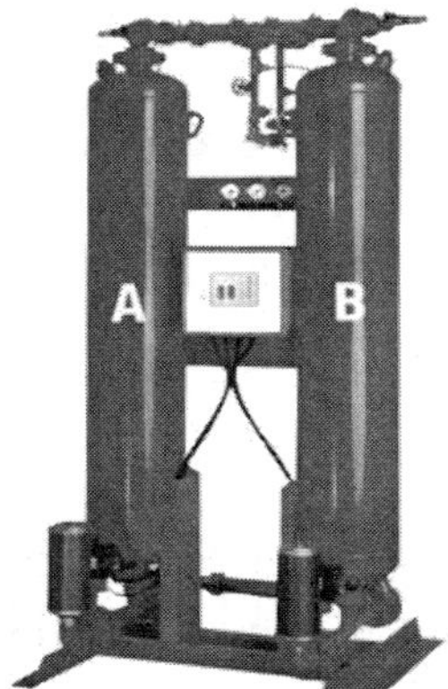

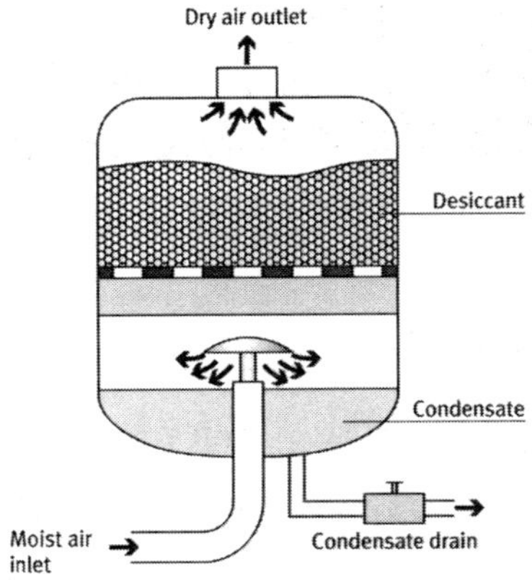

[그림 2–15] 흡수식 에어 드라이

(다) 흡수식 에어 드라이어

흡수식 건조는 화학적인 방법이다. 이 방법은 [그림 2-15]와 같이 압축 공기가 건조제를 통과하면 이 과정에서 물이나 증기가 건조제에 닿아 화합물이 형성되어 건조제와 물의 혼합물로 용해되어 공기는 건조된다. 이 혼합 물질은 1년에 2회 내지 4회 주기적으로 제거되어야만 하고 이는 수동이나 자동으로 할 수 있으며, 새로운 건조제가 다시 채워진다. 이때 물과 함께 증기 상태의 기름과 기름입자들이 이 흡수 건조기에서 분리된다. 기름의 양이 많아지면 건조기의 효율이 떨어지므로 우수한 필터를 설치하는 것이 좋다.

흡수식 에어드라이어의 특징은 다음과 같다.

① 장비의 설치가 간단하다.

② 건조기에 움직이는 부분이 없으므로 기계적 마모가 적다.

③ 외부 에너지 공급이 필요 없다.

④ 취급이 간단하다.

(3) 공기 여과기(air filter)

공기압 발생장치로부터 공급된 공기 속에는 수분, 먼지 등이 포함되어 있다. 공기압 회로 속에 이러한 이물질이 침입하는 것을 막기 위해 입구부에 공기 여과기를 설치한다.

공기의 여과 방식은 공기의 유동속도와 원심력을 이용한다. [그림 2-16]은 압축공기 필터이다. 유입된 공기는 유입부와 디플렉터(deflector) 사이에서 선회운동을 일으키며 이로 인한 사이클론 효과로 큰 물방울이나 이물질은 케이스 안쪽 벽의 벽면을 타고 낙하되어 아래로 모이게 된다.

이런 방법에 의해 정화된 압축 공기는 중앙부의 필터 엘리먼트를 통과하면서 다시 미세한 먼지가 제거되고 출구로 흘러 나가게 되며, 분리된 수분, 먼지 등은 필터 케이스 아래쪽에 위치한 배수 나사 등에 의한 수동 배출 밸브나 자동 배수 밸브에 의해 외부로 배출된다.

필터 엘리먼트는 스테인리스, 청동, 황동, 등의 미립자를 소결 결합한 소결 금속 엘리먼트와 리본상 수지를 겹쳐 감아서 형성한 리본상 수지 엘리먼트 스테인리스, 니켈, 모넬메탈, 황동 등의 금속망으로 만들어진 금속망 엘리먼트 등이 사용된다.

[그림 2-16] 압축 공기 필터

〈표 2-2〉 필터 엘리먼트의 여과 입도와 사용기기와의 관계

여과 엘리먼트 (입도: ㎛)	사용 기기	비 고
70 ~ 40	실린더, 로터리 액추에이터, 기타	일반용
40 ~ 10	공기 터빈, 공기 모터, 기타	고속용
10 ~ 5	공기 마이크로미터, 기타	정밀용
5 이하	순 유체 소자, 기타	특수용

〈표 2-2〉에는 이들의 관계를 여과되는 입자의 크기에 따라 분류되었는데, 일반적으로 40-70μm의 여과 입도를 가진 것이 많이 사용된다. 또 여과시키는 목적에 따라 고체 물질 제거용, 유리 수분의 제거용, 카본, 타르 제거용이나 오일, 냄새 등의 제거용으로 분류한다.

(4) 오일 미립자 분리기(oil mist separator)

오일 미립자 분리기는 압축공기의 오일미스트 및 고형 이물질을 포착하여 깨끗한 공기를 공급한다.

[그림 2-17]과 같은 오일 미립자 분리기(oil mist separator)의 사용 목적은 제어 밸브로부터의 오일 제거나 오일 마이크로 미스트 세퍼레이터(oil micro mist seperator) 앞에 설치하여 마이크로 엘리먼트의 수명을 연장시키기 위함이다.

보통 여과도 0.3μm의 오일 입자 99 %를 제거할 수 있다.

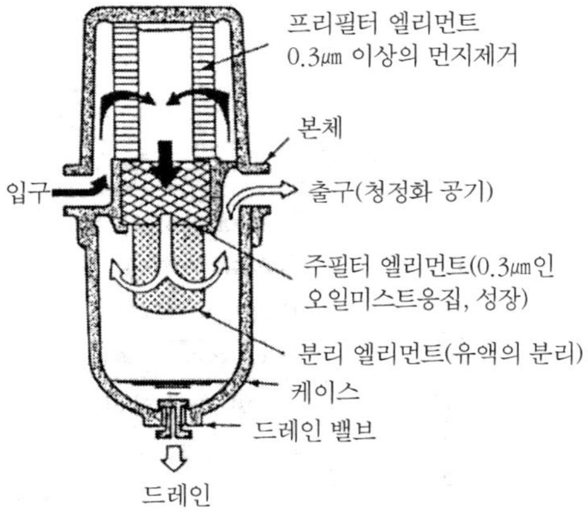

[그림 2-17] 오일미립자 분리기

(5) 드레인 분리기(drain separator)

대부분의 필터에는 여과 중에 발생된 응축수(drain)를 배출하는 배수기가 부착되어 있고 배관의 중간에도 회로 중에 모인 응축수를 배출하는 드레인 분리기가 있다.(그림 2-18 참조) 응축수 배출 방식에는 플로트식(float type), 파일럿식(pilot type), 전동기 구동식(motor drive type) 등이 있다.

플로트식은 응축수가 일정량 이상 모이면, 플로트가 밀려 올려짐에 따라 아래 부분에 있는 밸브가 열려 모여진 응축수가 배출되고, 파일럿식은 공기에 의한 파일럿 신호가 들어오게 되면 그 신호에 따라 밸브가 열리게 되는 구조로 되어 있다.

전동기 구동식은 전동기에 의해 구동하는데 일정시간마다 밸브가 열리게 되면 그 차압에 의하여 응축수가 배출된다. 드레인의 양에 관계없이 압력 변화를 이용해서 배출하므로 차압식이라고도 한다.

(a) 분리기　　(b) 부구식　　(c) 파일럿식

[그림 2-18] 드레인 분리기

라. 윤활기(lubricator) 및 윤활유

공기압장치에 사용되는 각종 기기의 원활한 작동과 내구성을 향상시킬 목적으로 급유하기 위한 윤활기(lubricator)가 있다.

루브리케이터에는 고정 벤츄리식, 가변 벤츄리식 및 윤활유 입자 선별식이 있다.

[그림 2-19]는 현장에서 실제 사용 중인 윤활기이다.

고정 벤츄리식은 발생된 윤활유 분무량 전부를 송출하고, 윤활유 분무의 입도도 공기의 유량에 따라 변화하는 반면, 가변 벤츄리식은 공기 유량이 변화되면 벤츄리부가 가변되어 항상 일정한 공기 유속이 유지된다.

윤활유 입자 선별식은 배관 등이 길어 윤활유의 비산이 어려운 공압 공구(공압모터, 공기 드라이버 등)의 경우에 사용된다.

사용되는 윤활유의 성질은 윤활성이 좋아야 하며, 즉 마찰 계수가 적고, 원활성이 있으며, 마멸, 발열, 소착 등을 방지하고, 열화의 정도가 적을 것 등을 필요로 한다.

일반적으로 공압 회로용 윤활유로서 루브리케이터에 급유하는 윤활유는 다음의 것이 적합하다.

① 터빈 오일 1종(무첨가) ISO VG 32

② 터빈 오일 2종(첨가) ISO VG 32

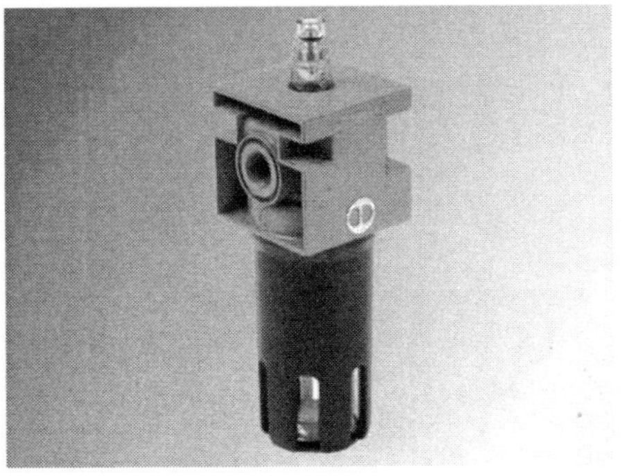

[그림 2-19] 루브리케이터

마. 공기탱크(air tank)

공기탱크는 압축기에서 생산된 압축 공기를 저장하는 기기이며, 다음과 같은 기능을 한다.

① 공기 압력의 맥동을 평준화한다.
② 일시적으로 다량의 공기가 소비되어도 급격한 압력 강하를 방지한다.
③ 정전에 의해 압축기가 일시 정지되었을 때 등, 비상시에 일정 시간 공기를 공급한다.
④ 주위의 외기에 의한 냉각 효과로 응축수를 분리시킨다.

공기탱크에는 [그림 2-20]과 같이 압력계, 안전밸브, 압력 스위치 등을 부착해야 하며 압력 용기이므로 법적 규제를 받음을 주지하여야 한다.

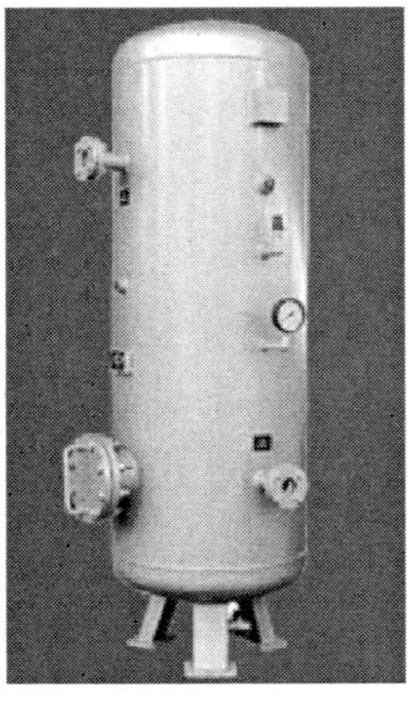

[그림 2-20] 공기탱크

바. 드레인(drain) 발생의 고찰

(1) 공기압 라인의 드레인 발생원인

압축 공기 중에는 다량의 수증기가 포함되어 있다. 이것은 대기 중의 증기를 대기와 함께 압축기가 흡입하여 수분의 일로 체적이 압축될 때 발생하여 드레인 발생의 원인이 된다.

예를 들면 대기 중의 공기를 압축기에서 8 m^3을 흡입하여 게이지압 7 kgf/cm^2의 압축공기 1 m^3으로 압축하였다면 그 공기는 대기 1 m^3 중의 8배의 수증기를 포함하게 된다. 그러나 공기 중의 수분은 수증기로서 존재할 수 있는 양이 공기의 온도에 따라 한계가 있으며(이 양을 포화 수증기량이라 함) 이 한계를 넘어 서면 수증기로 존재할 수 없으므로 응축하여 물방울이 된다.

대기 중의 수증기량은 〈표 2-3〉과 같이 항상 일정하지 않고 온도에 따라서 그 최대값, 즉 포화 수증기량이 정해진다. 따라서 온도의 상승과 하강에 의해 변하게 되고, 특히 온도 강하가 현저하면 수증기의 응축이 시작되어 드레인이 발생한다.

〈표 2-3〉 포화 수증기량 표(상대습도 100 %)

구분		1℃ 단위온도 (℃)									
		0	1	2	3	4	5	6	7	8	9
10℃ 단위온도 (℃)	90	420.1	433.6	448.5	464.3	480.8	496.6	514.3	532.0	550.3	569.7
	80	290.8	301.7	313.3	325.3	337.2	349.9	362.5	375.9	389.7	404.9
	70	197.0	204.9	213.4	222.1	231.1	240.2	249.6	259.4	269.7	280.0
	60	129.8	135.6	141.5	147.6	153.9	160.5	167.3	174.2	181.6	189.0
	50	82.9	86.9	90.9	95.2	99.6	104.2	108.9	114.0	119.1	124.4
	40	51.0	53.6	56.4	59.2	62.2	65.3	68.5	71.8	75.3	78.9
	30	30.3	32.0	33.8	35.6	37.5	39.5	41.6	43.8	46.1	48.5
	20	17.3	18.3	19.4	20.6	21.8	23.0	24.3	25.7	27.2	28.7
	10	9.40	10.0	10.6	11.3	12.1	12.8	13.6	14.5	15.4	16.3
	0	4.85	5.19	5.56	5.95	6.35	6.80	7.26	7.75	8.27	8.82
	−0	4.85	4.52	4.22	3.93	3.66	3.40	3.16	2.94	2.73	2.54
	−10	2.25	2.18	2.02	1.87	1.73	1.60	1.48	1.36	1.26	1.16
	−20	1.067	0.982	0.903	0.829	0.761	0.698	0.640	0.586	0.536	0.490
	−30	0.448	0.409	0.373	0.340	0.309	0.281	0.255	0.232	0.210	0.190
	−40	0.172	0.156	0.141	0.127	0.114	0.103	0.093	0.083	0.075	0.067
	−50	0.060	0.054	0.049	0.043	0.038	0.034	0.030	0.027	0.024	0.021
	−60	0.019	0.017	0.015	0.013	0.011	0.0099	0.0087	0.0076	0.0067	0.0058
	−70	0.0051									

(2) 드레인 제거 방법

공기압 라인에서 그 온도 구배는 압축기의 단열 압축에 따라 온도가 약 150 ℃의 고온으로 되고, 그 후 압축기 내부의 인터쿨러에 의해 80 ℃ 정도로 내려간다.

이것이 고온이기 때문에 애프터쿨러로 온도를 내려 그때 발생하는 드레인을 제거하고 그 이후의 라인에서는 드레인 발생을 억제한다.

그러나 압축 공기는 배관 내를 흐르면서 배관 주위의 온도 간에 차이가 있으면 열의 방사(放射)나 흡수가 행해지고, 공기압 기기를 통과할 때의 단열 팽창에 따라 온도 강하를 일으키고 강하할 때의 재차 드레인을 발생한다.

이 드레인 제거를 위해서는 냉동식 에어 드라이어 등을 설치해서, 거듭 강제적으로 냉각해서 드레인을 제거하는 것이 효과적이다.

(3) 공기압 라인에 발생하는 드레인의 계산

공기압 라인에서 발생하는 드레인량을 계산하기 위하여 〈표 2-2〉와 [그림 2-21]을 활용하여 예제를 제시하였다.

(가) 대기 중의 공기에 포함되는 수증기량

$$상대습도 = \frac{그때의\ 수증기분압}{그\ 온도에서의\ 포화수증기분압} \times 100(\%)$$

$$\fallingdotseq \frac{그때의\ 수증기량}{그\ 온도에서의\ 포화수증기량} \times 100(\%)$$

예제 1 공기 온도 30 ℃, 상대습도 85 %, 압축기가 흡입하는 공기유량 10 m^3/min일 때의 수증기량은 얼마인가?

풀이 표를 보는 방법은 세로의 10 ℃ 단위의 온도, 가로에 1 ℃ 단위의 온도로 구별하고 서로 연결하여 만나는 지점의 수치를 읽으면 되므로 30 ℃에서의 포화 수증기량은 30.3 g/m^3이 된다. 따라서 공기 중에 포함된 수증기의 양은

$$30.3 \times \frac{85}{100} = 26.18\ g/m^3 \text{ ------------------------------ ①}$$

그러므로, 압축기가 흡입하는 수증기량은

26.18×10 = 261.8 g/min이다.

(나) 애프터쿨러에서 발생하는 드레인 량

예제 2 애프터쿨러에서 냉각 온도 39 ℃, 애프터쿨러에 들어가는 압력이 7 kgf/cm^{2}일 때 드레인 량은 얼마인가?

풀이 냉각 온도 39 ℃일 때의 포화 수증기량은 〈표 2-2〉에서 48.5 g/m^{3}이지만, 이것을 대기압 상태로 환산하면 표준 상태에서 대기의 압력은 1.033 kgf/cm^{2}이기 때문에

$$48.5 \times \frac{1.033}{7+1.033} \fallingdotseq 6.27\ \text{g/m}^3 \text{ ------------------------- ②}$$

즉 압축기가 흡입하는 대기 중의 6.27 g/m^3 이상의 수증기가 응축하는 것이 되기 때문에 이 애프터쿨러에 있어서 응축되는 드레인량은 식 ①과 식 ②에서

$$26.18 - 6.27 = 19.91\ \text{g/m}^3$$

(다) 공기압 배관 등에서 발생하는 드레인량

예제 3 주위 온도 32 ℃, 배관중의 압력 7 kgf/cm^2(단, 배관 구의 지름이 크고, 배관 길이가 긴 공기 라인으로 한다.)의 드레인 량은 얼마인가?

풀이 주위 온도 32 ℃까지 냉각되었을 때의 포화 수증기량은 〈표 2-3〉에서 33.8 g/m^{3}이고 이것을 대기압 상태로 환산하면

$$33.8 \times \frac{1.033}{7+1.033} \fallingdotseq 4.3\ \text{g/m}^3$$

이때, **예제 2**의 압축 공기 중에는 6.27 g/m^{3}의 수증기가 포함되어 있기 때문에 이 배관 중에서 재 응축하는 드레인은 다음과 같다.

$$6.27 - 4.3 = 1.97\ \text{g/m}^3$$

(라) 냉동식 에어 드라이어로 제습하는 드레인량

예제 4 가압노점 4℃ 냉동식 에어 드라이어에 들어가는 압력 7kgf/cm^{2}일 때의 드레인량은 얼마인가?

풀이 냉동식 에어 드라이어는 [그림 2-21]의 가압노점-대기압노점 환산표에서, 가압노점 4℃는 대기압 노점 -22℃에 해당하고, 이때 포화 수증기량은 〈표 2-3〉에서 0.903g이다.

따라서 **예제 2**의 애프터쿨러를 나온 압축공기가 **예제 4**의 냉동식 에어 드라이어를 통하여 발생하는 드레인은 6.6 - 0.903 ≒ 5.7 g/m^{3}이 된다.

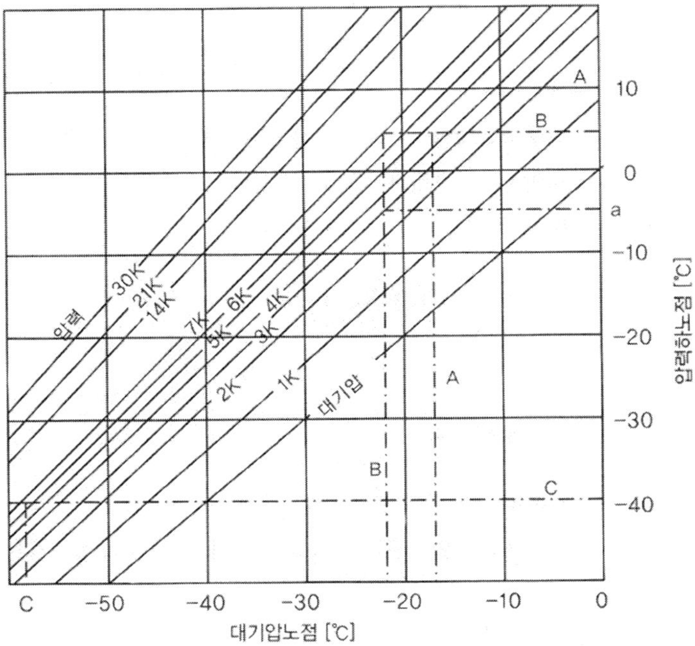

[그림 2-21] 가압 노점-대기압 노점 환산표

사. 압축 공기 조정 유닛(air service unit)

압축 공기 조정 유닛은 다음과 같은 기구들로 구성되어 있다.(그림 2-22 참조)

① 압축 공기 필터
② 압축 공기 조절기
③ 압축 공기 윤활기(루브리게이터)

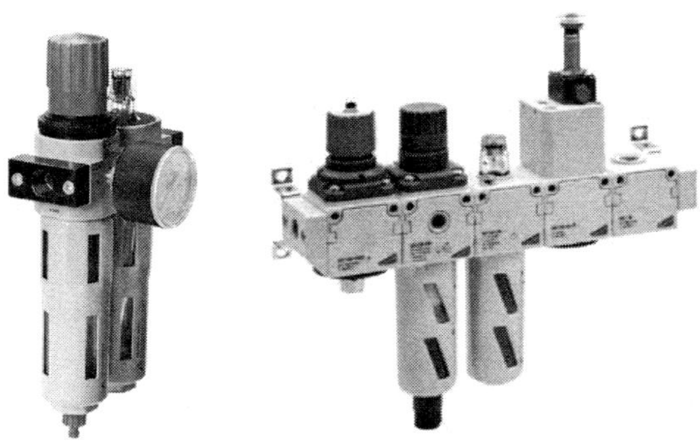

[그림 2-22] 압축 공기 조정 유닛

[그림 2-23]은 압축 공기 조정 유닛의 상세 기호 및 간략 기호이다.

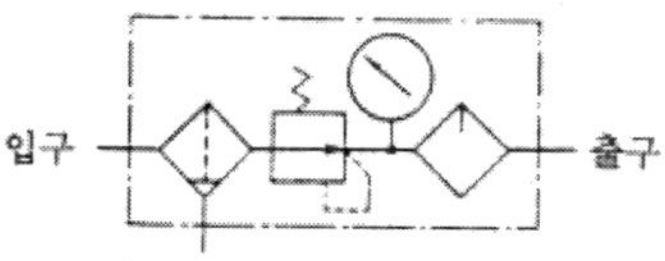

(a) 상세 기호

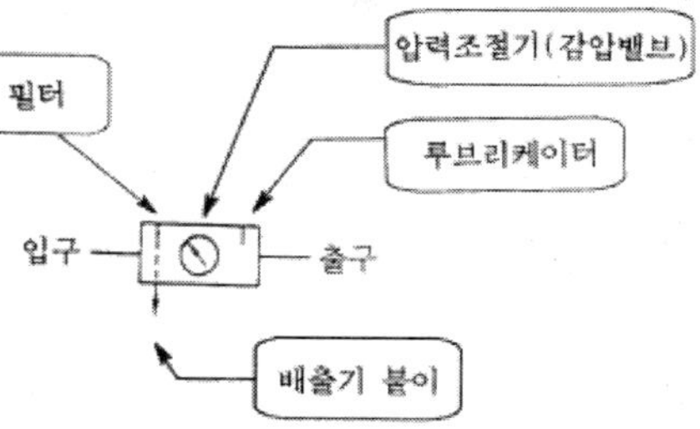

(b) 간략 기호

[그림 2-23] 압축 공기 조정 유닛의 기호

압축 공기 조정 유닛은 다음 사항에 대하여 정기적인 점검의 필요가 있다.

① 압축 공기 필터의 응축수를 확인하여 규정 값 이상의 경우 응축수를 배출한다.
② 윤활기는 적정량의 윤활유가 채워져 있는지 확인해야한다.

03 압축 공기 분배 라인

공기압을 사용하는 기계, 장치는 일정량의 공기를 필요로 하며, 공기 압축기에서 생산된 압축 공기를 공기압 기기에 공급하거나 제어하기 위하여 파이프를 통하여 각각의 공기압 기기에 연결하는 중요한 역할을 한다.

만일 그 중요성에 비추어 배관을 소홀히 할 경우에는 압력 강하의 발생, 유량의 부족, 드레인의 배출 결함에 이어 공기압 장치의 신뢰성을 상실하게 되므로 장치의 효율을 극대화하려면 분배 라인의 정확한 설치 계획이 요구된다.

공기압 배관은 유압배관과 비교하여 다음과 같은 특징이 있다.

① 공기압 회로는 흡입 공기를 사용 후 대기로 방출하는 형태이므로 유압 회로와 같이 복귀 관로를 설치하지 않는다.
② 공기는 관성, 점성이 작으므로 긴 관로를 설치 사용하여도 유압 배관에 비해 관로 손실이 적다.

③ 공기압 배관 조인트에서 공기 누설이 발생하여도 폭발의 위험성이나 유압 장치와 같이 기름 누출로 인한 환경오염의 영향이 없다.

④ 강관 배관의 경우 관내의 수분에 의한 부식의 우려가 있다.

가. 압축 공기 라인의 분류

(1) 흡입 라인

대기압의 공기를 공기 압축기로 흡입하는 관로이며 압력은 낮으나 많은 유량을 흡입하므로 흡입 저항을 줄이기 위하여 직경이 큰 것이 사용된다.

(2) 토출 라인

공기 압축기로부터 애프터쿨러 또는 공기탱크까지의 연결 라인이며 고온 고압과 진동이 수반되는 부분이다.

(3) 이송 라인

공기 압축기에서 공기압 장치와 기기까지 압축 공기를 이송시키는 역할을 하며 주 관로와 주 관로에서 분리되어 각 공기압 기기로 분배되어 연결시키는 분기 관로가 있다.

(4) 제어 라인

공기압 제어 밸브와 공기압 액추에이터를 조작하기 위하여 기기에 직접 연결되는 라인으로 기기의 작동을 위한 압축 공기의 공급이나 배기의 통로가 된다.

(5) 배기 라인

일반적으로 공기압 장치의 배기는 직접 대기로 방출하나 배기에 포함된 오일 미스트의 수집이나 소음을 줄이기 위한 목적으로 사용된다. 배기 과정에서 배압의 영향을 받지 않도록 공급되는 파이프의 직경보다 큰 것이 요구된다.

나. 분배 라인의 설치 계획

공기압 분배 라인의 설치는 소요 공기량의 산출, 작동 압력, 압력 손실 등을 감안하여 구체적인 계획을 세워 설치해야 한다.

(1) 소요 공기량의 산출

관로를 흐르는 공기량은 파이프의 크기, 압력 손실을 결정하는 요소이므로 가급적 정확히 산출한다. 소요 공기량은 공기압 액추에이터, 즉 공기압 실린더나 공기압 모터를 이용한 장치 또는 공구와 직접 공기압 노즐에서 방출시켜 사용하는 스프레이 건, 공기압 센서, 공기탱크 등의 용량에 따라 결정된다.

이때 소요되는 공기량은 사용되는 공기압 기기의 시방서를 참고하여 단위 시간당의 소요량을 계산에 의하여 구할 수 있다.

(2) 작동 압력

공기압 동력원의 압력은 사용 공기압 기기의 최고 작동 압력과 각 분배 라인, 공기압 필터 등의 압력 손실을 포함하여 결정한다. 그러나 공기압 장치는 법 규제에 따라 통상 10 kgf/cm^2 미만으로 사용하게 되므로, 만일 그 이상의 압력이 요구될 때는 부분적으로 라인을 따로 설치해 사용할 수 있다.

(3) 이송 라인의 설치

공기압 기기에서 소요 공기량, 작동 압력, 공기압 동력원의 압력이 정해지면 압력 손실의 영향을 고려한 파이프의 크기를 결정한다. 이송 라인에서의 압력 강하는 제어 회로의 입구에서 압력 조절기(감압 밸브)의 설정 압력 보다 0.5 kgf/cm^2 정도 높은 압력이 되도록 공기압 동력원과 비교하여 결정하고 파이프 단면의 형상, 길이, 배관 재료, 조인트의 종류에 따라 달라진다.

다. 파이프라인의 배관 방법

파이프라인의 배관은 규칙적인 보수 유지와 점검이 요구되므로 가능한 좁은 공간이나 벽 속에 설치하지 않도록 한다. 그 이유는 점검 및 보수 유지가 곤란한 곳에 배관했을 경우 공기 누설, 기기의 노후 등에 의해 교체 등의 이상 발생 시 보수 유지가 불가능 할 뿐만 아니라, 공기압 장치는 작은 누설에도 압력 손실의 영향이 매우 크기 때문이다.

[그림 2-24] (a)는 환상 배관으로 주 관로에 설치된다. 분기 관로는 주 관로에 설치되며 이 방식은 공기 소요량이 많은 경우에도 균일한 압력의 공기 공급이 가능하다.

[그림 2-24] (b)는 분기 관로이다. 이 방식은 공기의 유동 방향으로 1 ~ 2 %의 경사를 주어 설계하며 최하단부에 워터 트랩(water trap)을 설치하여 드레인 배출을 용이하게 해야 한다.

[그림 2-24] (c)는 상호 연결 방식에 의한 배관으로 가로와 세로로 연결된 공기압 라인이 어떤 위치에서도 작업이 가능한 환상 배관의 일종이다.

라인의 중간에는 차단 밸브를 설치하여 사용하지 않는 라인이나 보수 유지가 필요한 경우 등 라인의 일부를 차단할 수 있어 매우 효과적이다.

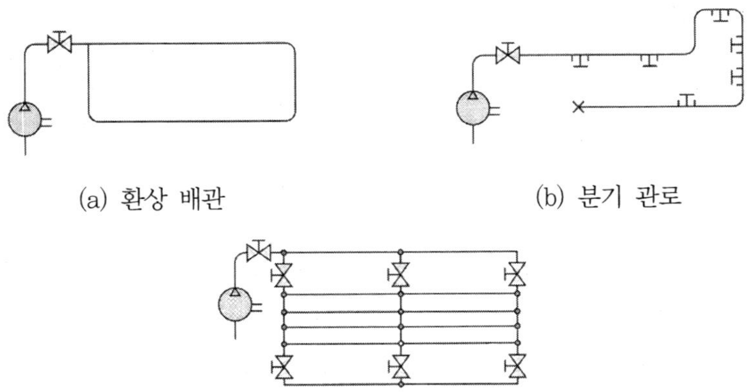

(a) 환상 배관 (b) 분기 관로

(c) 상호 연결배관

[그림 2-24] 배관의 연결 방법

라. 파이프 재료

공기압용 파이프 재료에는 파이프, 이음, 개스킷 등이 있으며 공기압 기기와의 연결이 용이하고 내식성이 있으며 가격이 저렴해야한다.

주로 사용되는 파이프의 재료는 강관, 동관, 고무호스, 합성수지 튜브 등이 사용되며 사용 목적에 따른 재료의 선택이 중요하다.

일반적으로 배관용 탄소 강관이 많이 이용되며 내식, 내열성, 강성이 요구되는 곳에는 동관, 황동관이 사용된다. 스텐레스 강관의 경우 내열 내식성은 좋으나 가공성이 떨어져 큰 직경이 요구되는 곳이나 직관 부에 사용한다.

합성수지 튜브는 내진성, 내식성, 내유성이 우수하며 가위, 칼 등으로 쉽게 절단이 가능하므로 작업성이 매우 뛰어날 뿐 아니라 연결 및 분리가 쉬워 설치 및 보수에 유리하다. 또한 다양한 색깔을 사용하므로 색별 배관이 가능하여 제어 회로 배관에 뛰어나며 특히 소형 공기압 배관에 적당하다. 그러나 내열성이 떨어지며 튜브 자체의 강성에 한계가 있어 외력에 의한 소성 변형의 우려가 있음을 주의해야 한다.

마. 파이프 이음

파이프 이음은 파이프 간의 연결, 또는 공기압 기기에 연결하기 위해 유로에 연결하거나 분리할 수 있는 장치를 말한다.

이음의 방법에 따라 나사 이음, 플렌지 이음, 플레어 이음, 수지 튜브용 이음 등의 종류가 있다. [그림 2-25]은 강관이나 구리 튜브용으로 많이 사용되는 파이프 연결기이며 [그림 2-26]과 [그림 2-27]은 플라스틱용 호스 연결기(hose connector)와 튜브 연결기(tube connector)를 각각 나타내었다.

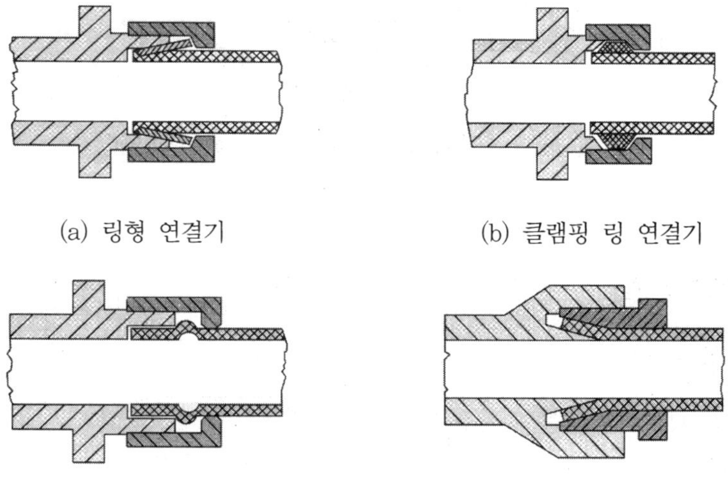

(a) 링형 연결기　(b) 클램핑 링 연결기

(c) 볼록형 연결기　(d) 플랜지형 연결기

[그림 2-25] 파이프 연결기(pipe connector)

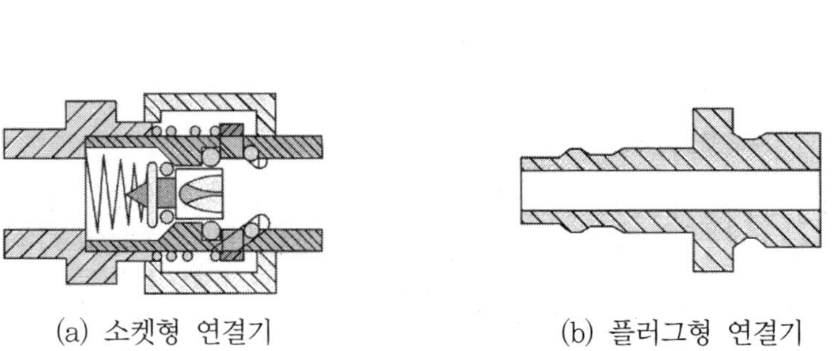

(a) 소켓형 연결기　(b) 플러그형 연결기

[그림 2-26] 호스 연결기(hose connector)

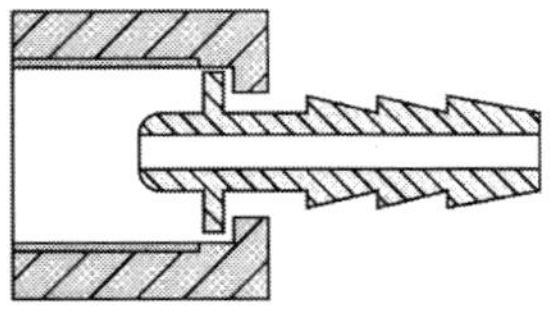

(a) 나사 연결기

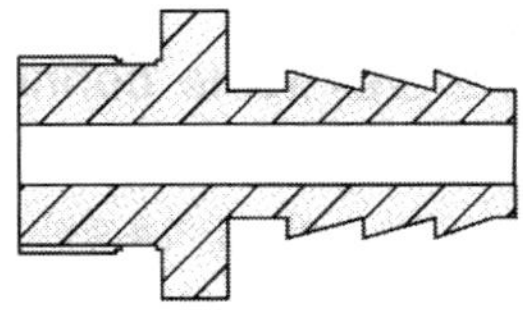

(b) 가시나사 연결기

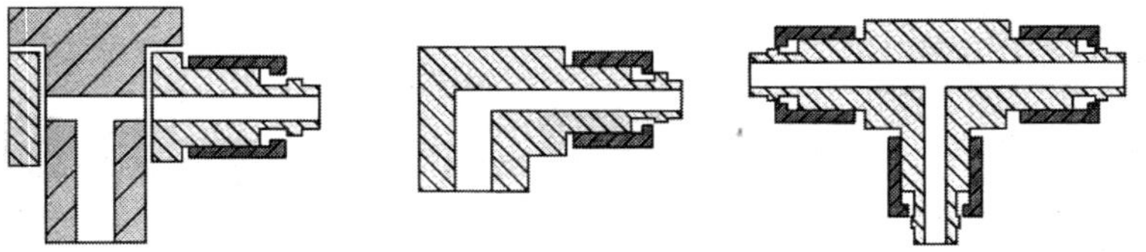

(c) 플라스틱용 급속 연결기

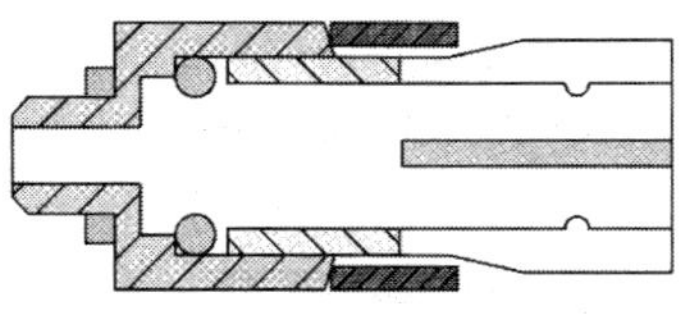

(d) CS-연결기

[그림 2-27] 튜브 연결기(tube connector)

바. 배관시 주의사항

(1) 강관에 의한 배관

① 나사 전용기를 사용하여 정확한 나사 가공 후 내부 청소를 깨끗이 한다.

② 실링 테이프를 1 ~ 2산정도 남기고 감는다.

③ 액체 실(seal)을 사용할 경우 암나사 부에는 바르지 않는다.

④ 기기의 점검 및 보수를 위하여 중간에 플랜지, 유니언 등으로 연결한다.

(2) 이음쇠에 의한 배관

① 수지 튜브나 연질 동관의 경우에는 부속 기구를 사용한다.

② 수지 튜브 작업의 경우에 축 방향에 직각이 되게 튜브 커터를 사용한다.

③ 원터치 니들 사용 시에 누설이 없도록 충분히 끼워 넣는다.

④ 공기압 기기에 연결 배관할 경우 배관 전에 플러싱(flushing)한다.

제2절 공기압 제어 밸브

01 공기압 제어 밸브의 개요

공기압 장치는 동력 발생 장치(power unit), 신호 요소(signal element), 제어 요소(control element), 작업 요소(working element)로 구성되어 있다.(그림 2-28 참조)

즉 동력 발생장치에서 공기압 에너지를 발생시켜 작업 요소를 통하여 일을 시키는 과정에서 부하의 크기, 작업 속도, 일의 방향을 제어하기 위한 요소는 신호 요소와 제어 요소가 있으며 밸브가 이에 속한다.

명령 실행	작업 요소	작동 요소
		공기압 실린더 공기압 모터
신호 출력	최종 제어 요소	작동 요소
		방향제어 밸브
신호 처리	신호 처리 요소	제어요소
		압력 제어 밸브 유량 제어 밸브 방향 제어 밸브
신호 입력	신호 입력 요소	입력요소
		압력 스위치 공기압 센서 푸시버튼 스위치
에너지 공급	동력 발생 장치	압축 공기 생산 요소
		공기 압축기

[그림 2-28] 공기압 장치의 구성 요소

공기압 장치의 사용에서 밸브의 선택은 매우 중요하며 그 형식이나 구동 장치, 제어 능력, 크기 등이 고려되어야 하며 그 기능에 따라 공기 압력을 조절하여 힘의 세기를 조절하는 압력 제어 밸브(pressure control valve), 공기압 회로 내의 유량을 조절하여 공압 실린더나 공기압 모터의 속도를 조절하는 유량 제어 밸브(flow control valve)와 유체의 흐름 방향의 전환 및 흐름을 단속하여 공기압 액추에이터의 구동 방향을 조정하는 방향 제어 밸브(directional control valve)로 크게 분류된다.

02 압력 제어 밸브

가. 압력 제어 밸브의 기능

공기압 에너지를 사용하는 경우, 얼마만큼의 힘의 세기로, 어느 정도의 시간 내에 일을 완료시킬 것인가가 기본적 고려의 대상인데, 힘은 공기의 압력과 관계되고 속도는 보내어지는 유량과 관계가 된다. 또한 동력은 압력과 유량의 곱으로 나타낸다.

$$\text{kgf/cm}^2 \times \text{cm}^3\text{/sec 또는 } l\text{ /min= kgf·m/s(동력단위)}$$

따라서 압력과 유량을 제어하여 일을 시킬 수 있다는 것을 알 수 있다.

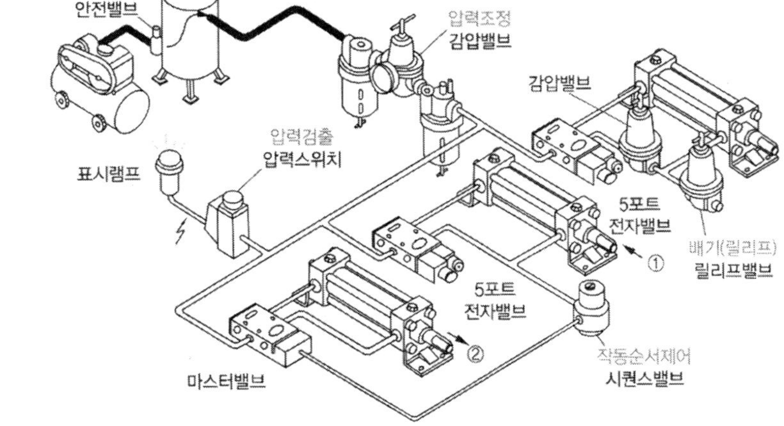

[그림 2-29] 압력 제어 밸브의 기능

또 힘은 압력과 면적의 곱(kgf/cm^2×cm^2=kgf(힘의 단위))으로 나타낼 수 있으므로 공기압 실린더의 피스톤 면적에 일정한 압력을 작용시키면 힘이 발생하여 일을 할 수 있고, 이 힘의 크기를 조절하는데 사용되는 것이 압력 제어 밸브이다.

압력 제어 밸브의 기능은 [그림 2-29]와 같이 공기압 동력원이 되는 공기압축기에서의 고압의 압축 공기를 압력 제어 밸브로써 보다 낮은 일정의 적정한 압력으로 감압하여 안정된 압축 공기를 공기압 기기에 공급하는 기능(감압 밸브), 공기탱크와 공기압 회로내의 공기 압력이 규정 이상의 공기 압력으로 될 때의 공기 압력이 상승하지 않도록 대기 중으로 혹은 다른 공기압 회로 내로 빼내주는 기능(안전밸브, 릴리프 밸브), 공기압 회로 내의 공기 압력에 따라 다른 회로의 작동 순서를 제어하는 기능(시퀀스 밸브) 및 공기 압력을 검출해서 설정 값과 비교하여 전기 접점을 개폐함으로써 전기 신호를 내는 기능(압력스위치) 등이 있다.

공기압 회로에서 압력 제어 밸브의 기능을 보면 다음과 같다.

① 적정한 공기 압력을 사용하여 압축 공기의 소모를 방지하고, 공기압 기기의 내구성 및 신뢰성을 확보한다.
② 부하의 변동에 따라 변화하는 공기 압력을 일정하게 제어하여 안정된 압축 공기를 공급한다.
③ 공기압 장치가 설정 압력 이상으로 될 때에 공기를 배출시켜 안전을 도모한다.
④ 전기 신호를 사용하여 공기 압력의 유무를 감시하거나, 각종 기기의 압력 제어를 한다.

나. 압력 제어 밸브의 종류

압력 제어 밸브의 종류에는 압력 조절 밸브(pressure regulating valve), 릴리프 밸브(relief valve), 시퀀스 밸브(sequence valve), 압력 스위치(pressure valve) 등이 있다.

압력 제어 밸브의 작동 형식에 따라 직동형과 파일럿형이 있고, 직동형에는 릴리프식, 논브리드식, 브리드식 등이 있다.

(1) 압력 조절 밸브

압력 조절 밸브는 감압 밸브(pressure reducing valve), 혹은 압력 조절기(pressure regulator) 등으로 부른다. 공기 압축기에서 생산된 압축 공기의 압력을 사용공기압 장치에 맞는 압력으로 감압하여 안정된 공기압을 공급할 목적으로 사용된다.

압력 조절 밸브의 공기 유입구(1차측)와 토출구(1차측)에서 유량의 변화와 같은 사용조건의 변동에도 설정 공기압의 변동을 최대한 억제하며 압축 공기의 습도를 낮추는 기능도 있다.

(가) 압력 조절 밸브

[그림 2-30]의 오른쪽은 압력 조절 밸브의 작동원리를 나타낸 것이다.

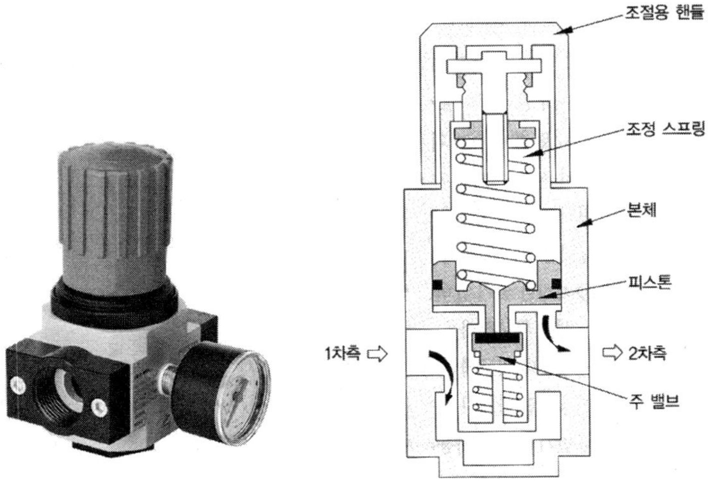

[그림 2-30] 압력 조절 밸브

교축(throttle) 밸브에 의해 공기의 통로를 작은 틈새가 되게 조절하여 출구 쪽의 공기량을 감소시켜서 압력이 낮아지도록 한다. 스프링의 역할은 출구 측의 압력이 상승하면 중앙의 피스톤을 들어 올려 더욱 공기의 통로가 작아지게 되면, 공기량이 감소하여 압력에 의한 힘의 평형이 이루어져 항상 일정 압력이 공급되게 한다.

논 브리드식 압력 제어밸브는 릴리프 밸브 시트에 릴리프 구멍이 없는 구조이며, 브리드식은 릴리프 밸브 시트로부터 항상 소량의 공기를 방출하는 구조로 되어 신속한 압력의 조절이 가능하다. 파일럿형 압력 제어 밸브는 직동형 압력 제어 밸브보다 정밀도가 높은 압력의 조절을 목적으로 파일럿 기구를 추가한 것이다.

(나) 압력 제어 밸브의 특성

압력 제어 밸브의 특성은 압력 조정 특성, 유량 특성, 압력 특성, 히스테리시스 특성, 릴리프 특성, 감도 특성 등이다.

① 압력조정 특성

압력 조정 특성이란 압력 제어 밸브의 핸들을 돌렸을 때 회전각에 따라 공기 압력이 원활하게 변화하는 특성을 말하며, 감도 특성은 핸들을 약간 돌렸을 때 어느 정도까지 최소 압력 조절이 가능한가 하는 것이다.

압력 조정 시 저압에서 고압으로의 조정은 용이하나 고압에서 저압으로의 조정은 릴리프 특성이 나타나므로 주의해야 한다.

② 유량 특성

유량 특성은 2차측 유로를 조여서 유량이 0인 상태에서 공기 압력을 설정한 후에 2차측 유량을 서서히 증가시켜 가면(밸브의 핸들로 조작), 2차측 압력은 서서히 저하된다.

이 압력 저하의 정도가 작을수록 유량 특성이 좋은 압력조절 밸브라고 할 수 있다. 그림에서 직동형 보다 파일럿형이 우수함을 알 수 있고, 직동형은 일정유량 이상에서는 2차측 압력이 급격히 저하되므로 압력 강하에 대비하여 설정 압력의 6.8 kgf/㎠ 이내의 범위에서 사용하는 것이 좋다.

③ 압력 특성

압력 특성은 1차측 압력의 변동에 따라 2차측 압력 변동의 변화 특성을 말한다.

④ 재현성, 히스테리시스 특성과 릴리프 특성

- 재현성 : 1차측의 공기 압력을 일정 공기압으로 설정하고 2차측을 조절할 때 설정 압력의 변동 상태를 확인하는 것이다. 즉 장시간 사용 후 변동 상태의 확인이다.
- 히스테리시스 특성 : 압력 제어 밸브의 핸들을 조작하여 공기 압력을 설정하고 압력을 변동 시켰다가, 다시 핸들을 조작하여 원래의 설정값에 복귀시켰을 때, 최초의 설정값과의 오차를 말하며 이는 밸브의 내부 마찰 등에 그 영향이 크게 나타난다.
- 릴리프 특성 : 2차측 공기의 압력을 외부에서 상승시켰을 때 릴리프 구멍에서 배기되는 고압의 압력 특성을 말하며 감지하지 못하는 영역이 존재한다. 그 이유는 릴리프 밸브의 탄성에 기인되며, 브리드식 구조에서는 불감대 영역을 개선할 수 있다.

⑤ 압력 조절 밸브의 사용상 주의점

- [그림 2-31]에 나타난 선정용 검토항목을 참고하여 선정한다.
- 밸브 본체의 시트부나 접촉되어 활동하는 부분에 이물질의 침입을 방지할 수 있도록 반드시 필터를 설치한다.
- 2차측 부하에 상응한 밸브를 선택하여 조절 공기 압력의 30 ~ 80 % 범위 내에서 사용하도록 한다.
- 압력 조절 밸브의 압력, 유량, 히스테리시스 특성 및 재현성 등을 조사한다.
- 사용 목적에 맞는 규격의 밸브를 선정하여야 한다.

- 회로 구성상 여러 개의 감압 밸브가 설치되는 경우, 회로 전체의 정상 상태가 유지되도록 주의해야 한다.

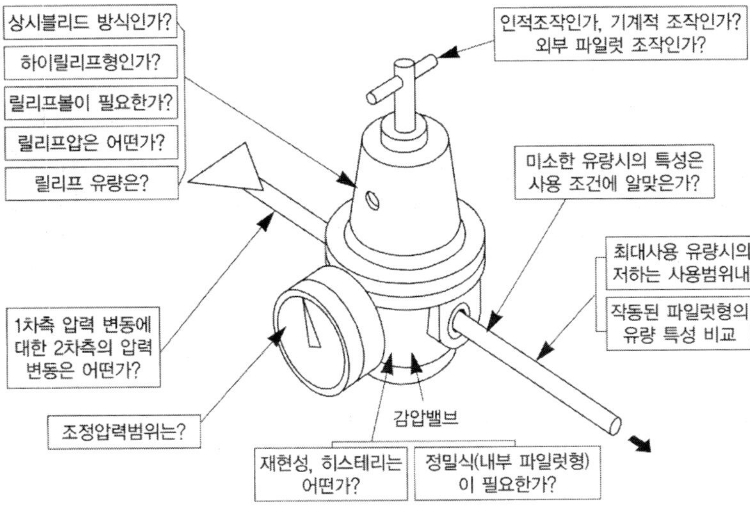

[그림 2-31] 압력 조절 밸브 선정시 검사 항목

(2) 릴리프 밸브

공기압 장치를 사용하기 위하여 가장 적당한 압력이 정해져 있다. 공기압 회로에 사용하는 압력은 압력 조절 밸브에 의하여 설정 압력으로 감압되어 있으므로 압력 초과의 우려가 극히 적으나 공기압 기기의 고장, 공정 중의 이상 발생에 의한 최고 압력을 초과하는 경우가 있다.

최고 허용 압력이 초과되면 기기의 파손, 필요 이상의 출력이 발생되므로 이를 방지하기 위하여 공기탱크에는 릴리프 밸브를 설치한다.

이와 같이 릴리프 밸브는 회로 중의 압력이 최고 사용 압력의 한계를 초과하지 않도록 하는 목적에 사용되며 압력 상승에 의한 회로 중의 기기 파손의 방지, 과다 출력을 방지함으로서 안전밸브(safety valve)로 이용된다.

그림 [2-32]는 안전밸브의 작동원리를 순서대로 나타내었다.

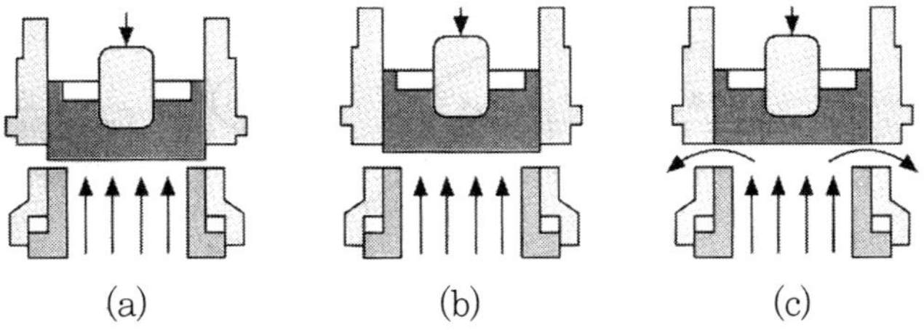

[그림 2-32] 안전밸브의 작동원리

그림 (a)는 스프링의 힘에 의해 지지되는 디스크를 시스템의 압력이 밀고 있는 상태이다.

그림 (b)는 시스템의 압력이 스프링의 설정 압력보다 높아지면, 디스크가 들린다. 초기 단계에 디스크가 살짝 들리고, 시스템의 압력이 작용하여 좀 더 큰 힘으로 디스크의 2차 면적에 작용하게 된다. 이 증폭된 힘에 의해 밸브는 쉽게 열리게 된다.

그림 (c)는 압력이 증가함에 따라, 디스크가 최대로 열릴 때까지 지속적으로 디스크는 들리게 되고, 압력이 감소하여, 설정되어 있는 압력보다 아래로 떨어지게 되면, 스프링의 힘에 의해서 밸브는 다시 닫히게 된다.

(가) 직접 작동형 릴리프 밸브

[그림 2-33]은 직접 작동형 릴리프 밸브의 구조이다. 직접 작동형은 포핏(poppet)에 의해 공기를 차단하게 되는데 한쪽은 회로의 압축 공기와 접해 있고 반대편은 스프링의 반력이 작용되고 있다.

회로의 압력이 상승하여 설정 공기압에 도달하면 반대편의 스프링 반력을 이겨 압축 공기를 방출함으로서 회로의 안전을 도모한다.

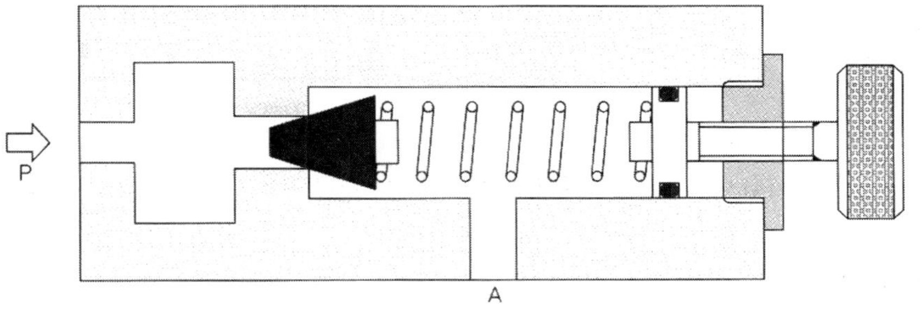

[그림 2-33] 직접 작동형 릴리프 밸브의 구조

(나) 간접 작동형 릴리프 밸브

간접 작동형 릴리프 밸브는 직접 작동형과 달리 주 밸브와 보조 밸브 부분으로 구성되어 있다.

회로의 압력이 설정압에 도달하면 압축 공기와 접해 있는 주 밸브의 미세한 구멍을 통하여 보조 밸브의 포핏이 열리게 되면 주 밸브에 작용하던 배압의 균형이 무너져 주 밸브가 개방되어 압축 공기를 방출한다.

(3) 시퀀스 밸브

[그림 2-34]의 (a)와 (b)는 시퀀스 밸브의 구조와 동작 상태를 도시하였다. (a)는 밸브의 포핏에 의해 공기가 차단된 상태이며, (b)는 공압이 파일럿 라인 Z에 작동되어 설정 압력에 도달하면 파일럿 스풀(spool)을 움직여 반대쪽에서 작용하는 스프링의 반력을 이기고 볼 포핏을 개방하여 P에서 A로 공기의 통로를 열게 된다.

시퀀스 밸브는 설정된 압력에 도달하기 전까지는 공기 통로가 닫혀 있다가 설정 공압에 도달해야 공기의 통로를 개방하게 된다.

그러므로 공기압 회로에 다수의 액추에이터를 작동하려 할 때 각각의 액추에이터에 대한 작동 순서를 미리 정해두고 그 순서에 따라 작동을 시키고 싶은 경우에는 설정 압력의 조정을 통하여 순서대로 작동시킬 수 있다.

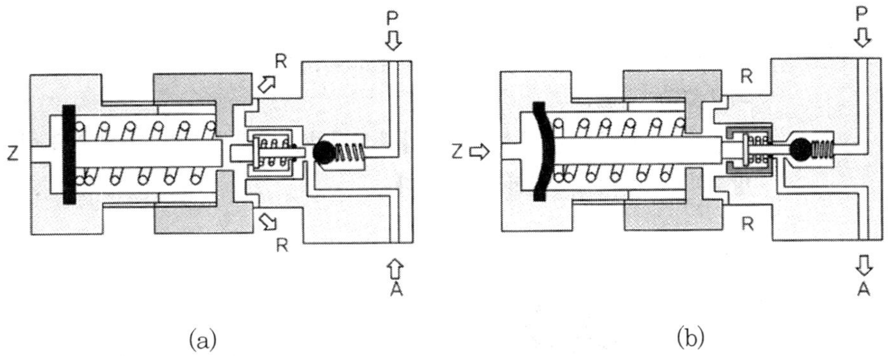

[그림 2-34] 시퀀스 밸브

(4) 언 로드 밸브

언 로드 밸브(unload valve)는 공기 압축기에서 생산된 압축 공기를 탱크에 저장하는 경우에 공기탱크의 압력이 설정 압력에 도달하면 압축공기를 토출하지 않는 무부하 운전이 되게 한다. [그림 2-35]에서 보는 바와 같이 압축 공기가 공기탱크와 회로에 공급되고 있는 과정에서 사용 압력이 언 로드 밸브의 설정압력에 도달하게 되면 언 로드 밸브가 열려 공기를 방출되게 하며 회로의 압력 즉, 공기 압축기의 압력이 언 로드 밸브의 설정압력보다 낮아지면 언 로드 밸브는 다시 닫히게 되고 회로에 공기를 공급한다.

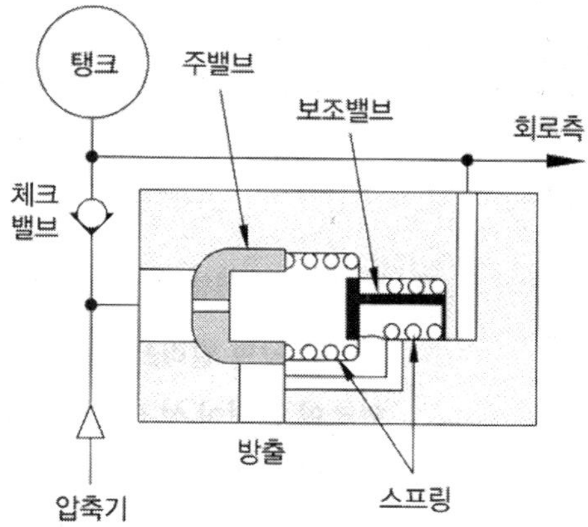

[그림 2-35] 언 로드 밸브

(5) 압력 스위치

압력 스위치는 공기압 회로에서 설정 공기압에 도달하면 전기 접점을 개폐하여 전기적인 신호를 발생시킨다. 사용 방법이나 사용 목적은 시퀀스 밸브와 거의 같음을 알 수 있다. 다만 시퀀스 밸브의 경우에는 설정 압력에 도달하면 압축 공기를 공급한 다는 것이 다를 뿐이다.

[그림 2-36]은 압력 스위치의 외형과 접점의 형태를 나타내었다.

일반적인 전기용 푸시 버튼스위치가 수동으로 작동하는 것과 비교하면 압력 스위치는 스위치의 접점 개폐를 설정된 공기 압력으로 시킨다고 보면 된다.

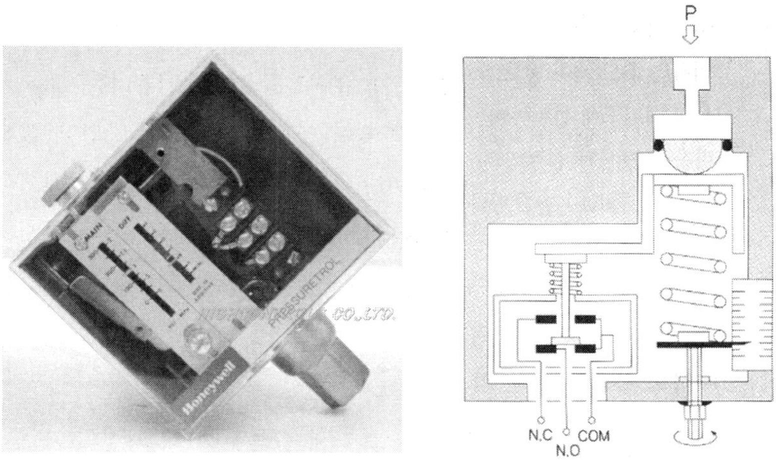

[그림 2-36] 압력 스위치

03 유량 제어 밸브

가. 유량 제어 밸브의 기능

공기압 장치에서 액추에이터의 속도에 관한 제어는 방향 제어, 압력 제어와 함께 중요한 제어의 대상이 된다.

예를 들어 공기압 실린더를 사용하여 일을 할 때 일을 시키는 시간이 제어의 대상이 된다면 실린더에 유입되거나 배출되는 유량을 조절하면 된다.

공기압 모터와 같이 연속 회전하는 액추에이터는 유량 조절에 의해 회전수가 제어되며, 품질의 반송, 장치의 청소 등을 위하여 공기 분출 장치를 사용할 경우에도 유량의 조절이 필요하다. 이처럼 압축 공기의 유입 유량이나 배출 유량을 조절하는 것에 의해 시간의 제어가 가능해지며 필요 유량의 제어도 가능해지게 되는데 이런 목적에 사용되는 밸브를 유량제어 밸브라고 한다.

유량제어 밸브는 밸브 내부의 공기 통로의 저항, 즉 통로 면적을 가변 하는(교축) 구조로 만들어져 있다.

또 이 교축 구조는 크게 오리피스(orifice)형과 초크(choke)형으로 구분되며 사용 목적에 따라 가변 장치 등이 부가된 밸브로 제작되어 사용한다.

또한 조절하는 유량에 따라서 각각의 크기가 다르게 되며 무단계로 제어될 수 있다.

나. 유량 제어 밸브의 종류

유량 제어 밸브는 공기압 회로의 유량을 일정하게 유지하려 할 때 사용하는 교축 밸브(throttle valve), 공기압 실린더의 속도 제어를 위하여 방향 제어 밸브와 실린더의 중간에 설치하는 속도 제어 밸브(throttle relief valve, one way flow control valve), 방향 제어 밸브의 배기구에 설치하여 실린더의 속도를 제어하는 배기 교축 밸브, 공기압 실린더의 배기 유량을 증가시켜 실린더의 속도를 증가시키는 급속 배기 밸브(quick release valve, quick exhaust valve) 등이 있다.

(1) 교축(throttle) 밸브

[그림 2-37]을 보면 압축공기의 출입구가 있는 본체에 끝부분이 원추(cone)형상을 한 조절 나사가 설치되어 있다. 이 조절나사는 밸브 내의 관로 크기를 변화시키는데 사용한다. 교축(throttle) 조절 나사를 손으로 잡고 시계 방향 또는 반시계 방향으로 회전시키면 조절나사의 끝 부분에 있는 원추체가 관로 내를 상하로 움직인다. 따라서 본체 통로와 원추체 간의 틈이

변화하고 통과 유량을 제어할 수가 있다.

교축 나사는 설정 후 로크너트로 고정시킬 필요가 있으며, 또 교축 조절 나사를 통해서 공기가 밖으로 빠져나가는 것을 방지하기 위한 실(seal)이 내장되어 있다.

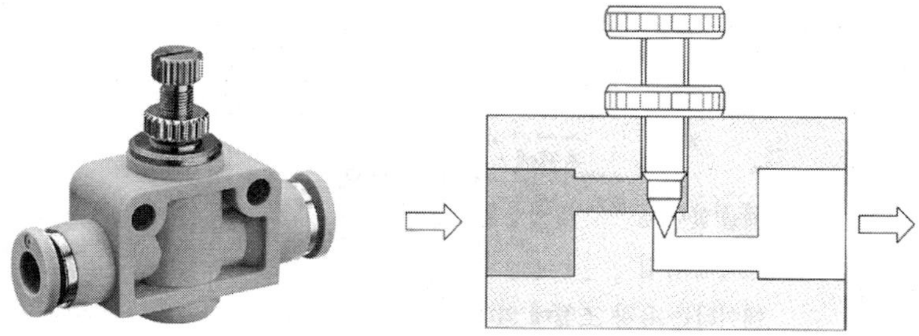

[그림 2-37] 교축 밸브

(2) 속도제어 밸브

속도 제어 밸브는 유량을 조절하는 동시에 흐름의 방향에 따라서 교축 작용을 하는 밸브이다. [그림 2-38]은 교축 밸브와 체크 밸브를 조합시켜 구성한 속도조절 밸브이다. 이 밸브는 체크 밸브(check valve)가 한 쪽 방향의 공기 흐름을 차단하므로 공기는 반드시 조절된 단면을 통하여 흐르게 되며, 반대 방향은 체크 밸브가 공기를 통과하는 방향이므로 유량이 전혀 조절되지 않고 자유로이 흐른다.

[그림 2-39]에서 보면 왼쪽에서 공기가 유입한 경우 공기는 통상 스프링으로 통로를 막고 있는 체크 밸브에 의하여 저지되고 교축 조절 나사에서 교축된 통로를 통하여 오른쪽으로 흐른다. 이 오른쪽 방향의 흐름(조절 나사에 의해 일정량의 공기만 흐름)을 제어류라고 한다.

반대로 오른쪽에서 공기가 유입한 경우는 교축 조절 나사로 교축된 통로를 통해서 흐름과 동시에 체크 밸브의 상면에 공기압이 작용하므로 이를 밀어내어 왼쪽으로 합류한다. 따라서 이 방향의 흐름을 자유류(공기 조절 효과 없음)라고 한다.

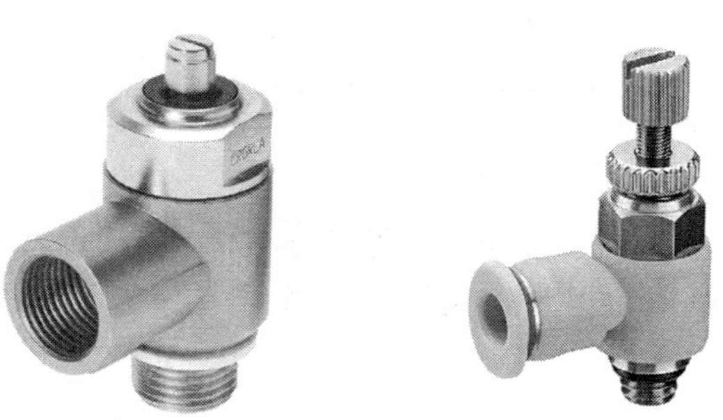

[그림 2-38] 속도 제어 밸브

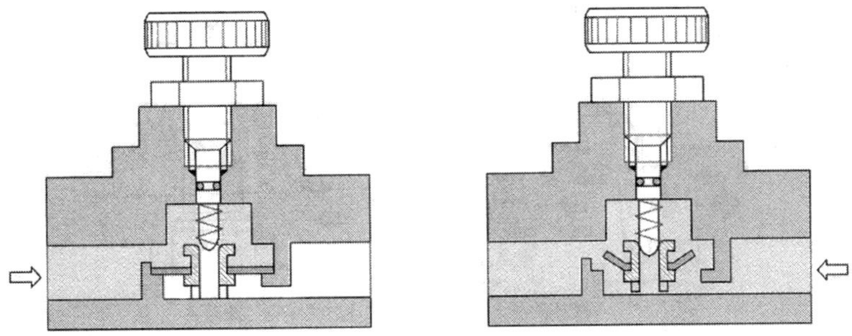

[그림 2-39] 속도 제어 밸브의 공기 흐름

(3) 급속 배기 밸브(quick exhaust valve)

급속 배기 밸브는 에어 실린더의 속도를 증가시키려 하거나 에어 탱크 내의 공기를 급속히 방출할 필요가 있을 때에 사용한다.(그림 2-40 참조)

[그림 2-40] 급속 배기 밸브

일반적인 속도 제어 회로에서 실린더의 속도를 증가시키려면 공기압 실린더와 방향 제어 밸브 사이에 속도 제어 밸브를 설치하여 사용하는 것이 보통이다.

그러나 배관으로 연결되어 있는 방향 제어 밸브를 변환시켜 방향 제어 밸브의 배기구에서 방출된 공기는 관로 저항과 방향 제어 밸브의 내부 저항 때문에 급속히 방출되지 않는다.

그러므로 에어 실린더에 가까운 배관 도중에 급속 배기 밸브를 부착시켜 배관으로 연결된 공기압 라인을 단락시켜 공기를 방출하면 저항이 작아 공기의 방출(배기)이 매우 빠르게 이루어지므로 공기압 실린더 속도를 증가시킬 수가 있다.

[그림 2-41]은 급속 배기 밸브를 공기압 회로에 사용하여 실린더의 후진 속도를 빠르게 조절하는 경우를 나타내었다. 이 밸브는 차단 가능한 압력 공급선 P, 차단 가능한 배기구 R과 출구 A를 갖고 있다.

실린더를 전진시키기 위하여 급속 배기 밸브의 입구로 압축공기가 공급되면 밸브 내의 밀봉 디스크는 배출구를 완전히 막게 되어 압축 공기는 출구를 통하여 실린더를 전진시킨다. 그러나 실린더 후진의 경우에는 밀봉 디스크가 실린더 측의 공급 구멍을 막게 되어 배출 공기는 직접 대기로 방출되므로 실린더의 후진 속도를 빠르게 한다. 이 밸브는 실린더에 직접 연결하거나 가능한 한 가깝게 설치하여야한다.

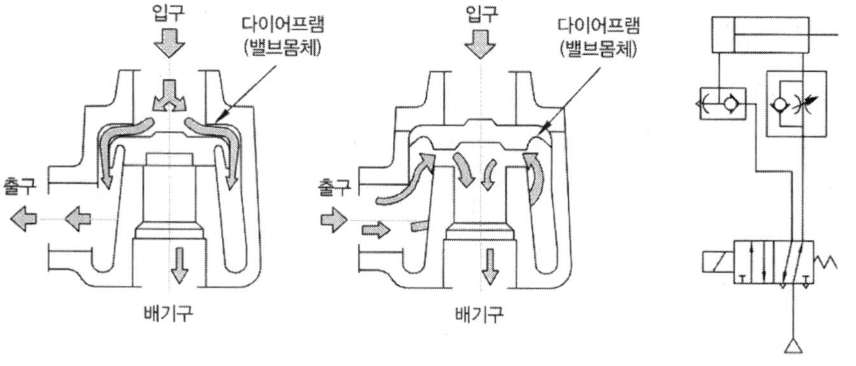

[그림 2-41] 급속 배기 밸브의 사용

다. 유량제어밸브의 유량 특성

교축 밸브의 조절나사 손잡이의 회전각도 또는 회전수에 비례한 교축 간극의 정도가 유량 제어의 용이성과 관계된다. [그림 2-42]는 유량 특성 곡선의 예를 나타내고 있다. 곡선 ①은 대유량 변화에, 곡선 ②는 미소 유량의 조절에 적합한 제어 밸브라 할 수 있다.

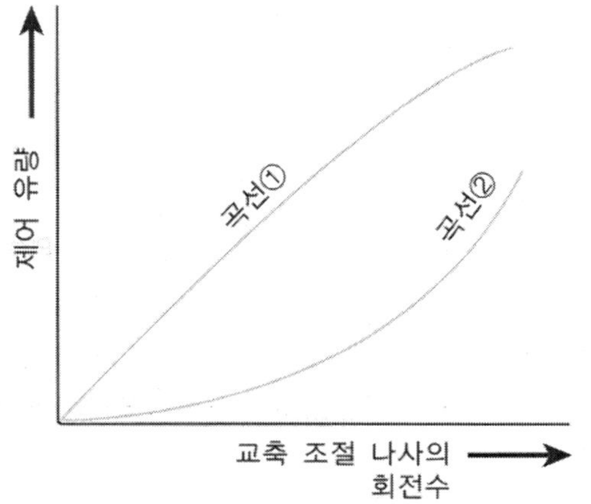

[그림 2-42] 유량 제어 밸브의 유량 특성 곡선

라. 유량제어밸브의 용도

(1) 교축 밸브

비교적 소형의 것은 공기 압력의 신호 감시나 전달 제어 요소에 많이 이용되며, 대형의 것은 회로의 주 라인에 설치되어 공급 공기량의 제어 또는 정지 밸브로 사용된다.

(2) 속도 제어 밸브

공기압 실린더나 모터의 제어 회로에서는 속도제어 밸브가 방향제어 밸브와 공기압 액추에이터 사이에 설치되며 속도 제어 방식에 따라 [그림 2-43]에 나타낸 것처럼 미터 인 회로, 미터 아웃 회로로 구분할 수 있다.

미터 인 제어 방식은 액추에이터에 공급되는 유량을 제어하고, 미터 아웃 제어방식은 액추에이터에서 배출되는 유량을 제어하는 방식이다.

이러한 속도제어방식은 액추에이터의 부하나 제어 조건 등에 따라 결정하나, 미터 인 회로보다 미터 아웃 회로가 제어성이 우수하다. 그 이유는 액추에이터에 공급되는 유량이 교축되지 않아 공급되는 공기의 양 및 사용 공기압이 쉽게 얻어져 충분한 출력이 얻어지며, 실린더에서 피스톤의 이동 도중에 부하가 증가되어도 속도의 영향이 적다. 또한 배출되는 공기의 양을 조절함으로써 이동 도중 부하 감소에도 속도의 영향이 없고 매우 안정된 속도를 얻을 수 있기 때문이다.

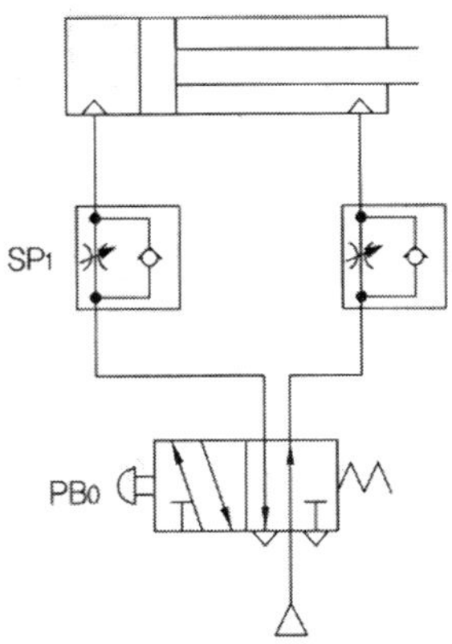

(a) 미터 인 회로

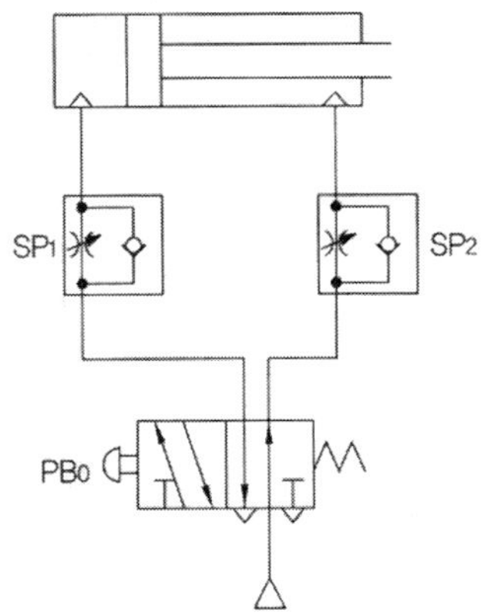

(b) 미터 아웃 회로

[그림 2-43] 유량 제어 밸브를 사용한 속도 제어 방식

마. 유량 제어 밸브의 사용상 주의점

유량 제어 밸브는 유량을 교축 밸브를 사용하여 조절한 후 유속을 음속 이상으로 올라가지 않도록 해야 한다. 그 이유는 음속 이상인 공기가 좁은 용적에서 넓은 곳으로 흘러 나가면 단순한 유량 교축에 그치는 것이 아니라 압력이 떨어진 상태에서 흐르므로 감압 상태가 되기 때문이다. 따라서 유속이 음속 이하의 조건이 되려면 밸브의 출구 압력을 입구 압력의 1/2 이하로 하지 않는다.

그러나 유체의 유량만 교축하여 제어하거나 압력만을 제어하기는 매우 어려워 실제로는 유량이 교축되면 압력 또한 동시에 떨어지게 된다. 이것은 압력 에너지가 속도 에너지로 변화하거나 관로의 마찰 저항, 밸브 내에서의 마찰 저항에 기인한다.

교축 밸브로 유량을 제어하면 밸브의 입구와 출구의 유량이 적어지게 되는데 이는 연속의 법칙에 의해 관로 전체의 유량이 적어짐을 의미한다.

바. 속도 제어 밸브의 사용상 주의점

속도 제어 밸브는 가능한 제어 대상과 가깝게 설치하여야 한다. 그 이유는 속도 제어 밸브를 통한 후에 관로의 용적 변화에 따라 제어성이 떨어지기 때문이다.

또한 밸브의 크기 선택에 주의해야 한다. 보통 사용하는 공기압 액추에이터의 지름에 맞추어 선정하나, 제어 흐름의 유량 특성이나 자유 흐름의 유량도 검토해야 되기 때문이다. 속도 제어의 방식은 공기의 압축성 때문에 가급적 미터 아웃 방식을 선택하고 설치 시에 교축되는 방향을 정확하게 하여야 한다.

속도 제어 또는 유량의 조절 시에 설정 값에 도달해 조정이 끝난 후에 고정용 나사를 고정하여 일정 유량이 제어되도록 한다.

속도 제어 밸브는 좁은 틈으로 공기를 유출 시키므로 그 틈새가 먼지나 이물질에 의하여 막히지 않도록 공기 청정화에 각별한 주의를 기울여야한다.

04 방향 제어 밸브

가. 방향 제어 밸브의 기능

공기압 회로에 있어서 실린더나 기타의 액추에이터로 공급하는 공기의 흐름 방향을 변환시키는 것이 방향제어 밸브(directional valves, way valves)이다.(그림 2-44 참조)

[그림 2–44] 방향제어 밸브

방향제어 밸브는 공기압 회로의 구성 기기 중에서도 가장 중요한 역할을 하는 기기로 용도에 따라서 적정한 선정을 하는 것이 필요하다.

이 밸브에는 여러 종류와 구조가 있고, 또한 밸브를 여러 이름으로 부르기 있기 때문에 이를 정리해 두는 것이 필요하다.

나. 방향 제어 밸브의 기호 표시 방법

공기압 장치에 사용되는 공기압 기기는 실물에 의해 명칭이나 용도의 파악이 가능한 것이 있으나 특히 방향 제어 밸브 류는 외형을 보고 명칭 및 용도를 파악하기 매우 어렵다. 따라서 이러한 밸브의 기능, 설계 원리 및 구조를 기호(symbol)를 사용하여 표시하면 회로도의 이해와 밸브의 기능을 쉽게 알 수 있다.

(1) 밸브의 표시법

밸브의 표시 방법은 DIN/ISO 1219를 기준으로 〈표 2-4〉에 설명하였으며, 밸브를 확실하게 설치할 수 있도록 각 연결구의 표시 방법을 〈표 2-5〉에 나타내었다.

〈표 2-4〉 밸브의 표시법

기호	설명	비고
	밸브의 스위치 전환 위치(switching position)는 사각형으로 나타낸다.	1. 정상 위치 (normal position) : 스프링에 의하여 원 위치로 되돌아올 수 있는 밸브에서 밸브가 연결되지 않았을 때의 위치가 된다. 2. 초기 위치 (initial position) : 밸브를 시스템 내에 설치하고 압축 공기나 전기와 같은 작동 매체를 공급하고 작업을 시작하려 할 때의 위치를 의미한다.
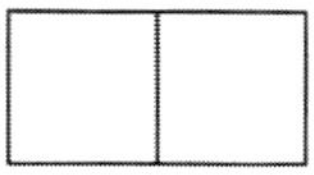	– 2개 이상이 겹쳐 있는 사각형의 수는 밸브의 전환 위치의 수를 나타낸다. – 밸브의 기능과 작동 원리는 사각형 안에 표시한다.	
	직선은 유로를 나타내며 화살표는 흐르는 방향을 나타낸다.	
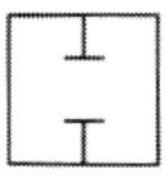	차단(shut–off) 위치는 사각형 안에 직각으로 표시된다.	
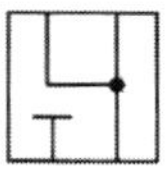	유로의 접점은 점으로 표시된다.	
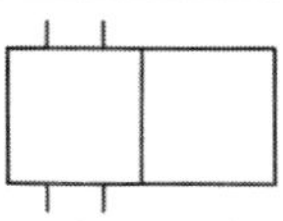	출구와 입구의 연결구는 사각형 밖에 직선으로 표시된다.	
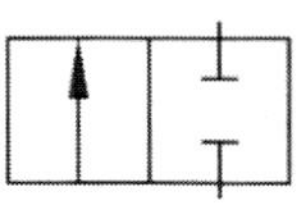	밸브의 다른 제어 위치는 사각형을 옆으로 이동하면 얻을 수 있다.	
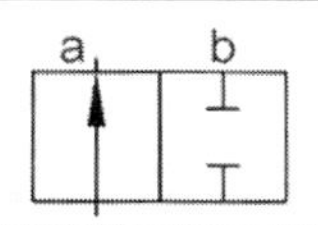	밸브의 제어 위치는 a, b, c 등의 소문자로 표시될 수 있다.	
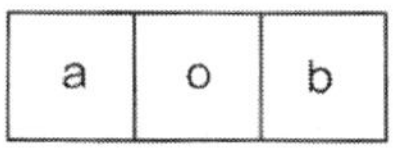	3개의 전환 위치를 갖는 밸브에서 중간 위치는 중립 위치를 나타낸다.	
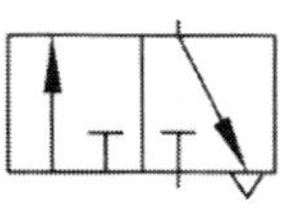	파이프 라인의 연결 없이 직접 밸브에서 배기되는 배기구는 기호에 직접 삼각형으로 표시한다.	
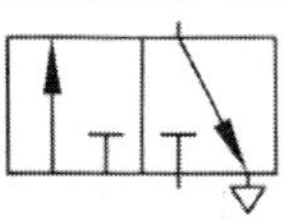	파이프 라인이 있는 배기구는 밸브에 직접 붙지 않는 삼각형으로 표시된다.	

〈표 2-5〉 밸브 연결구 표시법

연결구	ISO-1219	ISO-5599 / II
작업 라인	A, B, C …	2, 4, 6 …
압축 공기 공급라인	P ……	1 ……
배기구	R, S, T …	3, 5, 7 …
제어 라인	Z, Y, X …	10, 12, 14 …

다. 방향 제어 밸브의 분류

방향 제어 밸브는 다음과 같이 분류되고 이들을 정리한 것이 〈표 2-6〉이다.

① 밸브의 기능에 의한 분류
② 밸브의 조작 방식에 의한 분류
③ 밸브의 구조에 의한 분류
④ 포트의 크기에 의한 분류

〈표 2-6〉 방향 제어 밸브의 분류

분류		형식	설명
기능	포트 수	2, 3, 4, 5 포트	4각형 1개에 연결된 포트의 수
	제어 위치 수	2, 3, (4) 위치	1개 이상의 4각형이 겹쳐있는 수
밸브의 조작		인력 : 수동 조작 공압 : 파일럿 조작 전자 : 솔레노이드 조작 기계 : 플런저,롤러 등의 조작	푸시버튼 스위치 등을 사용하여 밸브의 제어 위치를 바꾸기 위한 조작 형태
밸브의 구조		포핏 밸브 : 볼, 디스크	볼, 디스크 등에 의하여 밸브의 공기 통로를 개폐하는 구조
		스풀 밸브	원통형 슬리브 면에 내접하여 축 방향으로 이동하여 유로를 개폐
		슬라이드 밸브	밸브 시트와 밸브체가 서로 슬라이딩 하여 유로를 개폐
포트의 크기		오리피스의 크기	밸브의 내부 통로 중 가장 좁게 교축된 부분의 크기
		배관 접속구의 크기	배관 접속구의 입구 지름을 표시하며 밸브의 호칭 지름

(1) 기능에 의한 분류

(가) 포트 수

방향제어 밸브는 주 관로와 밸브가 접속되는 전환 통로의 갯수가 밸브의 기능을 결정하며 이것을 나타내는 것이 연결구의 수, 즉 포트 수이다.

그 종류에는 단순히 공기압의 흐름을 막거나 배기할 수 있는 2포트나 3포트 밸브, 이들을 조합해서 2방향 이상의 전환기능을 갖게 한 4포트 밸브, 5포트 밸브 등이 있고 6포트 밸브 이상의 것은 특수한 목적에 이용된다.

[그림 2-45]는 방향 제어 밸브의 대표적인 기능을 표시한다.

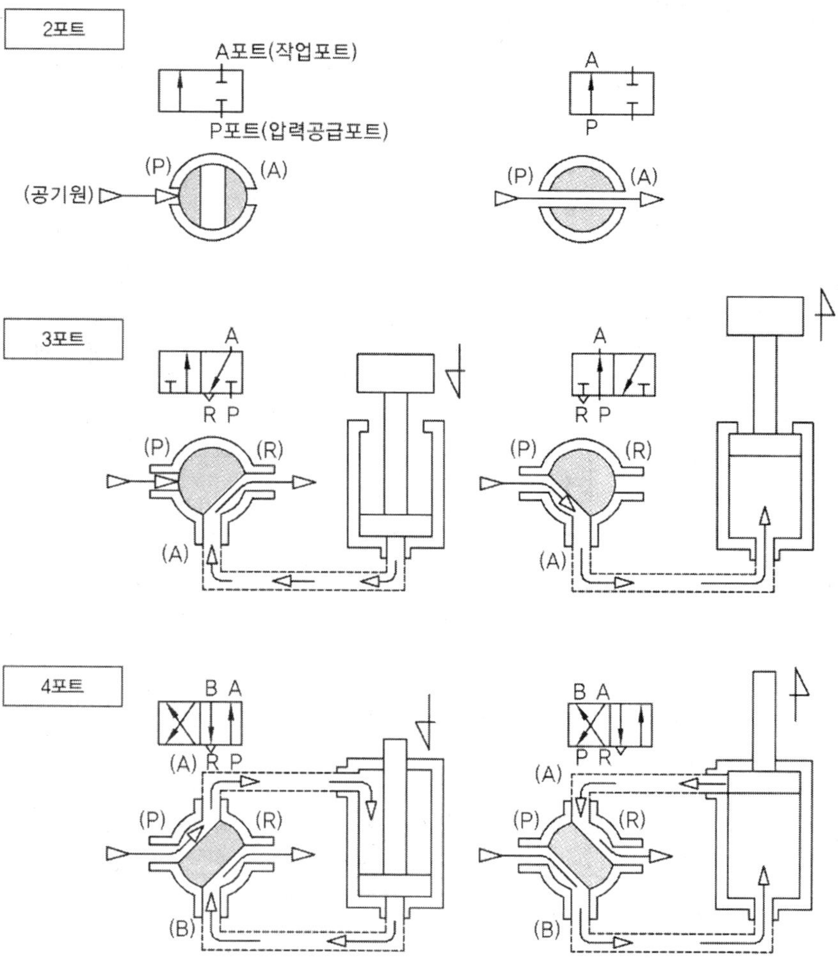

[그림 2-45] 방향 제어 밸브의 대표적인 기능

(나) 위치의 수

방향 제어 밸브가 압축 공기의 흐름을 변환할 수 있는 것은 방향 제어 밸브에는 복수의 제어 위치(기호: 4각형)가 있기 때문이다.

이러한 변환 상태의 위치가 2개이면 2위치 밸브, 4개이면 4위치 밸브라고 한다. 예를 들어 밸브에 조작력을 가하여 공기 통로를 개방하는 제어 위치와 조작력을 회수하면 공기의 통로를 차단하는 제어 위치를 갖는 밸브는 2위치 밸브가 된다.

〈표 2-7〉 방향 제어 밸브의 기능에 의한 분류

종류		기호	유로의 기로		
포트의 수	절환위치의 수	1 2 3	1	2	3
2포트	2위치	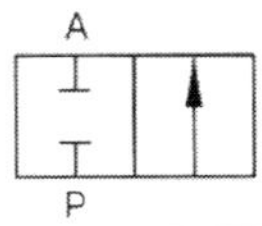	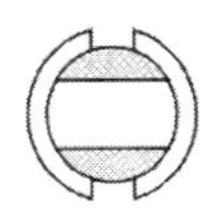	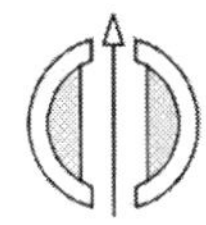	
3포트	2위치	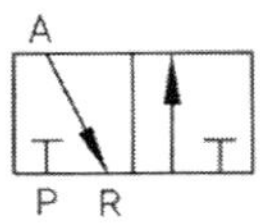	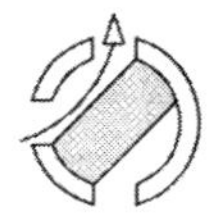		
	3위치 (올포트블록)	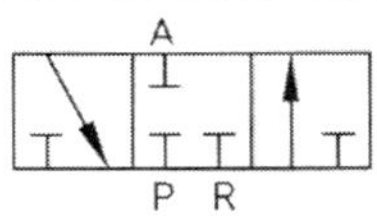	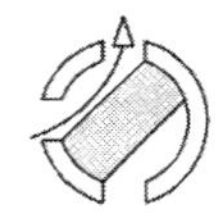	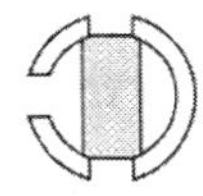	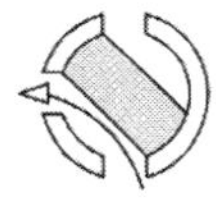
4포트	2위치	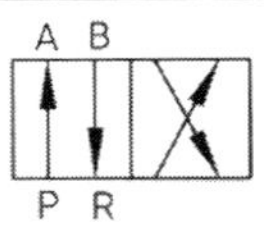	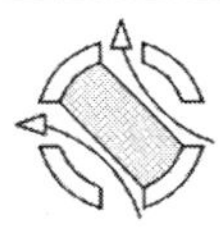	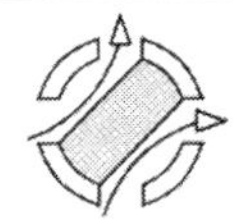	
	3위치 (올포트블록)	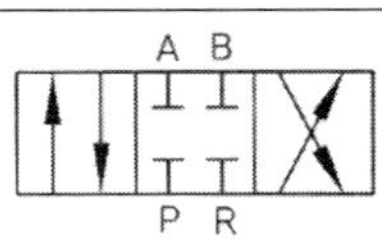		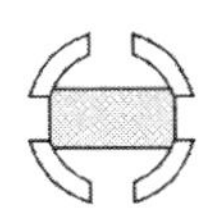	
	3위치 (ABR접속)	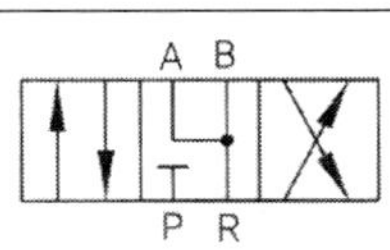		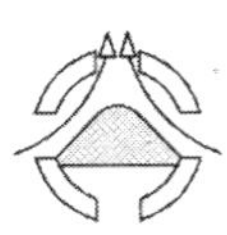	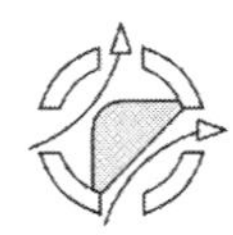
	3위치 (PAB 접속)	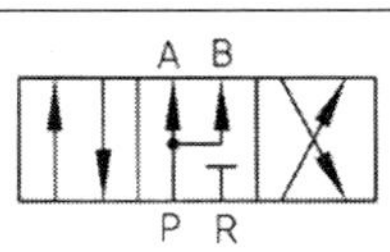	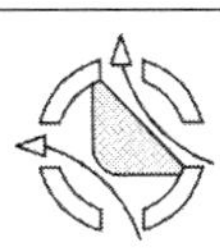	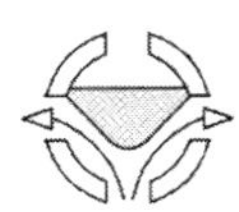	
5포트	2위치	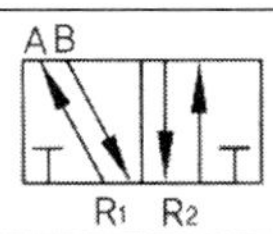	기능은 4포트 밸브와 같다. A, B의 전용 R포트가 있다.		
	3위치 (올포트블록)	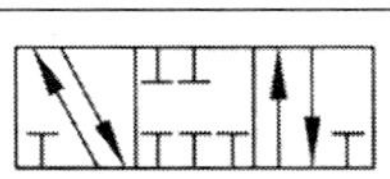			

즉 [그림 2-45]와 같이 두 종류의 변환 상태를 갖는 것이며, 이를 위치 수라고 한다. 일반적인 밸브에서는 2위치 이외에 또 하나의 변환 상태가 있으며 〈표 2-7〉처럼 중앙 위치를 가지고 있는 것이 일반적이다.

(2) 조작 방식에 의한 분류

방향 제어 밸브를 변환하기 위해서는 조작력이 필요하고 이 조작력의 종류에 따라서 〈표 2-8〉처럼 분류된다.(그림 2-46 참조)

표에 나타난 것은 기본 조작 방식으로 실제의 방향 제어 밸브에서는 이들의 기본 조작 방식을 조합한 것으로 되어 있다.

제어 밸브를 조작해서 변환하면 이것을 복귀하는 조작도 필요하다. 이 복귀 조작에도 〈표 2-8〉의 조작 방식 중에서 사용된다.

(a) 방향제어 밸브–인력조작 방식

(b) 방향제어 밸브–기계조작 방식

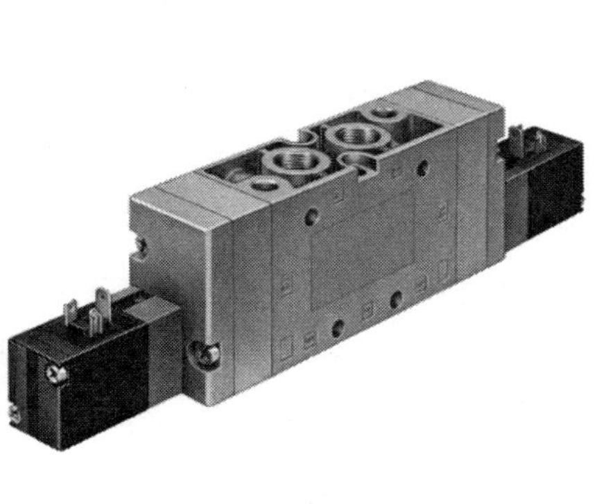

(c) 방향제어 밸브–전자(솔레노이드) 방식

(d) 방향제어 밸브–파일럿 조작 방식

[그림 2-46] 방향제어 밸브의 조작방식에 의한 분류

〈표 2-8〉 방향 제어 밸브의 조작 방식

조작방법	종류	기호		비고
인력조작방식	누름버튼방식	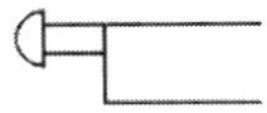		기본기호 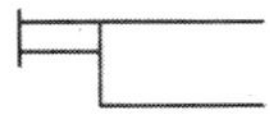
	레버방식	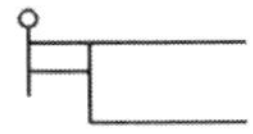		
	페달방식	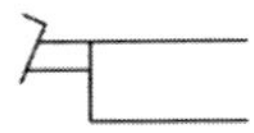		
기계방식	플런저방식	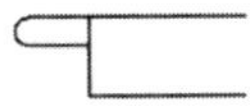		기본기호 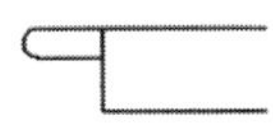
	롤러방식	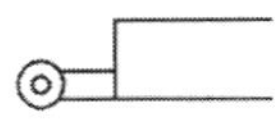		
	스프링방식	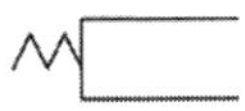		
전자방식	직접작동방식	(1) 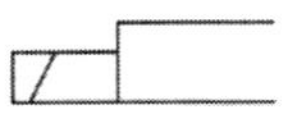		(1) 직동식
	간접작동방식	(2) 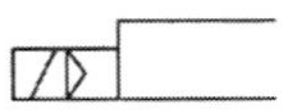		(2) 파일럿식
공기압방식	직접파일럿	(1) 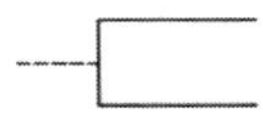	(1) 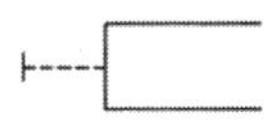	(1) 압력을 가해서 조작하는 방식
	간접파일럿	(2) 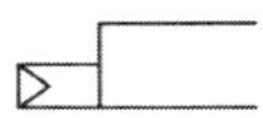	(2) 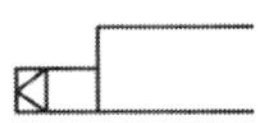	(2) 압력을 빼고 조작하는 방식
보조방식	디텐트	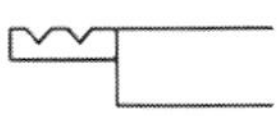		일정 이상의 힘을 주지 않으면 움직이지 않음

제어밸브의 조작 방식에서 단동 조작이라는 것은 조작력을 가하면 제어 밸브의 제어 위치가 변하고, 조작력을 제거하면 자동적으로 원래의 위치로 복귀하는 것을 말한다. 복귀 조작에는 스프링에 의하거나 파일럿 라인에 압축 공기를 공급하는 방법 등을 취하고 있으며 또는 이들을 조합하여 사용한다.

일반적으로 단동 조작은 스프링에 의해 복귀하는 형태가 많으며, 복동 조작은 조작측과 복귀측의 구별이 없이 각각 별도로 조작하여 일단 방향을 변환하면 조작력이 계속 작용하지 않아도 변환 상태 그대로 유지하게 된다. 그러므로 복동 조작은 공기압적인 기억 기능을 이용하여 공기압 시퀀스 회로에서 액추에이터의 최종 제어 요소에 많이 이용된다.

제어 밸브의 조작에는 직접 밸브를 변환하는 직접 작동 방식과 조작력과 밸브 간에 다른 구동력을 주어서 변환 조작을 행하는 간접 작동 방식이 있으며, 일반적으로 전자를 직동식, 후자를 파일럿식으로 부르고 있다. 파일럿식은 조작력이나 조작 거리가 부족하고 밸브를 직접 변환할 수가 없는 경우에 사용된다.

또한 파일럿 조작 솔레노이드 밸브는 기본 조작 방식인 솔레노이드 방식과, 공기압 방식의 조합한 복합적인 간접 작동형이다.

간접 작동형의 특징은 보조 공기로 밸브를 변환시키므로 밸브 사이즈가 상당히 커지더라도, 전자석의 작은 용량이 작동에 큰 지장이 없을 경우가 많으므로 전기적으로는 대단히 유리하다.

그러나 보조압이 없으면 밸브는 변환하지 않으므로 압력이 제로에 가까울 때는 밸브가 충분히 작동하지 않는 경우가 있으며 사용 압력 범위가 낮은 편으로 직접 작동형에 비해 작은 것이 보통이므로 그 사용 압력 범위를 넘지 않도록 주의해야 한다.

(3) 밸브의 구조에 의한 분류

밸브의 구조는 그 특성을 좌우하는 중요한 요소가 되는 것으로 포핏(popet)식, 슬라이드(slide)식으로 분류된다.

포핏 밸브는 포핏의 형상에 따라 볼-시트(ball seat) 밸브, 디스크 시트(disk seat) 밸브 등으로 나누어지고 슬라이드 밸브는 세로 슬라이드 밸브, 세로 평 슬라이드 밸브, 판 슬라이드 밸브(나비 밸브) 등으로 나누어진다.

(가) 포핏 밸브(poppet valves)

포핏 밸브의 연결구는 볼, 디스크, 평판(plate) 또는 원추(cone)에 의하여 열리거나 닫히게 되는 구조로 설계되어 있으며 밸브체가 밸브 시트에서 직각 방향으로 작동하는 형식의 밸브이다.

포핏 밸브는 사용 공기압에 의하여 작동되므로 밀봉(sealing) 효과가 좋고 복귀 스프링이 파손되는 경우에도 공기 압력으로 복귀된다. 또한 구조가 간단하기 때문에 먼지 등의 이물질의 영향을 잘 받지 않고, 가동 부분의 이동 거리가 짧으므로 전환 속도가 빠르며 유량을 많이 흘려보낼 수 있어 지름이 큰 연결구에 적합하다.

그러나 공급 압력이 밸브에 작용하기 때문에 밸브체에 배압이 작용하여 큰 변환 조작이 필요하고, 제어 위치 수가 많으면 구조가 복잡하게 된다. 그러므로 포핏 밸브는 비교적 소형의 제어 밸브나 솔레노이드 밸브의 파일럿 밸브 등에 많이 사용되고 있다.

① 볼 시트(ball seat) 밸브

볼 시트 밸브는 구조가 간단하기 때문에 가격이 싸고 크기가 작다. [그림 2-47]은 볼 포핏을 이용한 3/2-way 밸브의 구조이다. 내장된 스프링은 볼을 밸브 시트로 밀어붙여 압축 공기가 공급선 P로부터 작업선 A로 흐르는 것을 차단시켜 주며 밸브의 플런저를 작동시키면 볼은 시트로부터 떨어지게 된다. 이때 플런저에 작용하는 힘은 스프링의 반력과 압축 공기가 볼을 밀어 올리는 힘을 이길 수 있어야 하며 조작 방식은 수동이나 기계적 조작이 일반적이다.

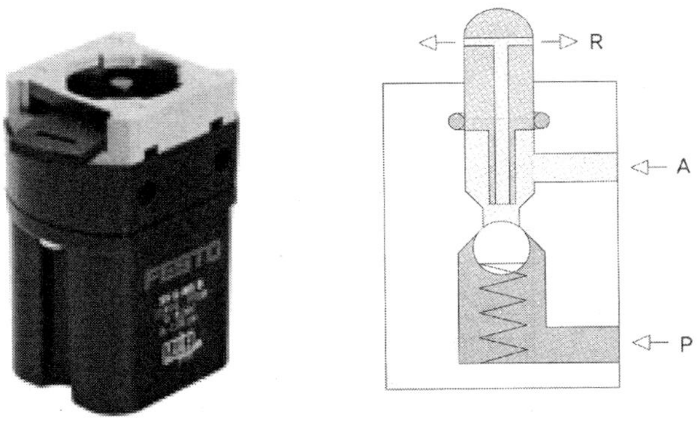

[그림 2–47] 볼 시트 밸브

② 디스크 시트(disk seat) 밸브

이 밸브는 볼 시트 밸브에 비하여 먼지나 이물질에 민감하지 않으므로 내구성이 좋고 밀봉이 우수하며 구조가 간단하다. 또한 가동 부분의 이동 거리가 짧아 작은 거리만 움직여도 압축 공기가 통하기에 충분한 단면적이 생겨 응답 시간이 짧다.

[그림 2-48] (a)의 오른쪽에 위치한 3/2-way 밸브는 배출시 오버랩(exhaust overlap)이 있는 형태이다. 플런저가 작동하게 될 때에 P(공급 라인), A(작업 라인) 및 R(배기 라인)이 잠시 동안 서로 연결되기 때문에 조작을 천천히 하면 다음 라인으로 실제적인 작업 없이 많은 압축 공기가 대기로 방출된다.

[그림 2-48] (b)의 3/2-way 밸브는 조작을 천천히 하는 경우에도 공기의 손실이 없게 된다. 그 이유는 디스크 시트가 하나밖에 없는 밸브는 배출 오버랩이 일어나지 않기 때문이다. 플런저가 작동되면 우선 공기 배출선 R이 막히게 되고, 더 내려가면 디스크가 시트로부터 떨어져 공기는 P에서 A로 흐르게 된다. 내장된 스프링에 의하여 밸브는 원위치로 돌아가게 되며, 이 3/2-way 밸브는 단동 실린더와 마스터 밸브(master valve)를 제어하는 데 사용된다.

[그림 2-49]는 디스크 형의 포핏을 사용한 3/2-way 밸브이며 압축 공기에 의하여 포핏을 조작한다. 밸브의 정상 상태는 [그림 2-49]의 왼쪽에서 보는 것처럼 디스크 포핏에 의하여 P포트는 차단되어 있고 A포트에서 R포트는 통로가 열려 있다. 이 밸브의 Z(제어 라인, 파일럿 라인)를 통하여 압축 공기를 파일럿 스풀(pilot spool)에 작용시키면 밸브의 플런저가 스프링의 반력을 이겨 움직이게 되므로 P와 A가 연결되어 압축 공기를 흐르게 한다.

파일럿 라인 Z에서 배기가 일어나게 되면, 파일럿 스풀은 내장된 스프링에 의하여 원위치로 되돌아오게 되어 P에서 A의 통로는 닫히게 되고 A에 있는 여분의 공기는 R을 통하여 배출된다.

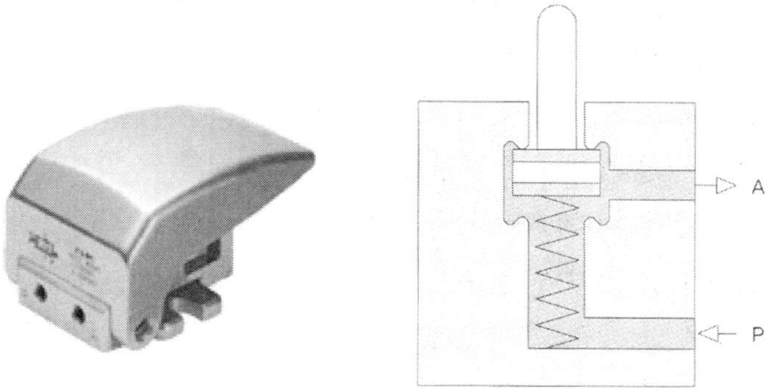

(a) 3/2-way 밸브(exhaust over-lap)

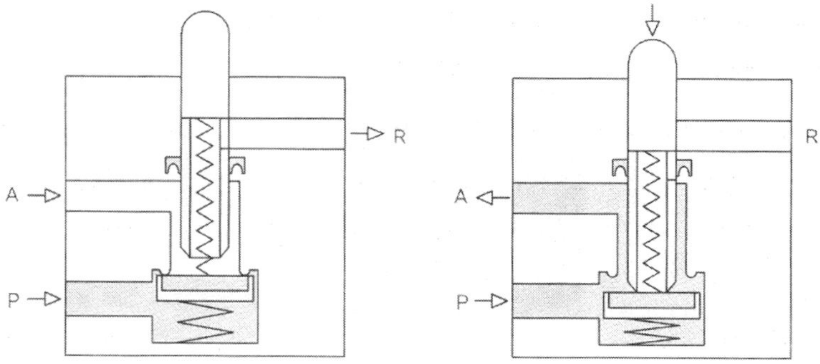

(b) 3/2-way 밸브

[그림 2-48]

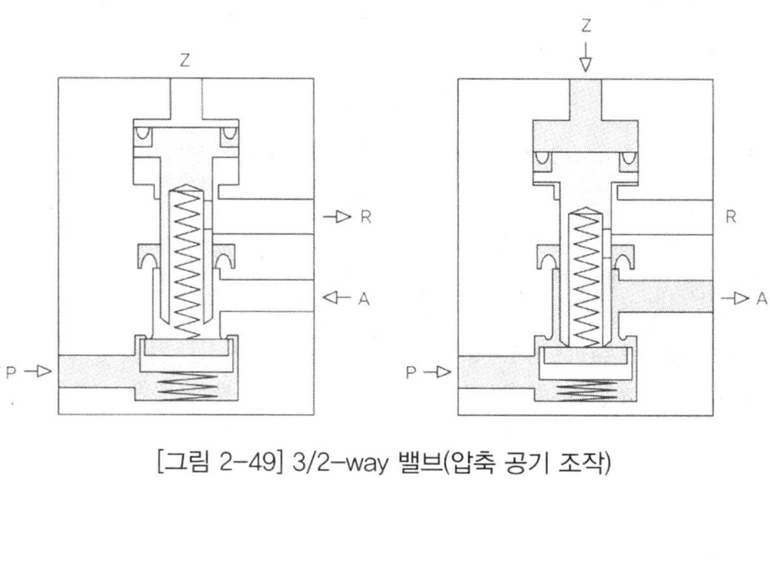

[그림 2-49] 3/2-way 밸브(압축 공기 조작)

[그림 2-50]은 디스크 시트 원리에 의하여 작동되는 또 다른 3/2-way 밸브를 나타낸다. 정상 상태 닫힘 상태의 3/2-way 밸브에서 파일럿 라인 Z를 통하여 압축 공기를 작용시키면 들어오는 압축 공기는 격판(diaphragm)에 압력을 가하게 되어 격판에 연결된 파일럿 스풀(pilot spool)이 움직이게 되고 닫혀 있던 P포트는 A로 통로가 열리게 되고 R은 닫히게 된다. 파일럿 라인 Z에 압축 공기의 공급이 중단되면 복원 스프링에 의하여 밸브체는 원위치로 돌아오게 된다.

이 밸브의 특징 중 하나는 P와 R을 교환함으로써 정상 상태에서 열림(normally opened)이나 정상 상태에서 닫힘(normally closed)형의 밸브가 된다.

사용 공기 압력이 6 kgf/㎠인 경우 A의 작동 압력은 1.2 kgf/㎠ 정도이며 사용 압력 범위는 1.2 ~ 8 kgf/㎠이며 유량은 100 l /min 정도이다.

[그림 2-51]은 양 방향으로 공기압을 작동시켜 조작하는 공기압적인 기억 기능이 있는 5/2-way 밸브이다.

[그림 2-51]의 왼쪽은 파일럿 라인 Z에 압축 공기가 작용하여 P에서 A, B에서 R의 통로는 열려있다. 이 상태에서 밸브의 제어 위치는 다른 쪽(파일럿 라인 Y)에 신호 압력이 들어올 때까지 그때의 위치를 유지한다.

이 밸브는 압축 공기가 파일럿 라인에 작용하게 되면 세로 슬라이드 밸브에서와 같이 파일럿 스풀에 변위가 일어나게 되어 파일럿 스풀의 중간에 있는 밀봉 링으로 된 디스크에 의하여 P와 A 또는 B가 연결되기도 하고 분리되기도 한다. 사용 공기압의 배기는 S와 R을 통하여 일어나게 된다.

이 밸브는 유니버셜플랜지 판(universal flange plate)에 조립 부착하면 각각의 모듈(module)을 쉽게 교환할 수 있게 된다.

[그림 2-52]는 파일럿 밸브가 내장되어 있는 3/2-way 밸브이다. 이 밸브는 작동력을 작게 하기 위하여 롤러 레버가 기계적인 방법으로 조작되면 내장된 파일럿 밸브를 작동시켜 제어 위치를 변환할 수 있는 구조이다.

여기서 밸브의 작동력은 가끔 실제의 경우에 매우 중요한 결정 요인이 된다. 예를 들면 1/8″ 밸브를 6 kgf/㎠에서 사용할 때에 작동력은 약 0.18 kgf/㎠ 정도가 된다.

그림에서 압력 공급선 P와 파일럿 밸브는 작은 구멍으로 연결되어 있고 누름 버튼을 작동시키면 파일럿 밸브가 열리게 되어 압축 공기는 주 밸브의 격판으로 흐르게 되어 밸브 디스크는 아래로 움직이게 된다. 그 결과 A와 R의 통로는 닫히고, P와 A는 연결된다. 누름 버튼이 이완되면 격판의 압력선이 차단되고 공기는 배출되며 스프링에 의하여 밸브는 원래의 위치로 되돌아오게 된다.

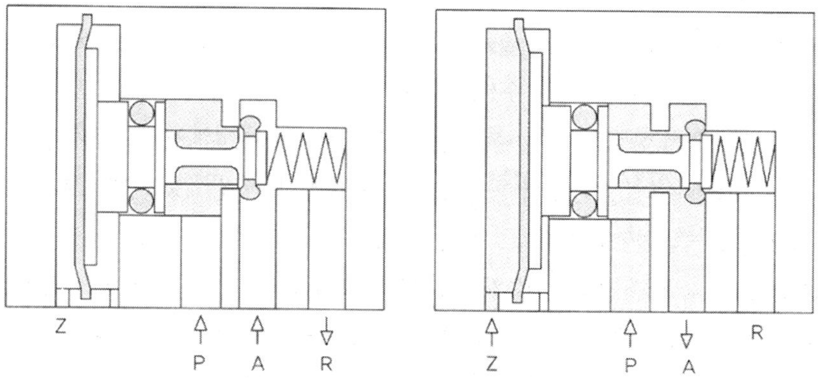

[그림 2-50] 3/2-way 밸브(디스크 시트 밸브)

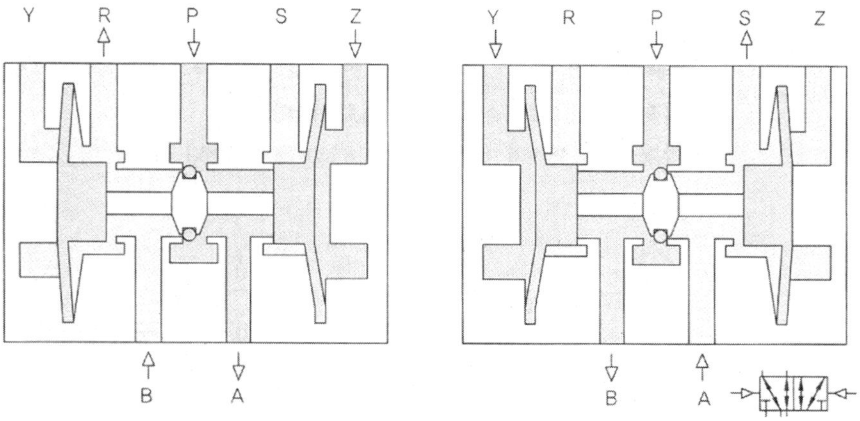

[그림 2-51] 5/2-way 밸브(양쪽 공기압 작동)

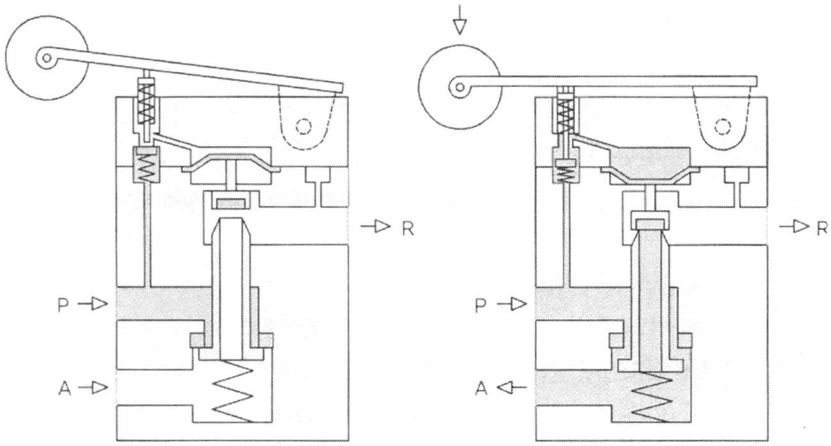

[그림 2-52] 3/2-way밸브(파일럿 밸브 내장)

[그림 2-53]는 파일럿 제어 4/2-way 밸브이다. 이 밸브는 정상 상태 닫힘 3/2-way 밸브와 정상 상태 열림 3/2-way 밸브의 조합이다. 그리고 파일럿 밸브는 3/2-way 밸브와 같은 모양이다.

정상 상태에서 압축 공기는 파일럿 밸브와 주 밸브의 일부로 공급된다. 두 개의 격판(diaphram)에 의하여 공기의 통로는 P에서 B와 A에서 R의 방향으로 각각 열려있다.

기계적인 방법(예: 실린더, 캠 등)의 조작에 의하여 롤러를 내려 누르게 되면 연결된 레버를 통하여 파일럿 밸브가 열리게 되고 압축공기는 주 밸브의 격판을 누르게 되어 밸브 디스크가 아래로 움직이게 되어 공기의 통로는 P에서 B 방향으로 A는 R의 방향으로 연결된다.

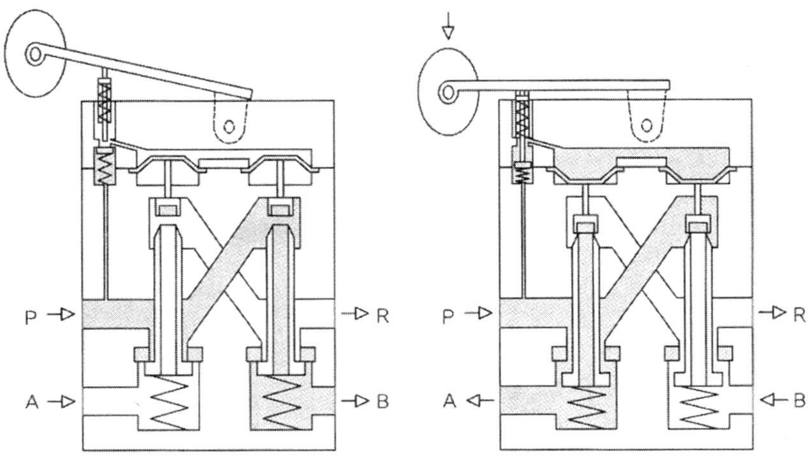

[그림 2-53] 4/2-way 밸브(파일럿 제어)

롤러 레버에 조작 신호를 회수하면 격판에 공급되는 압축 공기가 차단되므로 내장된 압축 스프링에 의해 밸브 디스크는 원래의 위치로 되돌아간다. 이때 작동력도 먼저와 마찬가지로 0.18 kgf/㎠ 정도이다.

(나) 슬라이드 밸브(slide valves)

슬라이드 밸브는 각각의 연결구가 세로 슬라이드(spool slide), 세로 평 슬라이드(spool flat slide), 판 슬라이드(plate slide)에 의하여 연결되거나 차단된다.

① 세로 슬라이드 밸브

세로 슬라이드 밸브의 내부 구조는 [그림 2-54]와 같이 정밀 가공된 원통(슬리브) 안에 스풀을 끼워 슬리브의 제한된 공간을 스풀이 이동함으로 해서 그 위치에 따라 유로의 연결 상태를 변환시킨다.

또한 주 관로의 압력 영향을 받는 포핏 밸브와 달리 압력에 따른 힘을 거의 받지 않기 때문에 비교적 작은 힘으로 밸브의 제어 위치 변환이 용이하며 스풀의 형상에 따라서 복잡한 변환 기능을 간단하게 제어할 수 있기 때문에 솔레노이드 밸브와 같은 자동 밸브에 많이 사용되고 있다.

정상 위치(normal position)가 없으므로 현재 제어 위치에서 다른 위치로 변환하기 위해서는 주어진 제어 포트에 짧은 제어 펄스(pulse)만이 필요하다.

제어 펄스에 의해 움직인 후 제어 위치는 그대로 유지되며(공기압적인 기억 기능), 다른 제어 신호에 의하여 제어 위치가 비로소 변환된다. 그러므로 이 밸브는 자동 순차 작동 제어(sequence control)에서 복동 실린더의 제어에 주로 이용된다.

밸브의 조작은 수동, 기계적, 전기적 및 공기압 등과 같은 모든 형태의 작동 방법을 사용할 수 있으나 작동에 요구되는 이동 거리는 포핏 밸브보다는 상당히 길다.

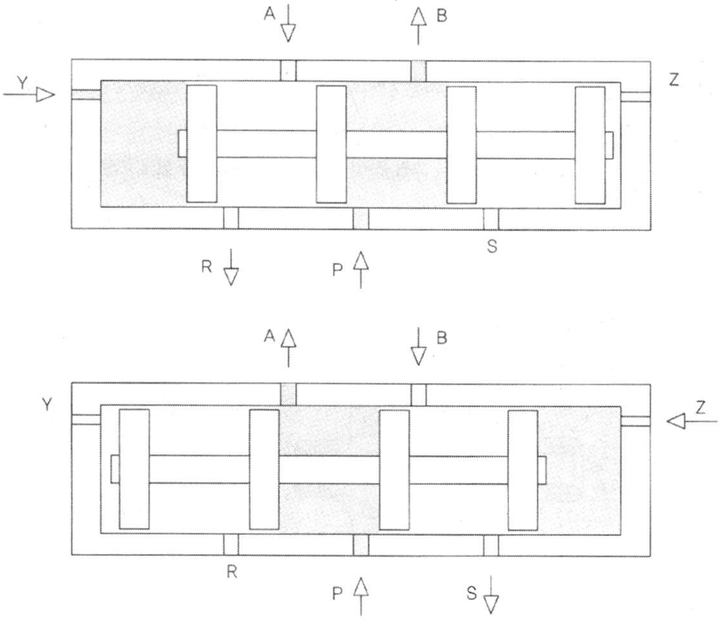

[그림 2-54] 세로 슬라이드 밸브

그러나 세로 슬라이드 밸브는 슬리브(sleeve)와 스풀이 금속으로 되어 있으므로 밀봉(sealing)장치의 끼워 맞춤 형태가 매우 중요하다. 슬라이드 밸브에서 끼워 맞춤의 오차 범위가 0.002 ~ 0.004 mm를 초과하면 누출 손실이 커지므로 주의해야 하며, 또한 미끄럼

면이 정밀한 치수로 가공되어 있기 때문에 먼지 등의 이물질의 침입을 최대한 방지해야 하며, 압축 공기에 대한 질의 관리와 윤활유의 관리가 필요하다.

밀봉을 정확하게 하기 위하여 [그림 2-55]와 같이 스풀이나, 슬리브의 내경에 O링을 사용하거나 양컵 패킹을 사용하여 밀봉한다. 패킹 실(packing seal)의 경우에는 공기 누출이 거의 없지만 패킹의 재질에 따라서 급유가 필요한 경우가 있다.

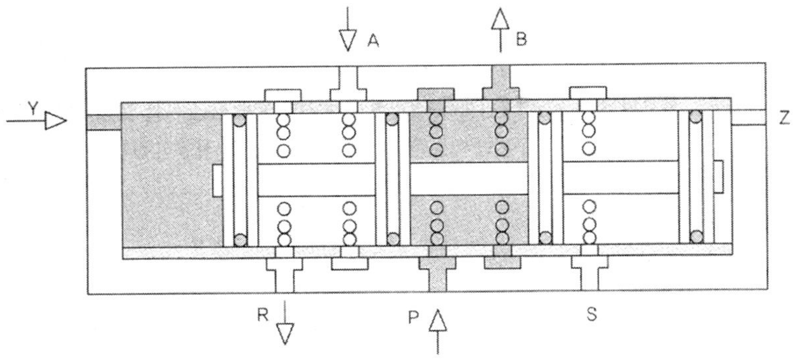

[그림 2–55] 슬라이드 밸브의 밀봉 형태(O링 사용)

[그림 2-56]은 수동 조작에 의한 세로 슬라이드 밸브(hand longitudinal slide valve)를 나타낸 것으로서 외부 케이스의 이동에 따라 밸브의 제어 위치가 변환된다.

밸브의 구조가 간단하여 공기압 시스템의 차단 밸브(shut off valve)로 사용된다.

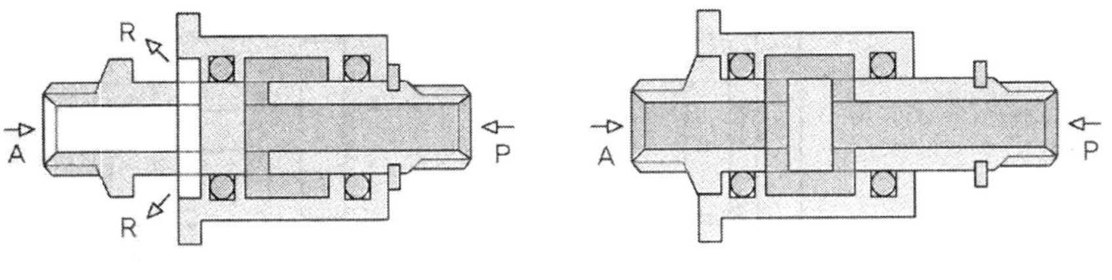

[그림 2–56] 세로 슬라이드 밸브(수동 조작)

② 세로 평 슬라이드 밸브

세로 평 슬라이드 밸브는 파일럿 스풀에 의하여 밸브의 제어 위치를 전환하며, 각 제어 연결구는 별도의 평 슬라이드(flat slide)에 연결되거나 분리된다.

[그림 2-57]은 4/2-way 세로 평 슬라이드 밸브의 구조로서 평 슬라이드는 압축 공기와 내장된 스프링에 의하여 자기 조절이 되기 때문에 마모가 일어나도 밀봉의 효과가 좋으며 파일럿 스풀 자체는 0링에 의하여 밀봉된다.

밸브의 전환은 압축 공기가 파일럿 라인 Y를 통하여 작용하면 P와 B는 연결되고 A는 R을 통하여 배출되며, Y측에 압축 공기가 차단된 상태에서 Z에 압축공기가 공급되면 P는 A와 연결되고 B는 R을 통하여 배출된다.

이때 파일럿 스풀은 제어 선(Y)에 압축 공기가 공급되지 않아도 다른 제어 선(X)으로부터 신호를 받을 때까지 그때의 위치를 유지하게 된다.

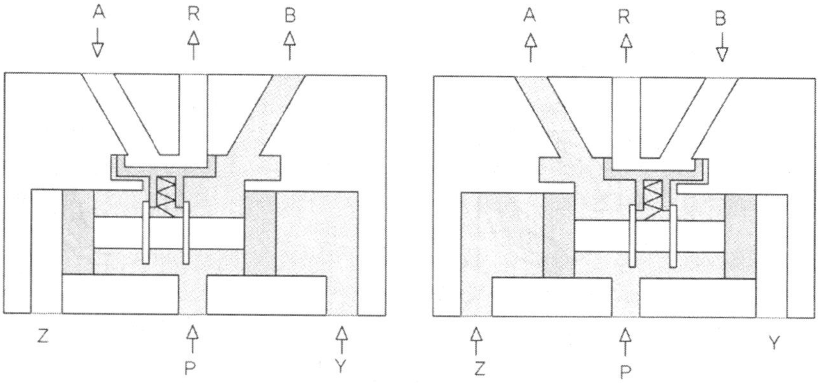

[그림 2-57] 세로 평 슬라이드 밸브

③ 판 슬라이드 밸브

판 슬라이드 밸브(plate slide valve)는 세로 슬라이드 밸브의 구조가 평면적으로 설계된 형태로서 밸브 체와 밸브 시트가 미끄럼 운동에 의하여 공기의 통로를 개방하거나 차단되는 구조로 되어있다.

접촉면은 정밀 가공하여 밀봉 부분을 스프링으로 누르고 있으므로 공기의 누설량은 극히 작다. 판 슬라이드 밸브는 소형으로 설계가 가능하나 제어 위치의 전환에 따른 이동 거리가 크고 접촉면의 저항이 커서 자동 밸브로 사용되는 일은 많지 않으며 일반적으로 손이나 발로만 작동시킬 수 있는 수동 조작 밸브가 보통이다.

[그림 2-58]의 (a)는 밸브의 중앙 위치(middle position)에서 모든 연결구가 차단되어 있다. 이런 형태를 올 포트 블록(all ports blocked)이라 하며 이는 실린더의 피스톤 로드가 행정 거리 범위 내에서 임의의 위치에서 멈추는 것을 가능하게 한다.

그러나 공기의 압축성 때문에 정확한 위치 제어는 힘들며, 디스크의 통로를 길게 하면 다른 형태의 중앙 위치를 얻을 수도 있다.

[그림 2-58] (b)는 밸브의 중간 위치에서 P를 제외한 모든 제어 연결구가 열려진 것을 볼 수 있다. 이러한 중앙 위치를 플로트 위치(float position)라 하며 이 위치를 선택하면 외력에 의하여 피스톤을 원하는 위치에 정지시킬 수가 있다.

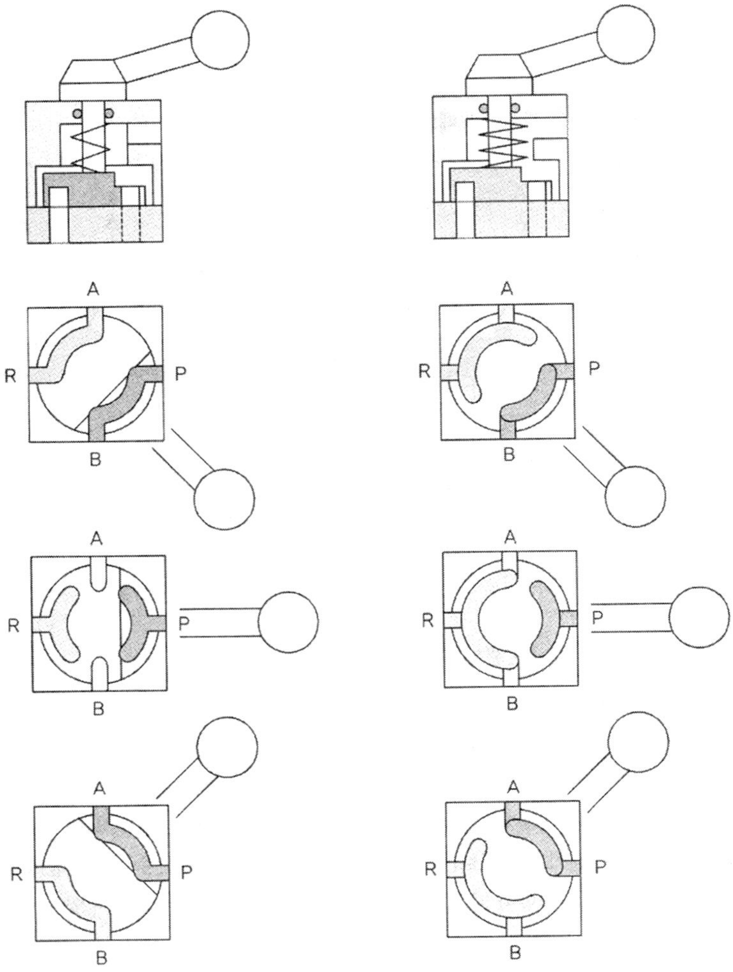

(a) 올 포트 블록 형 (b) 플로트 위치 형

[그림 2-58] 판 슬라이드 밸브

(다) 솔레노이드 밸브

솔레노이드 밸브는 공기압과 전기 에너지를 함께 사용하여 밸브의 제어 위치를 변환하며, 신호를 출력하는 밸브 부분과 솔레노이드를 사용하는 전기적 스위칭부로 구성되어 있다.

[그림 2-59]와 같이 솔레노이드의 힘에 의하여 직접 밸브의 제어 위치를 전환할 수 있는 직접 작동형과 [그림 2-60]과 같이 소형의 솔레노이드로 파일럿 밸브를 움직여 그 출력 압력에 의하여 제어 위치를 전환하는 간접 작동형이 있다.

또한 밸브에 솔레노이드가 부착되어 있는 위치가 가로 방향, 세로 방향, 솔레노이드가 한쪽에만 있는 것, 양쪽에 있는 것 등 여러 종류가 있다.

[그림 2-59]는 직접 작동형 3/2-way 솔레노이드 밸브이다.

직접 작동형 솔레노이드 밸브는 일반적으로 자력이 충분하지 못하기 때문에 밸브의 공칭 치수가 커지면 솔레노이드가 너무 커지기 때문에 작은 곳에만 사용할 수 있다. 전류가 솔레노이드에 가해지면 기전력이 발생하여 아마추어(amature)는 위로 당겨지게 된다. 이 결과로 P와 A는 서로 연결되며 출구 R은 닫히게 된다.

전류가 솔레노이드 코일로부터 제거되면 기전력이 사라져 스프링에 의해서 아마추어가 원위치 되므로 P와 A는 차단된다. 이 밸브는 오버 랩 형태이며 스위칭 시간은 느린 편이다.

간접 작동형 솔레노이드 밸브는 직접 작동형에 비하여 솔레노이드의 크기를 최소화 할 수 있으며 전기적으로는 전력 소모가 감소하고, 열 발생이 감소한다.

[그림 2-60]의 3/2-way 솔레노이드 밸브는 파일럿 솔레노이드부와 공기로 작동하는 주밸브(main valve)부로 구성되어 있는 간접 작동형 밸브이다.

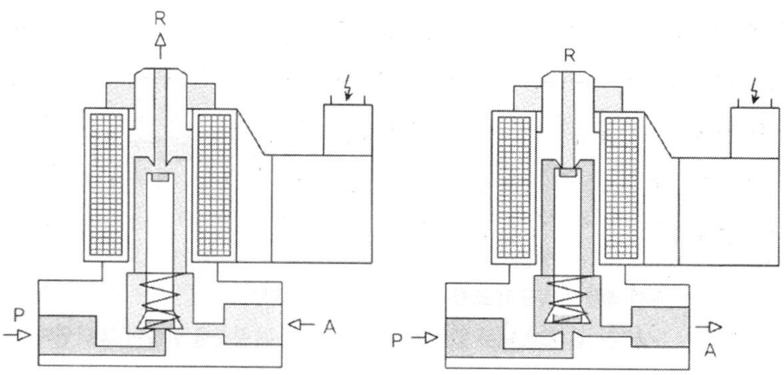

[그림 2-59] 3/2-way 솔레노이드 밸브(직접 작동형)

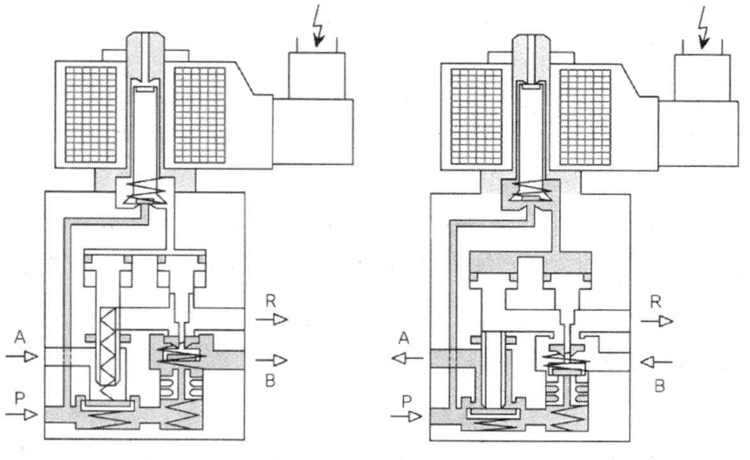

[그림 2-60] 3/2-way 솔레노이드 밸브(간접 작동형)

주밸브의 공급선 P와 파일럿 밸브 시트가 연결되어 있고, 파일럿 밸브의 플런저는 스프링에 의하여 밸브 시트에 밀착되어 있다.

전기 신호가 솔레노이드에 작용되면 간접 작동 플런저를 동작시켜 위로 잡아 당겨 공기는 주밸브의 파일럿 스풀로 흐르게 된다. 그러면 공기의 압력에 의하여 파일럿 스풀은 아래로 움직이게 되어 시트로부터 밸브 디스크를 밀어서 떼어낸다. 그렇게 되면 압축 공기는 P에서 A로 흐를 수 있게 되며 배기 라인 R은 차단된다.

이때는 배출 오버 랩이 일어나지 않으며 솔레노이드의 전원이 차단되면 파일럿 밸브의 플런저와 주밸브의 파일럿 스풀은 스프링에 의하여 원 위치로 되돌아가게 된다.

(4) 포트의 크기에 의한 분류

밸브의 분류 방법 중에서 포트의 크기로 분류할 때 그 방법으로 오리피스 크기에 따르는 경우와 배관 접속구의 크기에 따르는 경우가 있다.

오리피스란 밸브 내부 통로의 가장 좁게 교축된 부분을 말하며 그 단면의 형태는 대부분 원형이므로 그 지름 치수로 크기를 표시한다. 만약 오리피스의 형태가 원형이 아닐 경우에는 그 단면을 원형 단면으로 환산하고 그 지름으로 비교한다.

배관 접속구의 크기에 따르는 경우는 그 크기를 밸브의 호칭 지름으로 한다. 배관 접속구의 관용 나사 호칭 방법으로 PT 1/4이면 1/4", 또는 그 나사의 기본 지름이 1"(25.4mm)이면 25A와 같이 미터로 표시할 때가 있다.

〈표 2-9〉는 나사의 크기로 분류한 경우이다.

〈표 2-9〉 나사의 크기에 의한 분류

인치 호칭	1/8	1/4	3/8	1/2	3/4	1	---
미터 호칭	6A	8A	10A	15A	20A	25A	---

그러나 이와 같은 표시 방법은 밸브의 호칭 지름이 같더라도 오리피스 사이즈가 다른 밸브가 있으므로 실제로 밸브 용량을 표시하는 데는 불합리하다. 따라서 밸브의 유량계수 Cv 수치의 크기로 비교하는 것이 가장 합리적인 밸브 크기이다.

Cv는 15° C의 청수가 밸브 입구와 출구의 압력차 0.07 kgf/㎠(1psi) 상태로서 1분 동안 유출되는 양을 미국 갤런(gallon) 단위로 표시한 수치이다.

그러나 이 Cv도 압력을 밸브 입구, 출구의 어느 부분에서 측정하는가에 따라 차이가 있으며, 압력의 측정 위치나 방법이 엄밀히 규정되어 있지 않으므로 정확한 비교는 곤란하다.

라. 그 밖의 방향 제어 밸브

(1) 체크 밸브(check valve)

체크 밸브는 논 리턴(non return) 밸브이며 공기압 회로에 있어 체크 밸브(그림 2-61 참조)의 역할은 공기의 흐름을 선택적으로 허용하거나 차단시킨다. 즉, 일정 방향으로는 공기가 흐를 수 있으나 그 반대 방향으로는 공기가 흘러갈 수 없다. 공기를 차단하는 방법은 원추(cone), 볼(ball), 판(plate), 격판(diaphram) 등이 사용된다.

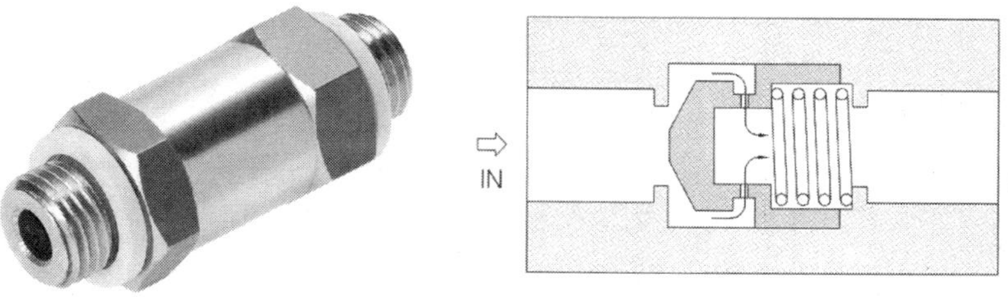

[그림 2-61] 체크 밸브

(2) 셔틀 밸브(shuttle valve)

셔틀 밸브는 양 제어(double control) 밸브, 양 체크(double check) 밸브라고도 말하며 압축 공기 입구(X, Y)가 2개소, 출구(A)가 1개소로 되어 있다.

셔틀 밸브의 작동 원리는 [그림 2-62]의 왼쪽 그림에서 압축 공기가 X쪽에 작용할 경우 볼에 의해 다른 또 하나의 입구 Y를 차단하여 공기의 통로를 X에서 A로 개방한다. 반대로 Y쪽에 작용할 경우에는 입구 X를 차단하여 Y에서 A로 공기를 흐르게 한다.

이 밸브는 서로 다른 위치에 있는 신호 밸브(signal valve)로부터 나오는 신호를 분류하고 제2의 신호 밸브로 공기가 누출되는 것을 방지하므로 OR밸브(OR요소)라 하며 특히 KS B 0054에서는 입구 X, Y에 각기 다른 압력을 인가했을 때 고압이 A로 출력하므로 고압 우선형 셔틀 밸브라고 한다.

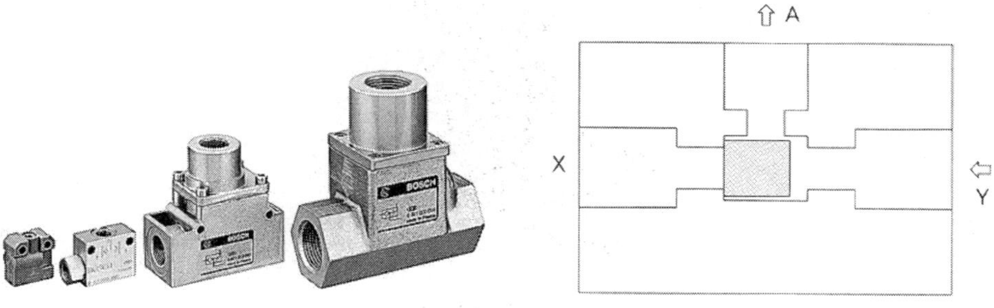

[그림 2-62] 셔틀 밸브(OR 요소)

(3) 2압 밸브(two pressure valve)

2압 밸브는 AND 요소 알려져 있으며 연동 제어(inter-locking control), 안전 제어, 검사 기능, 논리 작동(logic operation)에 사용된다.

이 밸브는 [그림 2-63]과 같이 2개의 입구 X와 Y가 있고 하나의 출구 A가 있다. 압축 공기가 2개의 입구 X와 Y에 모두 작용할 때에만 출구 A에 압축 공기가 흐르게 된다. 만약 압력 신호가 동시에 작용하지 않으면 늦게 들어온 신호가 출구 A로 나가게 되며, 특히 KS에서는 2개의 압력 신호가 다른 압력일 경우에는 작은 압력 쪽의 공기가 출구 A로 출력되므로 저압 우선형 셔틀 밸브라 한다.

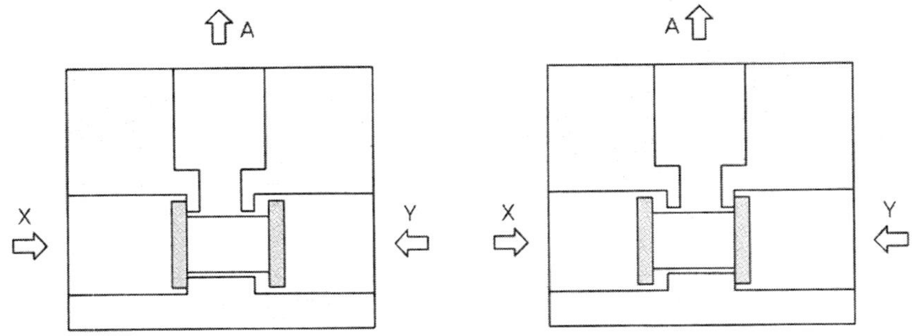

[그림 2-63] 2압 밸브

(4) 차단 밸브(shut off valve, stop cock)

차단 밸브(그림 2-64 참조)는 공기의 흐름을 차단하거나 허용하는 밸브이며 구조에 따라 글로우브 밸브, 게이트 밸브, 콕 등이 있다.

글로우브 밸브나 게이트 밸브는 공기압 동력원의 수동 개폐용으로 주로 사용된다. 소형이며 가격이 저렴하고 1회의 조작으로 밸브의 제어 위치가 전환되므로 긴급용 회로에 이용한다.

[그림 2-64] 차단 밸브

마. 방향 제어 밸브의 취급상 주의점

(1) 공통 사항

(가) 사용 압력

밸브의 제원에 표시된 압력 범위 내에서 사용해야 하며, 특히 저압에서 사용하는 경우는 밸브의 최저 작동 압력에 주의하고 필요 이상의 고압 사용은 바람직하지 않다. 또한 공기가 소비되는 도중에도 일정 압력이 유지되도록 누출이나, 유체 저항, 압력 제어 밸브의 유량 특성에 유의하고 파일럿식의 경우 특히 주의를 요한다.

(나) 유량

방향 제어 밸브의 크기를 결정할 때 같은 치수의 밸브라도 유효 단면적이 틀리는 경우는 있으므로 반드시 압력이나 유량 조건에 맞는 크기는 선택해야 한다.

(다) 공기의 질

공급되는 공기압 회로의 공기는 반드시 필터를 사용하여(보통 40μm 정도) 이물질이나 응축수를 확실하게 제거하고, 메탈 실 방식은 5μm 이하의 여과도가 바람직하다.

무급유 제원이 아닌 경우에 터빈 오일 1종, 2종을 사용하여 급유해야 하며 회로의 압력이 급격히 강하하면 단열 팽창으로 인한 온도의 저하로 수분이 발생하므로, 특히 겨울철에는 수분이 동결되지 않도록 주의한다.

(라) 밸브의 설치 및 배관

밸브의 설치는 정비를 고려하여 여유 공간을 확보하여 설치해야 하며 진동이 없는 장소에 설치한다. 부득이 진동이 있는 장소의 설치에는 진동의 영향이 가장 적은 방향으로 설치해야 하며, 밸브와 배관의 접속 시에는 반드시 접속 전에 밸브 및 배관을 깨끗이 닦아내어 이물질이 들어가지 않도록 한다.

(2) 솔레노이드 밸브

솔레노이드 밸브의 조작 전압은 정격 전압의 ±10% 범위 내에 있어야한다. 전압이 낮으면 작동이 불량하고 높으면 코일 소손의 우려가 있다. 특히 직류의 경우 전압 강하가 생기기 쉬우므로 배선의 굵기와 길이에 주의한다.

통전을 차단하면 서지 전압이 발생하여 회로상의 문제 발생 요인이 되므로 서지 업소버(surge absorber) 등을 설치하여 밸브를 보호해야 한다.

더블 솔레노이드 사용시 동시에 통전되면 소손의 우려가 있고, 통전 시간이 길면 코일이 발열되므로 특히 주의해야 한다.

05 공기압 비례제어 밸브

가. 비례제어 공기압 시스템의 개요

압축 공기를 사용하는 공기압 시스템은 많은 장점에도 불구하고 단점으로 지적되는 공기의 압축성으로 인하여 위치 제어의 사용 영역에는 한계가 있었다.

대부분 공기압 실린더의 사용은 운동의 종료 위치까지 같은 운동을 반복하는 한계 위치 정지(limit stop positioning) 방법을 사용하였다.

리미트 스톱 포지셔닝은 작업 공정이 바뀌지 않는 경우에 이용되며 위치의 확인은 리밋 스위치나 기계적인 스톱퍼에 의존한다. 이 경우 위치의 수정은 작업 도중에는 이루어질 수 없고 기계에 설치할 때만 가능하다.

자동화 작업을 수행하면서 작업 요소를 운동 중에 임의의 위치(free position)에 정지시키는 제어가 필요할 경우가 있다. 작업 요소에서 위치 제어라 함은 일반적으로 임의 위치 제어를 의미하며 유압 장치에서는 서보 유압, 비례 제어 유압을 이용하며 전기에서는 서보 모터나 스텝 모터를 사용하였다.

공기압 장치에서는 단지 다위치 제어 실린더, 클램프 실린더 등이 임의 위치 제어에 사용될 뿐이다. 그러나 전자공학의 발달은 개회로 제어와 폐회로 제어 시스템에 그 부품의 사용을 본격화 시켰고 공기압 영역에는 공기압 장치의 서보화(servo)를 실현하였다.

나. 비례제어 공기압 시스템의 구성

폐회로 공기압 장치는 기존의 공기압 장치와 비교하면 상대적으로 새로운 기술이 된다. 이러한 이유로 비례제어 공기압은 상당히 많은 정보를 필요로 한다.

공기압 실린더가 사용될 때 공기압 실린더의 정위치는 일반적으로 행정의 끝 부분에 피스톤이 도달하여 이루어진다.

[그림 2-65]의 (a)에서 복동 실린더는 행정의 종료 위치 이외에는 정지할 수 없다. 즉 중간 정지를 할 수 없어 임의 위치 제어는 불가능하다. 그러나 (b)와 같은 폐회로 시스템의 비례제어

공기압 구동 장치에서는 전 후진 완료 위치는 물론 행정의 중간 어느 위치에서도 원하는 위치에 피스톤의 정지가 가능하다.

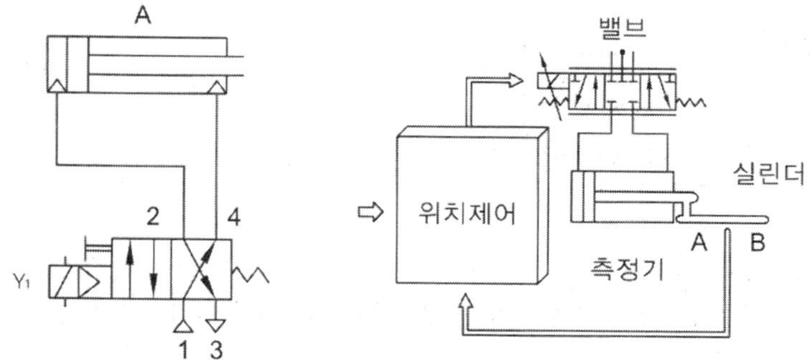

(a) 개회로 제어 (b) 폐회로 제어

[그림 2-65] 공기압 제어 회로

기존의 공기압 시스템은 제어 신호에 의해 밸브가 직접 작동되는데 밸브의 전환 위치가 2개 밖에 없으므로 구동 장치는 2진 신호에 의해 제어된다.

비례제어 구동에서는 설정 치로서 밸브 위치가 결정되는 것은 아니며 실린더가 이동한 위치로서 지정 된다. 사용되는 실린더와 측정 장치에 한도가 있으나 위치의 지정은 200,000점까지 가능하다. 이 경우 2진 제어 신호로는 지정이 불충분하므로 아날로그 신호나 디지털 신호를 사용하여 최대치와 최소치 사이의 많은 중간 값을 나타낼 수 있어야 한다.

[그림 2-66]은 비례제어 공기압 구동 시스템과 정위치 작업에 대한 시간 곡선을 나타내고 있다. [그림 2-66]의 (b)에서 보면 폐회로 제어의 초기 상태에서 피스톤은 A위치에 있고 시간 t_1에서는 제어 장치가 새로운 설정치 B를 주게 된다. 따라서 위치 설정치는 A값으로부터 B값으로 도약하고 폐회로 제어기는 위치 설정 값을 피스톤의 위치와 즉시 비교하여 밸브의 정위치 신호를 계산하게 된다.

폐회로 제어기에 의해 밸브가 작동하여 실린더의 왼쪽에 압축 공기가 공급되면 압력이 상승되어 피스톤의 내부에는 힘의 불균형 상태가 일어나 피스톤이 전진된다. 피스톤의 이동 위치는 측정 장치에 의해 즉시 연속적으로 폐회로 제어기에 피드백 된다. 폐회로 제어기에서는 거리의 편차가 감소되는 것을 기록하게 되고 피스톤이 시간 t_2에서 정해진 위치에 도달할 때까지 밸브 제어신호를 수정하게 된다.

위치 설정치 B와 실제 위치값 사이의 편차가 지정된 허용범위 이내에 들게 되면 정위치에 도달되었다고 간주한다. 허용 범위는 사용자에 의해서 지정되는데 일반적으로 0.1 mm ~ 1 mm 사이가 된다.

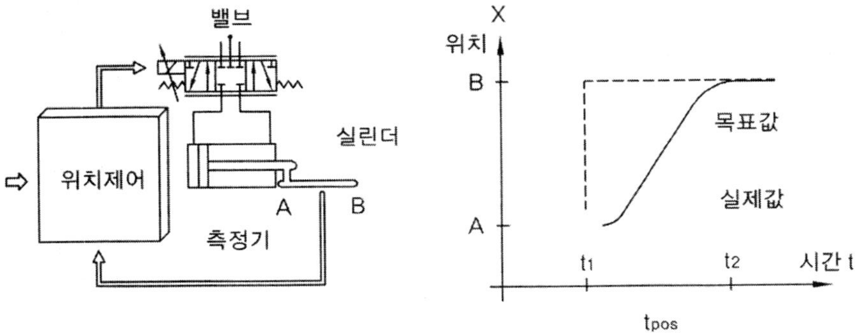

(a) 구동 시스템　　　　　　(b) 변위-시간 특성

[그림 2-66] 비례 제어 공기압 구동 시스템과 변위 시간 특성

정위치 시간은 행정 거리와 요구 정도에 따라 달라지지만 일반적으로 0.25 ~ 0.5초 사이가 된다. 요구 정도가 상대적으로 낮게 되면 정위치 시간은 훨씬 짧아진다. 상대적으로 낮은 정밀도가 요구되는 팔레팅 작업 같은 경우에는 정도를 1 mm로 잡아도 대부분의 경우에는 모두 만족된다.

[그림 2-67]에서 무부하인 경우에 피스톤의 위치가 A지점에 있다고 하면, 부하가 걸렸을 경우에는 피스톤 로드에 부하가 전달되어 실린더 아랫측 챔버의 공기가 압축되고 상단의 실린더 챔버는 확장되어 피스톤의 위치는 상당히 변화된다

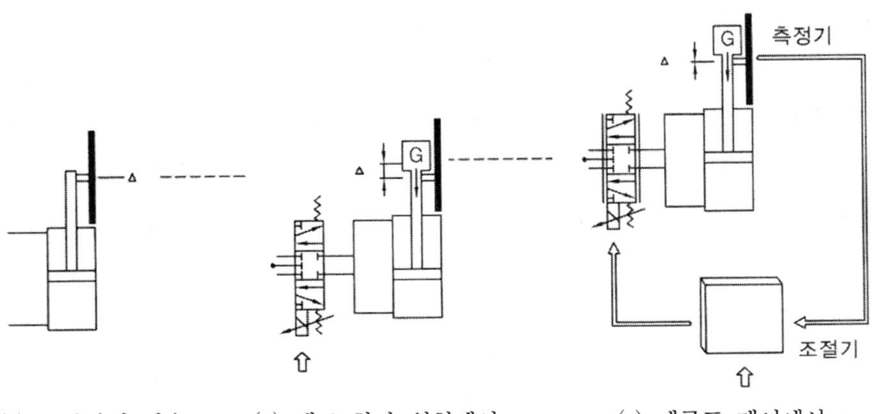

(a) 무부하의 경우　　(b) 밸브 차단 위치에서 부하가 있는 경우　　(c) 폐루프 제어에서 부하가 있는 경우

[그림 2-67] 비례제어 장치에서의 실린더 작동

반면에 비례제어 공기압은 폐루프 제어에 의해서 부하에 의한 변위를 보상하여 원래의 위치로 피스톤을 되돌려 준다. 즉, 피스톤에 부하가 걸려서 원래의 설정치로부터 피스톤이 약간 움직이

게 되면 변위가 발생되고, 그러면 폐루프 제어기는 이를 보상시켜 주기 위한 출력을 내보내 밸브의 위치를 적절히 전환시켜 준다.

이 때문에 고급 폐루프 제어를 사용한 실린더의 위치 정밀도는 폐루프 제어를 사용하지 않은 보통의 실린더에 비해 수백 배 더 좋아진다.

비례 제어를 사용했을 때의 부하로 인해서 발생되는 피스톤의 변위는 보통의 차단 위치를 갖는 밸브를 사용한 피스톤에 의해서 발생되는 변위의 백분의 일 보다 작다.

비례 제어에서는 피스톤 로드에 작용되는 힘이 크더라도, 예를 들어 실린더 최대 출력의 반에 해당되는 부하가 걸리더라도 피스톤의 편차는 최소한도로 유지되며 대부분의 경우 약 0.1 mm 정도가 된다.

폐회로 제어 덕분에 공기압의 압축성과 부하에 의한 영향에도 불구하고 극히 정밀한 위치 제어가 가능해졌다. 또한 부가적으로 필요하던 클램핑 브레이크도 절대적으로 필요치는 않게 되었다.

따라서 폐회로 제어의 비례제어 구동장치는 다음과 같은 작업을 만족시킬 수 있다.

① 피스톤이 mm 이내의 설정 치에 정위치 할 수 있는 정밀이동작업
② 매우 빠르고 overshoot 없는 정위치 도달 작업
③ 부하가 변경되는 작업 환경에서의 높은 정밀도가 요구되는 작업

다. 5/3-way 공기압 비례제어 밸브

공기압에서의 폐루프 제어는 스위칭 밸브나 연속 동작형 밸브를 사용하여 만들어 낼 수 있다. 특히 정위치 제어에서 폐루프 제어의 경우에는 연속 동작형 밸브를 사용하면 상당히 좋은 결과를 얻을 수 있다.

연속 동작형 밸브의 기능은 [그림 2-68]과 같다.

비례제어 밸브는 대부분의 경우 전압신호에 의해서 제어된다. 밸브의 트리거 신호는 최소치 (U_m-U_e)와 최대치(U_m+U_e) 사이에서 변화될 수 있다.

트리거 신호는 밸브 측에 있는 전자 트리거 회로를 동작시키고 솔레노이드가 밸브의 슬라이드를 이동시킨다.

밸브 트리거 신호와 밸브 슬라이드의 위치 사이의 관계는 [그림 2-69]에 표시되어 있는데 밸브 슬라이드의 제어 위치는 항상 밸브 트리거 신호와 비례한다. 이를 위해서는 밸브의 전자 트리거 신호 설계를 잘해야 한다.

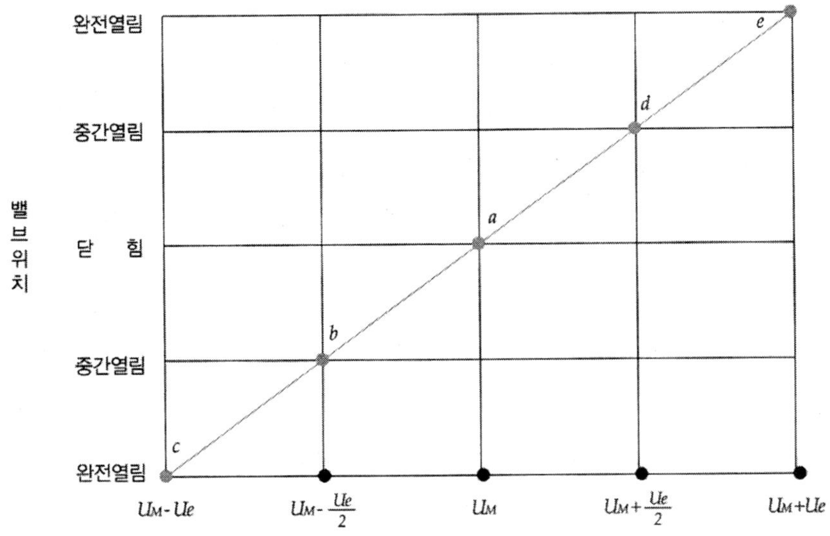

[그림 2-68] 연속 동작형 밸브의 기능

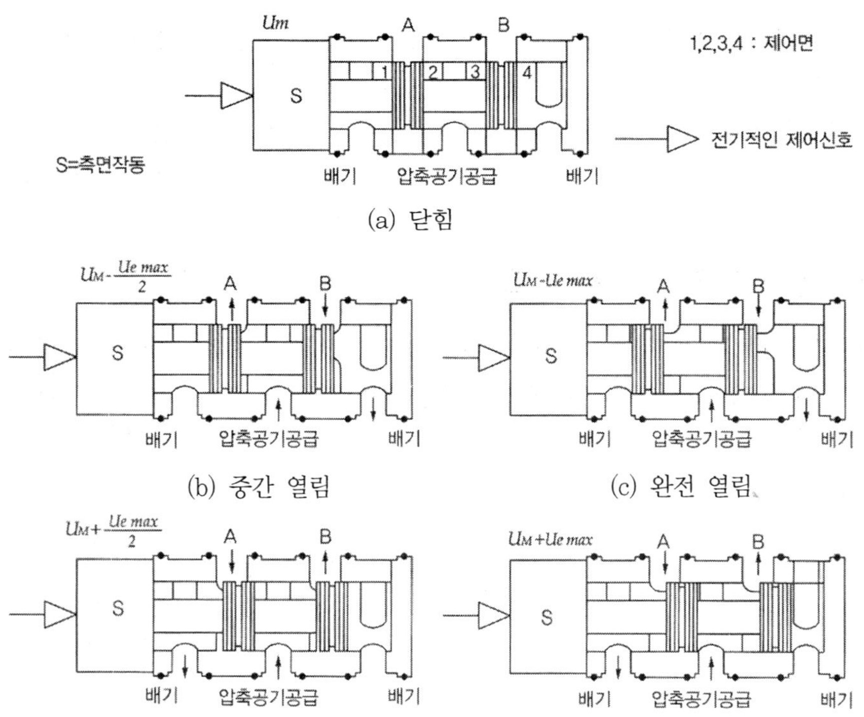

[그림 2-69] 밸브트리거 신호와 밸브슬라이드 위치 사이의 관계

① 트리거 신호가 트리거 신호변화 영역의 중간 값의 입력으로 주어지면 밸브의 슬라이드 위치는 중앙 위치로 이동된다.
② 트리거 전압이 부의 방향으로 변화되면 밸브 슬라이드는 왼쪽으로 이동하게 되는데 그림에서는 1/2위치와 완전 이동 위치를 보여주고 있다.
③ 트리거 신호가 정의 방향으로 변하게 되면 밸브 슬라이드는 오른쪽으로 이동하게 된다. 밸브 트리거 신호와 밸브 슬라이드 위치 사이의 상호관계는 트리거 신호 값의 변환으로 얼마든지 조절해 줄 수 있다.

또한 밸브에서의 유량 단면적은 밸브 슬라이드의 위치에 따라 달라지겠지만 다음과 같이 변화된다.

① 슬라이드가 중앙 위치에 있을 때에는 모든 제어 포트가 차단된다. 따라서 공기는 밸브를 통하여 통과될 수 없는 상태가 된다.
② 밸브의 슬라이드가 중앙 위치로부터 오른쪽으로 움직이면 압축공기는 공급라인으로부터 부하 포트 A로 흐르게 될 것이고, 반면에 부하 포트 B는 배기 포트와 연결될 것이다. 따라서 밸브의 슬라이드가 왼쪽으로 이동함에 따라 유량 단 면적은 커지게 되고, 유량 단면적이 커지게 되면 밸브를 통하여 흐를 수 있는 공기량도 많아지게 된다.
③ 반면에 밸브의 슬라이드가 중앙 위치에서 왼쪽으로 이동하면 부하 포트 A는 배기 포트와 연결되고 부하 포트 B는 공급 라인과 연결된다. 그러면 밸브의 위치는 종전과는 반대가 된다. 일단 슬라이드의 위치가 중앙으로부터 멀리 벗어나게 되면 그만큼 유량 단면적이 커지게 되어 더 많은 양의 공기가 흘러가게 된다.

위에서 언급한 5/3-way 연속 작동형 밸브는 포트의 개방 용적에 따라서 큰 유량 및 작은 유량 모두를 제어할 수 있다. 따라서 이 밸브는 큰 공칭 밸브와 작은 공칭 밸브의 장점을 조합한 것이라고 볼 수 있다.

밸브 최대 열림 상태에서는 매우 빠른 속도를 얻을 수 있다. 또한 이 밸브는 폐루프 제어를 통하여 아주 미세하고 정밀하게 조절되므로 매우 높은 실린더 위치 정도를 얻을 수 있으며 매우 작은 공칭 크기를 갖는 스위칭 밸브처럼 동작하게 된다.

06 조합 밸브

가. 시간 지연 밸브(time delay valve)

공기압 장치에서의 시간 지연은 유입되는 압축 공기의 유량을 조절함으로써 가능하며 이때 사용하는 밸브를 시간 지연 밸브라고 한다.

여기서의 시간에 대한 개념은 공기압 액추에이터의 운동 시간이나 밸브의 작동 시간과는 큰 관련 없이 실린더의 전진 혹은 후진된 위치에서 머무는 시간을 의미한다.

시간 지연 밸브의 지연 시간은 일 방향 유량 제어 밸브를 사용하여 밸브 내의 탱크에 유입되는 유량의 제어에 의하여 이루어지며 조절 가능한 최대 시간은 밸브에 내장된 탱크의 크기에 따라 달라진다.

그러나 탱크의 크기는 한계가 있으므로 30초 이내의 시간 지연이 일반적이며 그 이상의 시간 지연은 보조 탱크를 별도로 설치해야 한다.

[그림 2-70]은 시간 지연 밸브(한시 작동 상시 닫힘형)의 구조이며 그 구성은 압축공기로 작동되는 3/2-way 밸브(상시 닫힘형), 속도 제어 밸브 및 소형 탱크로 구성되어 있다.

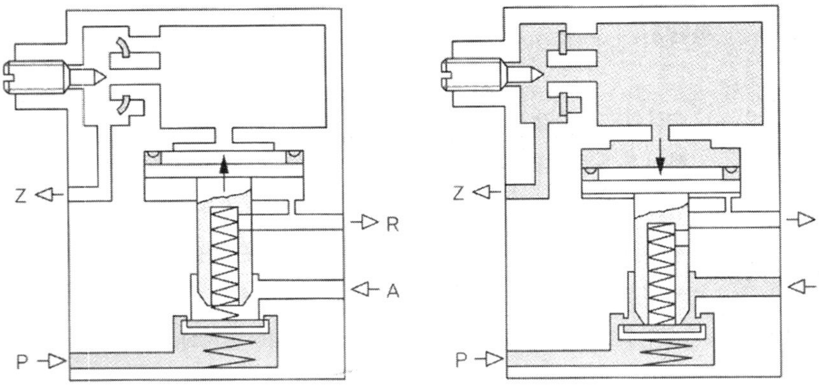

[그림 2-70] 시간 지연 밸브(한시 작동 상시 닫힘형)

밸브의 작동은 압축 공기가 P를 통하여 밸브에 공급되며, 시간 지연을 위한 제어공기는 Z로 들어간다. 이 제어 공기는 일방향 유량제어 밸브를 통과하여 탱크로 들어가면서 공기량을 제한 받게 되며 탱크 내에 형성된 압력이 3/2-way 밸브 내부의 스프링 힘과 P에 공급되는 압력에 의한 반력을 이기게 되면 밸브가 작동하여 P는 A로 연결되고 배기구 R은 닫히게 된다.

따라서 시간의 지연은 탱크에 적정 압력이 형성되는 시간이 되며, 밸브가 원위치로 되돌아가려면 제어라인 Z의 공기가 배출되어야만 한다.

시간 지연 밸브는 제어 신호가 입력된 후 정해진 시간이 경과된 후에 작동하는 한시 작동형과 제어 신호가 입력된 후 즉시 작동되었다가 신호가 회수된 후 정해진 시간이 경과되어야 복귀되는 한시 복귀형이 있다. [그림 2-71]은 시간 지연의 2가지 형태를 시간 지연 밸브의 기호로 나타낸 것이다.

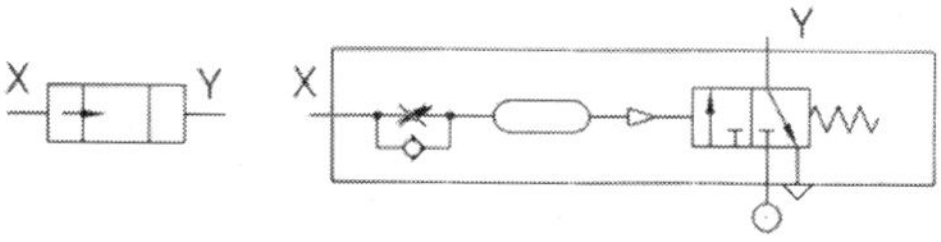

(a) 한시 작동 상시 닫힘형 시간 지연 밸브

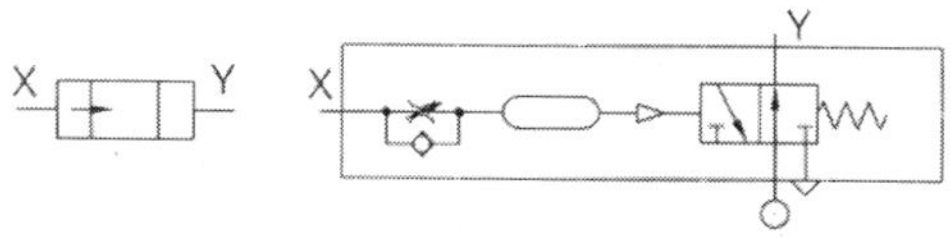

(b) 한시 작동 상시 열림형 시간 지연 밸브

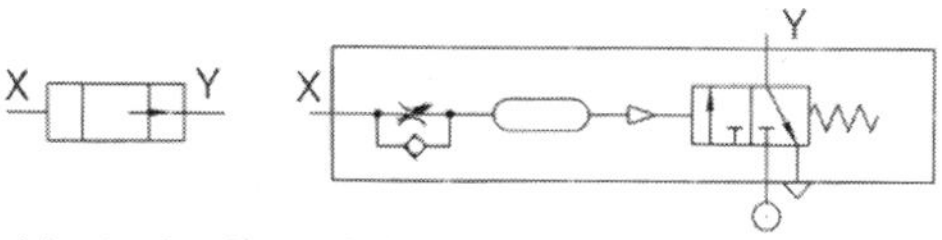

(c) 순시 작동 상시 닫힘형 시간 지연 밸브

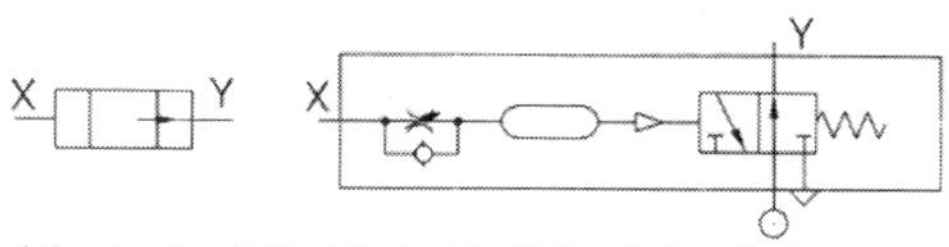

(d) 순시 작동 상시 열림형 시간 지연 밸브

[그림 2–71] 시간 지연 밸브의 기호

나. 5/4–way 밸브

[그림 2-72]의 5/4-way 밸브는 4개의 2/2-way 밸브(normal closed)로 구성되어 있으며 복동 실린더의 위치제어와 비상 정지 스위치(emergency stop)를 사용하여 임의 위치에 실린더를 정지시키려 할 때 사용된다.

올 포트 블록 형태이므로 중립 위치에서 압축 공기의 출입은 없으며 제어 라인 Z에 신호가 입력되면 P와 A는 연결되고 B는 S를 통하여 배기된다.(그림 2-72 (b) 참조)

제어 라인 Y에 신호가 입력되면 압축 공기는 P에서 B로 연결되고 A는 R을 통하여 배기되며(그림 2-72 (c) 참조), 입력 신호가 Z, Y에 모두 입력되면 작업 라인 A, B는 P와 함께 배기 라인 R과 S에 각각 연결되어 배기된다.(그림 2-72 (d) 참조)

밸브체 양쪽의 스프링에 의하여 신호 입력이 없는 경우에는 중립 위치이며 공급 라인 P에서 압축 공기의 공급이 중단되어도 실린더의 피스톤은 그 때의 위치를 유지하게 된다.(그림 2-72 (a) 참조)

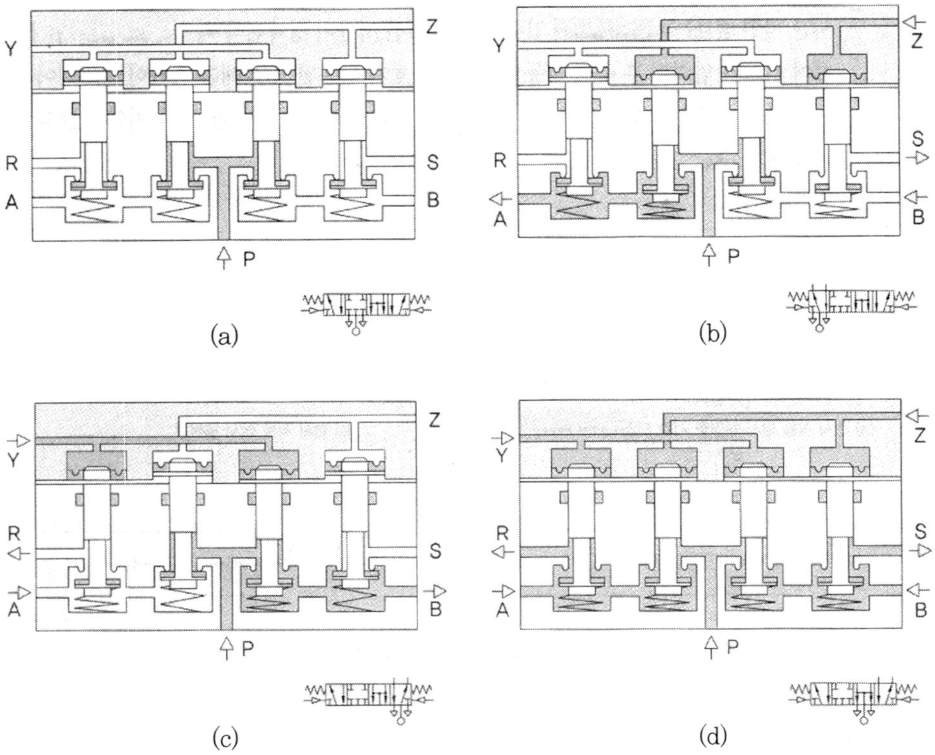

[그림 2-72] 5/4-way 밸브

다. 8-way 밸브

[그림 2-73]과 같이 얇은 띠 판이나 긴 막대 형상의 재료를 자동으로 이송시켜 가공하려할 경우 선형 인덱싱(linear indexing)장치가 매우 효과적으로 사용된다.

이 장치는 재료의 공급 행정을 요구되는 길이로 맞추어 무단 조절되게 설계한 간헐 공급장치이며 홀딩 클램프에 의하여 다양한 형태의 단면을 처리할 수 있다.

여기에서 재료를 간헐적으로 공급하는 피드 유닛(feed unit)을 제어하는데 사용되는 밸브가 8-way밸브이다.

8-way 밸브는 [그림 2-74]와 같이 2개의 4/2-way 밸브로 구성되어 있는 조합 밸브이며, 밸브 내부의 1, 2 스풀은 양쪽 단면적이 다른 차압 밸브의 형태이다.

[그림 2-75]는 8-way 밸브를 사용한 피드 유닛의 공기압 회로도이다. 정상 위치에서 공급라인 P와 작업 라인 B, D는 열려있고 A, C는 배기 라인 R과 C에 각각 연결되어 있다. 제어라인 Z에 신호 압력이 입력되면 1 스풀에 압력이 작용되어 P는 A로 연결되고 B는 R로 배기되며

이송 그립퍼(feed gripper)가 작동한다.

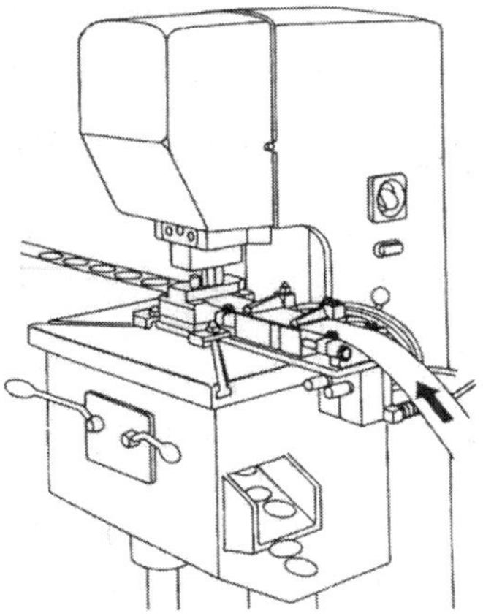

[그림 2-73] 펀칭 프레스(피드 유닛 설치)

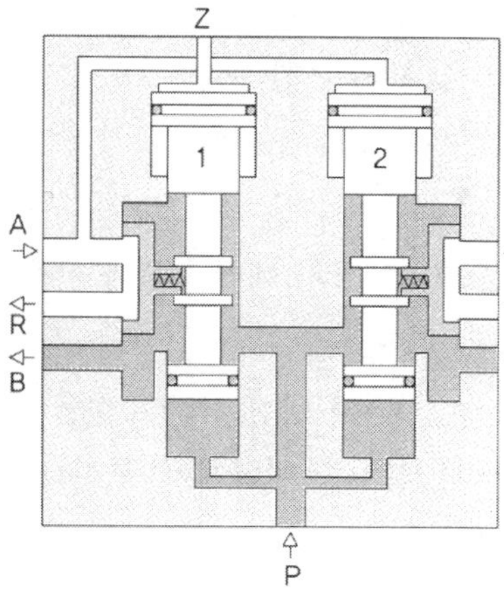

[그림 2-74] 8-way 밸브

차압에 의하여 약간의 시간 지연 후에 즉, 작업 라인 A가 적정 압력에 도달하면 2 스풀에 압력이 작용되어 P는 C로 D는 S로 연결되어 이송 운동이 일어난다.

신호 압력 Z가 회수되면 밸브는 원위치되어 홀딩 그립퍼가 작동하여 재료가 클램핑되고 이송 실린더는 후진한다.

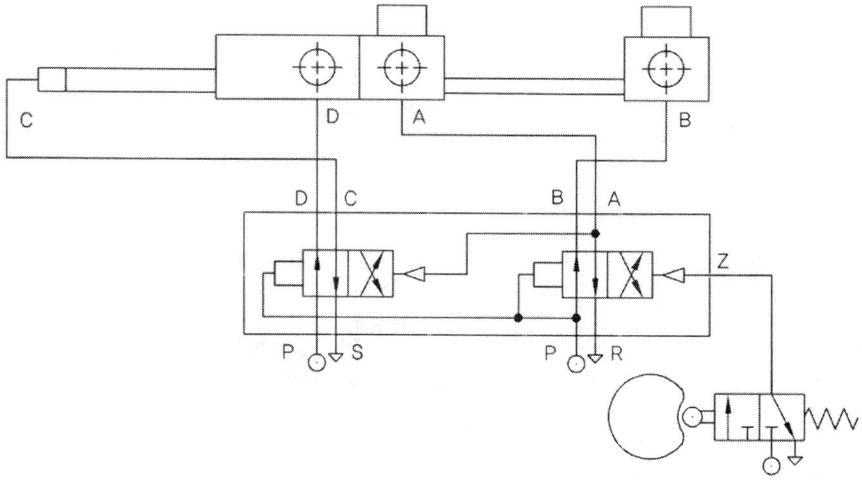

[그림 2-75] 피드 유닛(8-way 밸브를 사용)의 공압 회로도

라. 공기 제어 블록(air control block)

공기 제어 블록은 복동 실린더에 설치하여 단속, 연속 왕복운동을 할 수 있으며 유압/공기압 이송 기구에도 사용된다.

공기 제어 블록은 조합 밸브(그림 2-76 (a) 참조)로서 1개의 5/2-way 밸브(양쪽 공기압에 의한 조작), 2개의 3/2-way 밸브(기계적 조작), 2개의 셔틀 밸브와 2개의 교축 밸브로 구성되어 있다.

[그림 2-76] (b)는 공기 제어 블록을 복동 실린더에 설치하여 연속 운동이 가능하게 한 공기압 유압 이송기구이다.

이 기구는 실린더의 행정 거리 조절을 리밋 스위치를 사용하는 대신에 리밋 스위치를 동작시키는 스톱퍼의 위치를 변화시켜 조절하고 있다.

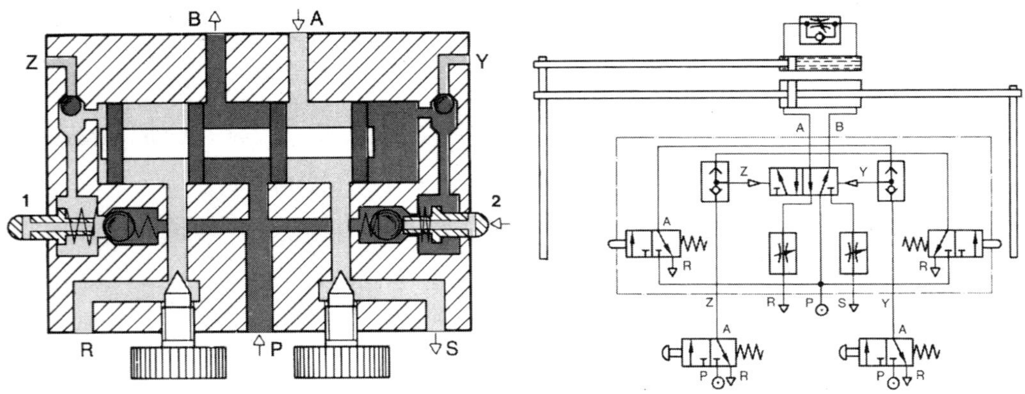

(a) 공기 제어 블록 (b) 공기제어 블록을 사용한 연속 왕복 운동 기구

[그림 2-76] 공기 제어 블록

마. 가변 진동 발생기

가변 진동 발생기는 복동 실린더에 상대적으로 빠른 왕복 운동이 요구될 때 사용하는 조합 밸브로서 [그림 2-77]과 같이 2개의 3/2-way 밸브와 2개의 일 방향 유량제어 밸브로 구성되어 있다. 3/2-way 밸브는 정상 상태의 닫힘, 열림 밸브로 각각 구성되어 회로 중에서 왕복 운동이 이루어지게 한다.

정상 상태에서 공급 라인 P는 작업 라인 B와 연결되고, 작업 라인 A는 배기 라인 R과 연결되어 있다.

작업 라인 B의 공기는 밸브 내부의 제어 라인을 따라 일 방향 유량 제어 밸브를 통하여

3/2-way 밸브(정상 상태 닫힘)의 제어 피스톤(1)에 작용하여 배기 라인 R을 차단하여 압축 공기는 P에서 A로 통하게 되며, 다시 작업라인 A의 공기는 제어 라인을 다른 쪽 유량 제어 밸브를 통과하여 제어 피스톤(2)으로 통하게 된다.

이렇게 되면 압축 공기가 P에서 B로 통하는 것을 막아주며 B는 R을 통하여 배기가 된다. B의 공기가 배기 되고 나면 제어 피스톤(1)의 압력이 떨어지게 되어 다시 P에서 A로의 통로는 닫히고 A는 R을 통하여 배기가 일어나게 된다.

이 결과로 제어 피스톤(2)의 공기가 또한 없어지게 되므로 압축 공기는 P에서 B로 흐르게 되어 앞에 기술한 과정을 되풀이하게 되어 공기압 실린더에 적용할 경우 빠른 왕복 운동이 가능하게 된다.

왕복 운동의 주기는 2개의 유량 제어 밸브를 조정함에 따라 여러 가지의 사이클 시간을 얻을 수 있으며 진동수는 압력과 하중에 따라 달라진다.

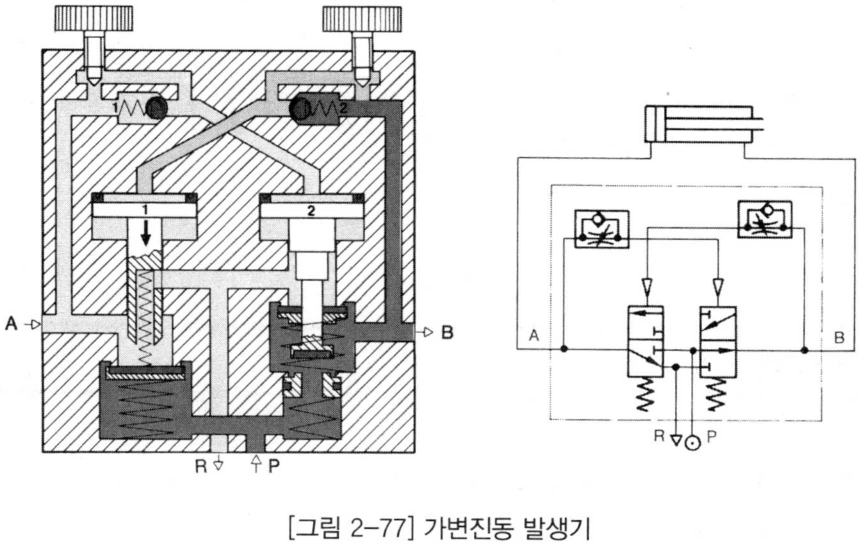

[그림 2-77] 가변진동 발생기

제3절 공기압 액추에이터

공기압 액추에이터는 여러 가지 구조와 형태를 가진 선형 운동을 하는 것과 회전 운동을 하는 것 등으로서 공기압 장치 중에서 최종적으로 일을 하는 공기압 기기이다.

이들은 동력 발생장치에서 생산된 압축 공기를 밸브를 통하여 그 힘의 크기, 속도, 방향을 결정하여 기계적인 유용한 일을 한다.

공기압 액추에이터는 크게 직선 운동과 회전 운동으로 비교할 때 직선 운동의 것을 공기압 실린더, 회전 운동하는 요소를 공기압 모터로 분류할 수 있다.

01 공기압 실린더

공기압 액추에이터에서 가장 일반적으로 많이 사용하는 공기압 실린더는 공기의 압력 에너지를 직선운동으로 변환하는 기기이다.

공기압 실린더는 압력 에너지를 직선운동으로 쉽게 변환시키는 장점이 있으나 공기의 압축성으로 인한 속도와 위치 제어의 신뢰성 면에서 약간의 문제점이 있고 부하의 변동에 의한 영향이 있다. 그러나 이러한 문제점은 근래에 전자 기술과 접합된 비례 제어나 서보 제어에 의해 그 결점이 많이 보완되고 있다.

또한 공·유압 변환기 등을 병행하여 사용함으로써 유압과 공기압의 장점을 살려서 정확히 제어가 이루어지도록 하는 방법도 많이 이용되고 있다.

공기압 실린더는 각각의 용도에 따른 종류도 다양하며 사용 방법도 여러 형태로 나타나지만 액추에이터로서 가장 간단한 구조이고, 더구나 에너지 변환의 용이성 때문에 산업 현장에서

폭넓게 이용되고 있다.(그림 2-78 참조)

그러나 사용 효과를 높이기 위하여 정확하고 신뢰성 있는 적합한 설치 방법, 용도에 적당한 기기 및 회로의 선정이 매우 중요한 과제이다.

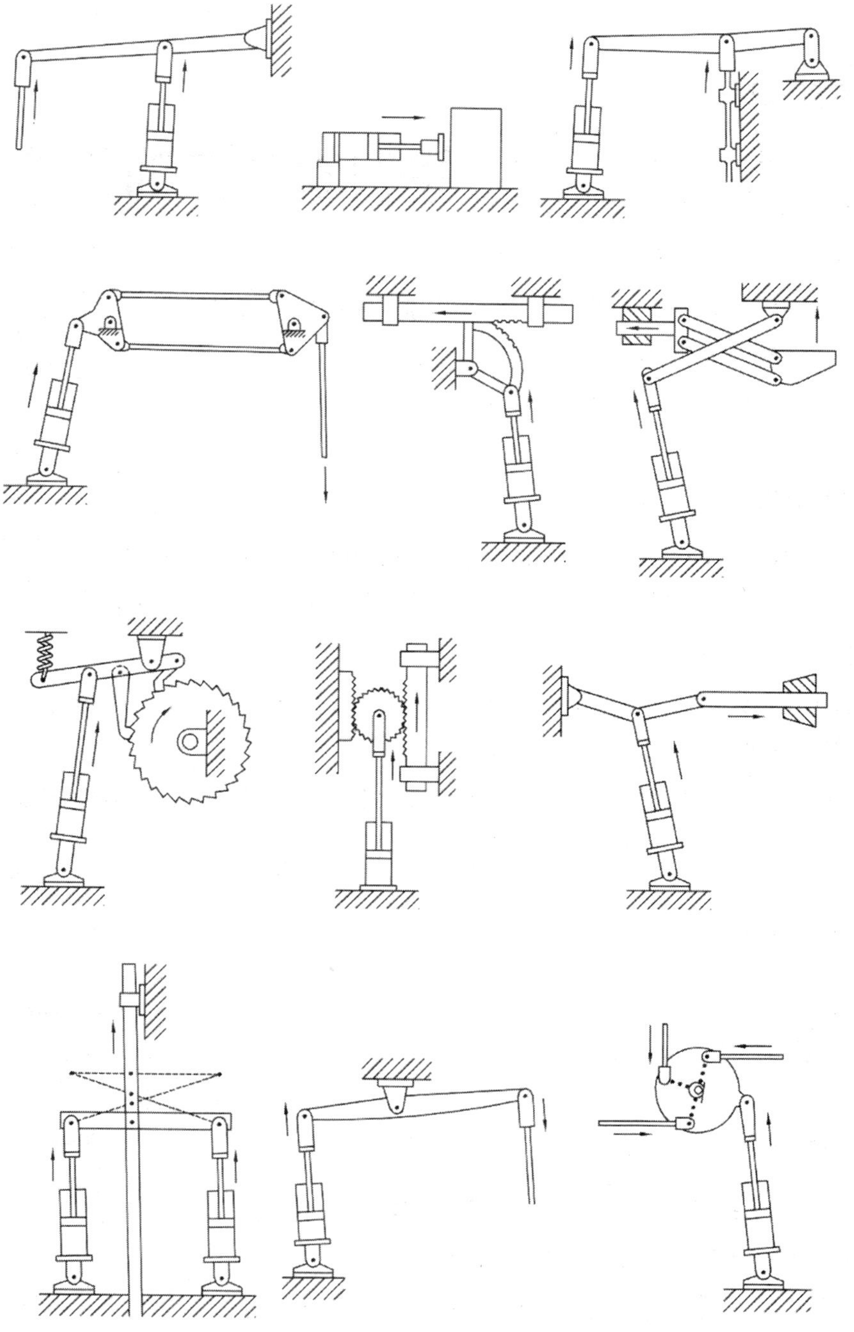

[그림 2-78] 공기압 실린더의 응용 예

가. 공기압 실린더의 분류

공기압 실린더의 사용 효과를 극대화 하려면 사용 목적에 적합한 실린더의 선정과 설치 위치를 고려한 설치 방법 등을 고려하여야 한다. 〈표 2-10〉은 공기압 실린더를 기능과 각각의 형식에 따른 특성으로 분류하였다.

(1) 피스톤의 형식

공기압 실린더는 피스톤 형식에 따라 피스톤형, 램형, 비 피스톤형 등이 있다.

피스톤형은 실린더 내에 피스톤과 피스톤 로드를 가진 구조이며, 램형은 피스톤과 피스톤 로드의 지름에 차이가 없는 형태로서 귀환 방식은 자중에 의하거나 외력에 의한다.

비 피스톤형은 수압 가동부에 다이어프램이나 벨로우즈 등을 사용한 실린더이며, 미끄럼 저항이 작고 최저 작동 압력이 작아 감도가 낮은 압력의 곳에 사용한다. 구조상 행정 길이가 짧고 하중에 취약하므로 설치 시 주의해야 한다.

(2) 작동의 형식

공기압 실린더의 작동 형식에 따라 단동, 복동, 차동 실린더 등이 있다.

단동 실린더는 피스톤 측에 공기를 공급하고 피스톤 로드 측에는 스프링을 사용하여 복귀시키거나 외력, 자중에 의해서 복귀시키는 형태이다.

복동 실린더는 공기를 양측(피스톤측, 로드측)에 공급하여 전진과 후진을 압축 공기에 의해 시킬 수 있는 구조이다.

또한 차동 실린더는 피스톤의 면적과 피스톤 로드의 면적이 일정한 면적비로 구성되어 출력을 일정 비율로 조절하여 사용할 수 있는 실린더이다.

(3) 피스톤 로드의 형식

피스톤 로드의 형식은 피스톤의 한 쪽에 로드가 설치된 편 로드 방식과 피스톤의 양측에 로드가 설치된 양 로드 방식의 두 가지 형태가 있다.

(4) 쿠션의 유무

실린더의 스트로크 끝 부분에서 발생하는 충격을 완화하는 장치를 쿠션이라 하며 이러한 쿠션이 있는 실린더를 쿠션붙이 실린더라 한다.

쿠션이 한 쪽에 설치된 편 쿠션, 양쪽에 설치된 양 쿠션이 있으며 고정식은 교축(throttle)에 의한 에어쿠션이 일반적이다.

〈표 2-10〉 공기압 실린더의 분류

분류		형상	기능	
복수 실린더	텔레스코픽형	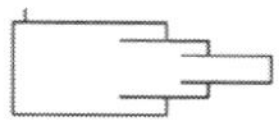	긴 행정을 지지할 수 있는 다단튜브형 로드를 가진 실린더	
	텐덤형	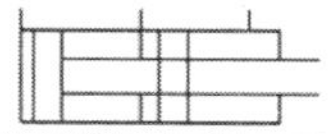	빗형으로 연결된 복수의 피스톤을 가진 실린더	
	다위치형	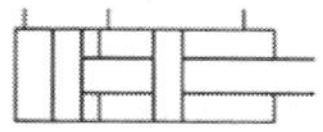	복수의 실린더를 직결해 몇 개의 위치를 지정하는 실린더	
위치 결정의 형식	2위치형	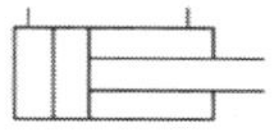	전진단, 후퇴단의 2위치의 일반적인 실린더	
	다위치형	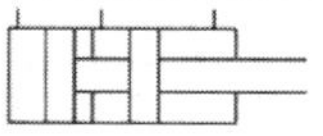	복수의 실린더를 직결해 몇 개의 위치를 선정하는 실린더	
	브레이크부	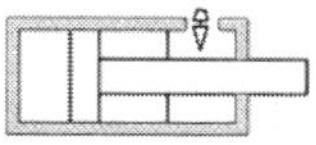	브레이크로 임의의 위치에 정지할 수 있는 실린더	
	포지셔너	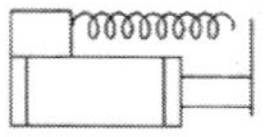	임의의 입력 신호에 대해 일정한 함수가 되도록 위치를 결정할 수 있는 실린더	
설치 형식	풋형	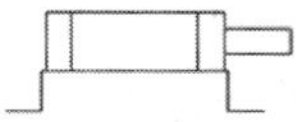	고정	가장 단단하고 일반적인 설치 방법으로 주로 경부하용
	플랜지형	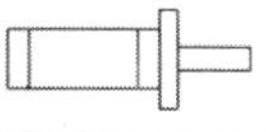		가장 강력한 설치방법의 하나이며 부하의 운동 방향과 축심을 일치시키는 것
	피벗형	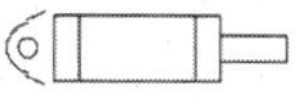	요동	부하의 운동 방향과 실린더 요동 방향을 일치시킬 것
	트러니언형	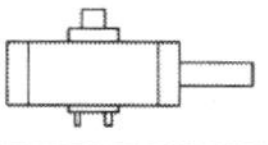		요동 운동을 하므로 실린더가 다른 곳에 닿지 않도록 함
	회전형	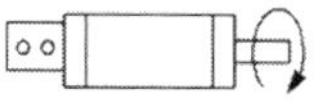	회전	부하가 연속적으로 회전
크기	안지름X 행정길이		실린더의 크기는 실린더 튜브 안지름과 행정길이로 분류	
급유의 유무	급유형		실린더를 작동시키는 압축 공기 중에 급유하는 실린더	
	무급유형		실린더를 작동시키는 압축 공기 중에 급유하는 실린더	
기타	가변스트로크형	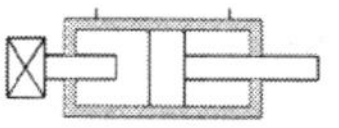	스트로크를 제하는 가변 스토퍼가 있는 실린더	
	충격형	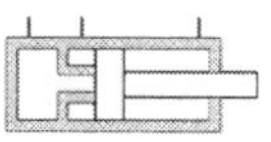	급속 작동을 할 수 있는 구조의 실린더	
	플라스틱형	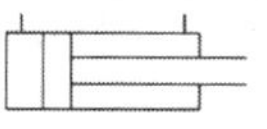	플라스틱 재료로 구성된 실린더	
	케이블형	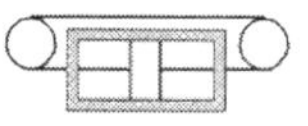	피스톤 로드 대신에 테이블을 사용한 구조의 실린더	

(5) 복수 실린더

실린더는 그 용도에 따라 특수한 목적으로 이용하기 위하여 여러 개의 실린더를 조합하여 다기능화 하여 사용하는 경우가 있다.

[그림 2-79]의 텔레스코프형은 다단형 피스톤 로드를 가진 것으로 총 길이에 비해 긴 행정거리를 얻을 수 있고 단동, 복동의 형태로 작동된다.

또한, 콤팩트(compact) 형식으로 할 수 있는 이점이 있는 반면에 속도 제어에 대한 신뢰성의 결여와 로드 측의 반지름 방향 부하에 약하며, 최종단의 출력이 약해지는 등의 결점이 있다.

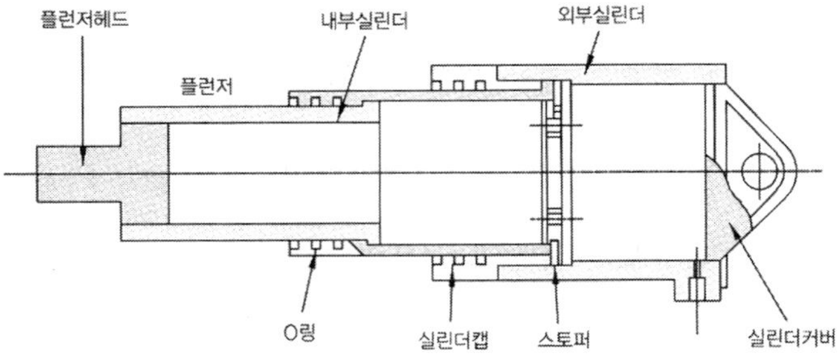

[그림 2-79] 텔레스코프형 실린더

[그림 2-80]의 탠덤(tandem) 실린더는 두 개의 복동 실린더가 직렬로 연결되어 한 개의 피스톤으로 구성되어 있는 형태이며, 두 개의 피스톤으로 압축 공기가 공급되므로 실린더의 출력은 복수의 실린더의 합이 되므로 큰 힘을 얻을 수 있다.

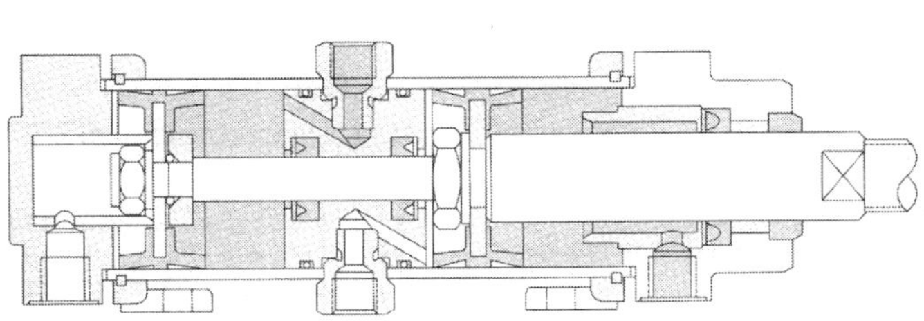

[그림 2-80] 탠덤 실린더

[그림 2-81]의 다 위치형 실린더는 복수의 실린더를 직렬로 연결하고 몇 개의 정지 위치를 선정하는 실린더로서 각각의 실린더가 독립적인 운동이 가능하다. 행정 거리가 다른 두 개의 실린더가 조합된 형식은 4개의 위치 제어가 가능하다.

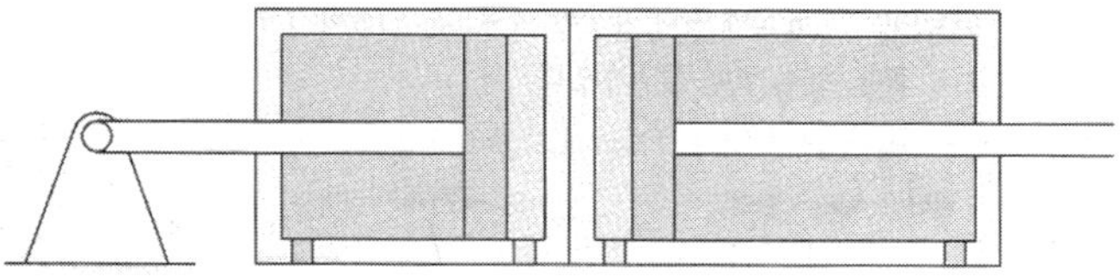

[그림 2-81] 다위치형 실린더

[그림 2-82]는 가변 스트로크 조정 기구를 갖춘 실린더이다.

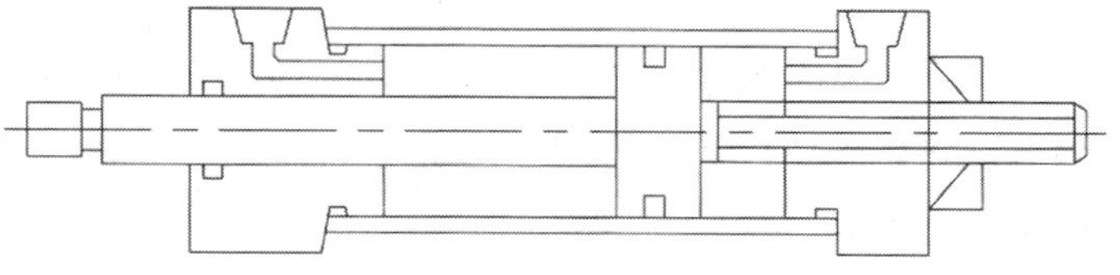

[그림 2-82] 가변 스트로크 실린더

[그림 2-83]의 충격(impact) 실린더는 프레싱(pressing), 펀칭(punching) 등의 작업과 같이 큰 운동에너지가 요구되는 곳에 적합하도록 설계된 실린더이다. 큰 충격 에너지를 얻기 위한 가장 좋은 방법은 속도를 증가시키는 방법이며, 충격 실린더에서 얻을 수 있는 속도는 보통 7 ~ 10 m/sec 범위이다. 그러나 행정 거리가 길어지면 충격 에너지가 급속히 떨어지므로 성형 길이가 긴 작업에는 적당하지 않다.

이와 같은 구조 자체에 특징을 가진 실린더 외에 실린더 이용 기술의 진보 또는 공해 대책, 성력화에 수반해서 각각의 용도에 대응할 수 있도록 개발되어 있는 실린더가 있다.

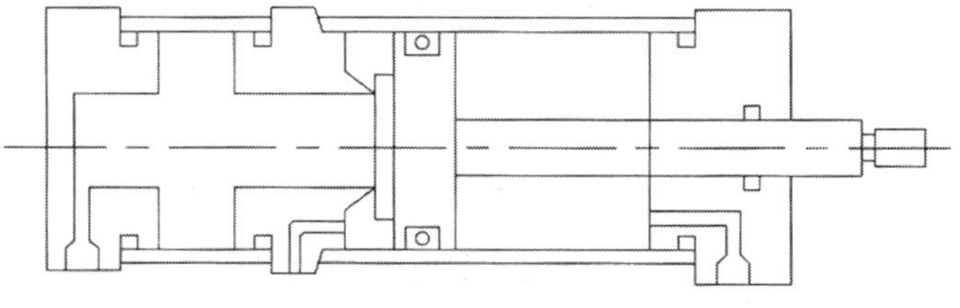

[그림 2-83] 충격 실린더

[그림 2-84]와 같이 위치, 속도 제어를 위한 브레이크 부착 실린더, [그림 2-85]의 서보 실린더 등을 예로 들 수 있다.

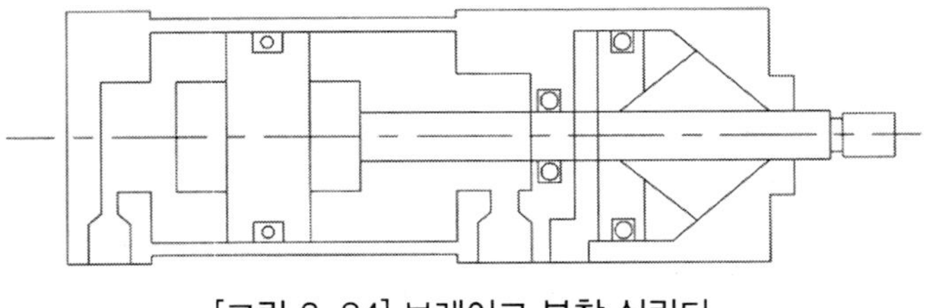

[그림 2-84] 브레이크 부착 실린더

[그림 2-85] 서보 실린더

또 실린더 이용에서 빼놓을 수 없는 위치 검출 장치를 갖춘 스위치 부착 실린더도 있으며, 공기압 실린더의 이용에서 유압과 병용도 자주 행해진다.

압축 공기에 의한 공압식 구동은 빠른 운동이 필요한 곳과 힘이 3,000 N을 넘지 않는 곳에서 사용된다. 저속 구동이나 등속 운동에 대해서는 더욱 제한을 받는다. 이러한 경우 순수한 공기압 실린더만으로는 사용될 수 없다.

압축 공기의 압축성은 많은 경우에 있어서는 장점이지만 제어적인 면에서 단점으로 지적된다. 그러므로 [그림 2-86]과 같은 공유압 이송 기구를 이용하면 유압과 공기압의 장점을 효과적으로 살릴 수 있다. 공기압을 사용한 제어, 그리고 유압을 이용한 큰 힘과 일정한 속도가 그것이다.

이러한 시스템의 대표적인 것으로 드릴링 머신, 밀링 머신, 선반, 압력 증대기, 프레스, 클램핑, 치공구와 같은 기계 운전 등에 응용되는 이송 장치가 있다.

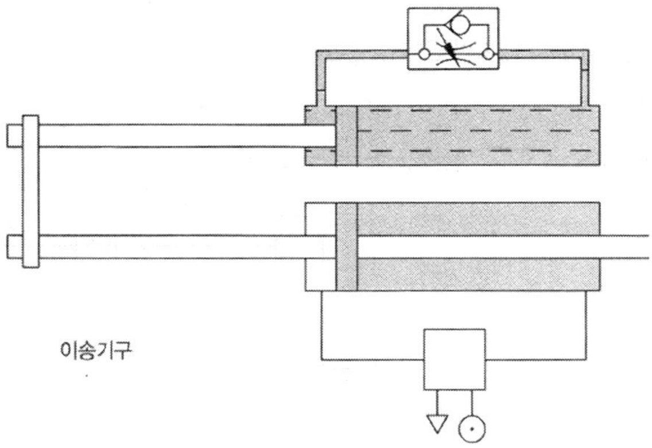

[그림 2-86] 공유압 이송 기구

(6) 위치 결정의 형식

일반적으로 공기압 실린더는 전진과 후진의 2위치형이 많이 사용되고 있는데 근래에는 중간의 임의 위치에 정지할 수 있는 형태도 많이 요구되고 있다.

다 위치형 실린더나, 브레이크 부착 실린더, 포지셔너 등이며, 특히 포지셔너 실린더는 행정거리나 회전이 임의의 입력 신호에 의해 일정한 함수관계가 되도록 위치 결정하는 장치를 조합한 것이며 서보 실린더 등이 대표적이다.

(7) 지지 형식

〈표 2-11〉은 공기압 실린더를 지지 형식에 따라 분류한 것으로 부하의 운동 방향에 따라 고정, 요동, 연속회전의 형태로 나타내었으며 부착부의 치수 및 포트의 위치는 KS B 6373의 풋형과 트라니언형의 예를 〈표 2-12〉와 〈표 2-13〉에 각각 나타내었다.

*주! KS B 6373은 2013.12.27. 고시번호 2013-0061에 의해 폐지.

〈표 2-11〉 공기압 실린더의 설치 형식에 의한 분류

부하의 운동방향		설치형식		구조예	비고
고정	부하가 직선 운동을 한다	풋형	축방향풋형 (바깥 방향)	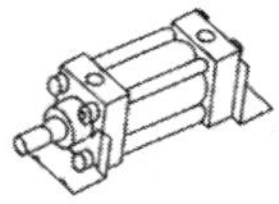	가장 일반적이고 간단한 설치방법, 주로 경부하용이다.
			축방향풋형 (안 방향)	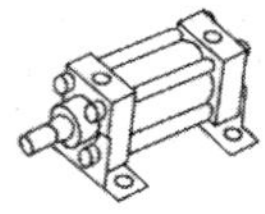	
고정	부하가 직선 운동을 한다	플랜지형	로드측플랜지형	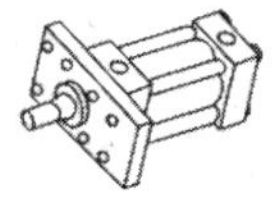	가장 강력한 설치를 할 수 있다. 부하의 운동 방향과 축심을 일치시키는 것이 중요하다.
			헤드측플랜지형	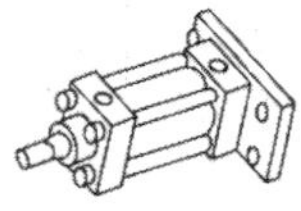	
요동	부하가 1평면에서 접동한다. 접동할 가능성이 있는 경우는 직선 운동할 때도 사용할 수 있다.	피벗형	분납식아이형	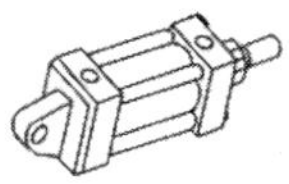	부하의 운동 방향과 실린더의 요동 방향을 일치시켜 피스톤 로드에 가로 방향의 하중이 걸리지 않도록 한다. 요동 운동하므로 실린더가 다른 곳에 닿지 않도록 한다.
			분납식클레비스형	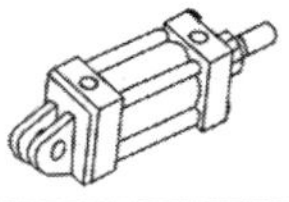	
		트러니언형	로드측트러니언형	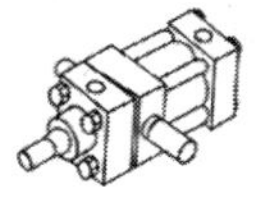	
			중간트러니언	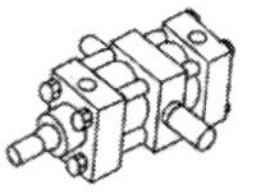	
			헤드측트러니언	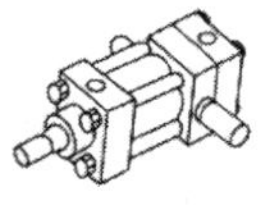	

〈표 2-12〉 풋형(LB)

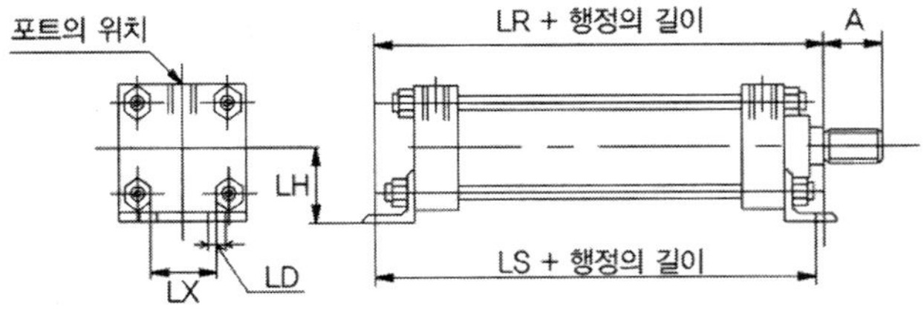

지지 형식	튜브 안지름 / 치수	40	50	63	80	100	125	140	160	180
LB	A	22	28	28	36	45	50	50	56	63
	LH	40	45	53	63	75	85	100	106	125
	LX	40	45	60	71	85	100	112	118	132
	LD	10	10	12	15	15	19	19	19	24
	LR(최대)	170	180	180	210	236	250	280	300	315
	LS(최대)	170	170	180	200	212	236	265	280	300

〈표 2-13〉 트러니언형(TC)

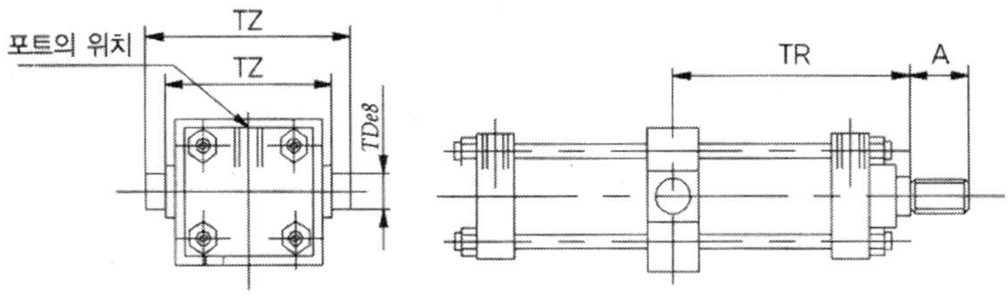

지지 형식	튜브 안지름 / 치수	40	50	63	80	100	125	140	160	180
TC	A	22	28	28	36	45	50	50	56	63
	TX	63 80	80 90	90 100	112 125	140 160	170 200	190 224	212 250	236 280
	TZ	95 112	112 122	130 140	162 175	204 224	234 264	262 296	292 330	326 270
	TD	16	16	20	25	32	32	36	40	45
	TR	인수, 인도 당사자 사이의 협정에 따른다.								

(8) 크기에 의한 분류

공압 실린더의 크기는 실린더 튜브의 안지름과 로드의 지름, 피스톤 로드의 나사 호칭(표 2-14 참조), 실린더의 행정 거리(표 2-15 참조)에 따라 분류한다.

〈표 2-14〉 튜브의 안지름, 로드 지름 및 로드 끝의 나사

<table>
<tr><th>튜브의 지름</th><th>로드 지름</th><th>나사의 호칭</th><th>비 고</th></tr>
<tr><td>40</td><td>16</td><td>M14×1.5</td><td rowspan="9">주* 표시한 나사의 호칭은 ISO 4395에 규정되어 있는 치수로서, 이를 사용해도 좋다.

비고 1. 로드 끝의 나사는 KS B 0204에 규정된 미터 가는 나사로 하고, 나사의 허용 한계 치수 및 공차는 KS B 0214에 규정된 6g 또는 2급으로 한다.
비고2. ( )안의 치수는 되도록 사용하지 않는다.</td></tr>
<tr><td>50</td><td>20</td><td>M18×1.5</td></tr>
<tr><td>63</td><td>20</td><td>M18×1.5</td></tr>
<tr><td>80</td><td>25</td><td>M22×1.5</td></tr>
<tr><td>100</td><td>32(30)</td><td>M26×1.5 *M27×2.0</td></tr>
<tr><td>125</td><td>36(35)</td><td>M30×1.5 *M30×2.0</td></tr>
<tr><td>140</td><td>36(35)</td><td>M30×1.5 *M30×2.0</td></tr>
<tr><td>160</td><td>40</td><td>M36×1.5 *M36×2.0</td></tr>
<tr><td>180</td><td>45</td><td>M40×1.5 *M42×2.0</td></tr>
</table>

〈표 2-15〉 행정의 최대 길이

튜브 안지름	행정의 최대 길이	튜브 안지름	행정의 최대 길이
40	500	125	1000
50	630	140	1000
63	630	160	1250
80	800	180	1250
100	800	−	−

(9) 급유의 유무

급유형 공압 실린더는 원활한 작동을 위해 루브리케이터를 사용하여 압축 공기 중에 윤활유를 공급하는 형태로 일반적으로 많이 사용된다.

근래에는 패킹에 X링을 채용하여 미리 패킹에 그리스 등을 유지하여 무급유 작동이 가능한 형태도 점차 사용이 확대되고 있다.

(10) 기타

다양한 형태의 공압 실린더가 제작되면서 통일하여 구분하기 모호했던 가변 행정 실린더, 케이블 실린더, 로드레스 실린더, 플라스틱 실린더 등은 그 구조나 형태 면에서 기능성을 강조한 것이다.

플라스틱 실린더는 피스톤이나 실린더 튜브를 플라스틱으로 사용한 것으로써 비교적 부하가 작은 곳이나 무급유용, 내식성이 요구되는 곳에 사용한다.

[그림 2-87]의 케이블(cable)실린더는 피스톤 로드 대신에 케이블을 사용하였으며, 로드레스(rodless)실린더(그림 2-88 참조)는 피스톤 로드를 없앤 것으로 실린더 튜브와 로드 사이에서 힘을 낼수 있도록 특수한 구조나 영구 자석을 이용한 것이 있다.

그 밖에 진공압을 주어 작동되는 진공 실린더 등도 있다.

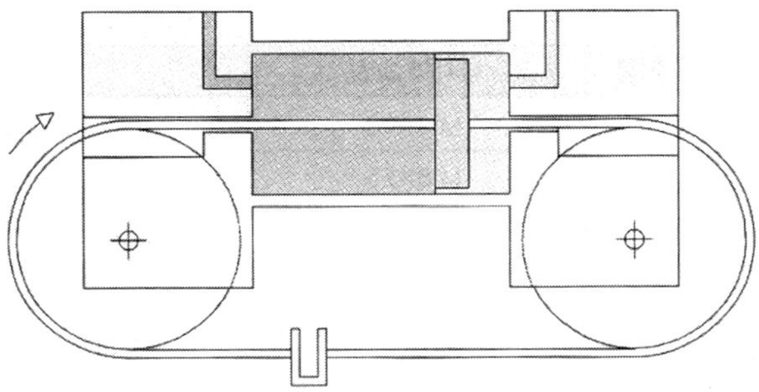

[그림 2-87] 케이블 실린더

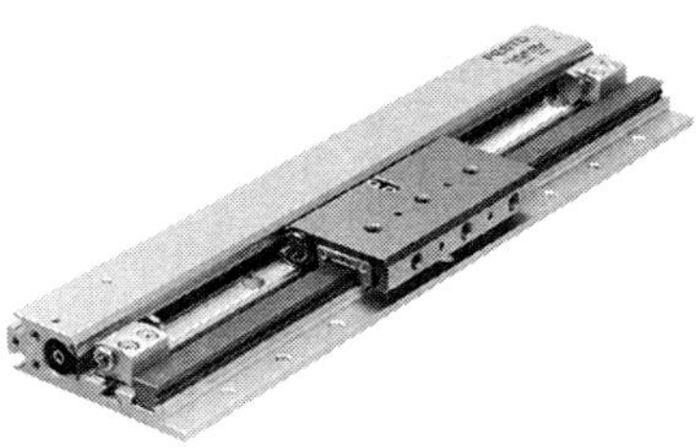

[그림 2-88] 로드 레스 실린더

나. 공기압 실린더의 구조와 구성 부품

(1) 구조

공기압 실린더는 구조, 종류가 상당히 다양함은 이미 밝힌바 있다. 그 중에서 [그림 2-89]와 같은 피스톤형 복동 실린더가 가장 많이 사용되며, 기본적인 구성은 실린더 튜브, 피스톤, 피스톤 로드, 헤드 커버, 로드 커버, 타이 로드 등이다.

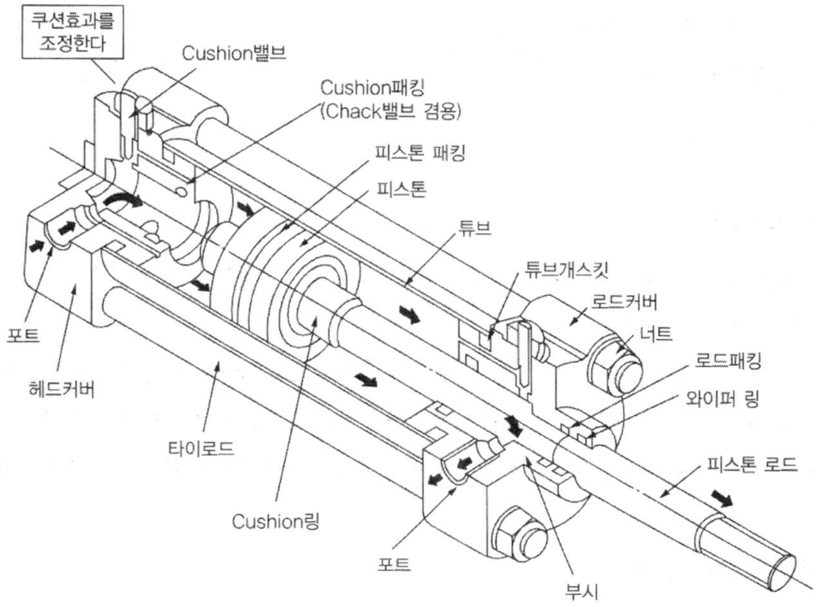

[그림 2-89] 공기압 실린더의 구조

(가) 피스톤(piston)

피스톤은 공기 압력을 받아 실린더 튜브 내를 미끄러져 피스톤 로드를 왕복 운동시키는 역할을 하며, 때로는 고속으로 커버에 부딪히게 된다. 그러므로 충분한 강도와 내마모성이 있어야 하며 열에 의해 실린더 튜브에 눌어붙음을 방지하기 위한 내열성이 요구된다.

피스톤 외주(外周)에는 피스톤과 실린더 튜브 사이에 압축 공기가 새어 나가지 않도록 패킹을 삽입하는데 주로 0링이나 캡 패킹 등이 사용된다.

패킹의 조임 여유는 피스톤의 마찰 저항과 관계가 있으므로 누설을 고려하여 마찰을 최대한 적게 하는 것이 중요하다.

(나) 피스톤 로드(piston rod)

압축 공기가 피스톤의 작용으로 얻어진 힘을 외부에 전달하므로 압축, 인장, 굽힘, 진동 등의 하중에 견딜 수 있는 충분한 강도와 내마모성이 있어야 한다. 보통 합금강이나 특수강, 스테인리스강 등이 사용된다.

(다) 실린더 튜브(cylinder tube)

피스톤의 움직임을 안내하며, 피스톤과 접촉하여 움직일 때 내부 압력이 생기므로 내마모성과 충분한 내압성이 있어야 한다.

또한, 내마모성과 녹 방지, 패킹의 마모 방지 등의 이유로 20 ㎛ 정도의 경질 크롬 도금하여 사용한다.

(라) 커버(cover)

커버는 실린더 튜브의 양단에 설치되어 피스톤의 행정 거리가 제한되며, 충격을 완화하기 위한 쿠션 기구가 내장된다.

피스톤 측의 커버를 헤드 커버, 로드 측의 커버를 로드 커버라 부른다. 로드 커버는 피스톤 로드를 지지하는 로드 부시, 로드 패킹, 더스트 실(dust seal) 등이 부착되어 있고, 보통의 경우 아연, 알루미늄 합금, 주철 등으로 제작되나 중(重)부하에는 합금강이 사용된다.

(마) 타이 로드(tie rod)

타이 로드는 튜브와 커버를 체결하는 것이며, 공기 압력이나 피스톤 왕복운동시의 충격력을 흡수할 수 있는 충분한 강도가 있어야 한다.

튜브와 커버를 일체로 제작하는 일체형도 있다.

(2) 공압 실린더의 체결 형식에 따른 분류

공압 실린더의 체결 형식(커버와 실린더 튜브의 결합)은 앞에서 설명한 타이 로드에 의한 방식 외에 실린더 튜브의 양단에 나사 홈을 만들어 커버에 있는 암나사에 결합하여 사용하는 나사형이 있다. 나사형은 외부에서 체결한 형태가 아니므로 외관이 간단하며 실린더 외부에 먼지가 쌓이지 않는 이점이 있다.

플랜지 형은 실린더 튜브에 주조, 단조 용접 등의 방법으로 플랜지를 설치한 형태이며, 코킹형은 커버에 실린더 튜브를 삽입하여 코킹(calking)한 것으로 접합 강도가 낮아 안지름 40 ㎜ 이하의 소형 실린더에 사용된다.

이외에 일체형과 키 설치형이 있으며, 일체형은 헤드 커버나 또는 로드 커버 중 하나가 실린더 튜브와 일체로 되어 있는 구조로서 주조나 단조, 용접으로 일체화시킨다.

용도는 소형 실린더 등의 외관을 작게 하는 곳에 사용되며, 키 설치형은 실린더 튜브와 커버에 키 홈을 파고 실린더 튜브에 커버를 끼우고 키를 사용하여 체결하는 방법이다. 〈표 2-16〉은 튜브와 커버의 결합 방법을 도시하였다.

〈표 2-16〉 조립 형식에 의한 분류

조립형식	구조 예	조립형식	구조 예
타이로드형	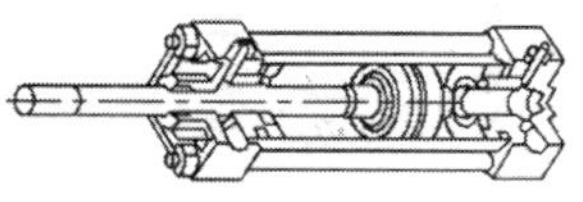	플랜지형	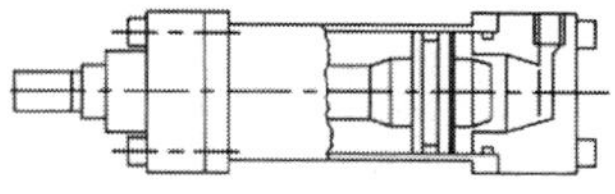
나사형	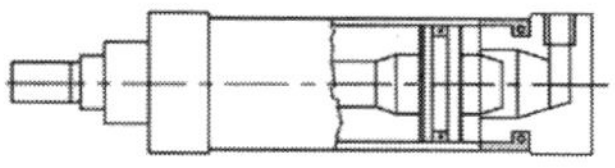	일체형	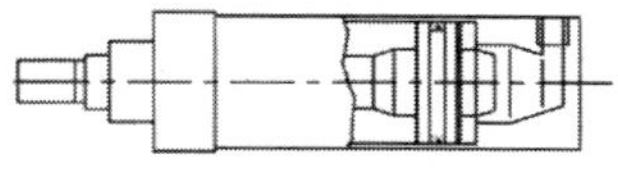
코크형	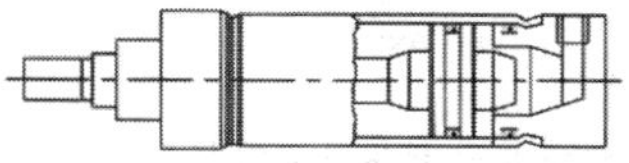	키 설치형	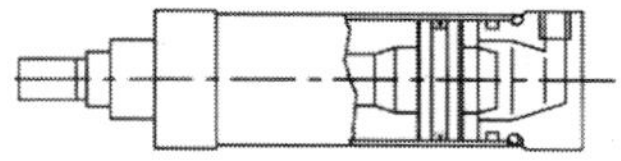

(3) 공기압 실린더의 특성

(가) 출력

공기압 실린더의 출력은 실린더 튜브의 안지름과 로드의 지름, 압축 공기의 압력에 따라 결정되며 정지에 가까운 상태에서는 다음과 같은 식으로 나타낼 수 있다.

$$F_1 = \eta_1 \cdot P \cdot \frac{\pi D_1^2}{4}$$

$$F_1 = \eta_2 \cdot P \cdot \frac{\pi}{4}(D_1^2 - D_2^2)$$

여기서, F_1 = 밀 때의 실린더 출력(kgf), F_2 = 당길 때의 실린더 출력(kgf)
P = 사용 공기 압력(kgf/㎠), D_1 = 튜브의 안지름(㎝)
D_2 = 로드의 지름(㎝), η_1 = 미는 쪽의 추력 효율
η_2 = 당기는 쪽의 추력 효율

추력 효율은 실린더의 효율을 나타내는 계수로서 실린더와 피스톤의 섭동 저항, 로드베어링부의 마찰 등에 의해 실제의 출력이 감소되는 것을 보정하고, [그림 2-90]에서 보는 것처럼 공기 압력이 감소함에 따라 작아지며, 실린더 튜브의 안지름이 작아지면 계수도 작아진다.

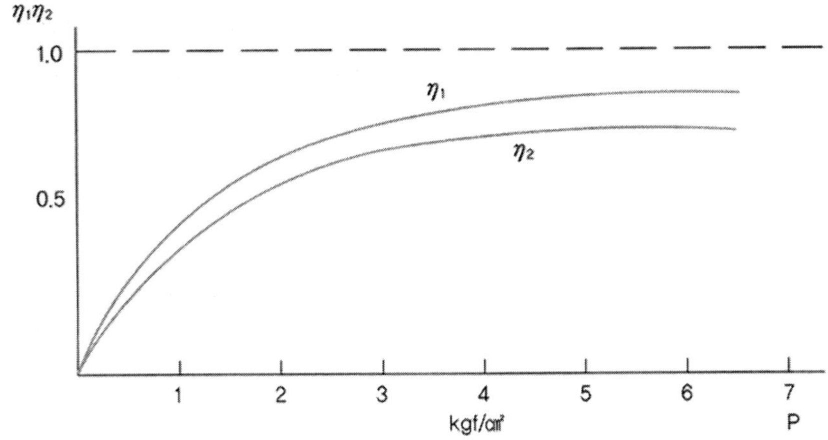

[그림 2-90] 추력 효율의 경향

(나) 공기 소비량

공기압 실린더를 작동시키는데 소비되는 공기량은 공기압 실린더의 행정 거리에 대한 용적, 즉 피스톤이 전진할 때 밀어내는 체적과 배관 내의 체적으로 얻어지며 로드가 한 쪽에만 있는 편 로드형 공기압 실린더의 공기 소비량은 다음 식으로 구할 수 있다.

$$Q_1 = \left\{\frac{\pi}{4}(D_1^2 L\frac{P+1.033}{1.033} + d^2 l\frac{P}{1.033})\right\}n \cdot \frac{1}{1000}$$

$$Q_2 = \left[\left\{\frac{\pi}{4}(D_1^2 - D_2^2)L\frac{P+1.033}{1.033} + d^2 l\frac{P}{1.033}\right\}\right]n \cdot \frac{1}{1000}$$

여기서, Q_1 = 로드 전진 시 공기 소비량(l /min)

Q_2 = 로드 후진 시 공기 소비량(l /min)

D_1 = 실린더 튜브의 안지름(cm), D_2 = 피스톤 로드의 지름(cm)

d = 배관의 안지름(cm), L = 피스톤의 행정 거리(cm)

l = 배관의 길이 (cm), n = 1분 당 피스톤 왕복 회수 (회/분)

따라서, $Q = Q_1 + Q_2$는 매분당의 공기 소비량으로 구해진다.

(다) 피스톤 속도와 소요 시간

복동 실린더를 미터 아웃 회로에서 작동시켰을 때 피스톤의 변위와 피스톤측, 로드측의 실린더 내에서의 압력 변화는 [그림 2-91]과 같이 나타난다.

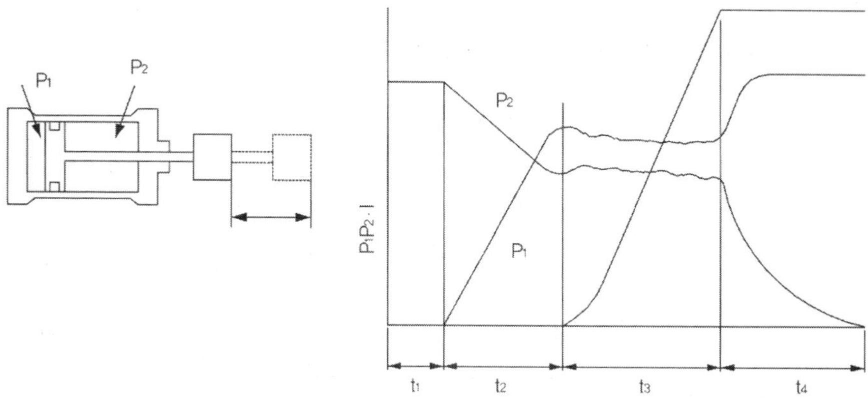

[그림 2-91] 공기압 실린더의 피스톤의 변위와 압력 변화

여기서, t_1 = 솔레노이드가 여자 되어 밸브가 제어위치를 전환할 때까지의 시간

t_2 = 밸브의 제어 위치가 변하여 P_1이 상승되고, P_2가 강하하여 피스톤이 작동을 개시할 때까지의 시간

t_3 = P_1과 P_2 사이의 충분한 압력 차(실린더의 추력)가 생겨 피스톤이 작동하여 행정의 끝단까지 진행 하는데 걸리는 시간

t_4 = 공급 압력이 P_1으로 유지되고 배출압력 P_2에 의해 대기압까지 압력이 강하하는데 걸리는 시간

공기압 실린더는 기본적으로 이와 같은 과정으로 동작되며 작동 속도는 [그림 2-93]에 나타난 것과 같이 공기압 실린더로 물체를 움직이는 경우에 다음과 같은 식으로 구할 수 있다.

$$F = m \cdot a = \frac{\pi}{4}\left\{D_1^2 \cdot P_1 - (D_1^2 - D_2^2)P_2\right\} - F_r$$

여기서, m = 물체의 질량(kg), a = 피스톤 이동시의 가속도(m/s^2)

F_r = 실린더부와 부하의 동 마찰력 또는 정 마찰력(kgf)

D_1 = 실린더 튜브의 안지름(㎝), D_2 = 로드의 지름(㎝)

P_1, P_2 = 공기의 압력(kgf/㎠)

그러나 [그림 2-91]에 나타난 피스톤 이동 중의 각 시간 t_1, t_2, t_3 …의 P_1과 P_2를 알아야 가속도 a가 구해져서 속도, 변위를 계산하고, 행정 시간을 알 수 있는데 P_1과 P_2의 압력이 시간에 대하여 복잡하게 되어 실용성이 없다. 따라서 이미 실험된 계산식에 의한 도표 등에 의하여 작동 시간을 산출하는 것이 일반적이다.

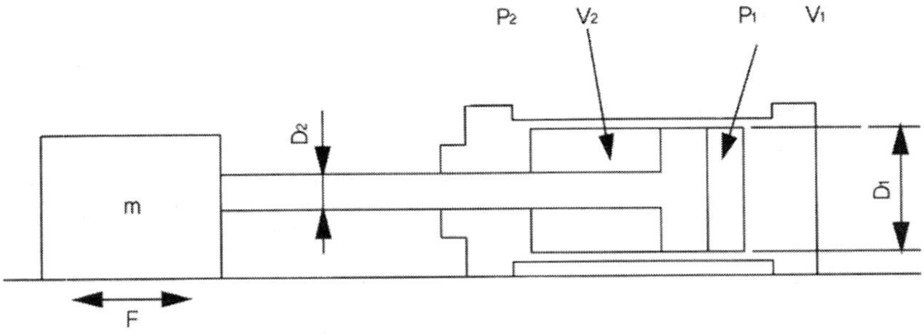

[그림 2-92] 공기압 실린더로 물체를 움직이는 경우

(4) 공기압 실린더의 선택 방법

실린더의 선택은 장치에 사용되는 실린더의 용도를 정확히 파악한 후 제작사의 분류 명칭 및 부착 형식, 튜브 안지름, 행정거리, 쿠션의 유무 등을 참고하여 선택한다.

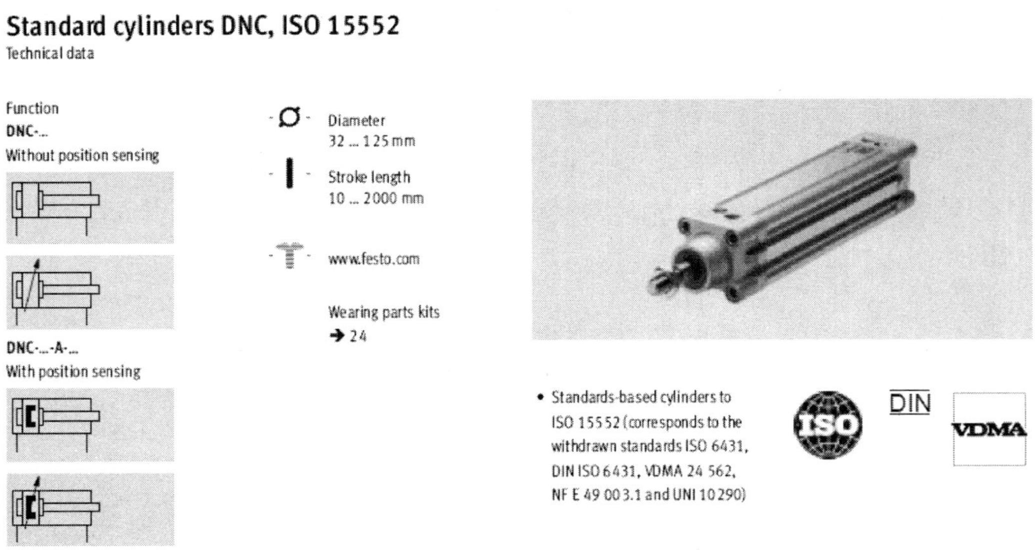

General technical data								
Piston ∅		32	40	50	63	80	100	125
Pneumatic connection		G1/8	G1/4	G1/4	G3/8	G3/8	G1/2	G1/2
Piston rod thread		M10x1.25	M12x1.25	M16x1.5	M16x1.5	M20x1.5	M20x1.5	M27x2
	K3	M6	M8	M10	M10	M12	M12	M16
	K5	M10	M12	M16	M16	M20	M20	M27
Constructional design		Piston						
		Piston rod						
		Profile barrel						
Max. torsional backlash of piston rod [°]	Q	±0.65	±0.6	±0.45	±0.45	±0.45	±0.45	-
Cushioning		Flexible cushioning rings/pads at both ends						
		Pneumatic cushioning, adjustable at both ends						
Cushioning length PPV	[mm]	20	20	22	22	32	32	42
Position sensing		Via proximity sensor						
Type of mounting		Via female thread						
		Via accessories						
Mounting position		Any						

[그림 2-93] 공기압 실린더의 선택

공기압 실린더는 보기 쉬운 곳에 명판, 기타 방법을 사용하여 다음 사항을 표시한다.

① 제조자 및 등록 상표　　② 명칭 및 기호

③ 최고 사용압력　　④ 제조년 월 및 제조 번호

(5) 실린더의 취급상 주의

실린더를 능숙하게 사용하기 위해서는 선정 방법, 설치 방법, 보수 관리 방법 등에 주의해야 한다.

(가) 실린더의 선정

실린더를 선정할 때 특히 주의해야 할 것은 다음과 같다.

① 튜브의 안지름
- 부하의 상태, 사용 속도를 잘 고려해서 부하율을 검토한다.
- 빠른 속도를 필요로 하는 경우는 부하율을 낮게 잡는다.

② 행정 길이
- 행정 길이가 긴 경우는 로드의 강도, 힘 등을 검토한다.
- 부하에 대한 실린더 길이의 선정 기준의 하나에 좌굴 강도가 있다.
- 행정 길이가 긴 경우는 로드의 지지 방법을 고려하는 것도 필요하다.

③ 쿠션

- 쿠션 능력을 검토하고 용량이 부족한 경우는 정지 직전에 감속하거나 또는 외부 완충기의 설치를 검토한다.

④ 설치 형식

- 행정 길이, 부하와의 균형을 고려해서 결정한다.
- 작동 중에 부하가 직선 운동하는 경우는 풋형, 플랜지형을 이용하고 부하가 한 평면 내에서 요동할 경우는 트러니언형, 클레비스형이 유효하다.

(나) 설치시의 주의

부하의 운동 방식에 실린더의 작동 방향이 추종하도록 하는 것이 중요하고, 특히 로드 선단과 연결부에 자유도를 갖게 하는 방법(그림 2-94 (a) 참조)과 행정길이가 긴 경우의 로드 지지 방법(그림 2-94 (b) 참조)을 고려해야한다.

또 로드 이송부에 걸리는 횡 하중은 최대 실린더 힘의 1/20 이하로 될 수 있는 한 횡 하중이 걸리지 않도록 하는 것이 좋고 행정 길이가 길어 로드의 휨 량이 많은 경우에는 안내를 고려해야 한다.

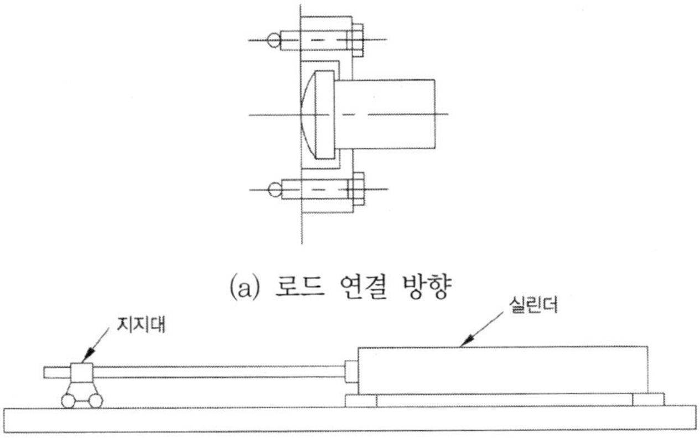

(a) 로드 연결 방향

(b) 로드 지지법

[그림 2-94] 로드의 연결 방법과 지지법

(다) 환경

사용 온도는 5 ~ 60 ℃ 범위 내인 것이 요구되고 이보다 낮거나 높을 경우에는 동결 방지와 부품 재질의 검토가 필요하므로 제조 회사에 문의해서 확인을 받아야 한다.

먼지가 많은 장소와 부식의 염려가 있는 환경에서 사용할 때는 로드 부분과 와이퍼 부분에 주의하고 커버의 설치 재질을 변경하는 것도 필요하다.

실린더 내의 압축 공기가 대기로 방출될 때 커다란 배기 소음이 발생하고 윤활유가 비산(飛散)한다.

소음기와 클리너를 사용하는 것이 요구되지만 동시에 배압이 상승하여 기기의 작동 불량 원인으로 나타나거나 실린더 속도에 영향을 줄 수 있으므로 충분한 유효 단면적을 가진 것을 선택해야 한다.

(라) 공기의 질

사용할 기기의 시방(윤활, 온도 조건)에 맞는 윤활 시스템을 선정하는 것이 중요하다. 보통 패킹 재질에 리트륨 고무가 사용되고 있고, 터빈유(ISO VG 32)를 윤활유로 사용하는 것이 좋다.

머신유, 스핀들유 등은 열화의 원인이 되므로 기기의 시방서를 확인해서 선정해야 한다.

(마) 작동 회로

공기압 장치의 사용 시 안전 대책으로는 특히 공기압 동력원의 이상(저하)과 정전시의 대책에 주의하는 것이 필요하다.

일반적으로는 실린더 내에 공기 압력을 일정하게 유지하거나, 대기로 방출하는 방법을 취하며, 실린더의 운동 특성을 고려하여 회로를 결정하는 것과 수리 시에는 회로 내의 잔류공기를 배기시키는 것이 가능하도록 배려하는 것도 필요하다.

이들은 사용 조건에 따라 차이가 있으므로 충분한 검토를 필요로 한다.

(바) 기타

공기압 시스템의 문제 중에는 배관 내의 먼지, 실 테이프 등에 의한 초기 고장이 많고 조립시의 플러싱(flashing) 작업을 행하는 것을 잊어서는 안 된다.

02 공기압 모터

공기압 모터는 공기의 압력 에너지를 연속 회전 운동으로 변환하는 공기압 기기이다. 공기압 모터는 과부하의 안정성, 화재 폭발의 위험성 등에서 전동기에 비해 훨씬 우월한 이유로 선박, 광산, 화학 공장 등에서 주로 사용되었다. 공기압 액추에이터에서 공기압 모터가 차지하는 비중은 과거에 비해 날로 증가 추세에 있으며 특히 저속 고 토크형 공기압 모터의 개발과 무단 변속의 필요성에 힘입어 일반 산업 기계, 컨베이어, 호이스트 등 그 사용 범위가 대폭 확장되고 있다.

가. 공기압 모터의 종류

공기압 모터에는 회전 날개(vane)형, 피스톤형, 기어형, 터빈형이 있으나 기어형, 터빈형은 잘 사용하지 않기 때문에 공압 기술의 분야에서는 일반적으로 날개형, 피스톤형을 주로 사용한다.

(1) 베인형 공기압 모터

공기압 공구류에 주로 사용하는 공압 모터로서 [그림 2-95]와 같이 케이싱으로부터 편심된 회전자(rotor)에 날개(vane)가 끼워져 있는 구조이며 날개와 날개 사이에 발생하는 수압 면적 차에 의해 토크를 발생시킨다. 고속 저 토크형이다.

(2) 피스톤형 공기압 모터

피스톤형 공기압 모터는 보통 중 대형 용량의 저속 회전에 사용되며 시동 토크도 우수하다. 피스톤의 왕복 운동을 기계적인 회전 운동으로 변환하여 회전력을 얻으며 운동의 변환은 크랭크, 사판, 캠 등을 이용한다. 각종 반송 장치에 주로 이용되며 중저속 회전의 고토크형이다.(그림 2-96 참조)

[그림 2-95] 베인형 공기압 모터

[그림 2-96] 피스톤형 공기압 모터

(3) 기어형 공기압 모터

두 개의 맞물린 기어 사이에 압축 공기를 공급하여 회전력을 얻으며 출력이 커서 광산 기계, 호이스트 등에 사용된다. 소형 모터로도 10,000 rpm정도의 고속회전이 가능하며 고토크형이다.(그림 2-97 참조)

(4) 터빈형 공기압 모터

터빈형 공기압 모터는 초고속 회전 미소 토크형의 특징을 갖으며 압축 공기를 터빈에 분출시켜 속도와 압력에너지를 회전 운동으로 변환하여 회전력을 얻는다. 보통 고속 회전을 필요로 하는 치과용 의료기, 공기압 공구류에 사용된다.(그림 2-98 참조)

[그림 2-97] 기어형 공기압 모터

[그림 2-98] 터빈형 공기압 모터

나. 공기압 모터의 특징

공기압 에너지를 기계적인 연속 회전 운동으로 변환하는 기기를 공기압 모터라고 부르고 전동기나 유압 모터와 비교해서 일반적으로 다음과 같은 특징을 가지고 있다.

① 전동기에 비하여 시정수(관성과 출력의비로 결정)가 작으므로 시동과 정지가 쇼크를 발생 없이 자연스럽게 행할 수 있다.
② 폭발의 위험성이 있는 환경에서도 안전하며 주위 온도, 습도 등의 영향이 다른 원동기에 비하여 적다.
③ 가격이 저렴한 제어 밸브만으로 회전수, 토크를 자유로 조정할 수 있으며 속도 제어, 역 회전 기구가 간단하다.
④ 모터 자체의 발열이 적어 섭동부의 마찰열은 압축 공기의 단열 팽창으로 냉각된다.
⑤ 에너지의 축적(공기탱크)이 행해져 정전시의 비상용 동력원으로 유효하다.
⑥ 부하에 의한 회전수 변동이 크고, 일정 회전수를 고 정도로 유지하는 것은 어렵다.
⑦ 에너지 변환 효율이 낮으며 공기의 압축성에 의해 제어성은 거의 좋지 않다.
⑧ 회전 날개형 공기압 모터 등은 배기 소음이 크다.

다. 공기압 모터의 특성

[그림 2-99]는 피스톤형 공기압 모터의 특성 곡선을 나타낸 것이다.

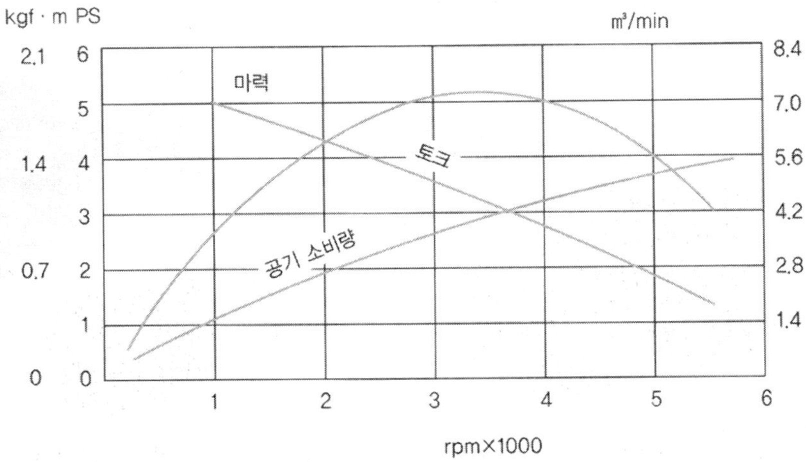

[그림 2-99] 피스톤형 공기압 모터의 성능

공기압 모터의 발생 토크는 회전수에 역비례하고 공기 소비량은 회전수에 정비례 한다. 한편 출력은 다음 식에 의해서 나타내어진다.

$$\text{출력(마력)} = nT/716{,}200 \ (\text{PS})$$

출력은 무부하 회전수의 약 1/2에서 최대로 된다.

라. 선정

공기압 모터의 종류상의 선정은 전동기, 유압 모터와 거의 같은 방법으로 생각할 수 있고, 일반적으로 토크, 회전수, 출력이 기준으로 된다. 아울러, 공기압 모터를 반송 등에 응용하는 경우는 관성 모멘트를 구하는 일도 필요하게 된다.

또 공급 및 배기 측의 압력 손실, 배압 등을 충분히 고려해야 하며 공압 모터의 효율은 제조 회사의 시방서 값의 50 ~ 70 %로 보고 충분한 여유를 취하는 것이 일반적이다.

마. 사용상의 주의

① 공기압 모터의 성능이 충분히 확보되도록 배관 및 밸브는 될 수 있는 한 유효 단면적이 큰 것을 사용하고, 밸브는 가급적 공기압 모터의 가까이에 설치한다.

② 공기압 모터는 일반적으로 급유를 필요로 하므로 윤활기를 반드시 사용하고 윤활 유공급이 중단되어 타지 않도록 주의한다.

③ 내부의 단열 팽창에 의해 항상 냉각되므로 고속 회전 및 저온에서의 사용에 있어서는 결빙(結氷)에 주의하고 경우에 따라 에어 드라이어를 사용한다.

03 요동형 공기압 액추에이터

요동형 액추에이터는 압축 공기의 에너지를 회전 운동으로 변환하여 일정 각도의 범위에서 작동되는 공기압 액추에이터이다. 공기압 모터와 다른 점은 연속 회전 운동이 아닌 제한된 각운동을 하는 것이다. 요동형 공기압 액추에이터는 [그림 2-100]과 같이 작업 공정 중에서 근거리의 반전, 송풍 장치의 덕트(duct) 내 공기 통로의 변환 등의 작업에 적합하며 효율성 면에서 공기압 실린더나 공기압 모터를 사용하는 것보다 훨씬 효과적이므로 각종 장치에 많이 이용되고 있다.

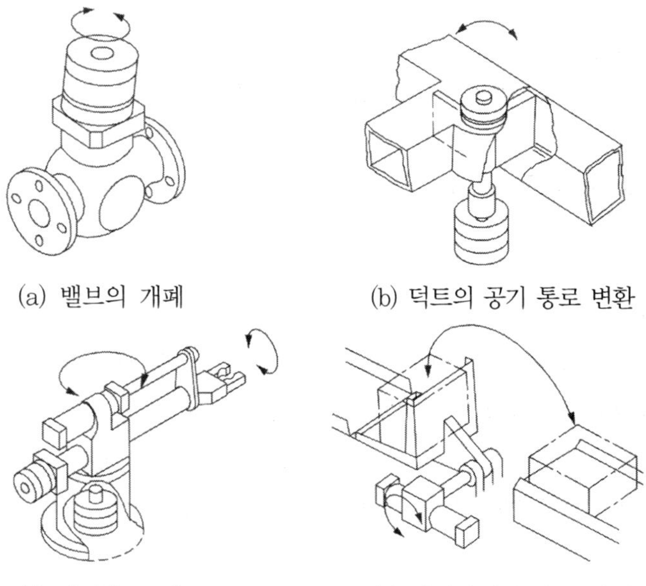

(a) 밸브의 개폐　(b) 덕트의 공기 통로 변환

(c) 산업용 로봇　(d) 컨베이어의 반송 장치

[그림 2-100] 요동형 액추에이터 사용의 실 예

가. 요동형 액추에이터의 종류

요동형 액추에이터의 회전 운동 요소는 회전 날개(vane)를 사용하여 압축 공기를 회전축에 직접 전달하여 토크를 얻는 베인형과 공기압 실린더의 직선 왕복 운동을 나사, 기어, 요크(yoke) 등을 이용하여 회전력을 얻는 피스톤 형으로 대별된다.

(1) 베인형 요동형 액추에이터

베인형 요동형 액추에이터는 [그림 2-101]과 같이 원통형의 케이싱과 케이싱의 내벽에 밀착되어 회전하는 베인으로 이루어져 있으며 한정된 각운동이 되도록 케이싱 내벽에 멈춤 장치가 설치되어 있다. 베인의 수는 1개의 경우와 2개 이상인 경우가 있으며 2개의 경우는 토크가 배가 되지만 회전 각도는 작아지게 된다.

보통 싱글(single)베인형은 300 °이내이며, 더블(double)베인형은 90 °~ 120 °이다.

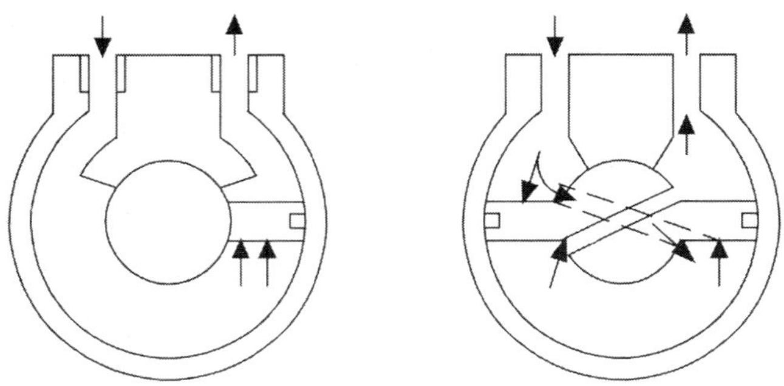

(a) 싱글 베인형　　　　(b) 더블 베인형

[그림 2-101] 베인형 요동형 액추에이터

(2) 피스톤형 요동형 액추에이터

(가) 래크와 피니언형

래크(rack)와 피니언(pinion)형은 피스톤 로드의 직선 왕복 운동이 래크와 피니언의 상대 운동을 통하여 회전 운동으로 변환된다. 회전의 범위는 45 °에서 720 °까지이며 조절 장치에 의해 행정 거리를 변화시키면 회전각을 조절할 수 있다.

회전력은 피스톤의 단면적, 공급 압력, 기어의 잇수 비에 따라 결정되고 공기 조화 플랜트의 조절, 금속 튜브의 굽힘 가공 등에 사용된다.(그림 2-102 참조)

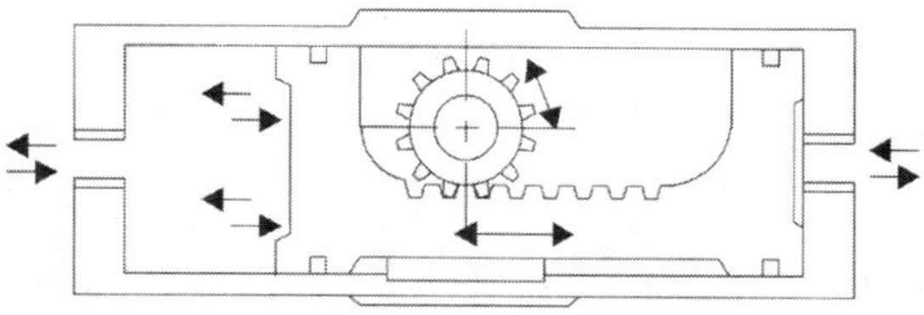

[그림 2-102] 래크와 피니언형

(나) 스크루형

스크루(screw)형은 피스톤의 왕복운동을 나사의 리드(lead)에 의하여 피스톤이 축 방향으로 일정 거리를 이동하면 나사의 직선 왕복 운동이 각 운동으로 변환된다.

행정 거리의 조절에 의하여 회전 각도의 변화가 가능하며 보통 100 °~ 370 °범위이다.(그림 2-103 참조)

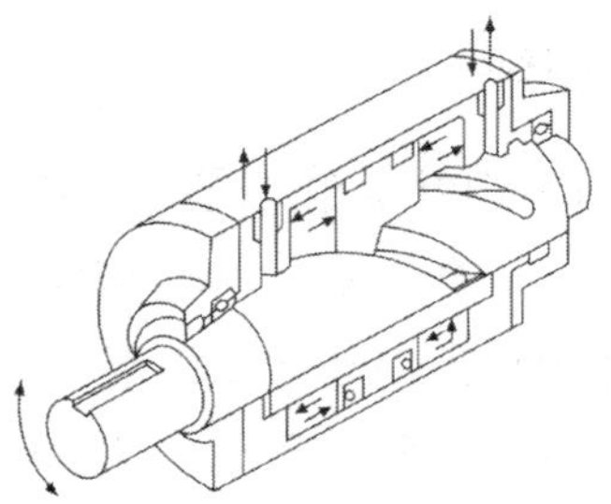

[그림 2-103] 스크루형

(다) 크랭크형

크랭크(crank)형은 피스톤의 직선 왕복 운동을 피스톤에 직결된 크랭크를 통하여 제한된 각도의 회전 운동으로 변환하며 각운동의 범위는 구조적으로 110 °이내이다.

또한 출력 토크는 제한된 요동 각도에 따라 변화한다.(그림 2-104 참조)

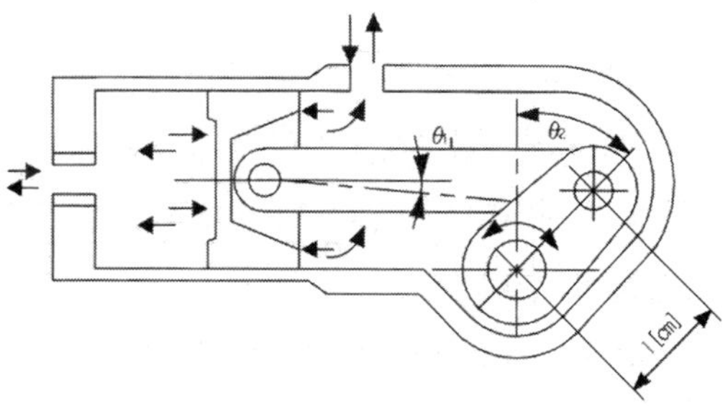

[그림 2-104] 크랭크형

(라) 요크형

요크(yoke)형 요동형 액추에이터는 피스톤의 직선 왕복 운동을 피스톤 로드부의 중앙 위치에 요크를 통하여 제한된 각운동으로 변환하게 된다. 작동의 방법은 크랭크형과 흡사하며 출력 토크 역시 요동 각도에 의해 변한다.(그림 2-105 참조)

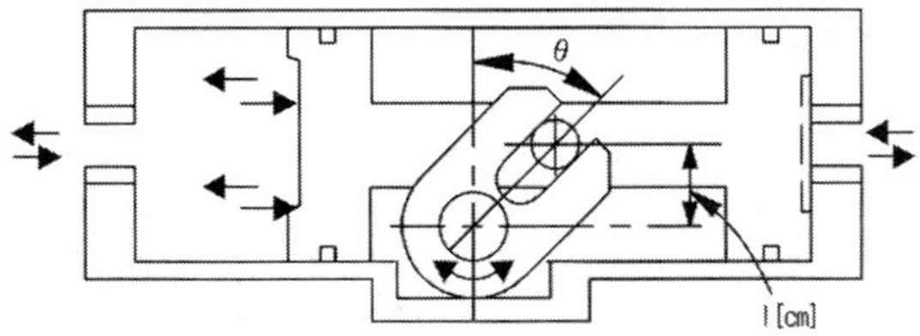

[그림 2-105] 요크형

나. 요동형 액추에이터의 선택

요동형 액추에이터 선정에서 고려되어야 할 사항은 부하(load)의 형태와 부하의 크기, 사용 공기 압력, 요동 각도, 요동의 소요 시간 등이 검토되어야 한다.

부하의 형상과 부하의 크기에 필요한 정적 토크를 산출할 때 부하의 속도가 회전 가속도의 회전력을 무시할 경우 출력 토크를 구하는 방법은 다음과 같다.

$$T = \frac{T_s}{\eta}(kgf \cdot cm)$$

여기서, T: 출력 토크 $(kgf \cdot cm)$, T_s: 정적 토크 $(kgf \cdot cm)$

η = 효율

요동형 액추에이터 출력 T는 기계적 효율이 고려된 실 출력으로 하며, η는 출력 토크를 결정했을 때 이론 공기 압력으로부터의 압력 변동을 감안한 것으로서 부하의 변동이 없는 경우 0.6 ~ 0.7로 하며 부하 변동이 예상될 때는 0.5 이하를 취한다.

또한 중력 방향으로 부하를 회전시키면 큰 부하 변동이나 관성 모멘트가 커져 속도 제어가 힘들게 되어 η의 값을 0.3 정도로 한다.

부하의 속도가 빨라 관성 부하를 고려해야 할 경우는 회전 가속도 토크 T_a를 구하여 정적 토크에 더해주어야 한다.

$$T_a = I\omega(kgf \cdot cm)$$

여기서, I : 관성 모멘트($kgf \cdot cm \cdot s^2$), ω: 각 가속도 (rad/s^2)

회전체의 에너지가 출력축의 허용 에너지를 초과하는지 확인하고 회전 에너지의 산출은 다음과 같이 산출한다.

$$E = \frac{I\omega^2}{2} = 2I\left(\frac{\theta}{t}\right)^2 \ (kgf \cdot cm)$$

여기서, E: 회전체의 회전 에너지($kgf \cdot cm$), I: 관성 모멘트($kgf \cdot cm \cdot s^2$)
ω: 각속도(rad/s), θ: 요동 각도(rad),
t: 요동 시간(s)

다. 요동형 액추에이터의 사용상 주의사항

요동형 액추에이터는 공기압 실린더나 공기압 모터와는 다른 제한된 각운동에 주목하여 다음 사항이 고려되어야한다.

(가) 회전 에너지

요동형 액추에이터에 사용되는 에너지는 대개의 경우 공압 실린더의 직선 왕복 운동에 비해 커지는 것이 보통이다. 특히 베인형은 그 구조의 특성상 행정의 종료 지점에 쿠션의 설치가 곤란하여 회전 에너지에 대한 파손이 우려되므로 외부 완충 장치를 부착하도록 한다.

(나) 외부 스톱퍼

요동 각도의 정확도가 요구될 때는 부하쪽 직경이 큰 곳에 외부 스톱퍼의 부착 사용하여야 내구성이 좋아지며 정확한 정지 기능을 보장할 수 있다. 래크와 피니언형의 경우에 내부 스톱퍼를 사용하면 기어의 백 래쉬(back lash) 영향으로 정확도에 문제가 발생할 수 있다. 외부 스톱퍼는 조절기구를 사용하면 각도 조정에 매우 편리하다.

(다) 부하의 형태

출력축에 반경 방향의 하중이 걸리지 않도록 하여 순수한 회전력을 전달해야 하며 축방향의 하중이 있는 경우는 트러스트 베어링을 사용하여 하중이 직접 요동형 액추에이터에 걸리지 않도록 한다.

(라) 출력축의 연결 방법 및 부하율

출력축과 피 구동축의 중심내기를 정확히 하여 과도한 힘이 베어링에 작용되지 않도록 해야 하므로 플렉시블 커플링을 사용하는 것이 바람직하며, 만약 충격 하중이 있을 경우에는 어느 정도 완충의 효과를 기대할 수 있다.

또한 부하율은 구동 토크를 최대 토크로 나눈 값으로 회전 속도의 변화를 줄이려 하거나 미속 회전이 요구될 때 부하율이 50% 이하가 되도록 요동형 액추에이터를 사용한다.

제4절 공기압 부속 기기

01 무급유 공기압 기기

[그림 2-106]과 같은 무급유 공기압 기기는 윤활기(lubricator)의 사용 없이 외부로부터 윤활유의 공급이 없이 작동이 가능한 공기압 기기를 일컫는다.

그러나 무급유 공기압 기기라 하여 무윤활 공기압 기기와 같이 전혀 윤활유를 사용하지 않는 것은 아니며 밸브나 액추에이터에 미리 그리스(grease) 등을 봉입하여 상시 윤활유를 공급하지 않아도 작동이 가능한 공기압기기를 뜻한다.

최근의 공기압 기기가 무급유화 되는 이유는 윤활을 하지 않아 발생하는 경제적인 이점과 환경오염의 방지, 또는 제조 환경에서 윤활유의 사용이 억제되어야 하는 식료품, 의약품, 전자제품 등 생산 공정의 필요성에 기인된다.(그림 2-107 참조)

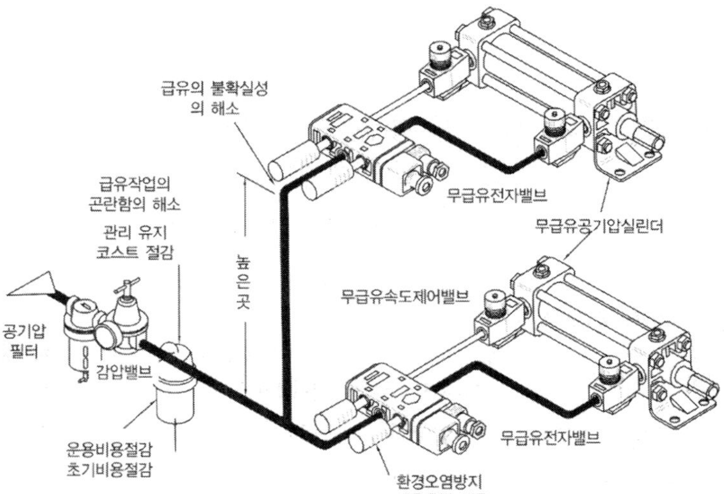

[그림 2-106] 무급유 공기압 기기

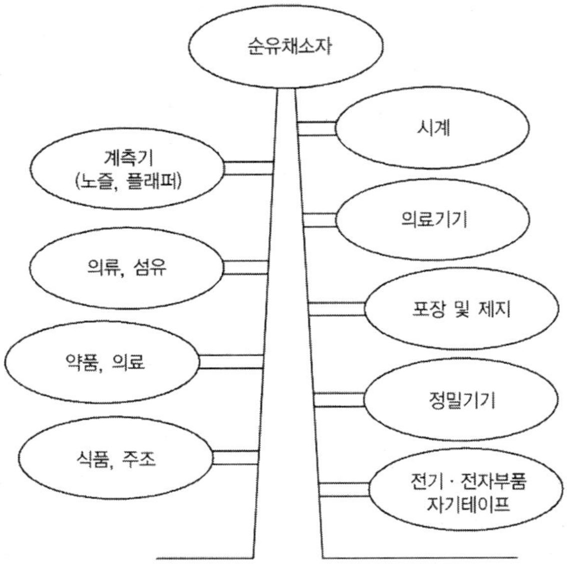

[그림 2-107] 기름의 유입이 억제되어야 하는 산업 분야

가. 무급유 공기압 시스템에 사용하는 공기압 기기

무급유 공기압 기기를 사용하면 에어 서비스유니트의 윤활기를 제거하여 사용할 수 있다. 그렇다고 해서 급유 시스템에 사용하는 공기압 기기와 무급유 시스템에 사용되는 공기압 기기가 근본적으로 다른 것은 아니며, 방향 제어 밸브나 공기압 실린더가 보통 무급유화의 대상이 된다.

(1) 공기압 필터

급유 시스템의 압축 공기를 사용할 때 먼지, 오일 미스트(mist), 공기 속의 윤활유 제거를 위한 공기압 필터를 사용한다. 무급유 시스템 역시 드레인의 영향으로 무급유 공기압 기기 내부에 봉입된 윤활유를 누설시킬 우려 때문에 반드시 설치해야 한다.

(2) 오일 미스트 세퍼레이터

공기압 시스템의 오일 미스트는 공압 필터로 제거하지 못하므로 그 필요에 따라 설치 여부를 검토하며, 무급유 시스템에서는 시스템 내부에서 발생되는 오일의 찌꺼기 등의 고형물이 축적되기 쉬우므로 설치 여부의 결정에 신중을 기해야 한다.

(3) 제어 밸브와 공기압 실린더

무급유 공기압 장치에서 무급유화가 필요한 부분은 실제 방향 제어 밸브와 실린더이며 다른 공기압 기기는 급유 시스템에서 사용하던 것을 그대로 사용한다.

감압 밸브는 공기 압축기에서 공급된 공기 라인과 윤활기 사이에 설치되어 있으므로 급유, 무급유에 관계없이 사용되며 밸브의 구조가 대부분 포핏 형태의 유량 제어 밸브의 경우에도 급유 시스템에 사용하던 밸브를 그대로 사용한다.

(가) 무급유 솔레노이드 밸브

① 솔레노이드 부분

솔레노이드 밸브의 작동 방식은 직동형과 파일럿형이 있다. 방향 제어 밸브의 무급유화를 위하여 직동형은 작동 과정에서 마모된 분말이 밸브체에 스며들지 않도록 해야 하며 파일럿형에서는 아마추어(amateur)의 가동 부분이 마모되지 않도록 표면 처리하거나 그리스를 표면에 도포한다.

② 밸브체

솔레노이드 밸브의 구조는 포핏식과 슬라이드식으로 구별되며 밀봉 형태는 각각 메탈실(metal-seal) 방식, 탄성체 실 방식 등으로 구분된다.

(나) 무급유 공기압 실린더

무급유 실린더는 운전의 조건에 따라 수명의 차이가 있지만 행정 거리의 총 운동 거리가 보통 1000 ㎞ 이상 사용할 수 있다. 공압 실린더를 무급유화 할 때 무급유 상태에서 발생할 수 있는 실(seal)의 마모, 피스톤과 실린더 사이에서 발열에 의한 눌어붙음 등을 방지하기 위하여 패킹이나 슬라이딩 부분에 다공질 재료를 사용하여 윤활제를 봉입하는 방법이 이용된다.

① 무급유용 실린더 패킹

무급유용 공압 실린더에서 실을 사용하는 섭동 부분은 피스톤 부분, 피스톤 로드 부분, 쿠션 부분이 있으며 요구되는 기능은 다음과 같다.

- 기밀을 유지하고 장시간 사용에도 패킹 재료가 내구성이 좋아야 하며 마모 및 영구 변형이 적어야 한다.
- 섭동 저항이 작아야 하며 정 마찰계수와 동 마찰 계수의 차이가 적어야 한다.

그러나 피스톤 패킹이나 피스톤 로드패킹은 실재 자체적으로는 윤활성이 많이 떨어지므로 사전에 윤활제를 봉입하는 프레 루브리케이션실(pre lubrication seal) 방식을 택하고 있다.

[그림 2-108]은 피스톤 패킹의 구조를 나타내고 있다. (a),(b),(c)의 형태가 가장 보편적이며 (e)와 (f)는 공압을 이용하여 피스톤패킹 내부의 윤활제를 미소한 양으로 흘려보내거나 실 내부의 극히 작은 기름 탱크에서 슬라이딩을 원활하게 하고 있다.

피스톤 로드 패킹은 피스톤 패킹 보다는 큰 하중의 영향을 받으며 한쪽은 대기압 상태의 압력이므로 피스톤 패킹의 형상과는 다르고 O링, Y형 패킹(대칭형, 비대칭형) 등이 사용된다.

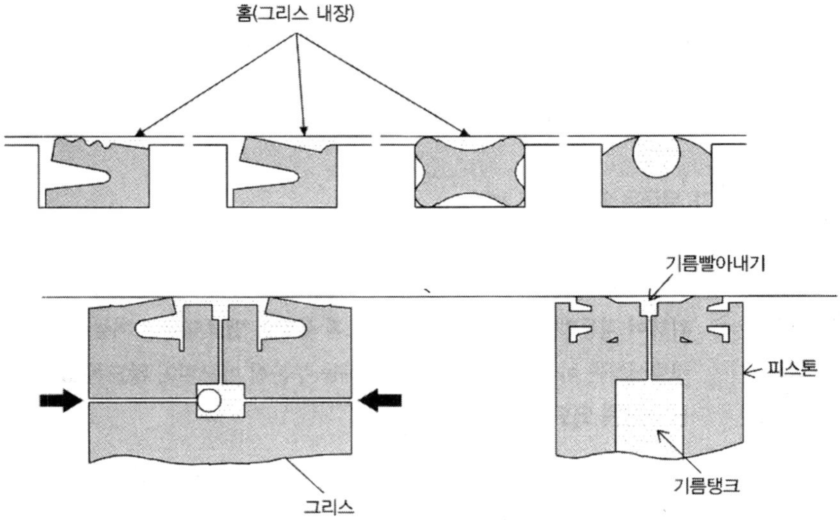

[그림 2–108] 피스톤 패킹의 구조 예

[그림 2-109]의 쿠션 패킹은 완충시에 사용 공기압의 2 ~ 4배의 압력이 작용될 경우도 있어 무급유 상태에서는 수명이 크게 단축된다. 그러므로 내마모성 재질을 사용하여 립 부분형상을 피스톤 로드 부분과 조화시켜 사용해야 한다.

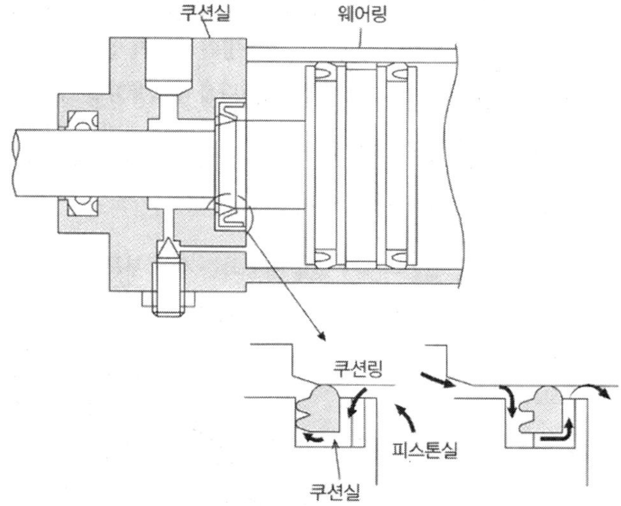

[그림 2-109] 쿠션 패킹의 형상

② 미끄럼 접촉 부분의 무급유화

공압 실린더의 슬라이딩 부분인 피스톤 로드와 로드 부시도 윤활이 부족하면 편 마모 현상이 일어나거나 눌어붙게 되므로 부시에는 무급유 베어링을 사용한다.

무급유 장치의 슬라이딩 부분에 사용되는 재료는 다공질의 금속계 모재와 합성수지 복합체에 윤활제를 침투시킨 것과 합성수지 모재의 성형 전에 윤활제를 첨가하여 성형한 것이 있다. 그 외에 청동 및 주철 등의 경한 모재의 슬라이딩 부분에 고체 윤활 피막을 형성하는 금속 계와 자체적으로 윤활성이 있는 에틸렌 수지, 폴리아미드 수지 등이 있다.

나. 무급유 공기압 기기의 사용상 주의사항

① 무급유 공기압 기기의 수명은 사전에 봉입된 윤활제의 사용 가능 기간에 따라 달라지므로 드레인이 발생하여 윤활제가 씻겨 나가지 않도록 하는 것이 매우 중요하다. 그러므로 필터에 자동 배수 장치 등을 설치하여 드레인이 과도하게 발생하지 않도록 해야 하며 관로 속의 온도 변화 등의 이유로 드레인 발생의 우려가 있을 때는 사용 기기의 가까운 곳에 공기압 필터를 설치하거나 필요에 따라 에어 드라이어를 설치하여 드레인 발생을 억제한다.

② 무급유 공기압 기기에 사용하는 그리스의 추가 봉입은 하지 않으나 기기의 분해 조립시에 다시 봉입할 경우에는 제조 회사의 시방에 따른 제품을 사용한다.

③ 무급유 공기압 기기 내부에서 그리스 이외의 윤활제가 배출될 경우가 있으므로 이 때는

[그림 2-110]과 같이 방향 제어 밸브의 배기 포트에 오일 미스트 세퍼레이터를 부착하여 사용한다.

④ 먼지나 이물질은 특히 무급유 공기압기기의 수명 단축과 밀접한 관계에 있으므로 공기압 필터에 의해 분진의 침투를 방지해야 하며 파이프 라인에 녹이 발생하지 않도록 스테인레스, 동, 플라스틱, 나일론재 등을 사용한다.

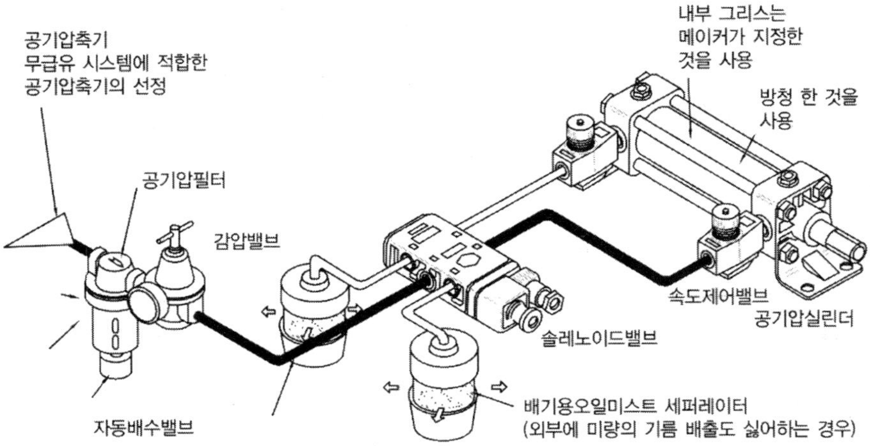

[그림 2-110] 오일 미스트 세퍼레이터의 사용

다. 무급유 공기압 시스템의 장점

이상에서 설명한 무급유 공압 장치의 장점은 다음과 같다.

① 급유가 불필요하고 급유의 불확실성이 해소된다.
② 루브리케이터를 사용하지 않으므로 경제적이다.
③ 배출되는 윤활유의 양이 매우 적으므로 대기 오염 방지의 효과가 있다.

02 공·유압 조합 기기

가. 공·유압 변환기

(1) 에어 하이드로 실린더

에어 하이드로 실린더(air-hydro cylinder)는 공·유압 변환기(pneumatic-hydraulic convertor) 등을 사용하여 작동 유체를 압축 공기에서 액체로 변환하고 액체의 에너지를 사용하여 기계적인 일을 하는 실린더를 말한다.

[그림 2-111]은 공·유압 변환기를 사용한 에어 하이드로 실린더의 회로를 나타냈으며, 복동 실린더의 공압 회로에 공·유압 변환기를 사용하여 공압 에너지에서 유압 에너지로 변환, 구동됨을 보여주고 있다.

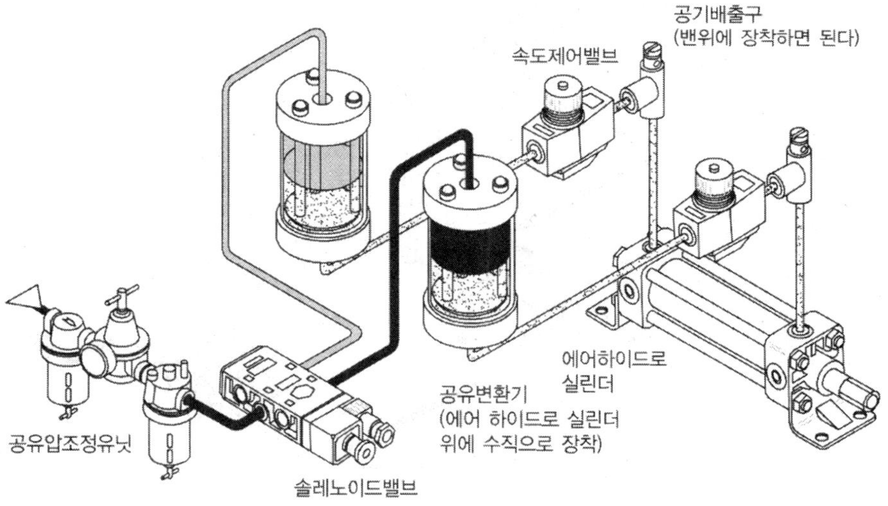

[그림 2-111] 에어 하이드로 실린더를 사용한 회로

(2) 공·유압 변환기의 용도

공압 실린더를 저속으로 작동시켜야 하는 경우에 공기의 압축성으로 인하여 스틱 슬립(stick-slip)현상이 발생하여 균일한 속도를 얻을 수 없다.

이러한 문제의 해결 방법으로 공·유압 변환기를 사용하면 오일의 비 압축성을 이용하여 안정된 저속의 운동이 가능하게 된다.

(3) 공·유압 변환기의 사용상의 주의점

공·유압 변환기는 가급적 수직 방향으로 설치하고, 액추에이터보다 높은 위치에 설치해야 하며, 열의 발생이 있는 곳에서 사용하지 않도록 한다.

나. 하이드로릭 체크 유닛

(1) 기능

하이드로릭 체크 유닛(hydraulic check unit)은 보통 공기압 실린더와 연결하고, 내장된 교축 밸브를 조절하여 실린더의 속도 제어에 사용된다.(그림 2-112 참조)

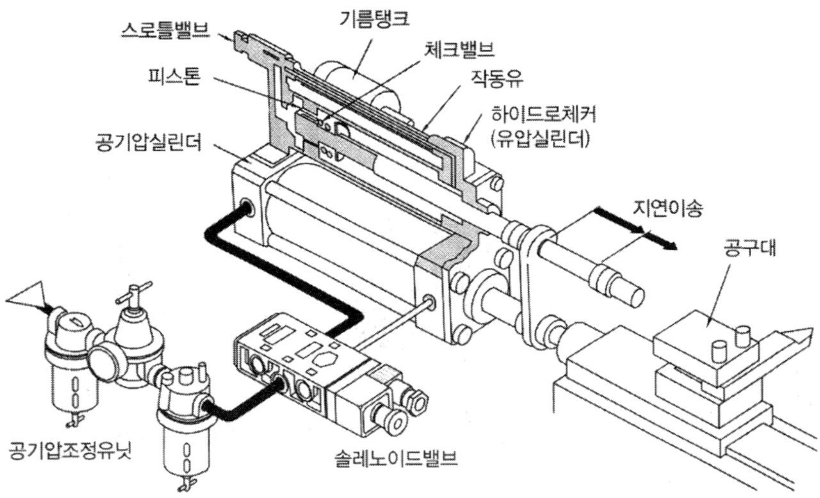

[그림 2-112] 하이드로 체크 유닛의 기능

바이패스 관로 내부에 스톱 밸브를 설치하면 중간 정지의 기능도 가능하다.

하이드로릭 체크 유닛은 자력에 의한 작동 기능이 없으며 외부로부터 피스톤을 전진시키는 힘이 있을 때 작동된다.

(2) 구조

하이드로릭 체크 유닛의 은 공기압 실린더와 유압 실린더로 구성되며 구동은 공기압 실린더로 하고 작동 속도의 제어는 유압 실린더로 한다.

실린더의 양측 챔버(chamber)를 바이패스 관로로 접속하고, 관로 도중에 교축 밸브를 설치한 구조이다.

실린더가 작동할 때 내부의 유량 변화를 흡수하기 위해 인덕터(inductor)가 설치되어 있다.

다. 증압기

증압기(intensifier)는 일반적인 공기압 회로에서 얻어지는 압력보다 큰 압력을 필요로 할 때 이용된다.

[그림 2-113]은 공유 증압기의 사용 예로서 현장에서 사용하는 낮은 압력의 압축공기를 사용하여 소형 유압 실린더의 압력을 고압으로 변환함으로서 높은 출력을 얻을 수 있다.

공기압 장치에서 큰 출력을 얻기 위해 대형의 공기압 실린더를 사용할 경우 사용 장소의 제약을 받을 수 있다. 그러나 공유 증압기를 사용하면 설비를 간소화 할 수 있어 여러 종류의 장치에 많이 응용되고 있다.

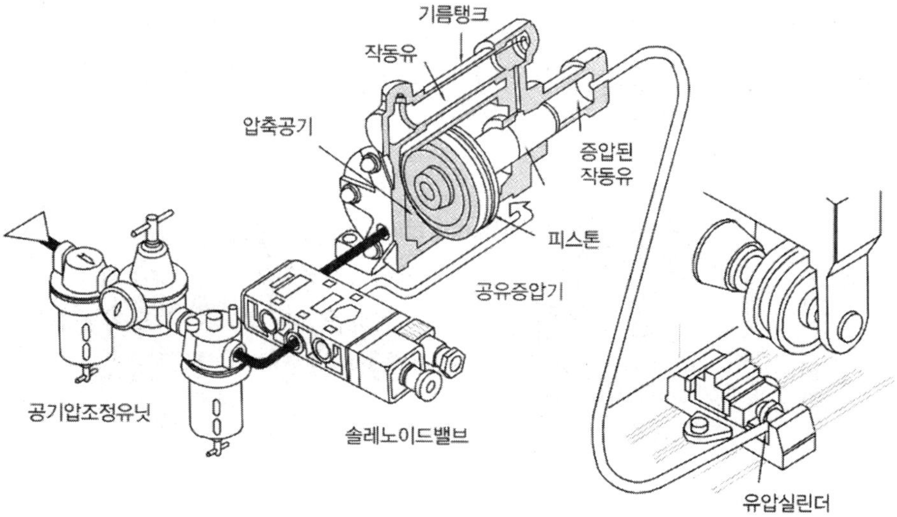

[그림 2-113] 공유 증압기의 사용 예

03 진공 펌프, 소음기

가. 진공 펌프

진공(vacuum)의 어원은 비어 있음(empty)을 의미하는 그리스어로부터 유래한다. 실제로는 공기 중에 노출되어 있는 진공용기가 사용되므로 몇 가지의 진공 장치에 의해 공기가 제거됨으로서 진공 상태를 얻게 된다.

따라서 진공 용기로부터 제거되는 공기의 양에 따라 진공의 정도가 결정된다. 현실적으로 완전 진공은 기대할 수 없다.

일반적으로 공기 압축기는 대기압보다 높은 압력으로 사용되고 있다. 압축기와는 다르게 대기압 미만에서 사용되는 공기압 기기를 진공용 기기라고 부르고 있다. 여기서 진공이라고 하는 의미를 우리는 두 가지로 생각할 수 있다.

하나는 절대압력 0을 기준으로 하는 완전 진공의 것이고, 또 하나는 대기압보다 낮은 압력의 것을 진공이라고 한다. 따라서 완전 진공은 대기압보다 760 ㎜Hg의 부압으로 되지만 여기서는 완전 진공은 아니고 대기압 이하 400 ~ 600 ㎜Hg 정도의 부압을 의미한다.

진공 펌프의 종류는 진공을 얻는 방식에 따라 오일식, 건식, 수봉식 등으로 구분하며 [그림 2-114]는 건식과 수봉식 펌프이다.

(a) 건식 진공펌프

(b) 수봉식 진공 펌프

[그림 2-114] 진공 펌프

나. 소음기(scilencer)

[그림 2-115]는 공기압 밸브의 배기구에 사용되는 소음기로서 배기 속도를 줄이며 배기음을 줄이기 위한 목적으로 사용되고 있다.

[그림 2-115] 공기압 밸브의 배기구에 사용되는 소음기

그러나 공기압 기기의 배기구에 소음기를 설치하는 것은 공기압 기기의 효율 면에서는 매우 부정적이다. 그 이유는 소음기로 인한 공기의 흐름에 저항이 부여되고 배압이 생기기 때문이다.

공기압 기기 출력은 공급 압력과 배기 압력과의 차이로 정해진다. 공급 압력이 일정할 때 배압, 즉 배기 압력이 높아지면 압력차가 작아지므로 출력은 낮아진다. 이것은 자동차에서도 소음기를 제거하면 마력이 증가하는 것으로도 알 수 있다. 그러나 배기 소음 자체가 공기압 기기의 사용상의 문제점이므로 부득이 소음기를 사용해야한다.

익힘 문제

01 공기압 장치의 장점을 5가지 나열하시오.

02 유압 장치의 장점을 5가지 나열하시오.

03 공기압 장치에서 동력원의 구성 요소를 쓰시오.

04 공기압 장치에서 공기 청정화 기기 구성 요소를 쓰시오.

05 공기압 장치에서 제어부 구성 요소를 쓰시오.

06 공기압 장치에서 구동부 구성 요소를 쓰시오.

07 유압 장치에서 동력원 구성 요소를 쓰시오.

08 유압 장치에서 제어부 구성 요소를 쓰시오.

09 유압 장치에서 구동부 구성 요소를 쓰시오.

10 공기 압축기의 압력 기준을 설명하시오.

11 송풍기의 압력 기준을 설명하시오.

12 팬의 압력 기준을 설명하시오.

13 스크류 압축기의 특징을 3가지 이상 설명하시오.

14 공기 압축기 설치상 주의사항을 3가지 이상 설명하시오.

15 배관 이음의 종류를 3가지 이상 쓰시오.

16 냉동식 에어 드라이어의 작동 원리를 설명하시오.

17 흡착식 에어 드라이어에 사용되는 흡착제를 2개 쓰시오.

18 공기 여과기(filter)의 용도를 2가지 이상 설명하시오.

19 공기 여과기를 여과 방식에 따라 분류하시오.

20 공기탱크의 기능을 3가지 이상 쓰시오.

21 상대 습도의 표시 방법을 식으로 나타내 보시오.

22 포화 수증기량 표를 참조하여 다음 문제를 풀어 보시오.

가) 공기 온도 30℃, 상대 습도 85%, 압축기가 흡입하는 공기 유압 10㎥/min일 때 수증기 량은 얼마인가?

나) 이 공기를 애프터 쿨러에서 냉각 온도 39℃, 애프터 쿨러에 들어가는 압력이 7kgf/㎠ 일 때 드레인 량은 얼마인가?

다) 위 문제의 공기를 다시 가압 노점 4℃ 냉동식 에어 드라이어에 들어가는 압력 7kgf/㎠ 일 때 드레인 량은 얼마인가? (가압 노점 – 대기압 노점 환산표 참조)

23 공기압 실린더에 사용하는 일반적인 필터 엘리먼트의 여과 입도는 몇 μm 정도인가?

24 고속용 공기압 모터에 사용하는 필터 엘리먼트의 여과 입도는 몇 μm 정도인가?

25 공기 마이크로미터 등에 사용하는 정밀용 필터 엘리먼트의 여과 입도는 몇 μm 정도인가?

26 에어 서비스 유닛의 간략 기호와 상세 기호를 그려보시오.

27 드레인 분리기의 응축수 배출 방식을 3가지 쓰시오.

28 공기압 장치에 사용하는 윤활기의 종류를 3가지 쓰시오.

29 공기압 회로에 사용하는 윤활유로 적당한 것을 2가지 쓰시오.

30 압력 조절기의 역할을 간단히 쓰시오.

31 공기 압축기의 무부하 운전에 사용되는 밸브는?

32 공기압을 검출하여 전기적인 신호를 발생시키는 공기압 요소는?

33 두 개 이상의 분기 회로를 가진 공기압 회로에서 그 작동 순서를 압력의 차이에 의해서 제어하는 밸브는?

34 ISO 1219의 밸브 연결구 표시에서 공급라인의 표시는?

35 ISO 1219의 밸브 연결구 표시에서 작업라인의 표시는?

36 ISO 1219의 밸브 연결구 표시에서 제어라인의 표시는?

37 ISO 1219의 밸브 연결구 표시에서 배기구의 표시는?

38 방향 제어 밸브를 포트 수와 제어 위치의 수에 의하여 분류하는 방법을 간단히 설명하시오.

39 방향 제어 밸브를 조작 방식에 따라 분류하시오.

40 방향 제어 밸브를 구조에 따라 3가지로 분류하시오.

41 체크 밸브의 용도를 설명하시오.

42 고압 우선형 셔틀밸브에 각각 500 [hPa]과 300 [hPa]의 압력을 주었을 때 출력되는 압력은?

43 저압 우선형 셔틀밸브에 각각 500 [hPa]과 300 [hPa]의 압력을 주었을 때 출력되는 압력은?

44 피스톤의 지름과 로드의 지름 차이가 없는 실린더는?

45 비 피스톤형 실린더는 어떤 실린더인가?

46 공기압 실린더를 작동 형식에 따라 분류하시오.

47 공압 실린더의 설치 형식을 3가지 이상 쓰시오.

48 공압 실린더를 크기에 의해 분류하는 기준이 되는 항목은?

49 텔레스코프 실린더는 어떤 실린더인가?

제3장

공기압 회로

제1절 공기압 회로의 기초

01 공기압 회로의 구성

공기압 회로도의 배치는 순서도와 일치해야 한다. 즉, 신호의 흐름은 밑에서부터 위로 이어져야 한다. 에너지 공급원이 회로도에서도 중요하듯이 순서도에도 포함되어야 한다. 에너지 공급에 필요한 모든 요소는 제일 밑에 그려야 하며 에너지는 밑에서부터 위로 분배되도록 한다.

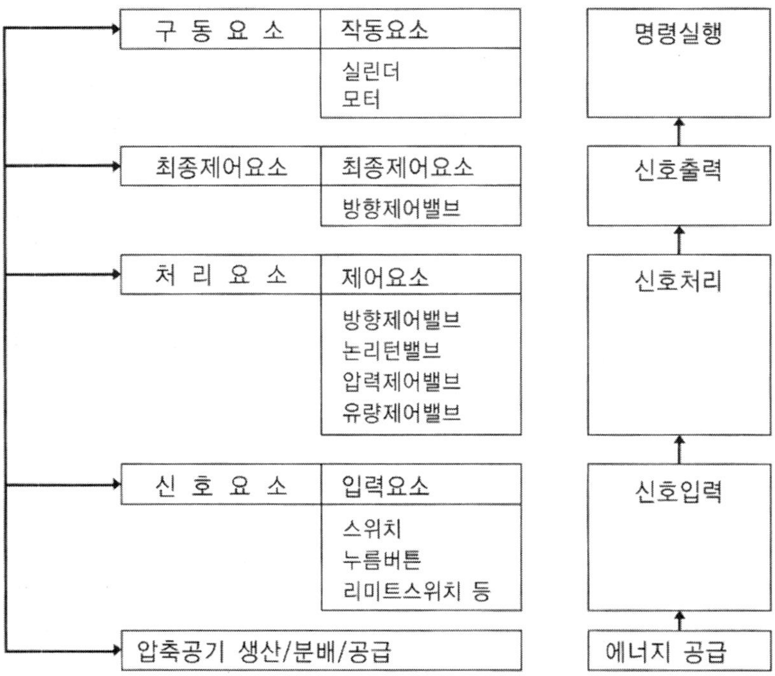

[그림 3-1] 공기압 회로도의 순서도

회로도가 큰 경우에는 모든 에너지 공급부(서비스 유니트, 차단 밸브, 분배 연결기 등)를 분명하게 하기 위해서 회로도에서 이들은 한 부분으로 분리해서 나타내고, 각 요소에 대한 에너지의 연결은 기호로 표시한다.

회로도의 구성은 [그림 3-1]과 같이 요소들의 배치는 장치의 형상과 관계없이 작성해야 하고, 모든 실린더와 방향제어 밸브는 수평으로 그린다.

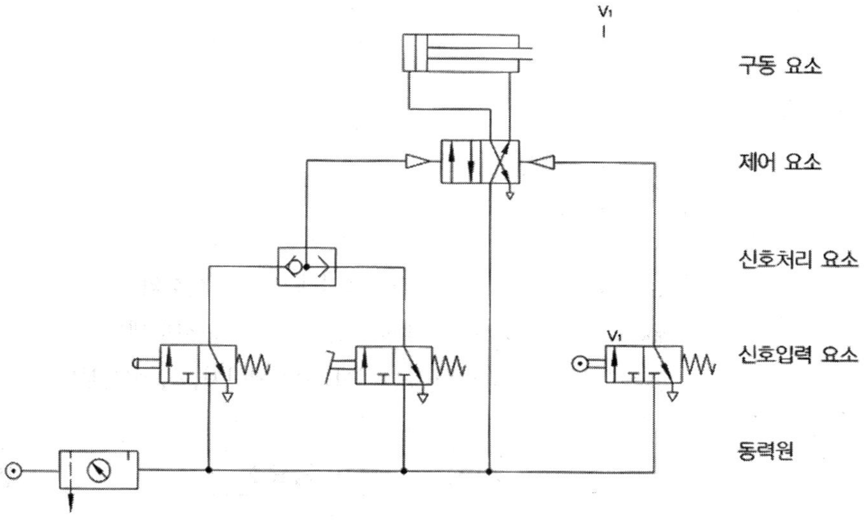

[그림 3-2] 공기압 부품의 배치

[그림 3-2]는 복동 실린더가 푸시 버튼이나 페달에 의해 작동해서 전진운동을 완료한 후에 복귀하는 회로를 나타내었다.

[그림 3-1]의 순서도와 배열은 일치하지만 회로도에 그려진 위치와 실제부품의 설치 위치와는 서로 다르다는 것을 알 수 있다.

실제 장치에서 밸브 V_1은 복동 실린더가 전진된 위치에 설치된다. 그러나 이 요소는 신호요소이기 때문에 회로도의 아랫부분에 그린다.

실제 배치를 확실히 하기 위해서 실제 위치를 그림과 같이 짧은 수직선으로 표시한다. 방향성 롤러 밸브와 같이 한쪽 방향으로만 작동이 되는 경우 화살표로 그 밸브의 작동 방향을 표시하게 된다.

제어시스템이 복잡하고 여러 개의 구동요소가 있을 경우에는 제어시스템을 각각의 구동요소에 대해 구분해서 나타내며, 이 순서는 작동 순서와 같은 차례로 그려야 한다.

02 공기압 회로의 구성 방법

가. 공기압 요소의 표시 방법

공기압 회로를 구성할 때 보다 명확한 기능을 나타내기 위하여 사용 부품을 숫자나 문자에 의해 표시한다. 각 부품의 기능을 간단히 나타낼 수 있어 회로를 질서 정연하게 배열할 수 있고, 회로의 검토와 결함도 쉽게 파악할 수 있다.

(1) 숫자 표시법

여러 가지 숫자 표시법이 있지만 다음의 2가지 유형이 많이 사용되며 [그림 3-3]과 같이 표시한다.

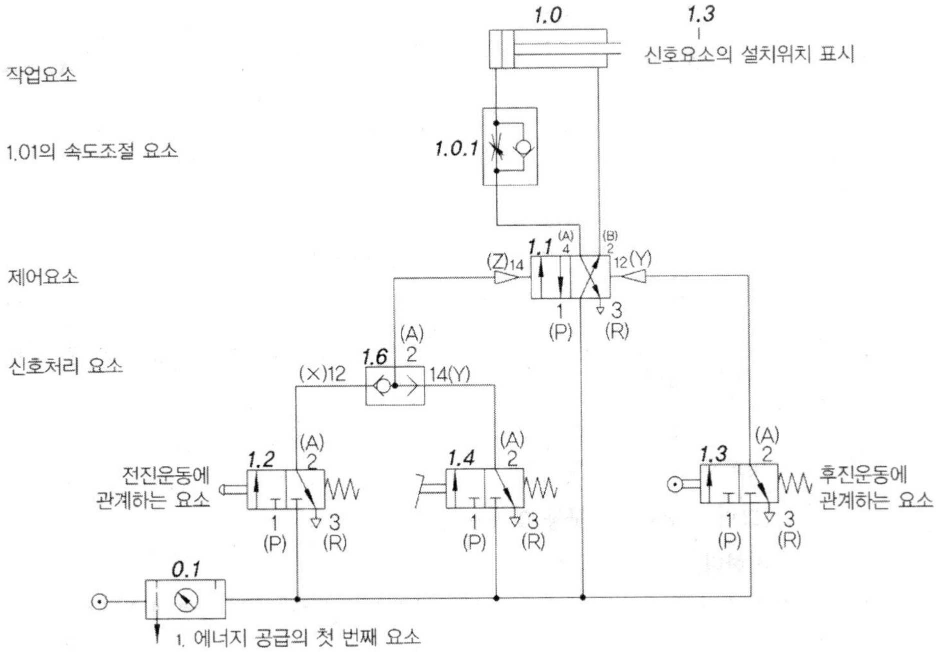

[그림 3-3] 공기압 요소의 숫자 표시법

(가) 일련번호

제어시스템이 복잡하거나 (나)의 경우가 중복되어 사용될 수 없을 때 사용한다.

(나) 그룹번호와 그룹 내에서의 일련번호로 구성된다.

예) 4.12 ⇒ 그룹 4의 요소 12

① 그룹의 분류

그룹 0 : 모든 에너지 공급요소

그룹 1., 2., 3., : 각 제어시스템을 표시

(일반적으로 하나의 실린더가 한 개의 그룹임)

② 그룹 내에서의 일련번호 체계

.0 : 구동요소

.1 : 제어요소

.2, .4(짝수) : 관계되는 구동요소의 전진운동에 영향을 미치는 모든 요소

.3, .5(홀수) : 관계되는 구동요소의 후진운동에 영향을 미치는 모든 요소

.01, .02 : 교축 밸브와 같이 제어요소와 구동요소의 사이에 있는 요소

숫자 표시법에서 주의해야할 것은 별개의 그룹이나 실린더의 전·후진에 같은 번호가 부여될 수도 있다는 점이다. 즉 한 개의 요소로부터 나온 신호가 다른 여러 개의 그룹에 영향을 미치는 간섭과 같은 현상이 발생할 수도 있다는 것을 염두에 두어야 한다.

(2) 문자 표시법

이 방법은 회로도를 질서 정연하게 배열하려고 할 때 많이 사용되며 검토와 배열을 좀 더 쉽고 명확하게 할 수 있다.

[그림 3-4]와 같이 구동 요소는 대문자로 표시하고 신호 요소와 리밋 스위치는 소문자로 표시한다.

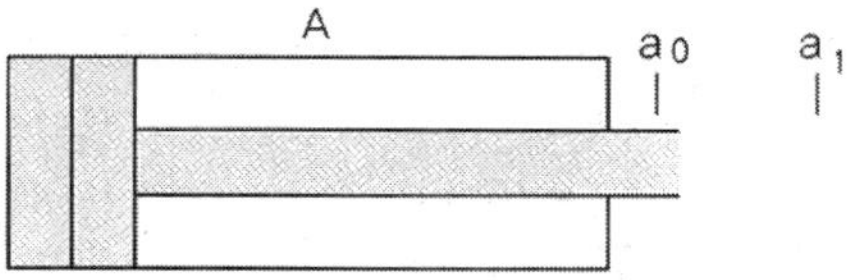

A, B, C --- : 작동요소 표시
a_0, b_0, c_0, --- : A, B, C 실린더의 후진 위치에서 작동하는 리밋 스위치
a_1, b_1, c_1, --- : A, B, C 실린더의 전진 위치에서 작동하는 리밋 스위치

[그림 3-4] 공기압 요소의 문자 표시법

숫자 표시법과 다른 점은 리밋 스위치와 신호 요소는 그룹에 속하지 않고 작동시키는 실린더에 따라 표시가 결정된다는 것이다.

숫자 표시와 문자 표시는 동시에 같이 사용하는 것도 가능하며 복잡한 부품의 설치와 배관 등은 첨자를 붙임으로써 요소표시와 연관적으로 나타낼 수 있다.(예 : 4.6P, 4.6 요소의 공급라인에 연결)

나. 공기압 요소의 상태 표시

모든 공기압 요소는 제어계가 작동을 시작하는 상태로 회로도에 나타내야 하며, 이것이 불가능할 경우에는 적절한 주석을 달아야 한다.

만일 초기 위치에서 밸브가 작동될 상태일 경우에는 이것을 화표와 같은 것으로 표시해야 하고, 리밋 스위치의 경우에는 캠으로 표시한다.

밸브를 나타낼 때 [그림 3-3]의 1.2, 1.4, 1.3과 같이 밸브가 연결되지 않았을 때 스프링 힘에 의해 정해진 위치를 정상 위치라 하며 [그림 3-5]와 같이 밸브를 시스템 내에 설치하고 압축공기나 전기와 같은 작동매체를 공급해서 작업을 시작하려 할 때 갖는 위치를 초기 위치라 한다.

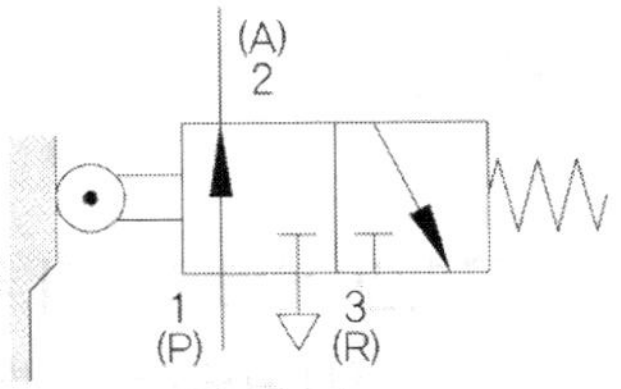

[그림 3-5] 밸브의 초기 위치 표시법

또한 완성된 회로도에는 실제 설치될 요소와 같은 종류의 기호를 사용해서 표시해야 한다.

배선은 가능하면 교차되는 곳이 없이 직선으로 그려야 하며 작업선은 실선으로, 제어선은 점선으로 그린다. 그러나 복잡한 제어계에서는 회로도의 명확한 표시를 위해 제어 라인도 실선으로 그린다.

배선표시는 [그림 3-6]과 같이 회로도나 실제 배치 두 곳에 모두 할 수가 있다. 코드표시법은 연결부와 행선부를 나타내며 이것은 요소와 연결부의 번호로 구성된다.

행선지 코드는 [그림 3-7]과 같이 배선이 도달할 곳을 명기해야 한다.

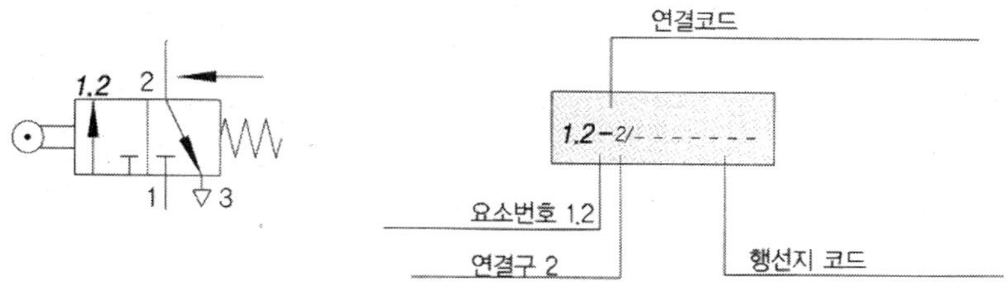

[그림 3-6] 회로도의 배선 표시법

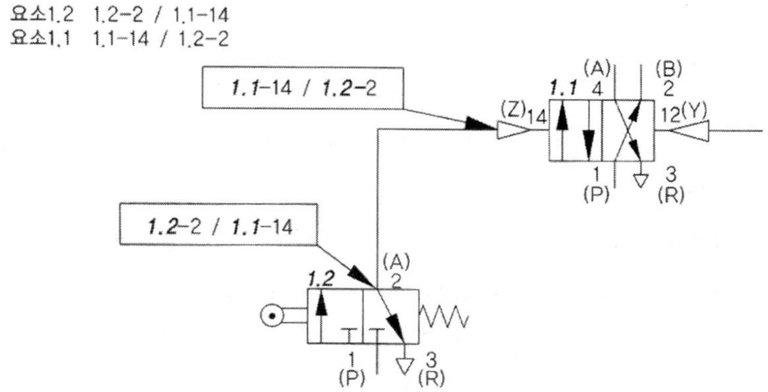

[그림 3-7] 회로도의 배선 표시법

다. 공기압 회로 구성시 주의사항

① 회로도의 배치는 순서도와 같이 하고 신호는 가능하면 아래에서 위로 흐르도록 한다.

② 에너지도 아래에서 위로 공급되도록 하고 간결하게 표시한다.

③ 요소들의 실제 배치는 무시한다. 그러나 실린더와 방향제어 밸브는 될 수 있으면 수평으로 그린다.

④ 모든 요소는 실제 설비나 회로도에서 같은 표시기호를 사용한다.

⑤ 신호의 위치를 표시하고, 신호가 한 방향으로만 흐를 때 이것을 화살표로 표시한다.

⑥ 요소들은 초기상태로 그리고 초기상태가 작동된 상태일 경우에는 이것을 표시해야 한다.

⑦ 기호는 실제 설비의 부품에 그려진 것과 같도록 한다.

⑧ 가능하면 배선은 교차점이 없도록 하고 또 직선으로 그리고 필요한 경우에 배선의 명칭을 표시한다.

⑨ 필요하다면 기술적 자료나 설치가격을 기입하고 시스템의 작동순서, 유효 가동조건과 수리 부속품 등을 명기한다.

제2절 공기압 기본 회로

자동화에 사용되는 부품들은 각각 특성과 기본적인 성질들을 가지고 있으므로 제어시스템을 설계할 때에는 이러한 성능을 잘 알아야 한다.

공기압에서도 설계목적에 따라서 여러 가지 밸브의 특성과 액추에이터의 작동속도, 출력, 유체흐름의 방향 등을 고려해서 선택해야 한다.

공기압 회로도를 설계하는 데는 많은 방법이 있으나 이 모두가 기본적인 회로들의 조합이므로 이러한 기본적인 회로도를 정확하게 이해해야 한다.

01 공압원의 조정 회로

공기압 장치를 구동하려면 반드시 공기압 장치를 움직일 수 있는 동력, 즉 압축 공기가 필요한데 이를 생산하는 장치가 바로 압축기이다.

그러나 대기 중에는 수분 및 이물질이 다량으로 존재하므로 이를 제거하기 위한 여과기와 공기압 밸브 또는 공기압 액추에이터의 미끄럼 접촉부의 원활한 작동을 위한 윤활유를 공급해 주는 윤활기 등의 공기 청정화장치가 필요하다.

[그림 3-8]에는 동력을 발생시키는 장치와 공기의 질을 안정시키는 공기압 동력원의 조정회로를 나타내었다.

여기서 무급유 공기압장치에는 윤활기가 없는 회로가 사용되며, 일반적으로 도면에 표시할 때 이러한 회로를 전부표시하지 않고 ▷(공기압 도력원의 도면 기호)만으로도 상기에 설명한 내용들이 포함되어 있는 것이 통례로 되어 있다.

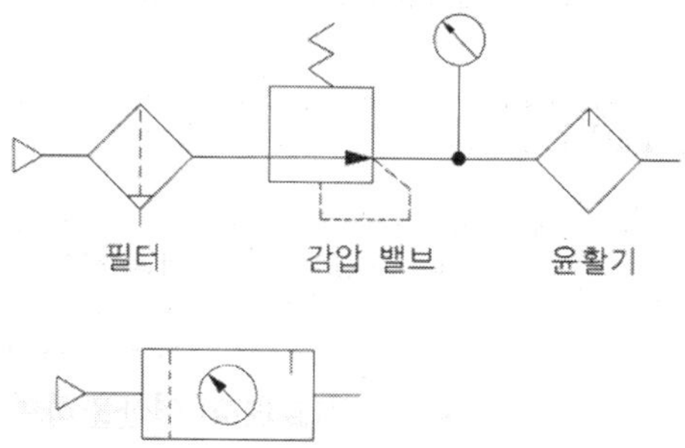

[그림 3-8] 공기압 동력원의 조정 회로

02 OR 회로

[그림 3-9] (a)는 2개의 3/2-way 밸브를 사용한 OR 회로이고 [그림 3-9] (b)는 고압 우선형 셔틀 밸브를 사용한 OR 회로를 나타낸 것이다. 그림에서 오른쪽의 진리표를 참조하여 (a)를 살펴보면 밸브 A와 B에 입력 신호가 주어지지 않으면(입력 신호=0), 출력 Y는 "OFF" 상태(Y=0)가 되며 A가 0, B가 1이면 Y는 "ON" 상태(Y=1)가 된다. 다시 B가 0, A가 1이면 역시 Y는 "ON" 상태(Y=1)가 되며 A와 B가 동시에 작동하여 A가 1, B가 1이 되어도 Y는 "ON" 상태의 출력이 된다.

그림 (b)에는 고압 우선형 셔틀 밸브를 사용한 경우인데 A가 1, B가 0이면 내부의 포핏이 입구 B의 구멍을 막아 출력 Y가 1이 되고, B가 1, A가 0가 되면 입구 A의 구멍을 막아 역시 Y가 1이 되며, A와 B가 1이면 밸브 내부의 포핏이 중앙에 위치하여 역시 Y가 1로 출력이 "ON" 상태로 된다. 이러한 논리합의 기능(OR 기능)은 공기압 회로에 많이 이용되고 있다.

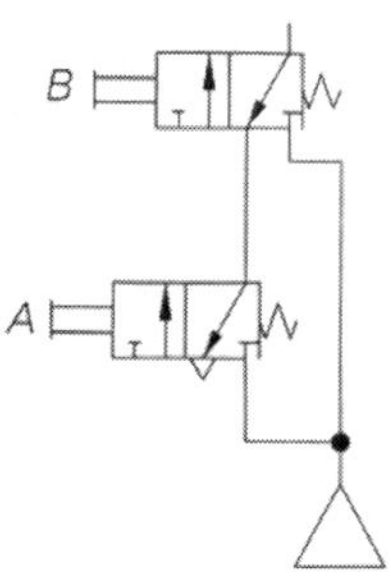

(a)

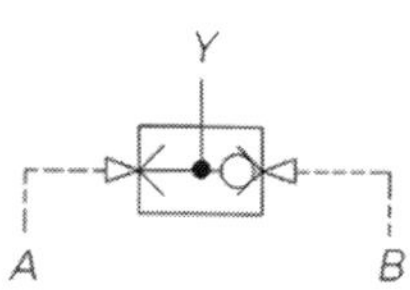

(b)

$A+B=Y$

입력신호		출력
A	B	Y
0	0	0
0	1	1
1	0	1
1	1	1

[그림 3-9] OR 회로

03 AND 회로

[그림 3-10]은 2개의 입력 신호 A와 B에 대하여 미리 정한 복수의 조건을 동시에 만족하였을 때에만 출력이 "ON" 되는 AND 회로를 나타내었다. 이 회로에서는 2개의 입력 신호에 관하여 논리적(論理積) 연산을 하여 그 결과를 출력하는 것이다.

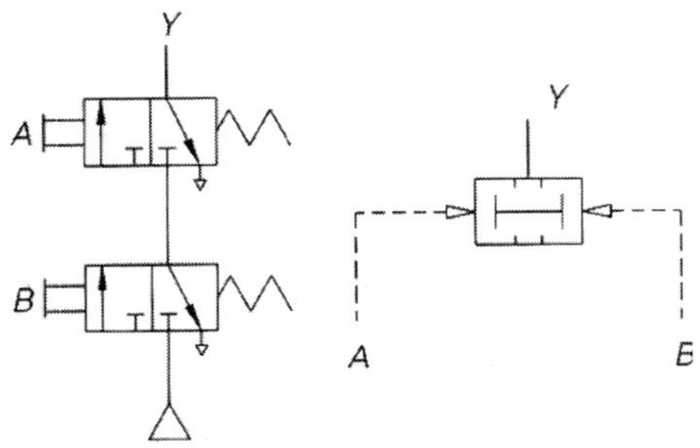

(a) (b)

$A \cdot B = Y$

입력신호		출력
A	B	Y
0	0	0
0	1	0
1	0	0
1	1	1

[그림 3-10] AND 회로

그림 (a)는 3/2-way 수동 작동 밸브 2개를 직렬로 연결한 회로이다. 이때의 밸브 조작 방식은 기계적 작동이나 솔레노이드 작동 방식에도 관계없이 작동한다. A의 신호가 1, B의 신호가 0일 때 출력은 "OFF" 상태가 되고 B가 1, A가 0이 되어도 출력은 일어나지 않는다. 이 회로는 오직 A와 B의 입력 신호가 "ON"(A=1, B=1) 상태에서만 출력이 "ON"(Y=1) 상태로 된다.

그림 (b)는 3/2-way 밸브의 조작 대신에 저압 우선형 셔틀 밸브를 사용한 예이다. 입력 신호를 A에 보내게 되면 내부의 포핏이 구멍 A가 닫혀서 공기를 차단하여 출력이 "OFF" 상태가 되고 B에 입력신호를 보내도 마찬가지로 공기의 흐름이 차단되어 출력이 "OFF" 상태가 된다. 반드시 A와 B에 입력신호가 존재해야 출력이 "ON" 상태(Y=1)로 유지된다. 또한 3개 이상의 입력 신호에 의한 AND 회로 구성 시에는 그림 (a)의 3/2-way 밸브를 직렬로 연장하여 조합하면 같은 기능을 얻을 수 있다.

04 NOT 회로

[그림 3-11]은 입력 신호 A에 대하여 출력되는 Y의 상태에 대한 NOT 회로를 나타내었다. 그림의 오른쪽에 위치한 진리표를 보면 입력 신호가 주어지지 않으면 출력이 "ON" 상태로 되고 입력 신호가 주어질 때 출력이 "OFF" 상태가 되는 역반응을 나타내므로 인버터(inverter)라고도 부른다.

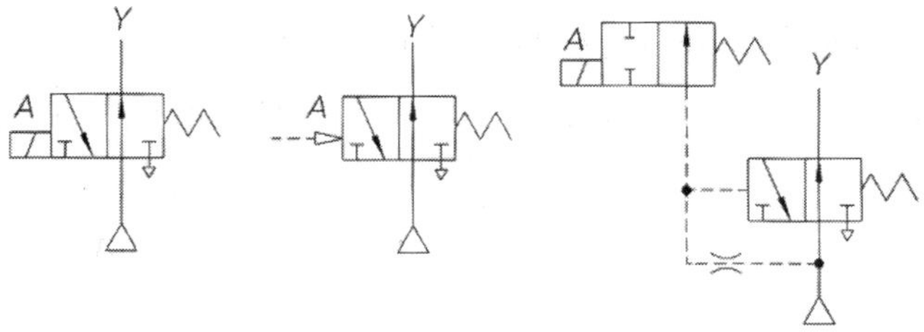

(a) (b) (c)

A=Y

입력신호	출력
A	Y
0	1
1	0

[그림 3-11] NOT 회로

그림에서 (a)는 솔레노이드에 의하여 입력 신호를 주고, (b)는 파일럿 공기압에 의해서 신호를 주게 되는데 사용되는 3/2-way 밸브의 정상 상태가 상시 열림 상태의 밸브를 사용하였음을 알 수 있다.

그림 (c)는 솔레노이드로 동작되는 2/2-way 밸브와 공기압 파일럿으로 작동되는 3/2-way 밸브에 의한 NOT 회로를 구성하였다. 그림 (a)와 (b)에서 A에 입력신호를 주면 공기압이 차단되어 출력이 "OFF" 상태로 되고 입력 신호가 없으면 출력이 "ON" 상태가 됨을 알 수 있다.

이들은 3/2-way 밸브의 정상 위치가 상시 열림 상태의 밸브를 사용하여 이런 기능을 얻을 수 있고 그림 (c)에서는 A에 입력 신호가 가해지면 3/2-way 밸브의 파일럿 라인에 공기압이 작동하여 출력 Y를 "OFF" 상태로 한다.

이러한 회로는 약한 신호로 큰 출력을 제어할 수 있으나 블리드에 의한 손실이 있으므로 그 용도는 제한적이다.

05 NOR 회로

[그림 3-12]는 NOR 회로와 진리표를 나타내었다. NOR 회로는 OR 회로의 역기능의 회로이다. 두 기능의 진리 값을 비교하면 OR 회로의 출력 값 0은 NOR 회로에서 1로 나타나고 OR 회로의 출력 값 1은 NOR 회로에서는 0으로 나타나 그 기능이 역으로 작용되고 있음을 알 수 있다.

그림 (a)의 경우는 2개의 수동 작동 3/2-way 밸브의 정상 상태가 상시 열림 상태를 직렬로 연결한 경우에 입력 신호가 존재하지 않을 때에만 출력이 존재하고 A와 B 둘 중의 1개라도 입력 신호가 존재하면 출력은 “OFF” 상태가 된다.

그림 (b) 역시 A와 B의 입력 신호가 고압 우선형 셔틀 밸브를 통과하므로 입력신호가 없을 때 출력이 “ON” 상태로 유지되나 2개 중의 1개의 입력 신호만 존재해도 출력은 “OFF” 상태가 된다.

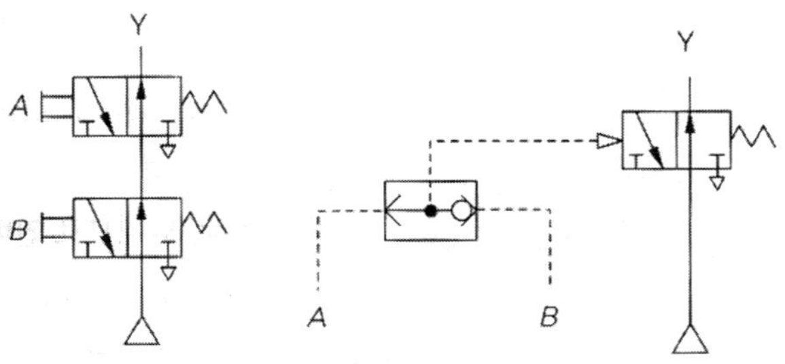

(a) (b)

$$\overline{A+B} = Y$$

입력신호		출력
A	B	Y
0	0	1
0	1	0
1	0	0
1	1	0

[그림 3-12] NOR 회로

06 NAND 회로

[그림 3-13]은 NAND 회로와 진리표를 나타내었다. NAND 회로는 AND 회로의 역기능 회로로서 AND 회로를 NOT 회로에 연결한 형태이다.

두 기능의 진리 값을 비교하면 AND 회로의 출력 값 1은 NAND 회로에서 0으로 나타나며 NAND 회로에서의 출력 값 1은 AND 회로에서의 출력 값 0으로 나타나 그 기능이 출력 상태에서 0에는 1이, 1에는 0이 대응하여 그 기능이 역으로 작용되고 있음을 알 수 있다.

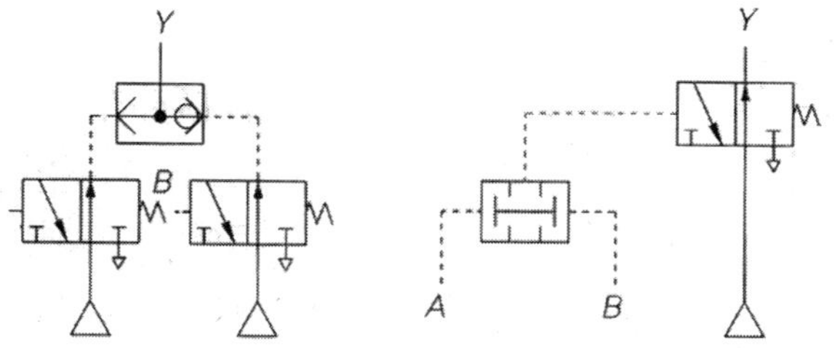

(a) (b)

$\overline{A \cdot B} = Y$

입력신호		출력
A	B	Y
0	0	1
0	1	1
1	0	1
1	1	0

[그림 3-13] NAND 회로

그림 (a)는 공기압 파일럿으로 작동하는 2개의 3/2way 밸브(정상 상태 열림)와 고압 우선형 셔틀 밸브를 사용하여 A와 B에 동시에 입력 신호가 들어가는 경우만 아니면 항상 출력은 "ON" 상태를 유지하게 된다. Y가 출력이 "OFF" 상태가 되는 경우는 반드시 2개의(A와 B) 입력 신호가 존재할 때에만 가능하다.

그림 (b)는 저압 유선형 셔틀 밸브에 2개의 입력 신호를 줄 수 있고, 그 신호가 3/2-way 밸브의 파일럿 라인에 작동하여 영향을 미치게 된다.

07 일방향의 흐름 회로

일방향으로 흐르는 공기압의 ON-OFF 제어에는 2개의 제어 연결구(2port)를 가진 밸브를 사용한다. [그림 3-14]는 공기압 에너지를 토크(torque)로 변환시켜 유용한 일을 하는 공기압 모터의 회로이다.

공기압 동력원에서 토출된 공기는 공기압 조정기기를 통과하여 밸브 1.1(2/2-way 밸브)의 제어 위치가 ⓐ로 변하면 유량 제어밸브 1.01을 지나서 공압 모터 1.0에 작용하여 회전시킨다.

공기는 1.0을 통하여 대기로 방출되고 1.01이나 1.1로 역류하지 않는다.

그러므로 1.1 밸브는 3포트 밸브를 사용하지 않아도 되며 다만, 레버의 조작에 의해 제어위치가 ⓐ에서 ⓑ로 바뀌면 공기압은 차단되어 모터가 정지한다. [그림 3-14]의 1.1 제어 방식은 수동 작동으로 레버 작동 방식이나 그 외에도 공압 파일럿 방식, 기계적 작동 방식, 솔레노이드 작동 방식 등을 사용할 수 있다.

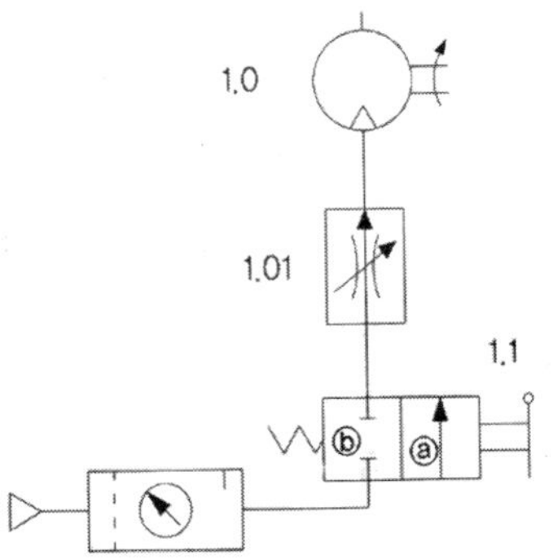

[그림 3-14] 공기압 모터 회로

08 단동 실린더의 작동 회로

[그림 3-15]은 단동 실린더의 작동 회로를 나타내었다. 이 회로에서 실린더의 운동 방향을 제어하는 방향 제어밸브 1.1은 3포트 밸브이다. 1.1 밸브의 제어 위치가 ⓐ위치가 되면 압축된 공기는 일방향 유량 제어 밸브의 교축부를 통하여 단동 실린더 1.0에 공급되어 실린더의 피스톤을 전진시킨다.

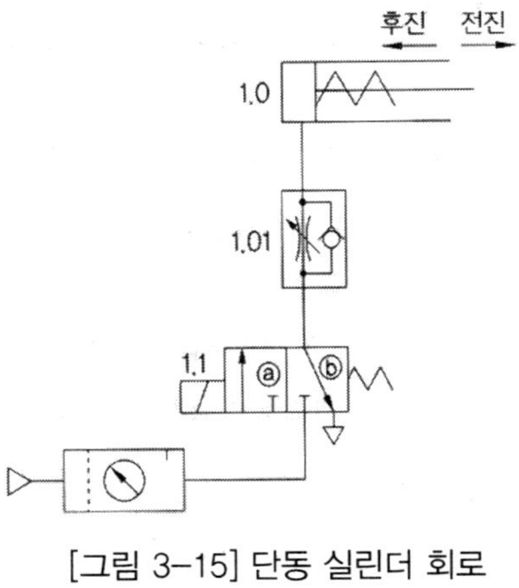

[그림 3-15] 단동 실린더 회로

다시 밸브 1.1의 제어위치가 ⓑ로 바뀌면 실린더 내에 있던 공기는 일 방향 유량 제어 밸브 1.01의 체크 밸브를 거쳐 1.1 밸브의 배기구를 통하여 대기로 방출되며 실린더 1.0은 스프링의 힘에 의해 귀환하게 된다. 공급 공기를 제어하는 미터 인 제어 방식이다.

여기서, 유량 제어 밸브의 접속은 스프링으로 귀환되는 단동 실린더에서 공급되는 공기를 제어할 수밖에 없다.

그 이유는 단동 실린더의 경우 전진 운동 시에 일을 하기 때문이다. 그러므로 이 회로는 단순하게 구성되나 속도 제어의 난점이 있다.

09 플립플롭 회로

[그림 3-16]은 플립플롭(flip-flop) 회로의 예를 나타내었다.

플립플롭 회로는 복동 실린더의 간접 제어 회로에 나타난 것처럼 신호와 출력의 관계가 기억 기능이 있다. 즉 먼저 도달한 신호가 우선으로 작동되며 다음 신호가 입력될 때까지 처음 신호가 유지되는 것이다.

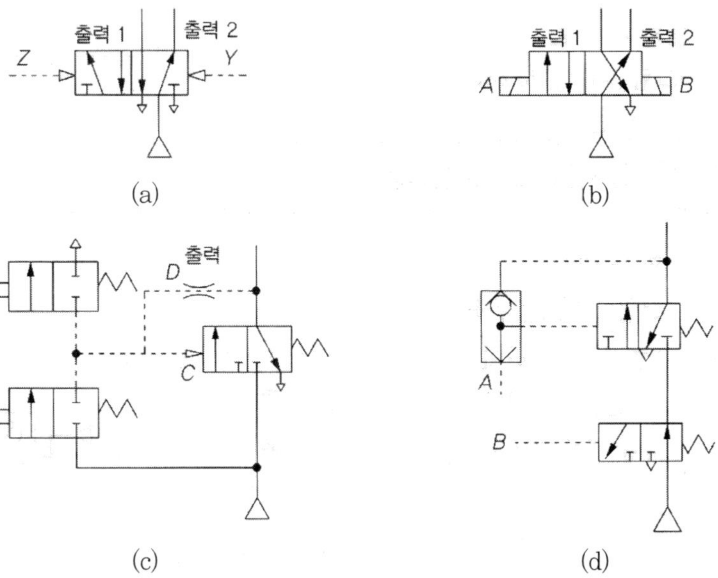

[그림 3-16] 플립플롭(flip-flop) 회로

그림 (a)는 5/2-way 밸브 양쪽 공기압으로 작동되는 임펄스 밸브의 기능으로 플립플롭 회로를 설명하였다. Z방향으로 공기압 신호를 보내면 출력 1이 "ON"으로 되어 출력 상태가 계속 유지된다. 이때 출력 2는 "OFF" 상태로 지속된다. 즉 출력은 최종적으로 주어진 입력신호를 기억하는 기능이 있다.

그림 (b)는 4/2-way 솔레노이드 밸브에 의한 플립플롭 회로를 나타낸 것이다. 여기에서 솔레노이드 A에 순간 통전하면 출력 1이 "ON"되고 출력 2는 "OFF" 상태가 된다. 다시 솔레노이드 B에 순간 통전하면 출력 2가 "ON"되고 출력 1이 "OFF" 상태가 되어 역시 최종 입력 신호를 기억하고 유지한다.

그림 (c)는 2개의 수동 작동 2/2-way 밸브와 1개의 3/2-way 밸브를 사용한 플립플롭 회로이다. 밸브 A에 입력 신호가 주어지면 밸브 C의 제어 위치가 변하여 출력이 "ON" 상태로 된다. 밸브 A의 입력 신호가 회수되어도 출력은 "ON" 상태로 유지되게 된다. 이때 교축 밸브 D는 밸브 C에 작동된 입력 신호 압력이 일정하게 유지되도록 보정한다. 그 후 밸브 B에 입력 신호를 주면 밸브 B가 대기와 연결되어 밸브 C에 작용하던 입력 신호가 회수되어 출력은 "OFF" 상태가 된다. 즉, A 밸브의 신호에 의해 출력이 "ON" 상태로 유지되고 밸브 B에 의하여 출력이 "OFF" 되는 플립플롭 회로이다.

그림 (d)는 2개의 3/2-way 밸브와 고압 우선형 셔틀 밸브를 사용한 플립플롭 회로이다. 여기서는 입력 신호 A에 의하여 출력이 "ON" 상태로 유지되고 입력 신호 B에 의하여 출력이 "OFF" 되는 경우이다. 그러나 입력 신호 A와 B가 동시에 동작되면 출력은 "OFF" 상태가 된다.

10 복동 실린더의 작동 회로

가. 복동 실린더 직접 제어 회로

[그림 3-17]은 5/2-way 밸브이며 솔레노이드로 작동되며 귀환은 스프링에 의해 이루어진다. 여기에 1.01과 1.02의 유량 제어 밸브를 부가하면 속도 제어를 할 수 있다.

그림의 회로는 압축 공기가 밸브 1.1의 P연결구를 통하여 B와 연결되고 A와 R이 연결되어 있다.

따라서 압축공기는 유량 제어 밸브 1.02를 거쳐 실린더 로드측에 유입되어 실린더의 피스톤은 후진 상태에 있다.

만약 솔레노이드 밸브 1.1을 통전하면 P는 A와 연결되고 B는 S와 연결되어 압축 공기는 피스톤 측으로 흘러 들어가 피스톤을 전진시킨다. 이때 실린더 챔버(피스톤 로드측 공간) 내의 공기는 유량 제어 밸브 1.02의 교축부를 거쳐 솔레노이드 밸브 1.1의 B연결구를 통하여 S로 배출된다.

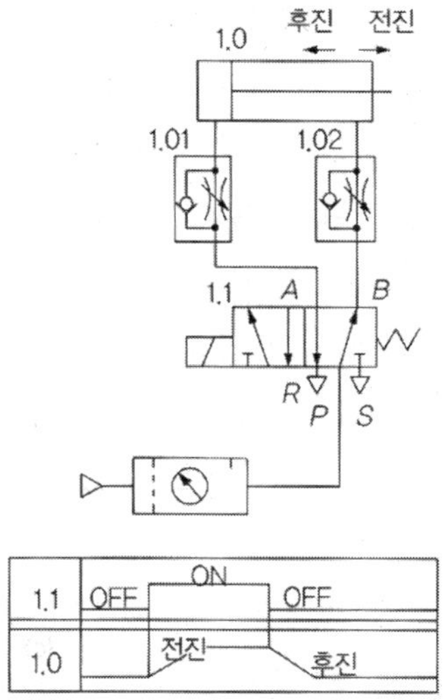

[그림 3-17] 복동 실린더 직접제어 회로

나. 복동 실린더의 간접 제어 회로

[그림 3-5]는 양쪽에서 공기압에 의해 작동되는 4/2-way 밸브를 사용한 회로로서 신호 요소, 즉 3/2-way 푸시 버튼 밸브에 의해 실린더를 전후진 시킬 수 있다.

복동 실린더의 직접 제어의 경우는 제어 밸브 1.1에 의해 실린더를 구동하였으나 간접 제어의 경우는 밸브 1.1이 실린더를 구동시키는 형태는 동일해도 밸브 1.1의 제어 위치를 3/2-way밸브 1.2에 의해서는 전진 운동이, 밸브 1.3에 의해서는 후진 운동이 일어나게 된다.

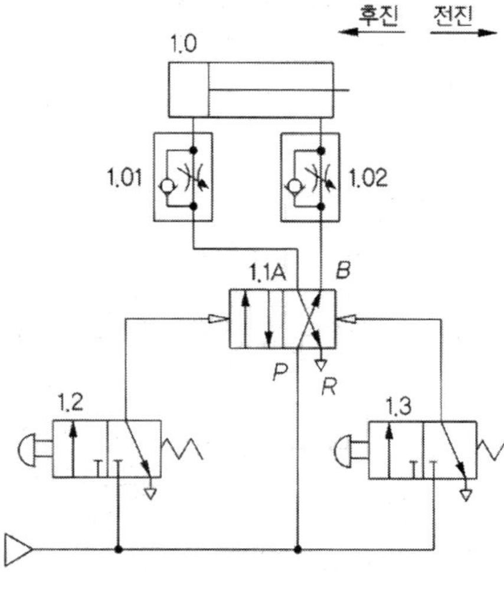

[그림 3-18] 복동실린더의 간접 제어 회로

또한 직접 제어에서 밸브 1.1에 의한 통전이 끊기면 스프링의 귀환 운동에 의하여 밸브가 원래 위치로 귀환되고 따라서 피스톤도 귀환하게 된다.

그러나 간접제어의 경우는 밸브 1.2의 신호에 의하여 밸브 1.1의 제어 위치가 P에서 A로, B에서 R로 연결되어 피스톤이 전진하며, 이때 밸브 1.2의 푸시 버튼을 누르지 않아도 피스톤은 전진 상태를 유지하고 있다. 이 상태는 밸브 1.3에 신호가 입력되기 전까지 계속 유지되며, 결국 밸브 1.1은 압력의 펄스 신호에 의해 작동하므로 이를 임펄스(impulse) 밸브라고 하며, 이 밸브는 먼저 입력된 압력 신호에 의하여 작동 상태를 유지하는 기억 기능을 가지고 있다.(공기압적 기억 기능)

다. 복동 실린더의 자동 왕복 회로

[그림 3-19]는 복동 실린더의 자동 왕복 회로이다. 최종 제어 요소는 5/2-way 임펄스 밸브를 사용하여 밸브 1.2와 밸브 1.3의 롤러 리미트에 의해 피스톤 로드가 전·후진 되면 밸브의 ON, OFF 제어가 이루어지게 하였다. 밸브 1.2는 후진된 상태의 피스톤 로드 끝에 강제적으로 눌린 상태가 되어 열린 상태가 되므로 시동 푸시 버튼 밸브 1.4를 동작시키면 최종 제어 요소인 밸브 1.1의 Z 방향으로 공기압이 작동하여 피스톤 로드를 전진시킨다.

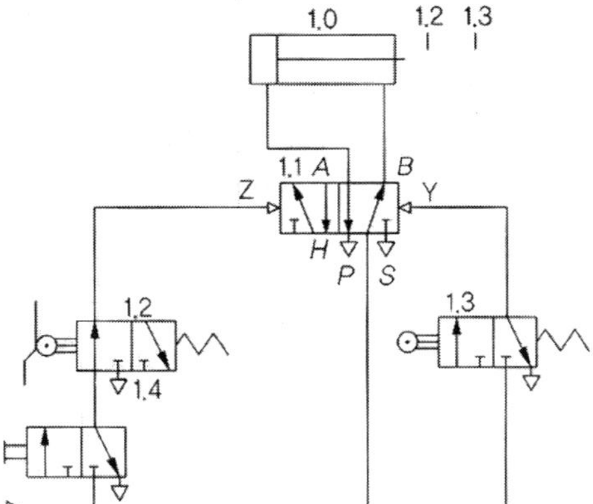

[그림 3-19] 복동 실린더의 자동 왕복 회로

이때 전진 운동을 시키기 위한 밸브 1.2는 스프링에 의해 닫힘의 위치가 되고 잔류 공기를 배기구를 통하여 배출한다. 피스톤 로드가 계속 전진하여 밸브 1.3에 닿게 되면 밸브의 제어 위치가 바뀌어 열림 상태로 되어, 다시 최종 제어요소인 밸브 1.1의 위를 P에서 B로 A에서 R로 연결하여 후진 운동이 이루어진다. 후진 운동이 일어날 때 밸브 1.3은 닫힘 상태로 되고 피스톤 로드가 후진하여 다시 밸브 1.2에 닿게 되면 피스톤 로드의 전진 운동이 다시 시작된다. 즉 시동 밸브 1.4가 열림 상태로 있는 동안은 피스톤은 자동 왕복 운동이 계속 이루어지게 되는 것이다.

라. 복동 실린더의 시간 지연 회로

[그림 3-20]은 시간 지연 밸브를 사용하여 실린더의 귀환 운동시간을 지연시킨 회로이다. 그림에서 시동 밸브 1.2의 푸시 버튼을 작동시키면 최종 제어 요소인 5/2-way 밸브의 Z 방향으로 신호가 공급되어 P는 A와, B는 R과 연결되어 작업요소 실린더 1.0에 작용하여 피스톤 로드를 전진시킨다. 이때 피스톤 로드측 챔버에 있던 공기는 유량 제어 밸브 1.01에 의해 교축되어 속도의 제어가 일어나며 피스톤 로드가 계속 전진하여 리미트 밸브 1.5에 닿게 되면 시간 지연 밸브의 내부에 있는 유량 제어 밸브의 교축부와 에어 탱크를 거치며 시간이 지연된 후에 3/2-way 밸브에 신호를 보내 최종 제어 요소 밸브 1.1의 위치를 변환 하여 귀환 운동을 일으킨다. 이때의 지연 시간은 시간 지연 밸브 내부의 유량 제어 밸브의 교축 상태에 따라 결정된다.

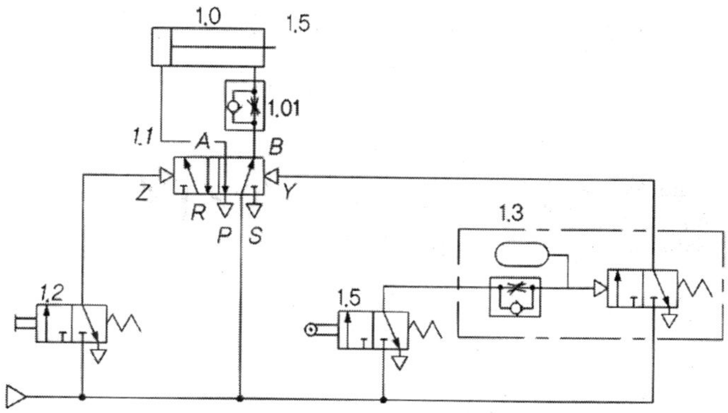

[그림 3-20] 복동 실린더의 시간 지연 회로

제3절 공기압 시퀀스 회로

01 회로도 구성 방법

공기압 시퀀스 회로의 구성 방법은 경험이나 시행착오를 통하여 얻어진 지식을 바탕으로 하는 직관적인 방법과 공기압 회로의 요소 표시법 등의 기초 지식, 공기압 기본 회로를 응용하여 회로를 구성하는 방법론적인 방법이 있다.

직관적인 회로 구성 방법은 많은 경험과 직관이 요구되고 회로도 구성에도 많은 시간이 소요된다. 그러나 방법론적인 회로 구성법은 정확하게 규정된 방법을 사용하여 회로를 구성하므로 개인의 능력이 비교적 작은 영향을 미친다.

회로를 구성하는데 어느 방법을 사용하든지 그 목적은 요구에 맞는 기능을 행할 수 있는 것과 신뢰성 있는 제어 조건을 만족시키면 된다.

과거에는 경비 절감에 비중을 두었으나 요즘은 신뢰성과 시스템 유지의 편이성, 질서 정연한 배치 등을 중점적으로 회로를 설계하므로 방법론적인 설계방법이 선호되고, 설계자의 능력, 기분 상태, 성격 등의 개인적인 영향을 받지 않아야 한다.

그러므로 회로를 구성할 때 어떤 방법이나 기술을 사용하든지 기본적으로 부품에 대한 정확한 지식과 회로 개폐 방법 및 요소의 특성에 관한 지식이 필요하다.

02 공기압 시퀀스 회로의 구성

가. 운동선도와 스위칭 조건의 표시 방법

공기압에 의해서 제어되는 장치의 회로를 구성할 때 장치의 특징, 즉 운동순서나 작업의 스위칭 조건, 제어 요소에 대한 이해와 표현이 명확해야 한다.

또한 문제 장면을 해결하기 위한 적절한 표현 방법을 선택해야 관련된 사항을 신속하고 확실하게 결정할 수 있으며, 작업이 방대할 경우에도 적절한 표현 방법에 의해서만 문제를 정확하고 분명하게 이해할 수 있다.

나. 시퀀스 회로 구성의 예

[그림3-21]와 같은 상자 이송장치를 보면 롤러 컨베이어에서 운반된 상자가 실린더 A에 의해 들어 올려지고 실린더B에 의해서 다른 컨베이어로 옮겨진다.

실린더 B는 실린더 A가 복귀한 후에 복귀한다.

(1) 운동의 시간적 순서에 따른 표현

- 실린더 A가 상자를 들어올린다.
- 실린더 B가 상자를 다른 컨베이어로 옮긴다.
- 실린더 A가 내려온다.
- 실린더 B가 귀환한다.

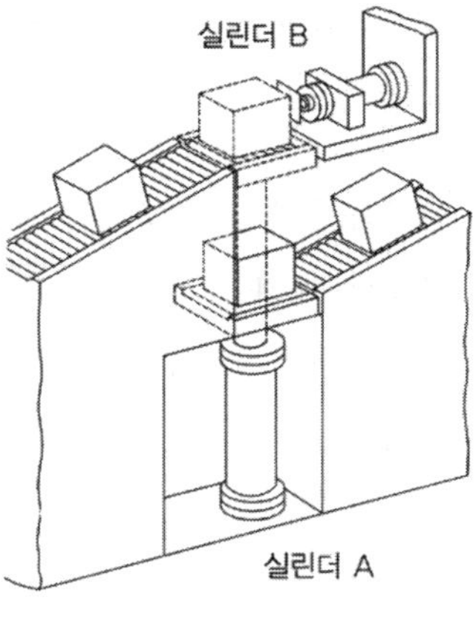

[그림 3-21] 상자 이송 장치

(2) 테이블에 의한 표현

작업단계	실린더 A	실린더 B
1	전 진	–
2	–	전 진
3	후 진	–
4	–	후 진

(3) 벡터선도에 의한 표현

실린더의 전진과 후진운동을 다음과 같이 간단하게 표현할 수 있다.

→ : 전진운동, ← : 후진운동

실린더 A의 전진 : A→ , 실린더 B의 전진 : B→

실린더 A의 후진 : A← , 실린더 B의 후진 : B←

(4) 기호에 의한 표현

실린더의 전진운동을 +, 후진운동을 -로 하여 표시한다.

A+, B+, A-, B-

(5) 기능도표에 의한 표현

[그림 3-22]는 상자 이송장치의 제어를 기능도표를 이용하여 표현한 것이다. 기능 도표는 제어 방법을 말 대신 도표로 표시하는 것으로 사용 장비, 배선, 설비 위치와는 관계없이 제어 작업 내용을 나타내는 표현 방식이다.

(6) 그래프에 의한 표시방법

작업의 순서를 쉽게 이해하기 위해서 운동선도(Motion diagram)와 제어선도(control diagram)를 그릴 수 있어야 한다. 이 두 선도를 합해서 작업선도(Function diagram)라고 한다.

운동선도에는 구동요소와 각 부품에 관련된 조건을 기록하며, 제어선도로부터는 각각의 제어 요소의 조건에 관한 정보를 알 수 있다.

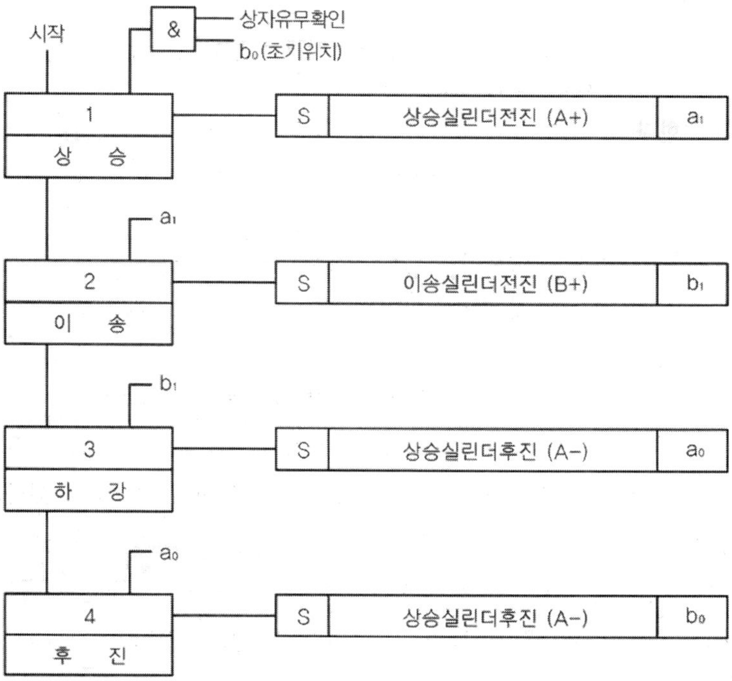

[그림 3-22] 기능도표에 의한 상자 이송 장치 제어

(가) 변위-단계 선도(Displacement-step diagram)

이 선도에는 구동요소의 작업순서를 표시하며, 변위는 각 단계에 대해서 기록한다.(단계는 액추에이터의 상태변화를 말한다)

만일 여러 개의 구동요소로 제어시스템이 이루어져 있을 때에는 각 구동요소의 운동 상태를 아래로 이어가면서 그린다. 따라서 이들의 관계는 각 단계에 의해 연결될 수 있다. 예를 들어 실린더 A의 동작을 변위-단계 선도로 그려보면 [그림 3-23]과 같이 나타낼 수 있다.

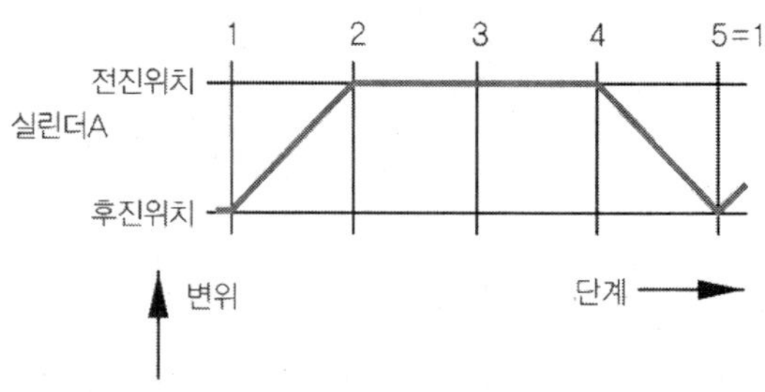

[그림 3-23] 실린더 A의 변위 단계선도

상자 이송장치의 변위-단계 선도로 나타내면 [그림 3-24]와 같다.

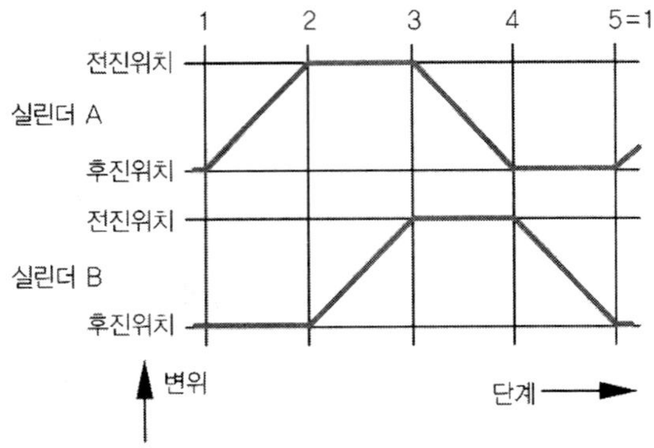

[그림 3-24] 상자 이송 장치의 변위 단계선도

단계 1에서는 A실린더가 전진하며 B실린더는 후진된 상태를 유지하고 있다. 단계 2에서는 A실린더가 전진상태에 머물러 있고 B실린더가 전진운동을 한다. 단계 3에서는 A실린더가 후진하고 B실린더는 전진된 상태를 유지하고 있다. 마지막으로 단계 4에서는 A실린더는 후진된 상태로 머물러 있고 B실린더가 후진하여 1사이클 작업을 완료하게 된다.

변위-단계 선도를 그릴 때는 다음 사항에 유의해야 한다.

- 단계는 가능한 한 선형적으로 그리고 수평으로 그려야 한다.
- 가능한 한 변위를 실제 크기로 할 것이 아니라 모든 요소에 대해 같은 크기로 그려야 한다.
- 부품이 여러 개일 경우에는 각각의 사이를 너무 가깝게 하지 않아야 한다.
- 작동 중에 시스템의 상태가 변할 때, 예를 들면 실린더가 중간위치에 있을 때 리밋 스위치가 작동하거나, 또는 전진속도가 변하는 등의 경우에는 중간단계가 있어야 한다.
- 필요한 경우에는 단계별로 번호를 붙인다.
- 작동의 상태를 표시하는 것은 편한 방법을 선택해서 사용한다.
  예를 들면 실린더의 위치를 표시하거나(후진, 전진, 전진위치, 후진위치) 또는 이진법의 표시를 사용한다.(예: 후진 "0", 전진 "1")
- 부품의 표시에 관계된 것은 선도의 좌측에 나타내야 한다.

(나) 변위-시간 선도(Displacement-time diagram)

변위-시간 선도는 [그림 3-25]와 같이 부품의 변위를 시간을 기준해서 그린다. 변위-단계 선도와 달리, 이 선도에서는 시간을 선형적으로 그리고 각 부품간의 관계를 세운다.

이 선도를 그리는 방법은 변위-단계 선도와 거의 같다. 변위-시간 선도에서 각 단계는 점선으로 표시하며 변위-단계 선도에서와 같이 각 간격은 일정하기 않다.

변위-단계 선도에서 여러 관계되는 사항들을 분명하게 알 수 있으나, 간섭과 속도 변화 등은 변위-시간 선도에서 더 자세히 알 수 있다.

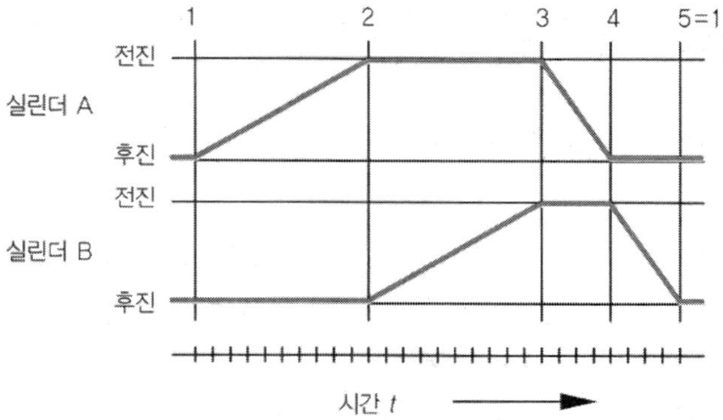

[그림 3-25] 상자 이송 장치의 변위 시간선도

(다) 제어 선도(control diagram)

제어선도에는 [그림 3-26]과 같이 액추에이터의 운동변화에 따른 단계나 시간에 따른 제어 요소의 스위칭상태를 나타내며 스위칭시간 자체만을 고려하지는 않는다. 제어 선도는 변위 단계선도와 연관되어 그리면 제어 신호의 중복 여부를 판단하는데 매우 편리하다.

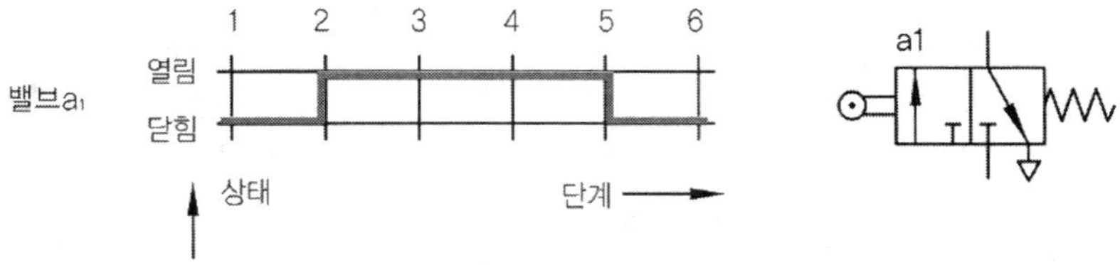

[그림 3-26] 실린더 A의 단계 별 상태를 나타내는 제어선도

다. 회로도 설계

[그림 3-21]의 상자이송 장치를 설계해 보자.

① 구동 요소를 그린다.

② 각 구동 요소에 관련된 제어 요소를 그린다.

③ 밸브 구동 기호를 표시하지 않고 신호 요소를 그린다. 메모리 밸브가 제어 요소로 사용되

면 각각 두 개의 신호 요소가 필요하다.(그림 3-27 참조)

④ 에너지 공급선을 그린다.

⑤ 제어선을 연결한다.

⑥ 요소들에 번호를 붙인다.

⑦ 운동선도를 회로도로 옮긴다.(각각의 구동요소에 리밋 스위치를 배열해서 회로도를 구성한다.)

⑧ 신호 단락이 필요한 곳을 확인한다.(운동과 제어선도를 활용한다.)

⑨ 작동 제어부를 그린다.

⑩ 필요한 곳에 보조 조건을 추가하여 회로를 완성한다.(그림 3-29 참조)

⑪ [그림 3-28]로부터 신호 단락의 필요 여부를 찾아낸다.

일반적으로 리밋 스위치는 롤러나 플런저 구동형으로 제어 선도에 표시하며 같은 실린더에 영향을 미치는 신호는 바로 앞 신호의 바로 아래에 이어서 그린다.

[그림 3-28]의 제어 선도에서 신호 1.2가 3단계 전에서 중복되는 신호가 없으면 신호 단락이 필요 없음을 판단할 수 있다 그러나 요소가 수동 작동이므로 회로를 검토할 때 하나의 실린더에 여러 개의 신호가 동시에 작용되는지 면밀히 검토해야한다.

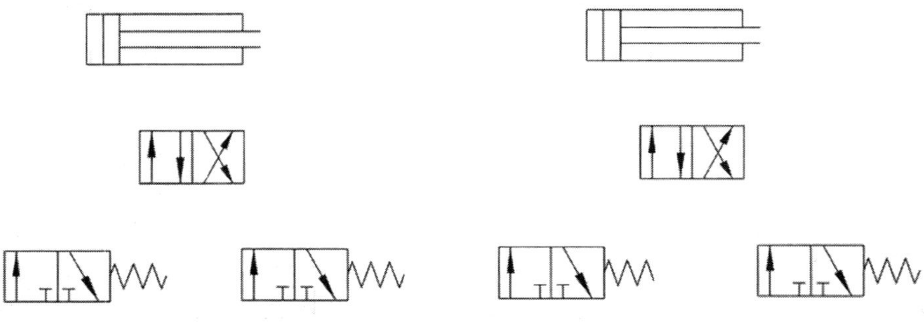

[그림 3-27] 회로 설계에 필요한 요소의 선택

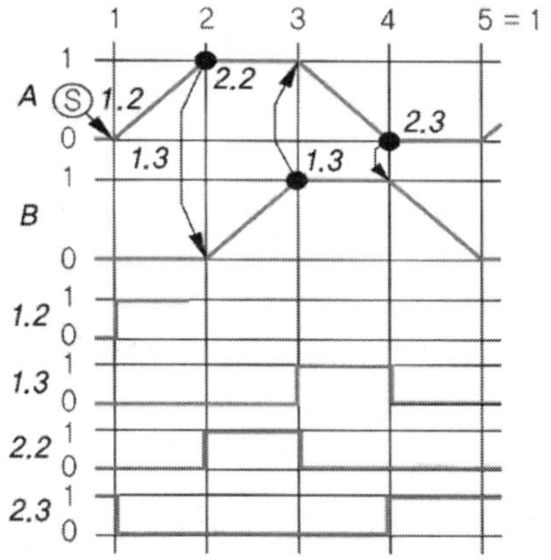

[그림 3-28] 상자이송장치의 변위 단계선도와 제어 선도

[그림 3-29]의 회로에서 신호 중복의 가능성은 신호 1.2와 1.3에서만 발생할 수 있으므로 신호가 필요한 시간과 신호 2.3과 같이 시스템의 초기위치에서 존재하는 신호가 시스템에 미치는 영향을 먼저 파악한다. 이 경우 신호 2.3은 실린더 B에 후진 운동 신호를 주는 것이므로 신호 1.2가 실린더 A에 전진신호를 주는데 간섭을 일으키지 않는다.

[그림 3-29]는 밸브에 작동 요소를 표시하고 실린더에 신호를 주는 밸브의 초기 위치를 배열하여 완성시킨 회로이며 [그림 3-30]는 스위치 1.2를 연동 잠금장치가 있는 선택스위치로 사용하고 실린더 B에 밸브 1.4를 설치하여 연속 사이클이 가능하도록 완성된 회로이다.

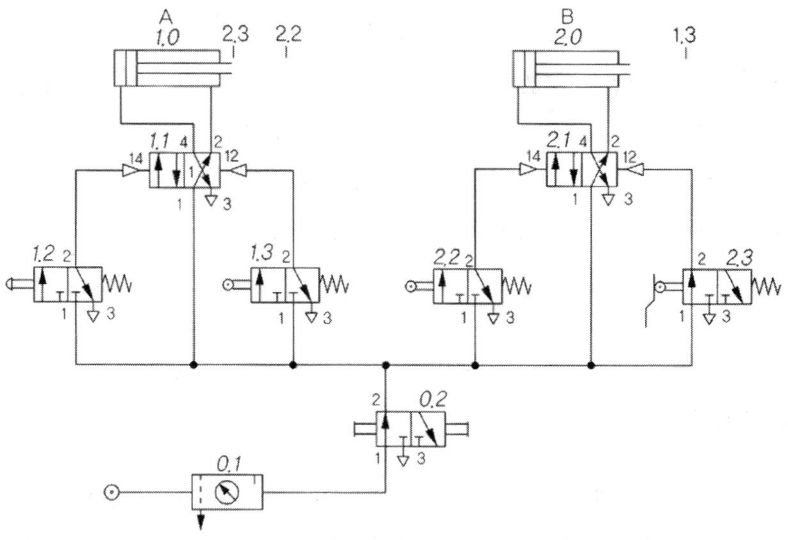

[그림 3-29] 상자이송장치의 회로도-1

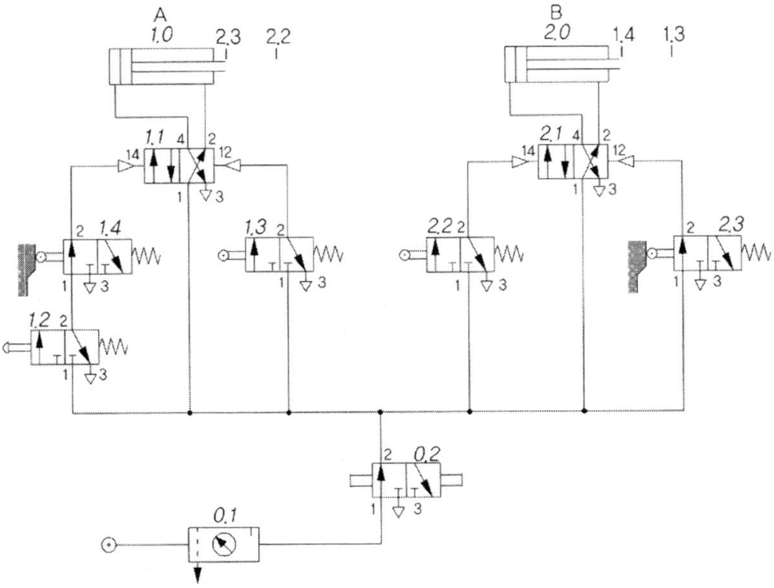

[그림 3-30] 상자이송장치의 회로도-2

03 신호 억제와 신호 제거 회로

공기압 시퀀스 회로를 설계할 때 끊임없이 되풀이되는 문제는 신호의 중복 문제이다. 다음 동작 신호가 입력되었을 때 회로 내의 다른 신호 입력 요소, 즉 리밋 스위치나 수동 작동 스위치가 계속 작동되고 있어 다음 동작 신호를 방해하는 경우가 있다.

이런 문제를 해결하기 위하여 현재 있는 신호 보다 다음의 신호를 더욱 강력하게 하여 이미 존재하는 신호를 억제하는 신호 억제의 방법과 불필요한 신호를 사전에 차단하는 신호 제거의 방법을 사용한다.

가. 신호 억제회로

신호 억제 회로는 미리 존재하는 신호 보다 현행 신호를 더 강력한 신호로 억제하는 방법으로 [그림 3-31]의 (a)와 같은 차등압력기를 갖는 방향제어 밸브 혹은 [그림 3-31]의 (b)와 같이 메모리 밸브의 한 쪽에 압력 조절 밸브를 설치해서 신호를 억제할 수 있다.

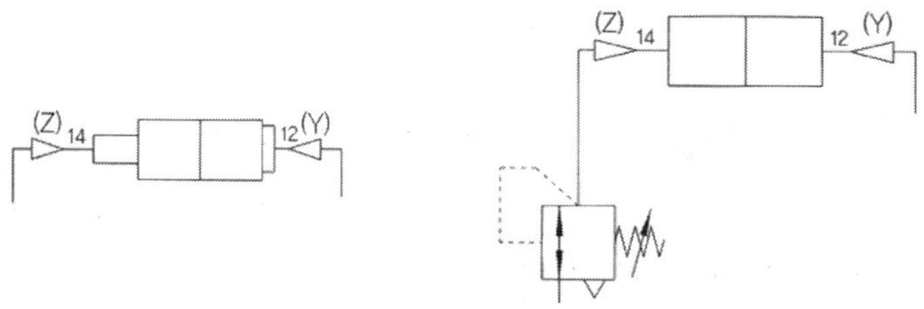

(a) (b)

[그림 3-31] 신호 억제 회로

나. 신호 제거회로

(1) 기계적인 신호 제거 방법

기계적인 신호 제거 방법에 사용되는 밸브의 기호는 [그림 3-32]와 같이 방향 제어밸브와 오버센터 작동기구, 각각의 밸브 조작 방식의 표시로 되어 있다.

이 밸브의 조작 신호는 단속적이므로 순간적인 펄스 신호를 얻을 수 있으며 입력 신호가 지속되지 않으므로 신호 중복을 피할 수 있다. 그러나 작동의 신뢰성을 위하여 충분히 긴 신호 (작동속도: max 0.1 ~ 0.15 m/s)를 주어야한다.

또한 행정의 중간 부분에서 신호가 주어지므로 다음 작동의 제어를 위한 신호나 전체 제어계의 신호를 감지하는 용도로 사용할 수 없으며 리밋 스위치로 사용될 때는 스위칭 위치가 운동 완료 지점의 전방 4 ~ 5 mm 전에서 이루어져야 한다.

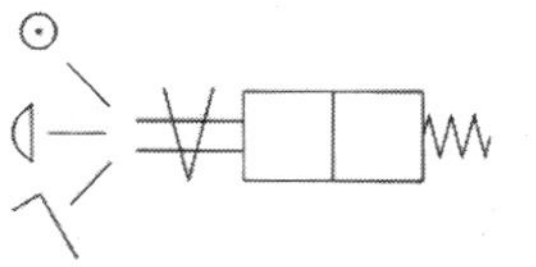

[그림 3-32] 오버센터 작동기구

(2) 방향성 롤러 리밋 스위치에 의한 신호 제거 방법

방향성 롤러 리밋 스위치는 신호의 중복이 리미트 밸브에서 발생될 경우에 사용할 수 있다.(그림 3-33 참조)

방향성 리밋 스위치는 행정의 끝 위치에서 신호가 발생되게 설치하면 안되므로 단속적인 신호가 순간적으로 발생될 수 있도록 스위칭 위치가 운동 완료 지점의 전방 4 ~ 5 mm 전에서 이루어져야한다.

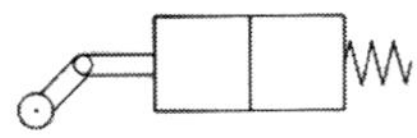

[그림 3-33] 방향성 롤러 리밋 스위치

(3) 공기압 타이머 이용한 신호 제거 회로

[그림 3-34]와 같은 회로를 사용하면 펄스 회로의 신뢰성이 높아 확실하게 중복신호를 제거할 수 있다. 그러나 정밀한 제어에 사용할 경우 회로가 복잡하고 오직 신호 제거회로의 용도로만 사용하므로 비용이 많이 든다.

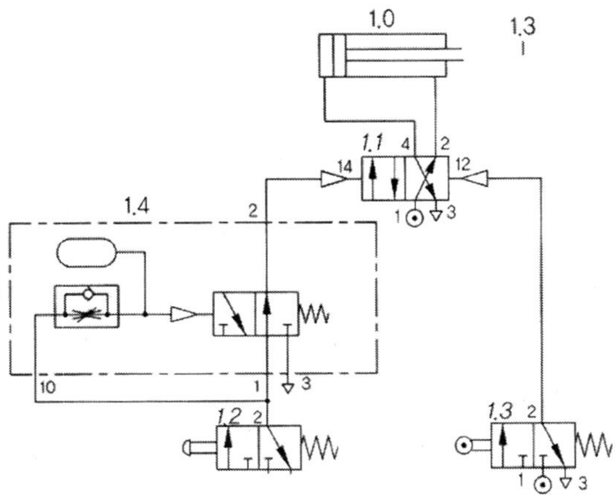

연결구	
숫자	문자
1	P
2	B
3	S
4	A
5	R
12	Y
14	Z

[그림 3-34] 공기압 타이머 이용한 신호 제거 회로

(4) 메모리 밸브를 사용한 신호 제거 회로

방향성 롤러 리밋 스위치를 사용해서 신호 단락을 할 수 없을 경우에는 메모리 밸브를 사용해서 신호 제거를 할 수 있다. 이 방법은 회로가 정확히 구성되면 작동의 신뢰성은 매우 높고 여러 개의 신호가 그룹으로 제거되어 비용 절감의 장점도 있다.

[그림 3-25] (a)는 실린더 A에 의해 소재를 고정한 후 실린더 B의 전진과 후진 동작에 의해 리베팅하고 실린더 A가 후진하는 사이클로 구성된 리베팅 장치이다. 이 장치의 회로를 설계할 때 [그림 3-35] (b)의 제어 선도를 분석해 보면 실린더 A의 전진과 실린더 B의 후진 행정에서 신호가 중복됨을 알 수 있다. 밸브 1.3과 2.2로부터 나온 신호가 중복됨을 알 수 있으므로 신호 단락을 시켜야 한다. 그러므로 3단계에서 실린더 B의 후진 운동신호 2.3이 필요하므로 반드시 2.2 신호를 단락시켜야하고 5단계에서는 실린더 A의 전진 운동신호가 필요하므로 반드시 1.3 신호는 단락되어야만 한다. 따라서 [그림 3-36] 회로도의 0.2와 같은 메모리 밸브를 사용하여 신호 단락을 할 수 있다.

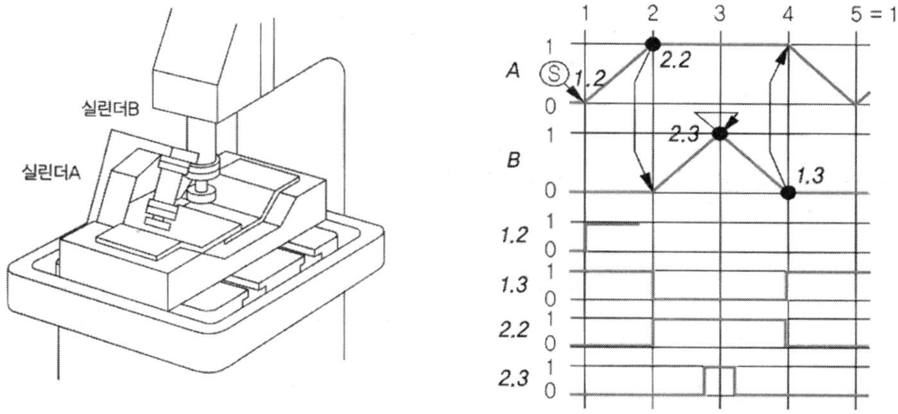

(a) 장치의 개략도　　　　(b) 장치의 제어 선도

[그림 3-35] 리베팅 장치

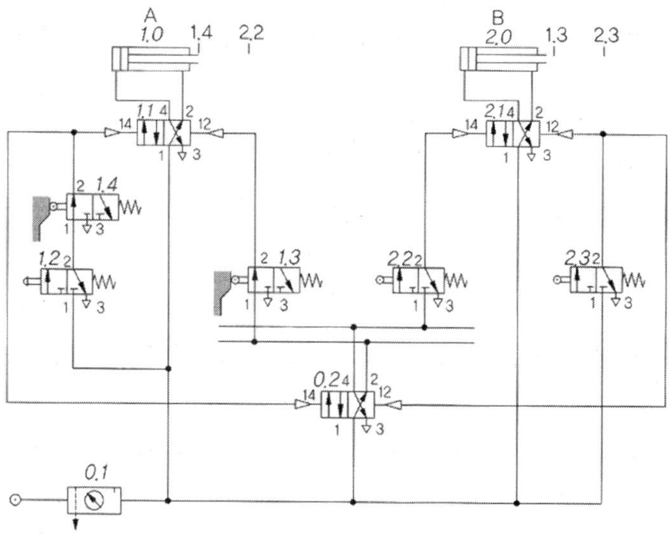

[그림 3-36] 메모리 밸브를 사용한 신호제거 회로

(5) 메모리 밸브를 이용한 신호 차단 방법

신뢰성이 높은 제어회로를 설계하는 가장 간단한 방법은 회로 내에서 신호가 불필요할 때 이것을 간단히 제거하는 방법이다.

[그림 3-37]은 블록을 사용하여 신호를 제거하는 방법으로 e_1에서 e_4는 입력 신호를 S_1에서 S_4는 출력 신호를 나타낸다.

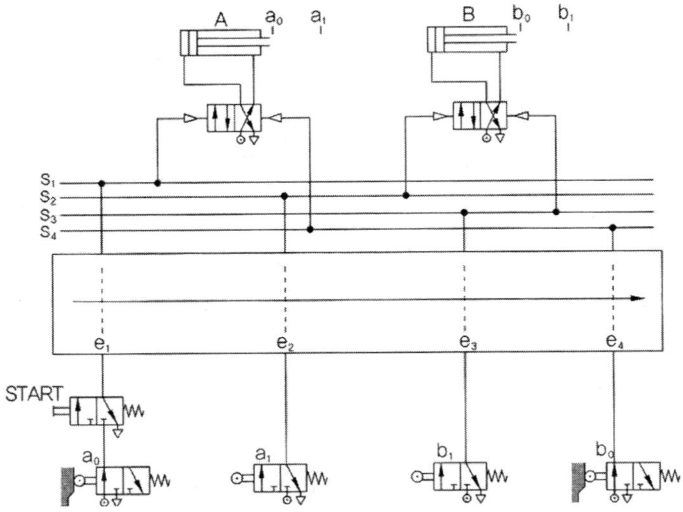

[그림 3-37] 메모리 밸브를 이용한 신호 차단 방법

이 블록 기구를 신호 간섭 문제에 적용시키려면 다음 조건을 만족시켜야 한다.

① 입력 신호 수 = 출력 신호 수
② 각각의 출력 신호는 입력 신호와 각각의 입력 신호가 있어야 한다.
③ 출력 신호는 기억되어야 한다. 입력 신호가 제거되어도 그에 대응하는 출력 신호는 유지되어야 한다.
④ 한 순간에 한 개의 출력 신호만 존재해야 하며 특정한 신호를 제거할 수 있어야 한다.
⑤ 입력 신호는 똑같은 작업 순서에 대하여 항상 효과가 있어야 한다.

이 방법에서 블록의 구성은 캐스케이드(CASCADE)와 쉬프트 레지스터(Shift Register)를 사용하는 방법이 있다.

(6) 캐스케이드 설계방법

(가) 캐스케이드 밸브의 연결

[그림 3-38] 회로의 블록을 만족하는 회로를 양쪽 공기압으로 조작되는 4/2-way 방향제어 밸브(메모리 밸브)를 사용하여 [그림 3-35]의 리베팅 장치의 제어 회로를 설계해 보자.

"캐스케이드"는 계단과 같이 밸브가 직렬 연결되었다는 뜻으로 어느 한 순간에 한 개의 출력선에만 공기가 공급되고 나머지는 모두 배기되게 구성한다.(그림 3-38 참조)

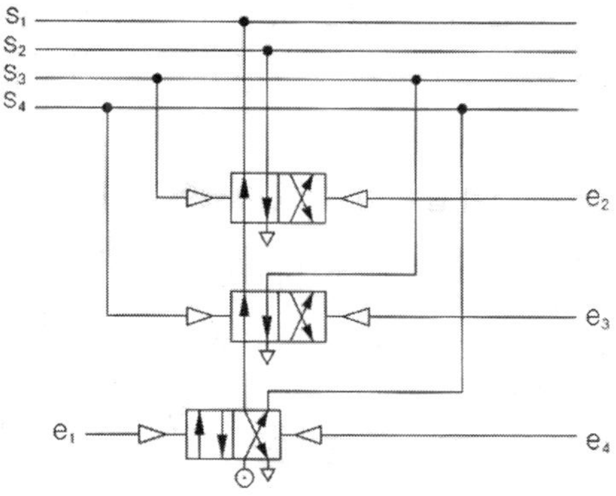

[그림 3-38] 캐스케이드 밸브의 배열

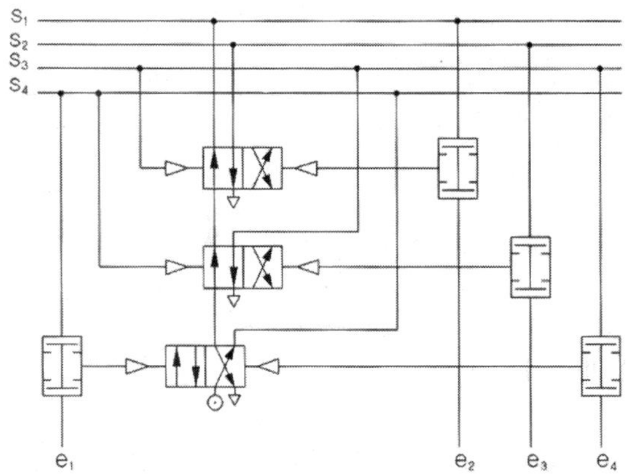

[그림 3-39] 2압 밸브 적용한 캐스케이드 밸브의 배열

그러나 계속 유지되어야 하는 입력 신호는 회로의 혼란이 일어나지 않도록 출력신호 S_{n-1}이 나와야 입력신호 e_n이 전달되게 한다. 따라서 이 문제를 해결하기 위하여 [그림 3-39]와 같이 2압 밸브를 입력신호 e_n과 출력신호 S_{n-1} 사이에 연결하면 된다.

캐스케이드 회로 구성 방법은 특정한 장치를 사용하지 않고 일반적인 밸브를 사용하므로 매우 경제적이며 입력 신호와 출력 신호가 각각 대응되므로 제어의 신뢰성도 보장된다.

그러나 제어 회로가 복잡하여 캐스케이드에 사용되는 밸브가 많아지면 회로 내의 압력 강하로 인한 스위칭 시간의 지연과 배선이 복잡해지며 결함 추적에도 취약하므로 제어 그룹 개수가 3 ~ 4개일 경우에 적당하다.

(나) 캐스케이드를 적용한 리베팅 장치의 회로 설계

① 운동선도와 약식 기호에 의해 작동 순서를 결정한다. [그림 3-28]의 제어 선도에 의해 약식 기호로 표시하면

A + , B + , A - , B -

② 작동 순서를 그룹으로 나눈다.
캐스케이드 구성에 필요한 밸브의 수를 최소화하기 위하여 작동 순서를 그룹별로 나눈다. 이때 각 그룹에는 같은 실린더가 존재할 수 없으므로 두 개의 그룹으로 나눌 수 있다.

/A + , B + / , A - , B - /

③ 실린더와 이를 제어하는 전환 밸브를 그린다. 캐스케이드에 의해 회로를 작성할 때 일반적으로 실린더는 메모리 밸브에 의해 제어된다.

④ 각 요소에 표시 기호를 부여하며, 이 경우에는 문자 표시법이 편리하다.(그림 3-40 참조)

ⓐ 실린더는 A, B, C ---를 사용한다.

ⓑ "+" 기호는 실린더의 전진을 나타낸다.

ⓒ "-" 기호는 실린더의 후진을 나타낸다.

ⓓ 리밋 스위치 "0"은 실린더의 후진 위치에 부착되어 있음을 나타낸다.

ⓔ 리밋 스위치 "1"은 실린더의 전진 위치에 부착되어 있음을 나타낸다.

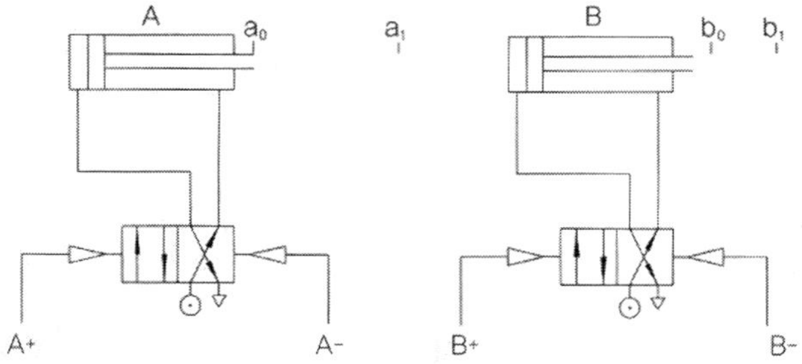

[그림 3-40] 각 요소에 표시 기호를 부여

⑤ 캐스케이드 회로를 그리고 각각의 입력에 출력을 분배한다. 이때 캐스케이드 회로에 필요한 밸브의 개수는 필요한 출력 수 보다 1개 적다.(그림 3-41 참조)

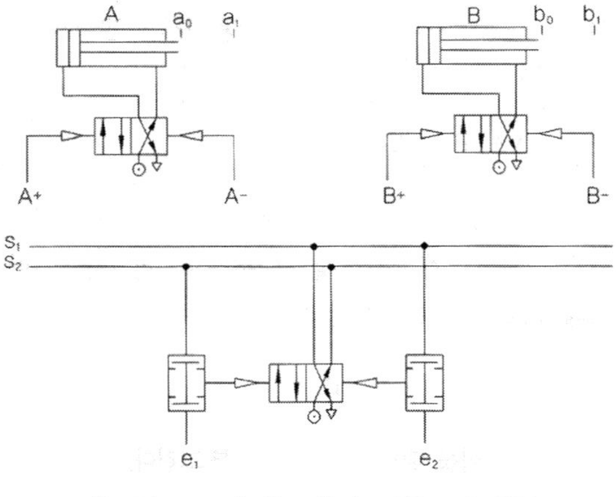

[그림 3-41] 캐스케이드 밸브의 배열

⑥ 운동 선도를 단계별로 옮겨 회로를 완성한다.

각 단계별 신호에서 캐스케이드 밸브의 전환이 필요한 시점에서는 즉 실린더 B의 전진 위치에 있는 b_1(실린더 B를 후진시키는 신호)은 출력 신호를 바꿔 주기 위한 신호, 즉 캐스케이드 밸브의 위치를 전환하여 출력선을 S_2로 바꿔 주기 위한 신호로 사용한다.

만약 캐스케이드 밸브의 전환이 필요 없다면 현재의 출력 신호는 다음에 수행될 작동에 사용된다. [그림 3-42]는 리벳팅 장치를 캐스케이드 방법에 의하여 완성한 회로이다.

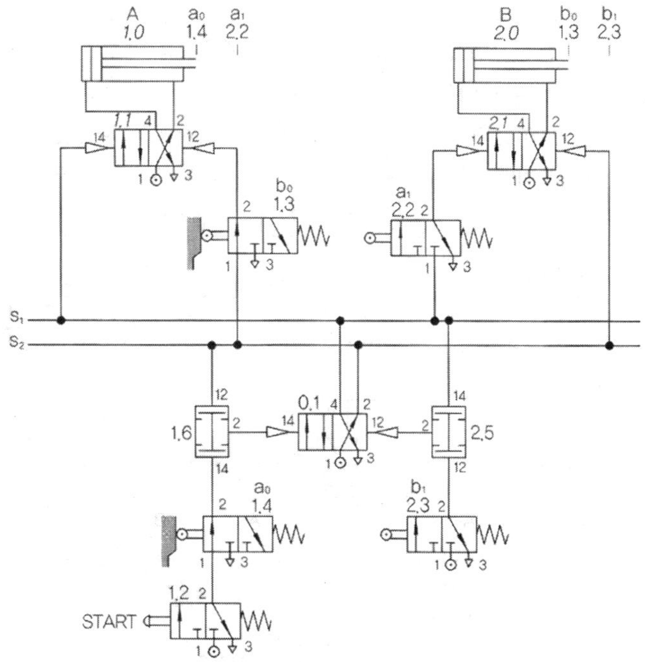

[그림 3-42] 캐스케이드 방법에 의하여 완성한 리벳팅 장치 회로

04 회로도의 부가 조건

지금까지 기술한 회로의 구성은 단순히 장치를 제어하는 최소한의 조건으로 구성하였으나 현장에서 사용하는 대부분의 장치는 여러 가지 부가 조건이 필요하게 된다. [그림 3-43]을 예로 들어 몇 가지 부가 조건의 의미를 알아보자.

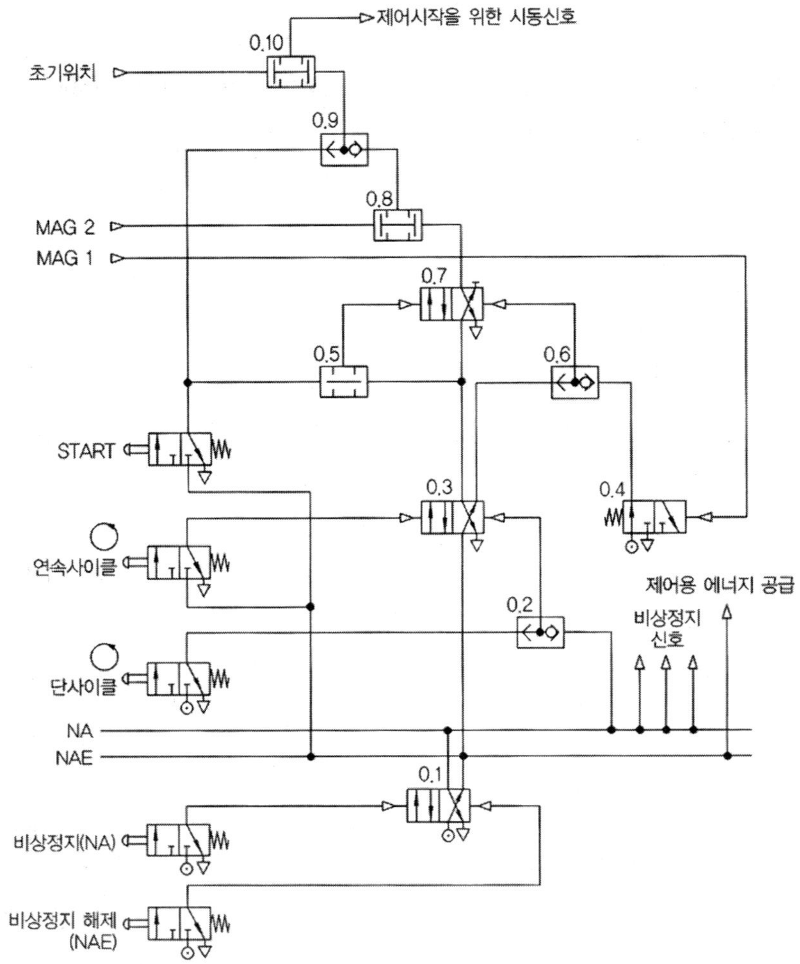

[그림 3-43] 공기압 회로도의 부가 조건

① 공기압 에너지 ON/OFF : 제어 시스템을 동작시키기 위한 공기압 에너지의 공급 및 차단

② 시동(START) : 시동 버튼에 의해 제어 시스템이 동작한다.

③ 수동/자동 : 수동 작업, 자동 작업을 선택할 수 있다.

④ 수동(MAN) : 수동 위치에서 각 제어 요소를 임의 순서대로 작동시킬 수 있다.

⑤ 자동(AUTO) : 자동 위치에서는 시스템이 자동으로 작동하며 단속 사이클 연속 사이클이 있다.

⑥ 단속 사이클 : 시작 신호가 입력되면 시스템이 첫 단계에서 마지막 단계까지 1회 동작한다.

⑦ 연속 사이클 : 시작 신호가 입력되면 시스템이 첫 단계에서 마지막 단계까지 별도의

신호가 있을 때까지 연속적으로 동작한다. 정지 신호가 입력되면 연속 사이클은 중단된다.

⑧ 정지 : 연속 사이클에서 정지 신호가 입력되면 마지막 단계까지 작업을 수행한 종료되고 새로운 작업을 시작하지 못한다.

⑨ 비상 정지 : 비상정지 신호가 입력되면 대부분의 경우 전기 제어 시스템에서는 전원이 차단되나 공기압 시스템에서는 모든 작업 요소가 원위치 된다.

ⓐ 프로그램에 따른 모든 작업이 중단된다.

ⓑ 제어에 관계된 모든 신호는 사라진다.

ⓒ 모든 작업요소를 원위치 시킨다.

ⓓ 비상정지 신호가 제거되면 제어 시스템이 처음부터 동작할 수 있도록 한다.

제4절 공기압 장치의 전기 제어 회로

01 전기 공기압의 개요

가. 전기 공기압 시스템

산업의 자동화를 추구하는 일부 과정에서 공기압 기술과 전기 기술의 연결은 에너지로서의 공기압 시스템의 특징과 제어 과정에서의 전기 장치의 특성을 결합시켜 생산 원가의 절감, 생산 공정 사이클의 단축 등 많은 이점을 제공하였으며 자동화의 영역에서 문제 해결에도 큰 기여를 하고 있다.

전기 공기압이라 하여 공기압 제어와 판이하게 다른 형태의 제어 형태는 아니며 대부분이 공기압 장치에 덧붙여 신호 감지에 대한 부분과 신호 처리 기능 등을 전기 부품에 의해서 제어하여 순수한 공기압 제어에서의 한계를 극복하고 제어의 편이성 면에서 효과적인 시스템을 운영하기 위한 영역으로 볼 수 있다.

(1) 신호의 흐름

전기 공기압 제어 시스템은 크게 3가지로 구분된다. [그림 3-44]의 신호 흐름도와 같이 출력 장치 또는 출력 구동부와 출력 장치에 제어 신호를 출력해 주는 신호 처리부, 신호 처리부에 외부의 상황을 입력해 주는 신호 입력부가 있다.

제어되는 과정은 신호 입력 요소로부터 신호가 입력되면 신호 처리 요소에서 신호 처리의 과정을 거쳐 신호를 출력하는 형태이다.

시스템의 구성 부품을 기준으로 생각하면 스위치, 센서 등(신호 입력 요소)에 의해서 각종 밸브(신호 처리 요소, 제어 요소)에서 신호 출력이 이루어져 공기압 액추에이터(구동 목표)를 구동시키는 과정이라 할 수 있다.

또한 신호 흐름도는 장치의 회로를 설계할 때 일관되고 체계적인 안내 역할을 하며 회로도가 논리적으로 구성될 수 있게 도와준다.

즉 한 그룹 내에서 비슷한 기능을 갖는 부품에 대한 위치를 선정해주고 도면에서는 공기압 회로와 전기 회로의 배선이 교차되는 것을 최소화하여 회로의 판독을 쉽게 할 수 있게 한다.

[그림 3-44] 신호 흐름도

(2) 전기 공기압 요소

신호 흐름도에서 이미 설명한 바와 같이 전기 공기압 시스템의 기본적인 구조는 에너지 공급부, 입력 요소부, 신호 처리부, 구동부 및 최종 제어부이다.

각각의 구성품은 [그림 3-45]와 같이 그 기능을 나타내는 기호로 표현되며, 이 기호는 회로 구성을 할 때 라인으로 조합되어 제어 문제의 처리 방법을 제시한다.

[그림 3-46]은 전기 공기압 장치의 공기압 회로도와 전기 회로도의 신호 흐름을 나타낸 것으로 회로를 작성할 때는 일반적으로 시스템의 구성에 맞추어 기호를 사용한다.

회로의 작성에서 시스템 구성은 공기압은 아래에서 위로 전기는 위에서 아래로 신호가 흐르게 하여 신호의 흐름과 일치되게 정렬한다.

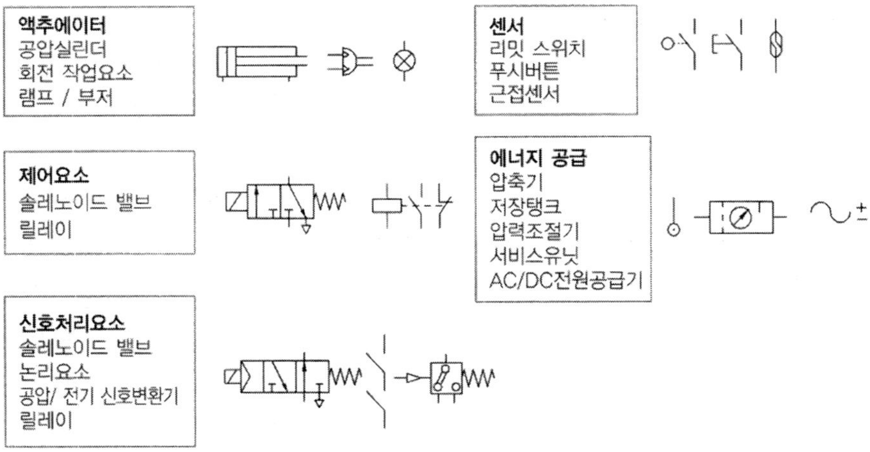

[그림 3-45] 전기 공압 요소의 기호

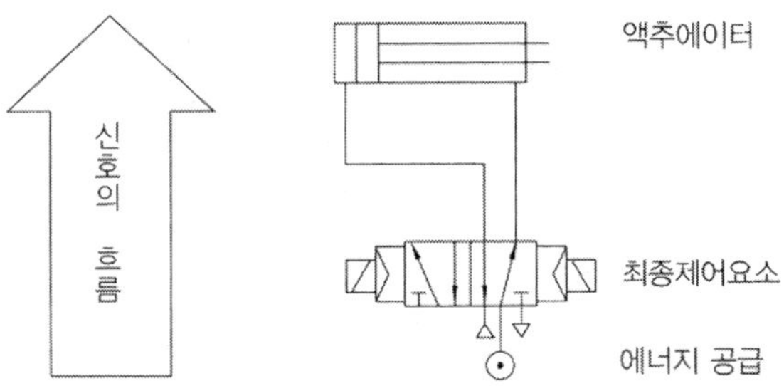

(a) 공기압 회로의 신호 흐름

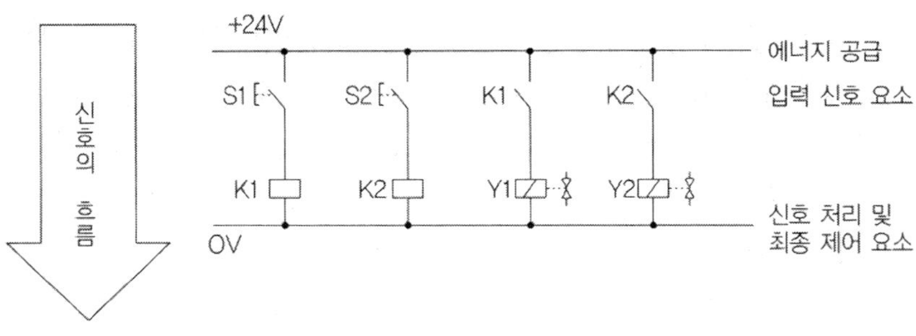

(b) 전기 회로의 신호 흐름

[그림 3-46]

나. 전기 공기압용 전기 기기

전기 공기압 회로를 구성할 때 신호 입력 요소와 신호 처리 요소는 전기적인 스위치, 센서, 릴레이, 솔레노이드 등으로 이루어져 있다.

신호의 출력은 램프 혹은 버저(buzzer) 등과 공기압 액추에이터이며, 전원 공급기에서 전기회로를 제어하기 위한 전기를 공급한다.

(1) 스위치와 릴레이

(가) 접점의 구조

스위치나 릴레이의 동작 특성을 이해하려면 먼저 전기 접점의 구조와 기능을 명확하게 알아야 한다.

[그림 3-47]과 같이 접점(contact)은 정상 상태 열림(normally opened, 상시 열림), 정상 상태 닫힘(normally closed, 상시 닫힘), 전환 접점(change over)으로 구분된다. N/O 접점(a 접점, 정상 상태 열림)은 동작되면 전류의 흐름을 허용하고 N/C 접점(b 접점, 정상상태 닫힘)은 동작되면 전류의 흐름이 차단된다. 전환 접점(c 접점)은 a 접점, b 접점으로 사용하며 전기 회로의 스위치는 회로의 개폐 역할을 한다.

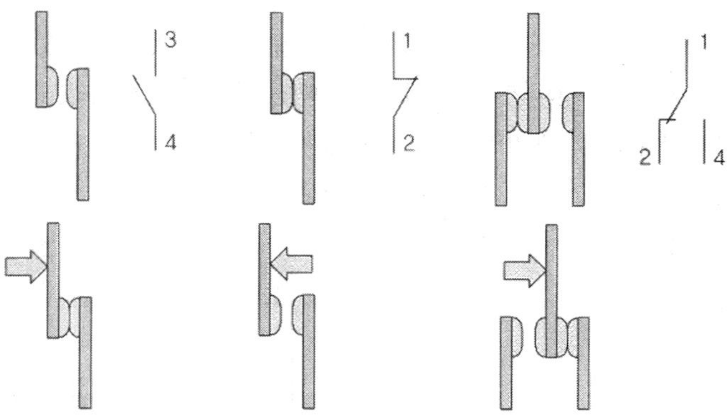

[그림 3-47] 접점의 구조

(나) 푸시버튼 스위치(push button switch)

푸시버튼 스위치는 신호 입력 요소로 기계나 장치가 출발하도록 하기 위하여 필요하다. 순간적으로 작동되는 푸시버튼 스위치는 계속 누르고 있으면 요구하는 위치에 그대로 머무르는 기기이다.

[그림 3-48]은 상시 열림 스위치와 상시 닫힘 스위치의 두 가지 형태를 보여준다.

그림 (a)는 버튼을 누르면 회로가 연결되는데 이를 a 접점(arbeit contact)이라 하고 (b)는 터미널이 열리면 회로는 차단되는데 이를 b접점(brake contact)이라 한다. 버튼을 놓으면 스프링은 원래의 위치로 접점을 복귀시킨다. (c)는 상시 열림과 상시 닫힘의 두 가지 기능이 포함되어 있다. 버튼을 누르면 상시 닫힌 접점은 분리되어 회로가 차단되며 전환 요소는 상시 열린 접점을 닫게 되어 회로가 연결 된다. 버튼을 놓으면 스프링은 전환 요소를 본래의 위치로 복귀시킨다. 이것을 C접점(changeover contact)이라 한다. 푸시버튼 스위치는 하나의 스위치가 여러 개의 접점, 예를 들면 2개의 상시 닫힘 또는 3개의 상시 열림과 1개의 상시 닫힘 접점을 가질 수 있어 널리 사용된다.

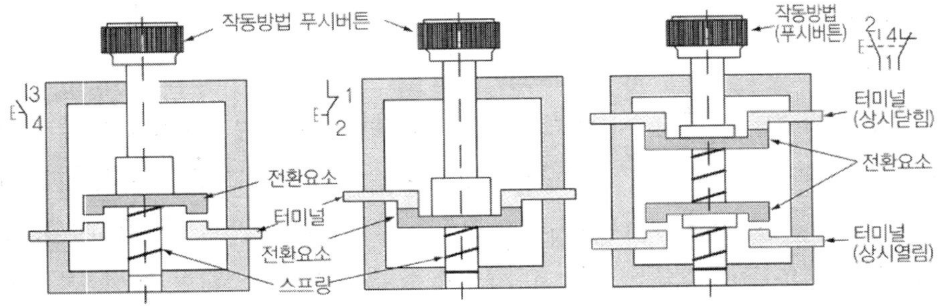

(a) 상시 열림 스위치　(b) 상시 닫힘 스위치　(c) 전환 접점 스위치

[그림 3-48] 푸시버튼 스위치

(다) 지지형 푸시버튼 스위치(latching push button switch)

지지형 푸시버튼 스위치는 처음 누르면 기계적으로 지지되고, 다시 누르면 지지가 풀려 스위치는 원래의 위치로 되돌아온다. 대표적인 것으로써 회전형 스위치가 있으며 이 회전형 스위치는 좌와 우의 2노치와 좌, 중, 우 3노치의 것이 있다.

[그림 3-49]는 지지형 스위치인 로커 스위치(rocker switch)이다.

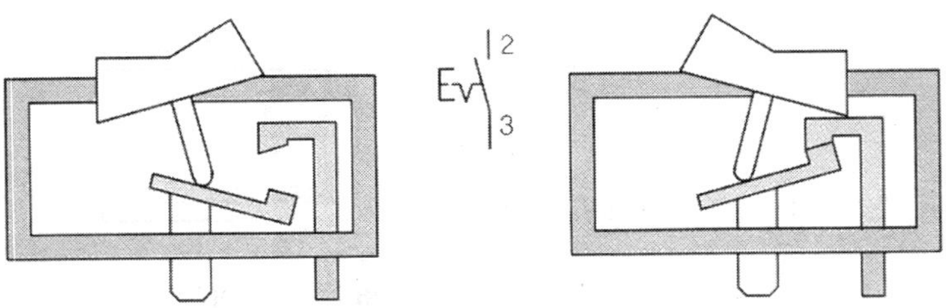

(a) 열림 접점　(b) 닫힘 접점

[그림 3-49] 로커 스위치

(라) 리밋 스위치(mechanical limit switch)

수동으로 조작하는 푸시버튼 스위치를 대신하여 기계식 조작에 의해 접점을 개폐하는 스위치이다. 이 리밋 스위치는 기계나 실린더 운동의 최종 위치를 감지하는데 사용된다. 리밋 스위치의 표준 형태는 일반적으로 [그림 3-50]과 같이 c 접점이다.

리밋 스위치는 접촉 방법(레버 접촉, 스프링 힘에 의한 접촉)에 따라 구별된다. 전자는 같은 속도로 열리고 닫히는데 후자는 특정한 지점에서 그 상태가 급히 변하기 때문에 접근 속도를 가늠하기 힘들다. 리밋 스위치는 푸시로드나 롤러 레버와 같은 고정된 부분에 의해 작동되므로 조립이나 작동시를 위해 제작자의 설계서가 따라야 하고 접근 각도와 오버 런(over run)이 고려되어야 한다.

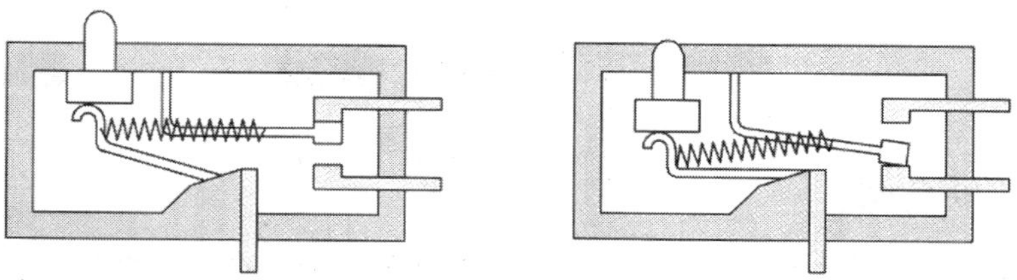

(a) 닫힘 접점　　　　(b) 열림 접점

[그림 3-50] 리밋 스위치

(마) 리드 스위치(reed switch)

리드 스위치는 근접 리밋 스위치 중의 하나로 영구 자석에 의해 작동되며 빠른 전환 사이클이 요구될 때 아주 적당하다.

[그림 3-51]의 리드 스위치는 기계식 작동 리밋 스위치를 설치하기에 공간이 불충분한 경우나 먼지, 모래, 습기 등으로 둘러싸인 경우에 사용되어진다. 두 접점은 합성수지 상자 안에 있는 가스로 채워진 튜브 안쪽에 퓨즈로 연결되어 있다. 영구 자석으로 된 피스톤이 장치에 접근하면 분리된 접점은 급히 서로 끌어 당겨 회로를 닫는다.

피스톤이 멀어지면 영구 자석의 효과는 취소되어 접점은 분리된다. 이 경우 접점은 상시 열린 접점이며 전환 시간은 매우 짧다.

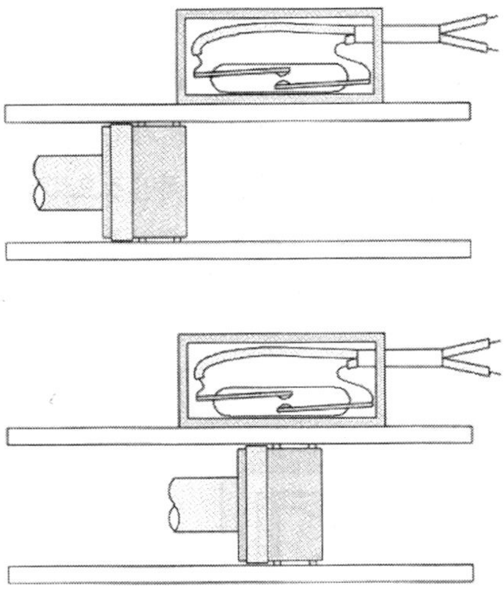

[그림 3-51] 리드 스위치

(바) 릴레이(relay)

릴레이는 산업 현장에서 널리 사용되며 전기 공압 회로에서는 일반적으로 신호 처리 장치에 사용된다.

PLC나 사이리스터(thyristor)와 같은 반도체를 이용한 전자 회로의 편리성에도 불구하고 아직도 릴레이가 많이 쓰이는 이유는 내구성이 좋고, 독립된 접점에 스위치 기능이 있으며, 짧은 스위칭 시간 등의 간편한 제어 형태와 경제적인 면에서 충분히 효과적이기 때문이다. 그 종류 또한 다양하여 길이가 10mm 정도의 소형부터 3상 모터를 구동할 수 있는 대용량의 것도 있다.

릴레이는 코일에 작용되는 적은양의 에너지로 접점을 통한 큰 에너지 흐름의 제어가 가능하다. 예를 들어 리밋 스위치에 의해 솔레노이드를 직접 작동하려 하면 접점에 과부하가 발생하게 된다. 이때 버퍼와 같은 역할로 릴레이를 사용하면 큰 전류를 부담할 수 있다. 전기 공기압 회로에서 릴레이의 다른 중요한 기능은 논리 기능과 인터록 기능에 사용되는 것이다.

실제적으로 릴레이의 구조는 다양하지만 기능적인 원리는 항상 같다. [그림 3-52]는 플래그인 릴레이의 구조이다. 릴레이 접점의 초기 상태(initial position)는 접점(1)과 접점(2)가 연결되어 있다. 이때 A1과 A2에 전류가 흘러 코일(5)에 전압이 인가되면 전류가 권선에 흘러 자장이 발생되어 코어(7)이 아마추어(3)을 잡아당기게 된다.

아마추어는 기계적으로 접점(1)과 접점(4)를 접촉시켜 스위칭 한다. 이 신호는 코일에 전류가 흐르는 동안 계속 유지되고 전류가 흐르지 않게 하면 원래의 위치로 복귀한다.

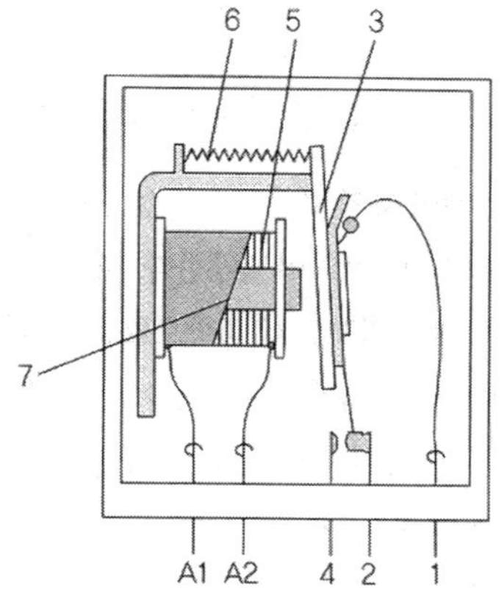

[그림 3-52] 릴레이

다. 솔레노이드

솔레노이드(solenoid)는 일반적으로 전류를 코일에 흘려보내어 철심에 자성을 부여한 전자석이며 전기 기기나 전자 릴레이 등에 사용되고 있다.

(1) 솔레노이드 작동 원리

솔레노이드는 전선이 코일 형상으로 구성되는 전자석으로, [그림 3-53]과 같이 전류가 코일을 통과하게 되면 기전력(EMF)이 발생한다. 도체(여기서는 코일) 주위에 있는 힘은 원형 형태로 집중되고 이 원형의 기전력은 한 방향으로 모이게 된다.

코일의 감김 수를 증가시키면 자장이 강해지고 기전력은 증가하게 되며 전선이 공기 중에 감겨 있을 때보다 철 코어 주위에 감겨지면 기전력은 훨씬 더 증가한다.

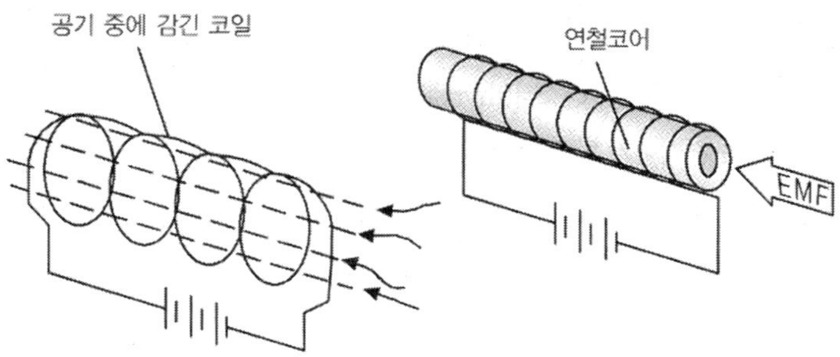

[그림 3-53] 솔레노이드 작동 원리

(2) DC 솔레노이드

[그림 3-54]의 DC 솔레노이드는 간단하며 내구성이 있는 코어가 내장되어 있으며 이 코어는 솔레노이드의 작동중 발생한 열을 발산해 준다.

DC 솔레노이드는 ON 신호가 입력되면 전류는 천천히 상승하여 자장이 형성되는 동안 코일의 인덕턴스는 작용 전압에 대한역기전력을 발생시켜 솔레노이드의 여자를 부드럽게 한다. 따라서 운전이 정숙하며 부드러운 스위칭(ON) 형태, 낮은 유지전력 등의 특징으로 긴 수명이 보장된다.

그러나 상대적으로 스위칭 시간이 길고 소자시의 과전압 발생, 접점의 마모, AC 전원 사용할 때 정류기가 필요한 점 등의 단점도 있다.

[그림 3-54] DC 솔레노이드

(3) AC 솔레노이드

AC 솔레노이드에 ON 신호가 입력되면 매우 높은 전류가 흐르게 된다. 전류는 코일 임피던스, 권선의 저항과 인덕턴스에 따라 달라진다. 높은 전류에 의해 큰 작동력이 생기므로 작동시간은 상대적으로 짧다. 아마추어와 코어 사이의 에어 갭은 심한 온도 상승과 많은 전기가 소비되므로 최소화하여야 한다.

전기 공기압 회로에서 밸브를 제어하기 위하여 밸브의 전환 빈도가 잦으면 그 때마다 순간 전류가 흐르게 되어 코일의 온도가 상승된다. 일반적으로 밸브의 전환 빈도는 매초 1회 이하로 규정하고 있다.

02 전기 공기압 회로

공기압 시스템은 각종 공기압 기기의 조합으로 구성되지만 이 시스템을 이용한 기계나 장치를 목적대로 움직이게 하기 위해서는 기기나 회로를 제어하기 위한 제어 회로와 제어 신호가 필요하다.

제어의 방법에는 전기, 기계, 공기압 제어가 있지만 제어 방식의 선택은 그 시스템이나 기계, 장치의 내용에 따라 달라진다.

일반적으로 공기압 시스템의 제어는 전기 제어가 많이 이용된다. 그 이유는 공기압 시스템의 제어에 적합한 각종의 제어 기기가 많이 개발되어 그것들이 비교적 염가로 풍부하게 공급되고 있고, 또 전기 제어는 간단한 제어에서 복잡한 제어까지 상당히 폭넓게 고도의 제어 능력을 갖고 있다.

또한 회로를 설계하거나 구성할 때는 여러 기호가 조합되어 구성된 회로도가 필요하게 된다. (표 3-1, 표 3-2 참조)

〈표 3-1〉 제어 기기의 기호

제어기기	ISO 방식		Ladder 방식	
	a접점	b접점	a접점	b접점
푸시버튼 스위치	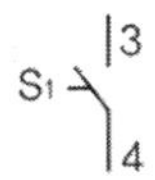	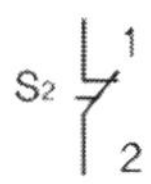	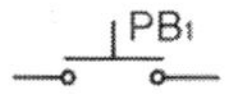	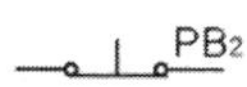
리밋 스위치	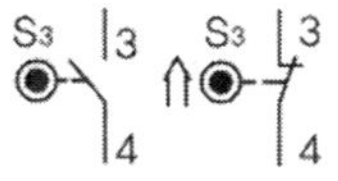	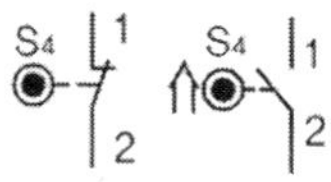	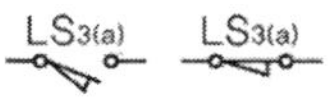	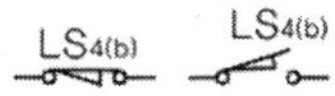
릴레이	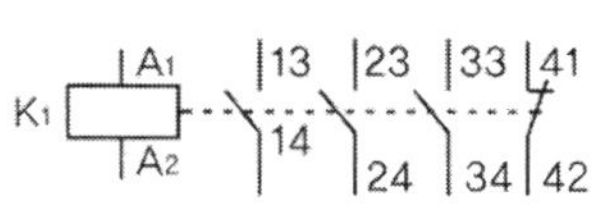 (3a-1b)		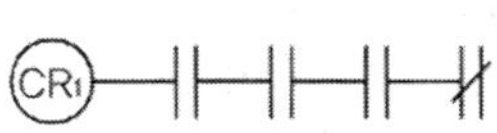 (3a-1b)	
솔레노이드	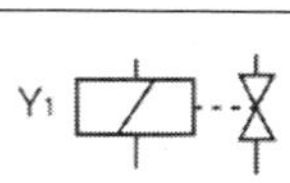		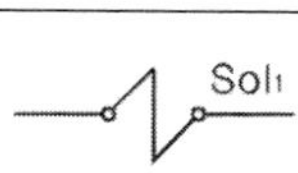	

〈표 3-2〉 논리 회로

회로명	논리기호	유체 소자 회로	전기 회로	논리식	설명
AND	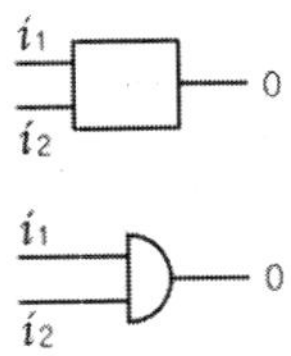	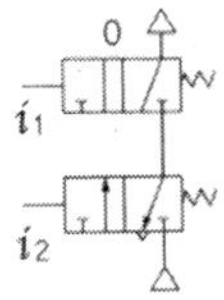	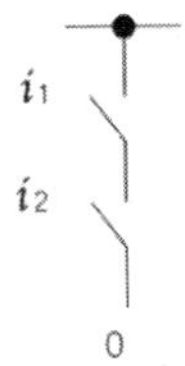	$i_1 \times i_2 = 0$ $i_1 \wedge i_2 = 0$	입력 i_1, i_2가 동시에 들어가면 출력 0이 나온다. i : 입력신호 0 : 출력신호
OR	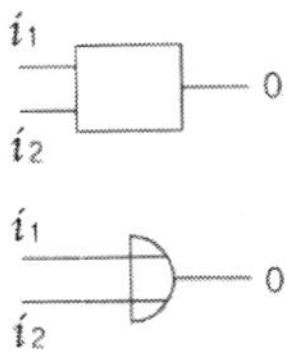	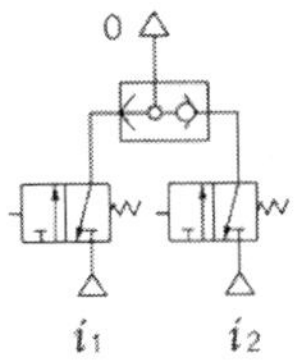	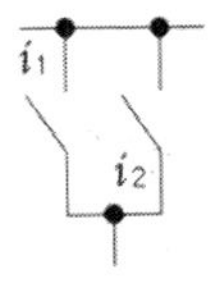	$i_1 + i_2 = 0$ $i_1 \vee i_2 = 0$	i_1과 i_2가 개별로 또는 동시에 들어가도 출력 0이 나온다.
NOT	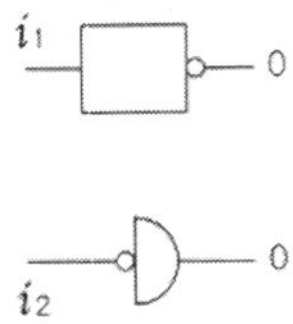	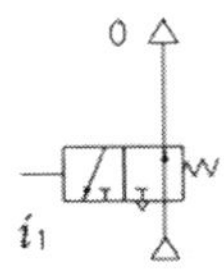		$\overline{i} = 0$	입력 i가 들어가면 출력 0이 없게 된다. 입력 i가 없게 되면 출력 0이 있다.
NAND	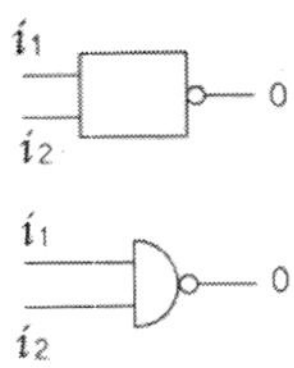	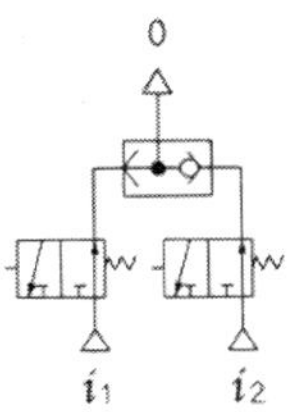	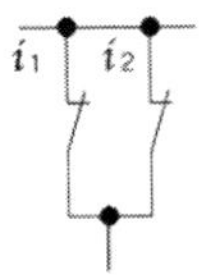	$\overline{i_1 \times i_2} = 0$ $\overline{i_1} - \overline{i_2} = 0$	입력 i_1, i_2가 동시에 들어가면 출력 0이 온다.
NOR	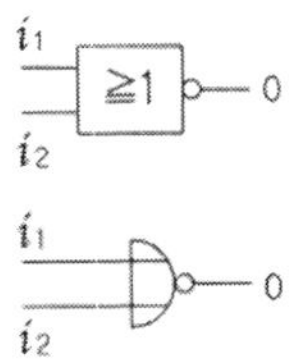	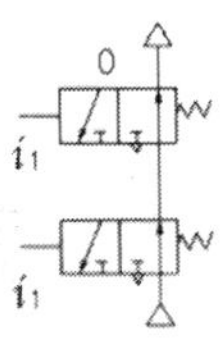		$\overline{i_1 + i_2} = 0$ $\overline{i_1} \times \overline{i_2} = 0$	입력 i_1, i_2가 동시에 없을 때만 출력 0이 나온다.

가. 단동 실린더 제어 회로

푸시버튼 스위치를 누르면 단동 실린더의 피스톤이 전진하고, 푸시버튼 스위치를 놓으면 실린더가 스프링에 의하여 후진하는 회로에 대하여 생각하여 보자.

[그림 3-55]의 (a)는 푸시 버튼 S_1을 누르면 접점이 연결되어 솔레노이드 Y_1에 전류가 발생한다. 그러면 공기압 밸브는 위치가 변환되어 압축 공기는 1에서 2로 흘러 피스톤은 전진하게 된다. 푸시 버튼 S_1을 놓으면 접점이 다시 열리게 되어 솔레노이드 Y_1은 소자되어 밸브는 원래의 상태로 되돌아가고 피스톤은 스프링의 힘에 의해 후진 위치로 복귀한다.

(b)는 푸시 버튼 S_1에 의하여 릴레이 K_1에 전류가 공급되고 솔레노이드 Y_1은 상시 열림 릴레이 K_1을 거쳐 전류가 공급되며, 그 후에는 (a)와 같은 순서로 작동된다.

(b)와 같은 방법은 신호 입력 장치 S_1의 전환 용량이 솔레노이드 Y_1의 통전에 충분하지 못할 경우와 진행 과정에서 다른 저항이 요구될 경우에 적용된다.

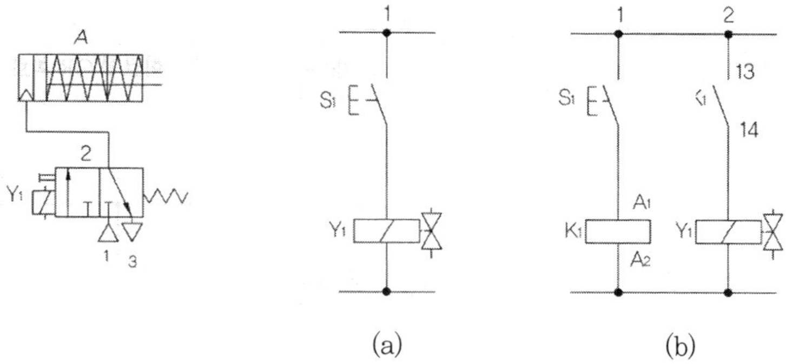

[그림 3-55] 단동 실린더 제어 회로

나. 복동 실린더 제어 회로

[그림 3-56]의 복동 실린더 제어 회로에서 복동 실린더는 4/2-way 또는 5/2-way 밸브에 의하여 제어된다. 푸시 버튼 S_1을 누르면 솔레노이드 Y_1에 전류가 공급되고 방향 제어 밸브는 파일럿 제어를 통한 압축공기에 대하여 방향이 변환된다. 이때 압축 공기는 1에서 2로 들어가 피스톤을 최종 전진 위치까지 전진 운동시킨다.

푸시 버튼 S_1을 놓으면 접점이 다시 열리게 되어 솔레노이드 Y_1은 소자되어 밸브는 원래의 상태로 되돌아가고 피스톤은 스프링의 힘에 의해 후진 위치로 복귀한다.

[그림 3-55]의 단동 실린더 제어회로(b)와 같은 회로의 구성을 간접 연결 방법이라 하며 복동 실린더의 제어 회로 역시 푸시 버튼 S_1에 의하여 릴레이 K_1에 전류가 공급되면 솔레노이드

Y_1은 상시 열림 릴레이 K_1을 거쳐 전류가 공급된다.

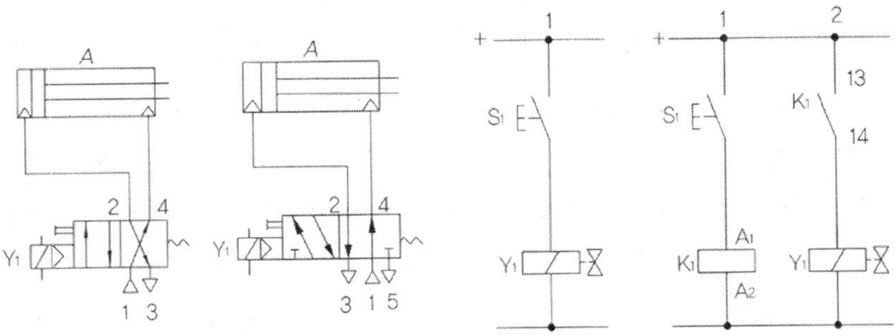

[그림 3-56] 복동 실린더 제어 회로

다. OR 회로

복동 실린더의 운동을 2개의 신호 입력 장치(푸시버튼 스위치)를 사용하여 제어하려 할 때 스위치 2개 중에서 어느 하나만 작동해도 피스톤이 제어되는 회로를 OR 회로(병렬 회로)라 부른다.

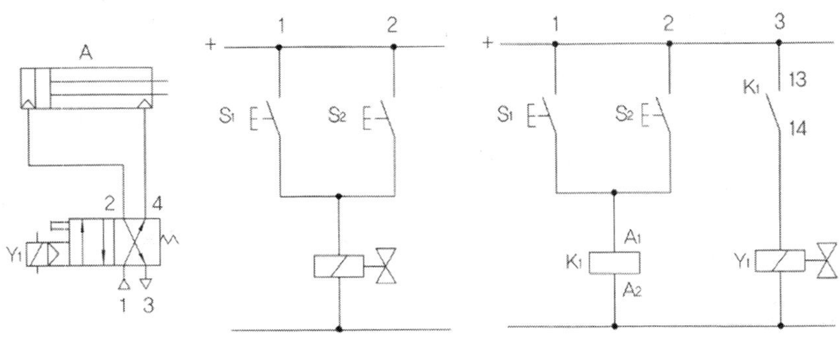

[그림 3-57] OR 회로

[그림 3-57]에서 푸시버튼 스위치 S_1 또는 S_2를 누르면 솔레노이드 Y_1에는 전류가 공급된다. 그러면 방향 제어 밸브(4/2-way)는 제어 위치가 변환되고 피스톤은 전진한다. 피스톤의 전진 상태는 솔레노이드 Y_1에는 전류가 흐르고 있을 때까지만 유효하며 입력 신호 S_1 또는 S_2의 신호를 회수하면 신호는 솔레노이드 Y_1에서 떠나고 밸브는 방향이 변환된다. 그리고 실린더는 원래의 위치로 되돌아가게 된다.

라. AND 회로

[그림 3-58]에서 단동 또는 복동 실린더의 피스톤은 기본위치에서 후진되어 있으며, 2개의 푸시 버튼 스위치를 반드시 작동해야만 피스톤이 운동하게 되는 회로이며, 입력 신호가 모두 있으때만 신호를 출력하는 회로를 AND 회로라 한다.

먼저 푸시 버튼 스위치 S_1과 S_2를 누르면 접점을 연결하여 통전되므로 솔레노이드 Y_1에는 전류가 공급되고 밸브는 방향이 변환된다. 따라서 피스톤은 최종 전진위치까지 운동하게 된다. 만약 푸시 버튼 S_1 또는 S_2를 놓으면 코일 Y_1에는 더 이상 신호가 존재하지 않는다. 그러면 방향 제어 밸브는 변환되기 때문에 피스톤은 원래의 위치로 되돌아오게 된다. AND 회로는 n개의 입력 신호 중에서 1개라도 신호가 누락되면 출력되지 않는다.

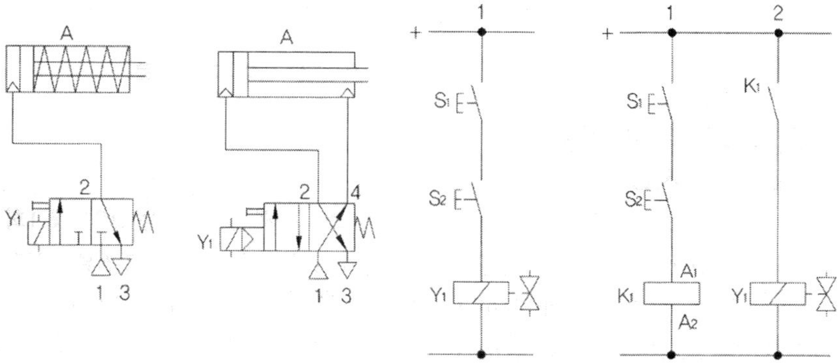

[그림 3-58] AND 회로

마. 간접 양방향 제어 회로

[그림 3-59]는 단동 실린더와 복동 실린더의 제어를 각각 3/2-way 밸브와 4/2-way 밸브에 의해 제어하는 회로이다. 이 회로의 특징은 양쪽에 공기압을 작동시켜 전환 위치를 제어하는 공기압 제어 밸브(impulse valve)와 제어 원리가 같다.

회로는 2개의 푸시버튼 스위치에 의하여 제어되는데 스위치 S_1은 피스톤의 전진 제어에 이용되고 S_2는 피스톤의 후진 제어에 사용된다. 푸시 버튼 S_1을 누르면 코일 Y_1에 전류가 공급되고 밸브 (3/2 또는 4/2-way 밸브)는 방향이 전환된다. 그러면 피스톤은 전진하여 신호가 푸시 버튼 S_2에 의해 솔레노이드 Y_2에 공급될 때까지 최종 전진 위치에 머무르게 된다(전기적인 기억 기능). 솔레노이드 Y_2에 전류가 공급되면 다시 밸브가 전환되기 때문에 피스톤은 원래의 위치로 되돌아오게 된다.

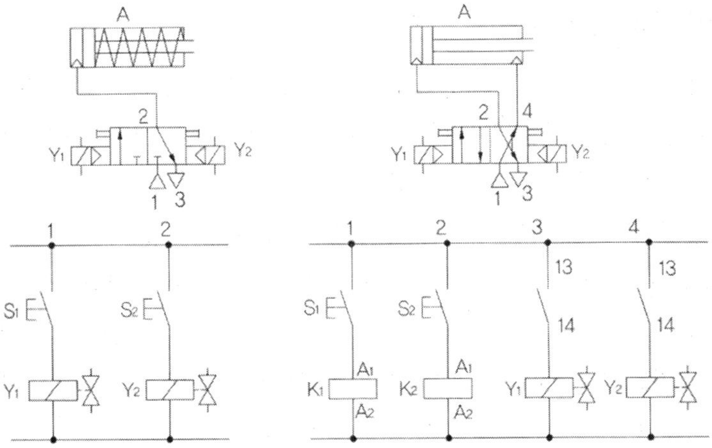

[그림 3-59] 간접 양방향 제어 회로

바. 실린더의 자동 복귀 회로

[그림 3-60]은 푸시버튼 스위치와 리밋 스위치에 의해서 복동 실린더를 1회 왕복 운동 시키는 회로이다.

우선 푸시버튼 스위치 S_1을 누르면 솔레노이드 Y_1에 전류가 공급되어 피스톤은 전진하게 된다. 이 피스톤이 최종위치에 도달하면 이미 설치된 리밋 스위치 S_2는 코일 Y_2에 전기를 공급하게 되고 4/2-way 밸브는 방향이 전환되어 피스톤을 후진시킨다. 이때 밸브의 전환이 가능한 이유는 S_1의 신호는 이미 회수된 상태이기 때문이다.

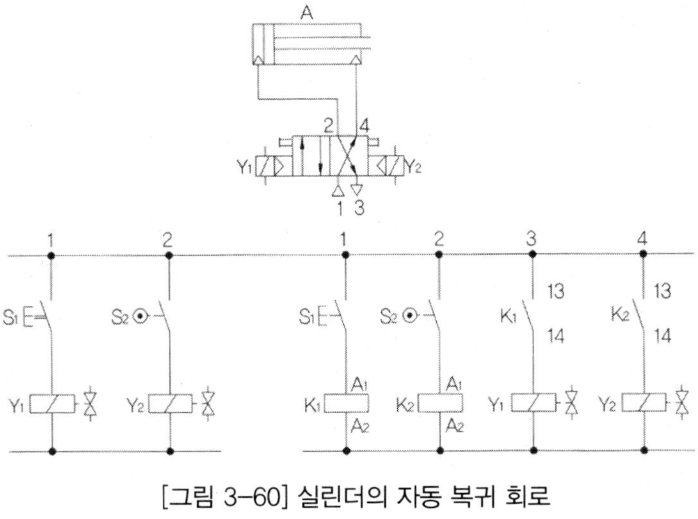

[그림 3-60] 실린더의 자동 복귀 회로

사. 복동 실린더의 자동 왕복 회로

[그림 3-61]은 로커형 스위치와 2개의 리밋스위치에 의하여 복동 실린더를 자동으로 왕복 운동 시키는 회로이다. 스위치 S_3와 리밋 스위치 S_1은 솔레노이드 Y_1에 직렬 회로로 구성하고 리밋 스위치 S_2는 Y_2에 연결하여 회로를 구성하였다.

먼저 스위치 S_3에 입력 신호를 주면(로커 스위치 누름) 리밋 스위치 S_1은 실린더의 후진 위치에서 이미 접점이 연결되어 있는 상태이므로 솔레노이드 Y_1에 전류를 공급하여 피스톤을 전진시키게 되며 피스톤이 전진하면 리밋 스위치 S_1은 접점이 단락된다. 피스톤이 전진하여 리밋 스위치 S_2를 동작시키면 솔레노이드 Y_2에 전류를 공급하여 피스톤을 후진시킨다.

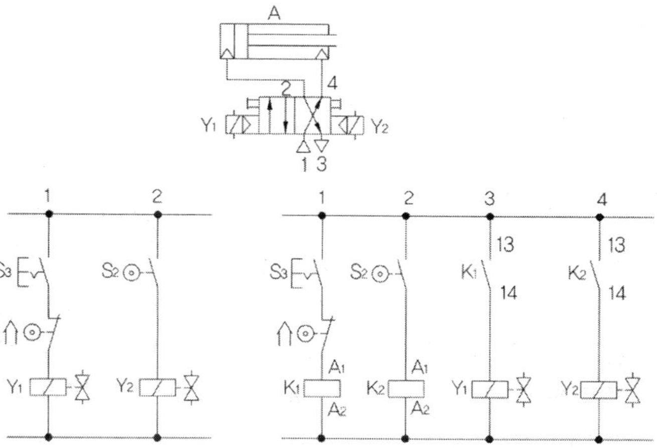

[그림 3-61] 복동 실린더의 자동 왕복 회로

피스톤이 후진하면 리밋 스위치 S_2는 접점이 단락되고 다시 리밋 스위치 S_1에 피스톤이 도달하면 스위치 S_3의 입력 신호가 회수될 때까지 왕복 운동을 반복한다.

리밋 스위치 S_1은 스위치 S_3이 연결되었을 때만 작동되며 만약 스위치 S_3의 입력 신호가 회수되면 신호가 솔레노이드 Y_1에 보내질 수 없게 되므로 피스톤은 최종 후진 위치에서 머무르게 된다.

아. 자기 유지 회로(self holding circuit)

자기 유지 회로(self holding circuit)는 전기 신호 기억이 필요한 공압-전기 제어장치에 필요하다. 자기 지지 회로의 두 가지 형태가 제어 공학에 사용되는데 [그림 3-62] (a)는 "ON 우선 회로"이고 (b)는 "OFF 우선회로"이다.

회로 (a)에서 릴레이 K_1은 ON 푸시 버튼을 통하여 릴레이 K_1에 전류가 공급되며, ON 푸시 버튼을 놓아도 릴레이 K_1은 작동 상태에 있다. 그 이유는 릴레이 K_1에 전류가 공급되면 K_1 릴레이의 접점이 연결되기 때문이다.

여기서 ON 푸시버튼 스위치와 K_1 릴레이의 접점은 병렬로 연결되어야 한다. 이 병렬 회로의 결과는 ON 푸시 버튼을 놓아도 릴레이 K_1에는 전류가 제거되지 않는 것이다. OFF 푸시 버튼을 누르게 되면 릴레이 K_1에 흐르던 전류가 단락되고 K_1 릴레이의 접점은 다시 열리게 되어 자기 유지 회로의 상태가 소멸된다.

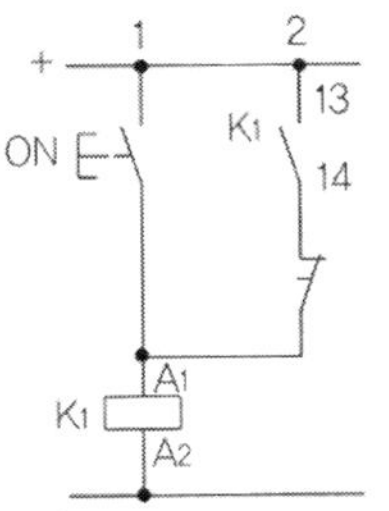

(a) ON 우선 회로

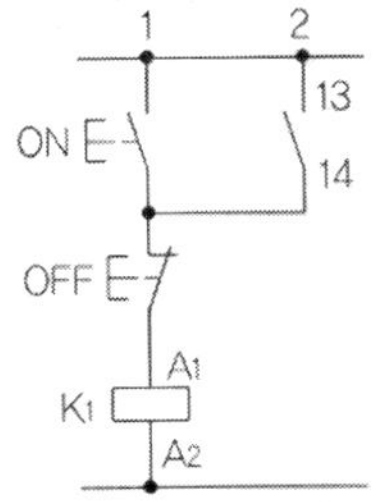

(b) OFF 우선 회로

[그림 3-62] 자기 유지 회로

"ON 우선 회로"에서는 OFF 푸시 버튼 스위치가 K_1 릴레이의 상시 열린 접점과 직렬로 연결되어져 있다.

"OFF 우선 회로"의 경우에 ON 푸시 버튼 스위치는 "ON 우선 회로"와 마찬가지로 K_1 릴레이의 상시 열린 접점과 병렬로 연결되어져 있으며 OFF 푸시 버튼은 ON 푸시 버튼과 직렬로 연결되어 있다.

"ON 우선 회로" 또는 "OFF 우선 회로"의 판단은 OFF 푸시 버튼 스위치의 설치 위치에 따라 달라진다. 만약 OFF 푸시 버튼 스위치가 릴레이 K1의 접점과 직렬로 연결되어 있으면 ON 신호가 항상 우선이며, OFF 푸시 버튼 스위치가 ON 푸시 버튼 스위치와 직렬로 연결되어 있으면 그 회로는 항상 OFF 우선 응답을 가진다.

자. 자기 유지에 의한 실린더 제어 회로

[그림 3-63]은 단동 또는 복동 실린더의 피스톤이 ON 신호에 의해 전진 운동을 하여 최종 전진위치에 머무르고 있다가 OFF 신호를 주어야 피스톤이 본래의 위치로 복귀되는 회로로 자기 유지 회로(OFF 우선 회로)의 특성을 이용한 것이다.

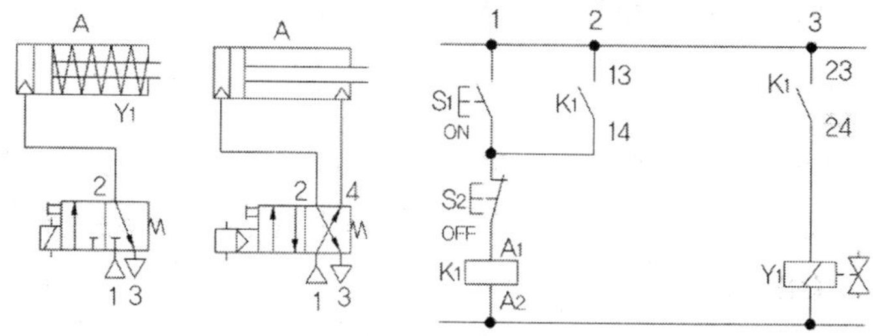

[그림 3-63] 자기 유지에 의한 실린더 제어 회로

그림의 전기 회로에서 릴레이 K_1은 푸시 버튼 S_1(ON)을 누름으로써 전류가 공급된다. 이 회로 1에 병렬로 연결된 회로 2의 릴레이 접점 K_1은 릴레이 K_1의 여자에 의해 자기 유지 상태에 있고, 회로 3에 연결되어 있는 상시 열린 릴레이 접점 K_1은 회로 1의 릴레이 K_1이 여자된 상태이므로 회로 2의 릴레이 접점 K_1과 마찬가지로 솔레노이드 Y_1에 전류를 공급하게 되어 피스톤을 전진 운동시켜 최종 전진위치에 머물게 한다. 릴레이 K_1이 연결된 회로는 푸시 버튼 S_2(OFF)에 의하여 차단되어진다. 따라서 릴레이 K_1의 모든 기능은 그들 본래의 위치로 전환되며 솔레노이드 Y_1에 연결된 회로는 차단되어 방향 제어 밸브의 스프링이 작동하게 되고 피스톤은 본래의 위치로 운동하게 된다.

차. 복동 실린더의 시간 지연 및 계수기 제어 회로

[그림 3-64]는 타이머를 사용하여 복동 실린더의 운동을 일정 시간 지연하는 회로이다. 그림의 회로는 피스톤의 전진 운동 신호(푸시 버튼 S_1)를 주면 피스톤은 전진하여 최종 전진 위치(리밋 스위치 S_2)에서 타이머의 설정 시간만큼 머무른 다음 자동적으로 복귀하는 회로이다.

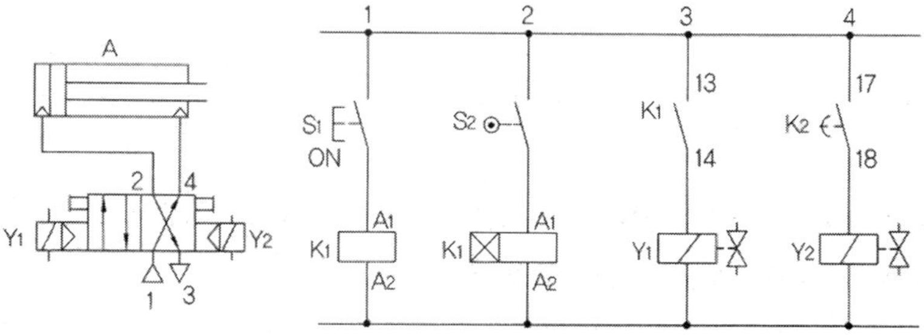

[그림 3-64] 복동 실린더의 시간 지연 회로

그림의 전기 회로에서 수동 푸시버튼 스위치 S_1을 누르면 릴레이 K_1이 여자되고 릴레이 K_1의 상시 열림 접점 K_1의 13, 14는 솔레노이드 코일 Y_1에 연결된다. 상시 열린 릴레이 K_1의 접점이 닫히면 솔레노이드 밸브의 제어 위치가 전환되어 피스톤은 전진하여 리밋 스위치 S_2를 동작시킨다.

리밋 스위치 S_2가 동작되면 시간 지연 릴레이 K_2를 작동하게 되어 설정 시간이 지난 후 상시 열림 시간 지연 릴레이의 접점 17, 18이 방향 제어 밸브의 솔레노이드 코일 Y_2에 전류를 공급한다. 따라서 밸브는 제어 위치가 바뀌어 피스톤은 최종 후진위치(본래의 위치)로 운동을 한다. 이 회로의 타이머 설치 부분에 계수기를 설치하면 실린더가 1회 왕복 할 때마다 계수가 가능한 카운터(counter) 회로를 구성할 수 있다.

카. 시퀀스 제어 회로

[그림 3-65]와 같은 상자 이송장치를 예로 들어 전기적인 시퀀스 회로를 구성하여 보자. 상자가 롤러 벨트를 통하여 도달되면 실린더 A가 상자를 위로 올리고 실린더 B가 이를 상단의 롤러 벨트로 밀어내게 한다. 실린더 B는 실린더 A가 돌아온 다음에 돌아오도록 하는 장치이다.

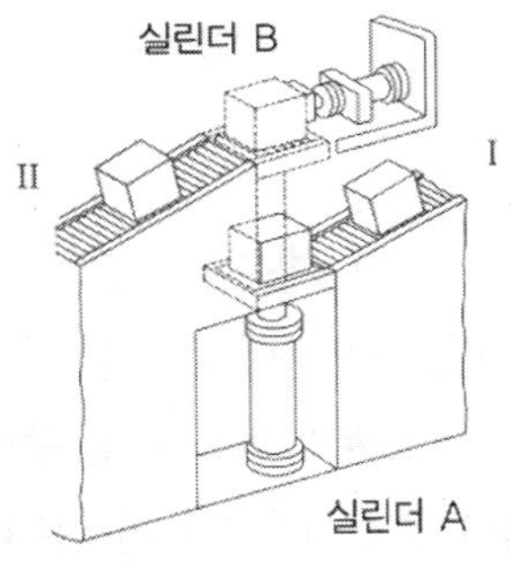

[그림 3–65] 상자 이송 장치

회로를 구성하기 전에 먼저 [그림 3-66]과 같은 변위-단계 도표와 [그림 3-67]와 같은 기능 도표를 작성한다.

넘버링(numbering)시 짝수는 전진위치 확인이고, 홀수는 후진위치 확인을 나타낸다. 여기서 공기압 제어 회로 구성과 혼동해서는 안 된다.

회로를 구성하는 방법에는 두 가지 방법이 있다. 하나는 더블 솔레노이드 밸브를 이용한 공기압적 기억 방법이고 다른 하나는 싱글 솔레노이드 밸브를 이용한 전기적인 기억 방법이다.

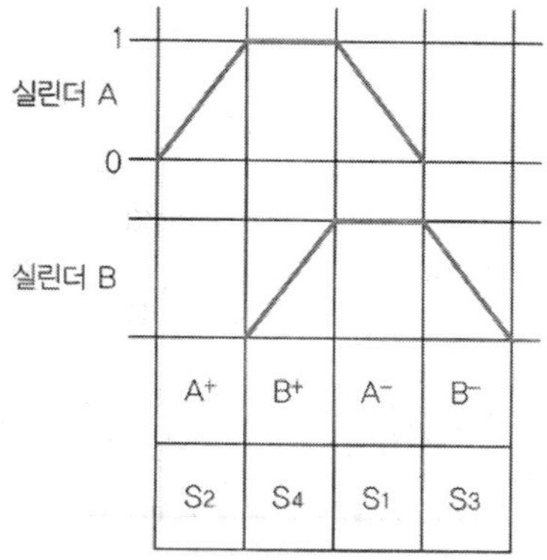

[그림 3-66] 변위-단계 도표

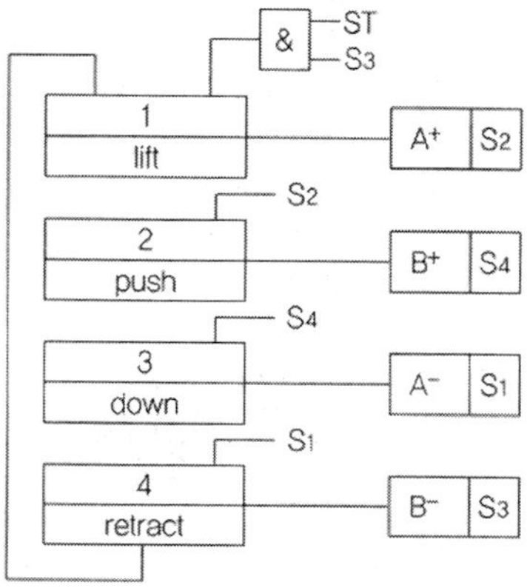

[그림 3-67] 기능 도표

우선 더블 솔레노이드 밸브를 이용한 제어 회로 구성 방법에 대하여 알아보자.

[그림 3-68]과 같이 1단계는 실린더 A와 B, 4/2 또는 5/2-way 밸브를 그리고 밸브 양단에 전기 동작 표시를 한다. 또한 전기 리밋 스위치의 위치를 결정한다.

2단계는 제어 회로와 주 회로를 그린다. 제어 회로에서 릴레이 K_1은 ON 푸시 버튼 S_5와 리밋 스위치 S_3를 통하여 전류가 공급된다. 주 회로에서 상시 열린 접점 K_1은 회로를 닫는다. 그러면 솔레노이드 Y_1에 전류가 공급되고 실린더 A는 전진 운동을 한다.

3단계는 주 회로에서 두 번째 회로와 제어 회로를 그린다. 리밋 스위치 S_2는 실린더 A의 최종위치에서 동작된다. 이 S_2가 릴레이 K_2에 전류를 공급하게 된다. 상시 열린 접점 K_2는 솔레노이드 Y_3에 전류를 보내고 밸브는 상태가 변환되며 실린더 B는 전진 운동을 한다.

4단계는 주 회로에서 3번째 회로와 제어 회로를 그린다. 실린더 B는 롤러 컨베이어 위에 있는 상자를 민다. 최종 전진위치에서 실린더 B는 리밋 스위치 S_4를 동작한다. 그러면 릴레이 K_3에 전류가 공급되고 상시 열린 접점 K_3는 솔레노이드 Y_2에 전류를 공급한다. 그리고 실린더 A는 복귀한다.

5단계는 주 회로에서 4번째 회로와 제어 회로를 그린다. 최종 후진위치에서 리밋 스위치 S_1은 실린더 A에 의하여 동작된다. 상시 열린 접점 K_4는 솔레노이드 Y_4에 전류를 공급하고 실린더 B는 복귀하며 다시 리밋 스위치 S_3이 작동한다. 다시 새로운 상자가 도착하면 리밋 스위치 S_5만 작동하면 새로운 사이클이 시작된다.

다음의 [그림 3-69]는 싱글 솔레노이드 밸브를 이용하여 구성한 제어 회로이다. 여기서는 싱글 솔레노이드 밸브를 이용했기 때문에 자기지지 회로를 이용하였으며 그 외 방법은 더블 솔레노이드 밸브 사용과 같이 단계별로 회로를 구성하면 된다.

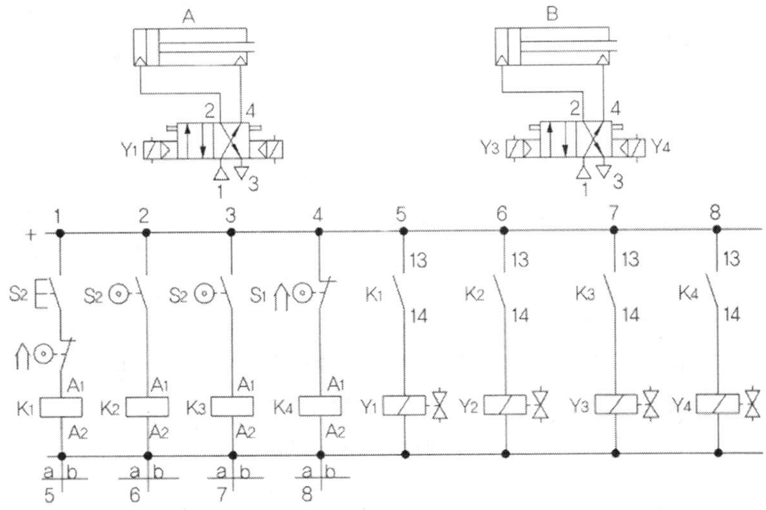

[그림 3-68] 더블 솔레노이드 밸브를 이용한 시퀀스 제어 회로

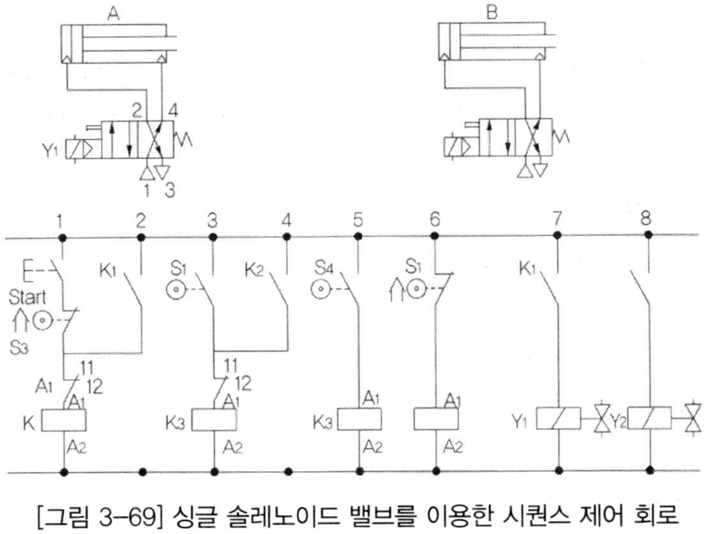

[그림 3-69] 싱글 솔레노이드 밸브를 이용한 시퀀스 제어 회로

이상과 같은 방법은 만약 신호가 중복될 경우에는 작동에 문제가 있다. 따라서 신호가 더 이상 필요가 없을 경우 제어장치를 적절하게 작동하기 위해서는 신호를 차단하여 주어야 한다. 이와 같이 신호를 적절하게 차단하기 위해서는 회로 설계를 조직적으로 할 필요가 있다.

공기압 제어에서의 시퀀스 제어 회로 구성 방법과 거의 유사하다고 볼 수 있다.

그럼 조직적인 설계방법에 대한 예를 보기로 하겠다.

[그림 3-70]과 같은 엠보싱 장치에서 플라스틱 부품을 홀더에 놓고 시작 버튼을 누르면 A 실린더가 이 부품을 엠보싱 위치로 이송시키게 된다. 엠보싱 작업이 끝나면 B 실린더가 돌아온

다음에 A 실린더가 돌아와야 하는 회로를 구성하여 보자.

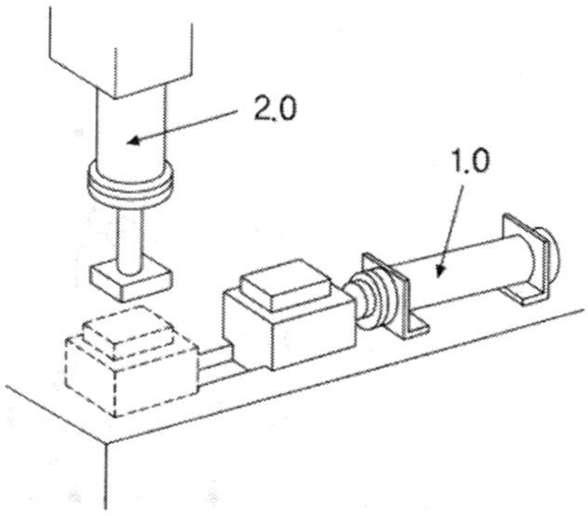

[그림 3-70] 엠보싱 장치

먼저 [그림 3-71]과 같은 변위-단계 도표와 [그림 3-72]와 같이 제어 도표를 그린다. 신호 중복은 이 제어 도표에서 찾아볼 수 있다. 동작 A+와 A- 사이를 비교하여 보면 단계 1에서 신호 중복이 발생함을 알 수 있다.

리밋 스위치 S_3에 신호가 보내어지고 있으면 신호 S_1과 S_3는 동작될 수 없다. 그리고 동작 B+와 B- 사이를 비교하여 보면 단계 3에서 중복이 된다. 리밋 스위치 S_4는 리밋 스위치 S_2로부터 신호가 존재하기 때문에 작동될 수 없다. 따라서 신호 차단은 리밋 스위치 S_3과 S_2 사이에 있어야 한다. 신호 중복을 찾는 또 다른 방법은 생략된 형태로 표시하는 것이다.

예를 들면 실린더가 전진할 때 +, 후진할 때 - 로 표시하는데 여기서는 A+, B+, B-, A-이다. 그리고 그룹을 분리하는 것이다. 예를 들면 다음과 같다.

A+, B+, / B-, A-/

여기서, 신호 차단은 동작 B+와 동작 A- 뒤에서 있어야 한다.

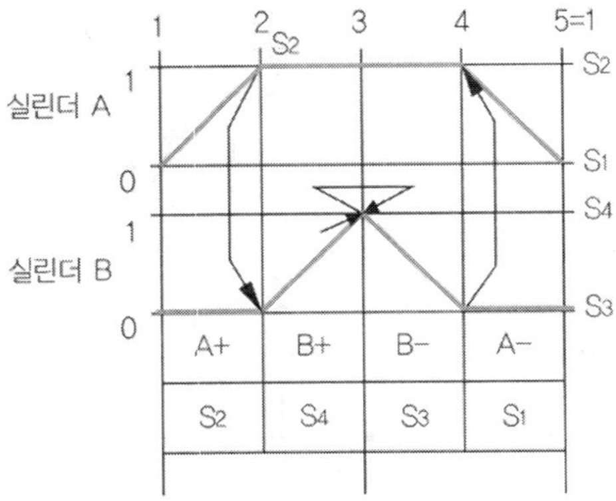

[그림 3-71] 변위—단계 도표

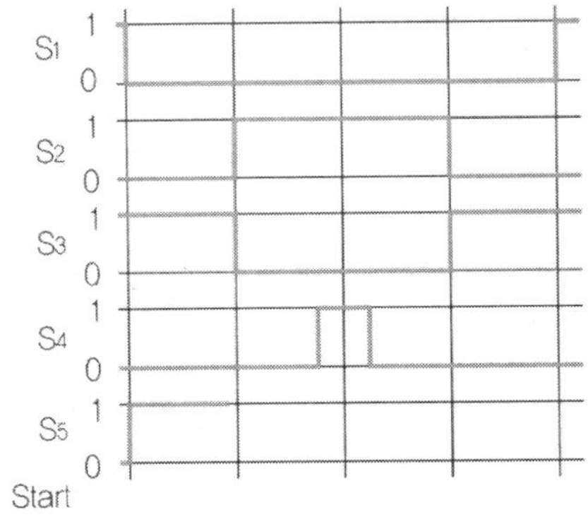

[그림 3-72] 제어 도표

이와 같은 방법으로 회로를 구성한 것이 [그림 3-73]의 캐스케이드(CASCADE)방식이며, [그림 3-74]는 이것을 Ladder 방식으로 표시한 회로도이다.

캐스케이드 방식은 더블 솔레노이드 밸브를 사용하며 보편적인 리밋 스위치를 사용한다. 그리고 릴레이가 가장 적게 들어가는 것이 장점이다. 그러나 그룹이 다른 경우 작동 순서를 변경하는 것이 불가능하다고 조건 부여시 문제가 있을수 있기 때문에 생각을 많이 해봐야 한다.

조직적 설계방법으로 캐스케이드(cascade) 방식 이외에 전기 시퀀스 방식과 전기 스텝퍼 방식이 있다.

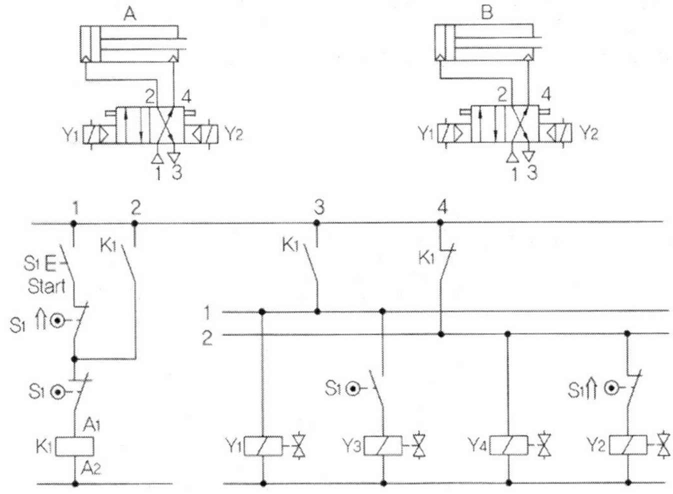

[그림 3-73] 캐스케이드 방식을 이용한 시퀀스 회로

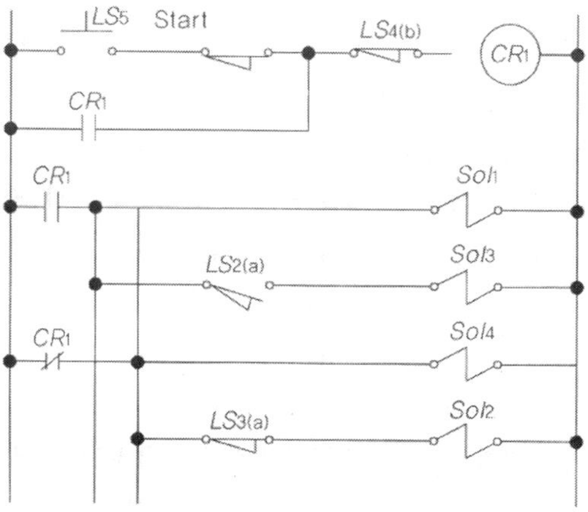

[그림 3-74] Ladder 방식으로 표시한 캐스케이드 회로

03 PLC 사용 회로

가. PLC를 이용한 시스템 구성하기

PLC는 자동화된 생산 설비 등에 사용하는 제어 장치의 하나이며 센서의 신호를 받아 이를 비교, 판단, 제어하여 작업 요소인 액추에이터가 정해진 운동을 할 수 있도록 신호를 출력하는 장치이다. 근래에는 제어장치를 공기압 제어 밸브 혹은 전기 릴레이에 의해서 제어하는 방법 대신에 [그림 3-75]와 같은 PLC에 의한 제어 방법이 더욱 많이 사용되고 있다.

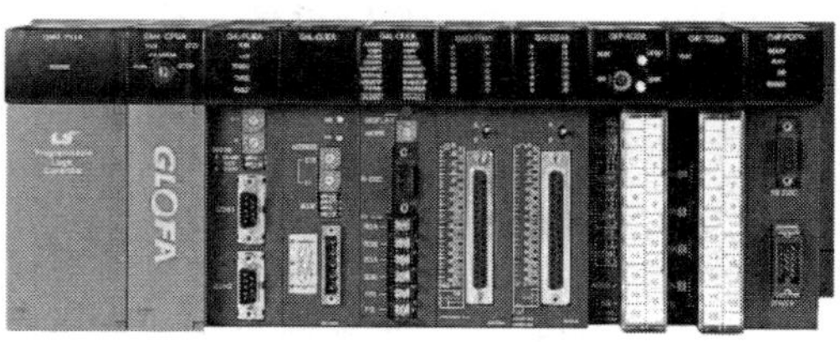

[그림 3-75] PLC의 외형

시스템의 구성 방식에는 개회로 제어와 폐회로 제어가 있으며 폐회로 제어는 피드 백 신호가 있는 것을 말한다. 또한 폐회로 시스템에 사용되는 센서는 액추에이터의 상태를 연속적으로

감시할 수 있어야 하므로 아날로그 출력의 센서를 사용하게 되고 따라서 PLC의 입력도 아날로그 입력이 가능한 모듈을 사용한다.

PLC를 사용하여 시스템을 구성하려면 [그림 3-76]과 같이 신호 입력과 출력에 해당하는 장치와 PLC의 출력을 받아 액추에이터가 운동할 수 있도록 변환하는 장치가 필요하게 된다.

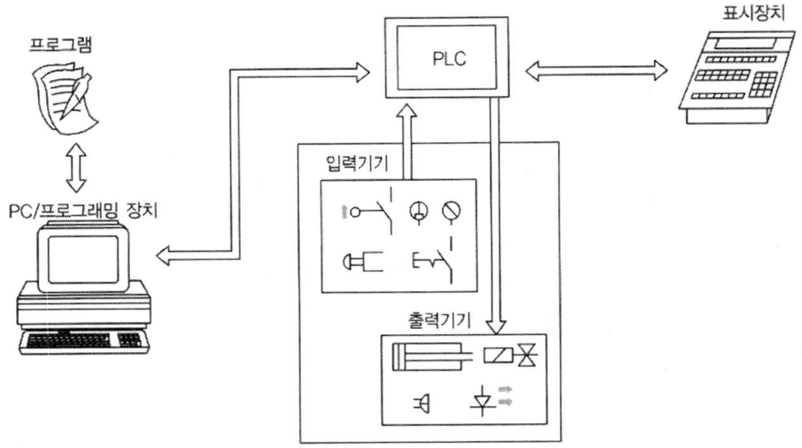

[그림 3–76] PLC 시스템의 구성

〈표 3-3〉은 자동화 장치에 사용되는 입출력 장치의 예를 나타내었다.

〈표 3–3〉 자동화 장치에 사용되는 입출력 장치의 예

	작동방법	기기의 종류	비고
입력요소	수동작동	푸시버튼 스위치	
	기계적 작동	리밋 스위치	
	비 접촉식	광전 센서 정전용량형 센서 유도형 센서	
	기타	리드 스위치 초음파 센서 엔코더 포텐쇼 미터 타코미터 스트레인 게이지	자석형, 유도형 아날로그형 디지털형 아날로그형 아날로그형 아날로그형
출력요소	전기	솔레노이드 경보기 전자 접촉기 릴레이	램프, 버저

나. PLC 프로그램의 국제 규격

PLC 프로그램 방법을 규정한 국제 규격의 내용 중에서 프로그램 언어는 IEC 61131-3에 다섯 가지가 규격으로 제정되어 있다. 그 종류는 LD(ladder diagram), IL(instruction list), SFC (sequential function chart), FBD(function block diagram)와 ST(structured text)이다.

[그림 3-77]은 래더 다이어그램을 사용한 프로그램이다. LD 프로그램은 릴레이 제어 시스템의 회로도와 같은 형태의 도형화된 프로그램 언어로 수직선인 좌측의 레일(rail)과 우측의 레일 사이에 수평으로 그려지는 선(rung)으로 연결되며 이 렁 사이에 작업 조건과 이에 대한 실행 표시를 한다.

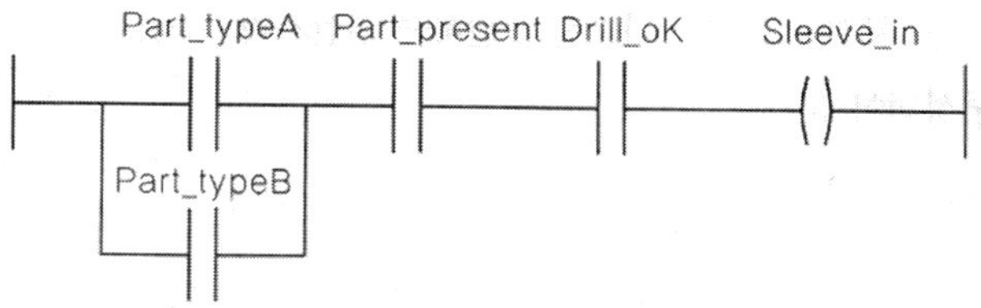

[그림 3-77] LD 프로그램 예

[그림 3-78]은 FBD 프로그램으로 전자회로에 사용하는 논리 회로로부터 만들어 졌다고 볼 수 있다. 펑션과 펑션 블록은 그래픽 형태로 표현하는 방법의 프로그램 언어로서 논리적으로 연결되어 있다.

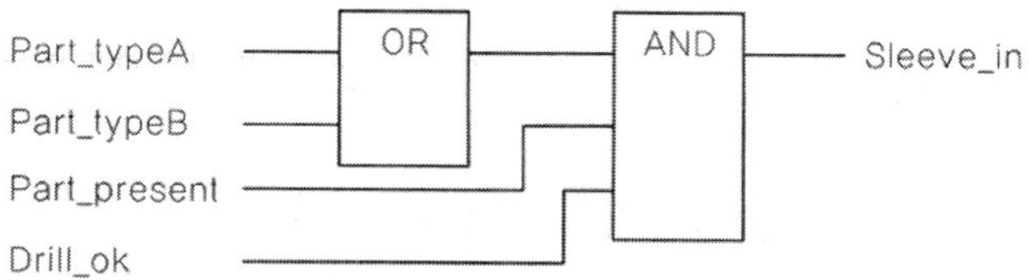

[그림 3-78] FBD 프로그램 예

[그림 3-79]의 SFC 프로그램은 시퀀스 제어 프로그램을 구조적으로 표현하는 방법이다. SFC 구성 요소는 스텝, 트랜지션, 분기, 동작 등이다. 스텝은 시퀀스의 단위를 표시하고 트랜지션은 스텝 간의 실행 처리, 이행 조건을 나타낸다.

분기는 병렬 분기, 선택 분기, 점프 등으로 프로그램의 진행을 설정하며 액션은 스텝에 포함되어 있는 동작의 내용과 조건을 표현하는 것이다.

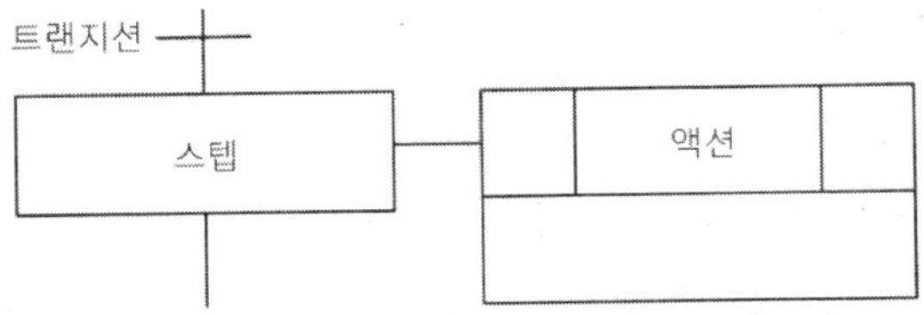

[그림 3-79] SFC 프로그램 예

[그림 3-80]은 IL 프로그램의 예이다. IL 프로그램은 텍스트형의 어셈블러 언어이다. 이는 "무엇을 할 것인가?"를 표현하는 연산자와 "무엇으로 할 것인가?"를 정의하는 연산부로 구성되어 있다.

```
LD     Part_TypeA
OR     Part_TypeB
AND    Part_present
AND    Drill_ok
ST     Sleeve_in
```

[그림 3-80] IL 프로그램 예

ST 프로그램은 파스칼 언어를 기본으로 하는 고급 프로그램 언어이다. [그림 3-81]과 같이 실행부와 실행을 위한 조건부로 구성하고 조건부의 조건을 표현하는 방법으로 논리적 명령어를 사용하는 방법이다.

```
Sleeve_in : = (Part_TypeA OR Part_TypeB) AND
               Part_present AND Drill_ok;
```

[그림 3-81] ST 프로그램 예

04 응용

이제 실제 작업을 수행하는 제어기를 구성하는 프로그램 중 [그림 3-82]에 제시된 엠보싱 장치를 예로 들어 보자.

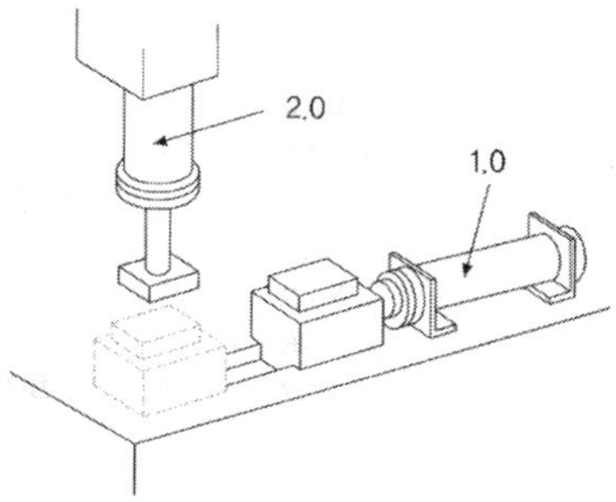

[그림 3-82] 엠보싱 장치

가. 작업내용

먼저 플라스틱 부품을 홀더에 놓고 시작 버튼을 누르면 A 실린더가 이 부품을 엠보싱 위치로 이송시키게 된다. 엠보싱 작업이 끝나면 B 실린더가 돌아온 다음에 A 실린더가 돌아와야 하는 회로(A+, B+, B-, A-)를 구성하여 보자.

나. 공기압 회로도

복동 실린더 두 개를 각각 A, B 실린더로 하고 5/2-way 한쪽 방향 솔레노이드와 각각 두 개의 리밋 스위치를 사용하여 공기압 회로를 구성한다.

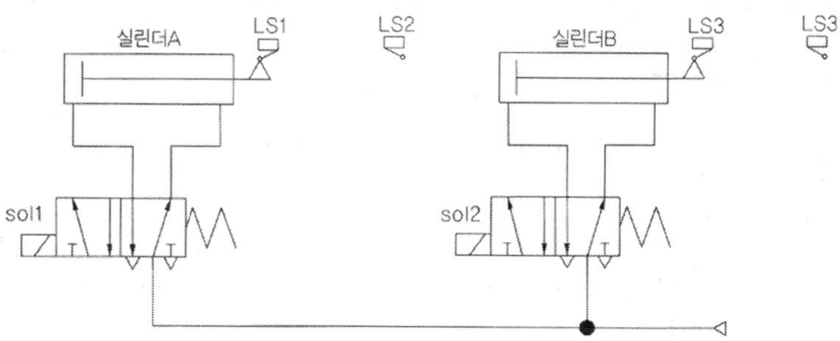

[그림 3-83] 엠보싱 장치의 공기압 회로도

다. 입출력 할당

엠보싱 장치를 구동하기 위한 시작 버튼과 실린더 A와 실린더 B의 전 후진 위치를 감지하는 리밋 스위치를 입력으로 하고, 실린더 A를 구동시키는 솔레노이드를 SOL1, 실린더 B를 출력시

키는 솔레노이드를 SOL2로 하여 출력으로 할당한다.(표 3-4 참조)

〈표 3-4〉 엠보싱 장치의 입출력 할당

Variable Name	Var_Kind	Data Type	(AT Address)
LS1	VAR	BOOL	AT %I0.0.1
LS2	VAR	BOOL	AT %I0.0.2
LS3	VAR	BOOL	AT %I0.0.3
LS4	VAR	BOOL	AT %I0.0.4
PB1	VAR	BOOL	AT %I0.0.0
R1	VAR	BOOL	
R2	VAR	BOOL	
R3	VAR	BOOL	
R4	VAR	BOOL	
SOL1	VAR	BOOL	AT %I0.2.0
SOL2	VAR	BOOL	AT %I0.2.1

라. LD 프로그램

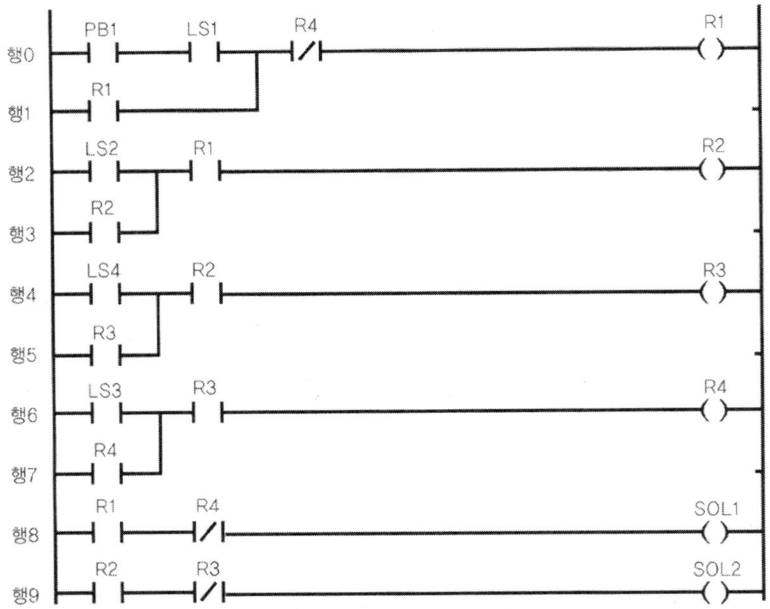

[그림 3-84] 엠보싱 장치의 래더 다이어그램

제5절 공기압 실용 회로

01 개폐 장치

가. 안전 해치(safety hatch)

산업 현장의 생산 공정에서 이송 기능의 일부나 물품의 출입 과정 중에 사용되는 자동문은 공급 작업과 연계되어 사용한다. 기계 장치에 사용되는 안전 해치 역시 유사한 방법으로 제어되고 있으며 산업용 용광로나 슬라이딩 도어(sliding door)가 이에 해당된다.

[그림 3-85]는 용광로의 문, 생산 라인의 출입구 등에 적용할 수 있으며, 매거진이나 중력 슈트의 개폐에도 적당하다. 문의 제어는 공기압 또는 전기 공기압 제어를 사용할 수 있고 공기압으로만 제어할 경우에는 수동과 자동 기능이 복합되게 설계해야 한다.

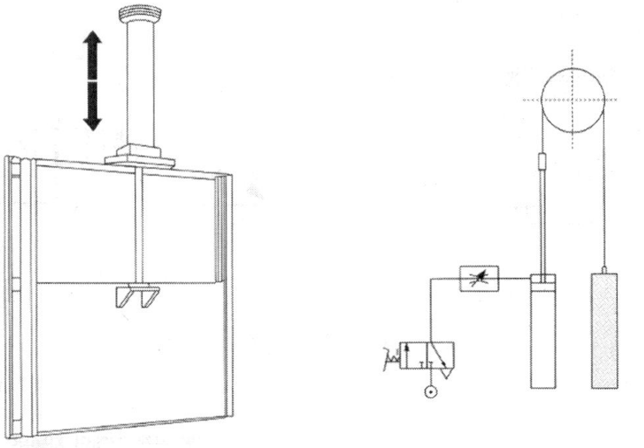

(a) 위치도 (b) 공압 회로

[그림 3-85] 안전 해치 커버

나. 공작 기계의 자동문

공기압 실린더를 사용하여 근래에 많이 보급된 CNC 선반이나 머시닝 센터의 자동문을 열고 닫을 때 문의 개폐 속도와 문의 무게를 고려하여 이송시의 관성력과 실린더 운동의 종료 부분에서 원활한 감속이 이루어지도록 해야 한다.

[그림 3-86]의 (a)는 자동으로 공작기계의 문을 개폐하기 위하여 실린더의 속도 제어 회로에 리밋 스위치와 솔레노이드 밸브의 조합으로 구성되어 있다. 먼저 실린더의 외부에 기계적 작동의 리밋 스위치(밸브)를 설치한 후에 5/2-way 솔레노이드 밸브 A를 통전시키면 유로는 P에서 A로 연결되어 2/2-way 솔레노이드 밸브 B_1과 일방향 유량 제어 밸브 C_1, C_2를 거쳐 실린더의 피스톤 측에 압력이 전달되어 실린더의 전진이 일어난다. 이때 피스톤 로드 측에 있던 공기는 유량 제어 밸브 C_3, C_4와 2/2-way 솔레노이드 밸브 B_2를 거쳐 배기구로 배기된다. 이 경우 사이클 시간의 단축을 위하여 빠른 속도로 실린더의 운동이 이루어지다가 실린더에 의해 리밋 스위치가 눌려지면 솔레노이드 밸브 B_2가 닫혀 속도 제어 밸브 B_3에 의해서만 공기의 배출이 이루어지게 되어 속도가 감속된다. 같은 원리에 의해 반대 방향의 운동도 리밋 스위치가 눌리면 고속으로 운동하던 실린더가 솔레노이드 밸브 B_1이 닫혀 속도제어 밸브 C_1이 회로로부터 차단되어 오직 속도제어 밸브 C_2에 의해서만 공기가 배출되므로 역시 감속 운동을 하게 되어 문을 원활하게 개폐할 수 있다.(그림 3-86의 (b) 참조)

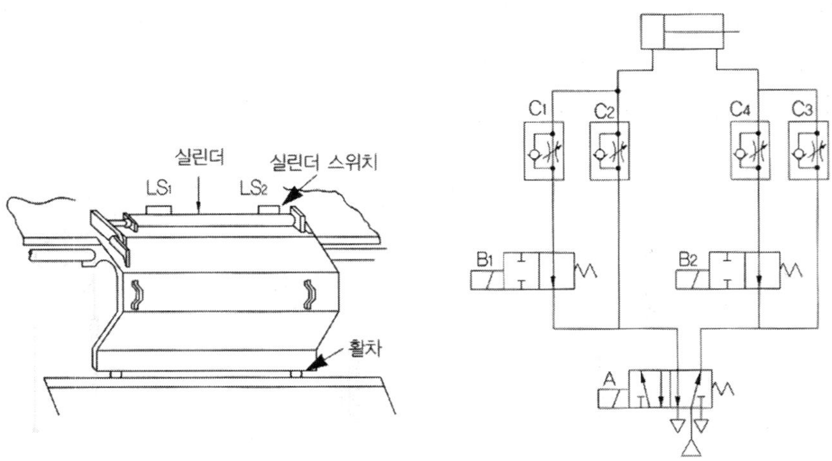

(a) 위치도　　(b) 전기 공압 회로도

[그림 3-86] 공작 기계의 자동문

다. 출입문의 개폐

[그림 3-87]의 (a)는 공기압 실린더에 의하여 작동되는 미닫이 문이다. 2개의 복동 실린더와 문의 안과 밖에서 각각의 푸시버튼 스위치에 의해 문을 개폐한다. 푸시버튼 스위치를 첫 번째 작동시키면 문이 열리고 두 번째 작동되면 문이 닫히게 된다. 즉 그림 (b)에서 밸브 A_1에 이하여 공기압이 작동되면 셔틀 밸브 B를 통과하여 4/2-way 밸브 C_1과 C_2에 의하여 문이 열리게 되고 밸브 D_1에 의해 C_1의 밸브가 P→A로 열려있어 그 위치에 머물러 있으므로 문은 열린 채 있게 된다. 다시 A_1이 작동되면 배기되는 공기에 의해 C_1의 위치가 P→B로 연결되어 실린더가 후진 운동을 하여 문이 닫히게 된다.

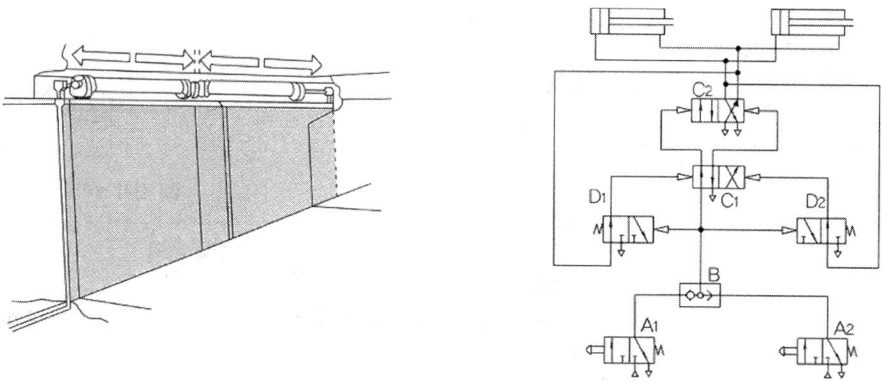

(a) 위치도 (b) 공압 회로도

[그림 3-87] 자동 출입문

02 이송장치

가. 드릴 머신의 이송장치

[그림 3-88]의 (a)와 (b)는 드릴 머신의 드릴이 자동으로 이송 되도록 한 장치이다. 드릴 머신의 핸들(수동 작동)부분 대신에 하이드로 체크 유닛과 랙, 피니언을 결합시킨 장치를 부착한다. 드릴의 이송속도는 저속으로 안정되어야 하므로 공기압 실린더 대신에 하이드로 체크 유닛을 사용하면 매우 효과적이다. 또한 공-유압 변환기와 달리 공기가 오일과 직접 접촉하지 않으므로 제어가 안정된다.

먼저 실린더를 작동시키는 5/2-way 솔레노이드 밸브가 작동하면, 하이드로 체크 유닛을 직렬로 부착시킨 실린더가 이동하여 오일을 유량 제어 밸브를 통과하게 되면 속도의 제어 밸브를 통과하게 되면 속도의 제어가 안정되게 이루어진다. 이때 오일 포트는 하이드로 체크 유닛이 작동될 때의 유량의 변화를 흡수하고 미소한 오일 누출에 대하여 보충기능을 하며, 또한 오일 속에 공기가 포함되면 이송 제어에 영향을 미치므로 공기를 배출하는 플러그를 두고 있다.

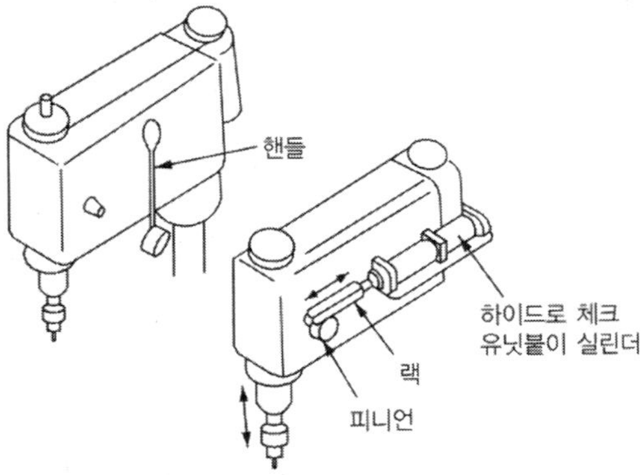

(a) 위치도

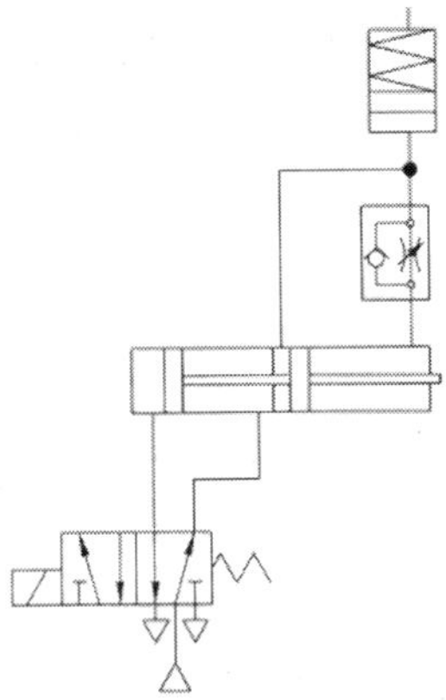

(b) 전기 공압 회로도

[그림 3-88] 드릴 머신의 이송 장치

[그림 3-89]의 (a)와 (b)는 요동형 공기압 액추에이터를 사용하여 컨베이어에 의해 이송된 재료를 180° 반전하여 다음 컨베이어 라인으로 반송된다. [그림 3-89]의 (b)는 5/2-way 솔레노이드 밸브의 작동에 의하여 공기압 요동형 액추에이터가 각운동을 하게 되어 직접 왕복 회전 운동(요동)을 얻어서 구동하게 된다.

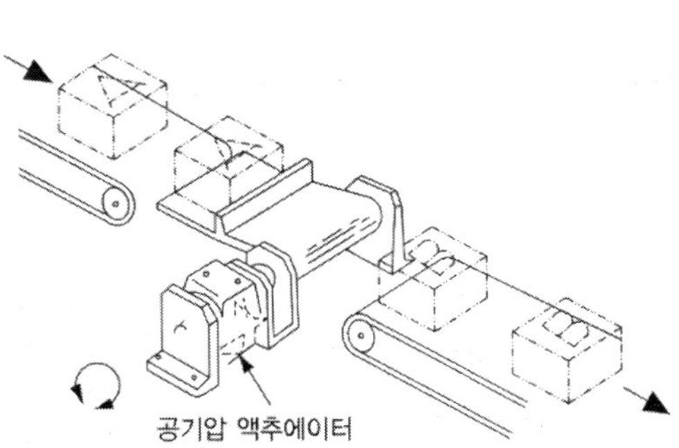

(a) 위치도

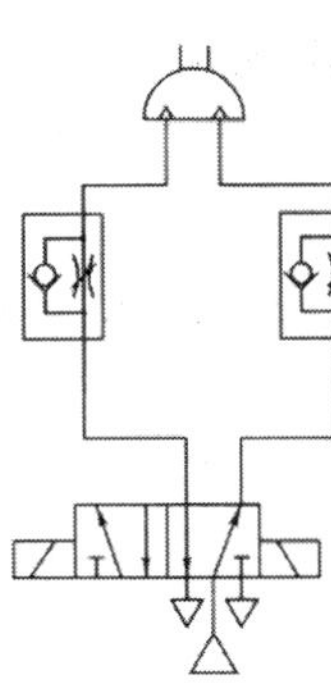

(b) 공기압 회로도

[그림 3-89] 드릴 머신의 이송 장치

03 기타

가. 스폿 용접기의 가압력 제어

[그림 3-90]은 스폿 용접기나 프레스 장치 등에서 공작물의 종류에 따라 작용되는 압력을 변화시킬 필요가 있을 때에 사용되는 장치의 공기압 회로도이다.

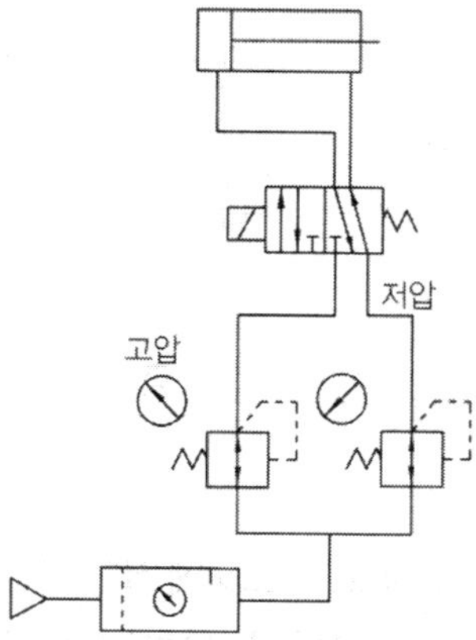

[그림 3-90] 스폿 용접기의 회로

실린더를 조작하기 위한 4/2-way 밸브에 공급되는 공기의 압력을 제어할 수 있는 감압 밸브를 부착하였다.

고압으로 조정된 감압 밸브는 실린더의 피스톤 측의 압력을 가압하여 고압회로가 되도록 하고 저압으로 조정된 감압 밸브는 실린더의 피스톤 로드 측의 압력을 가압하여 저압 회로가 되도록 한다.

나. 세척 장치

[그림 3-91]은 기계 가공 등에서 생산된 제품의 세척에 사용되는 세척 통을 세척 탱크 속에서 자동적으로 구동시켜 세척하는 장치와 그 회로도를 나타내었다.

회로도의 리밋 스위치 LS_1과 LS_3는 실린더 전행정의 전, 후진 때의 신호를 검출하고 리밋 스위치 LS_2는 세척 탱크에서 세척통의 상하 운동 신호를 검출한다.

여기서 5/2-way 솔레노이드 밸브를 통전시키면 실린더가 전진하여 세척 통이 세척 탱크에 들어가고, 리밋 스위치 L_3에 닿게 되면 5/2-way 솔레노이드 밸브가 단전되어 실린더가 후진하면서 세척통을 끌어 올린다.

또한 LS_2는 타이머나 계수기 등과 연결시켜 일정 시간이나 횟수에 대한 감지를 한다. 이때 LS_2가 행정의 중간에 설치되어, 실린더의 속도가 빠를 때(300 m/s), 초기 회로가 추종하지 못하는 경우가 있으므로 주의해야 한다.

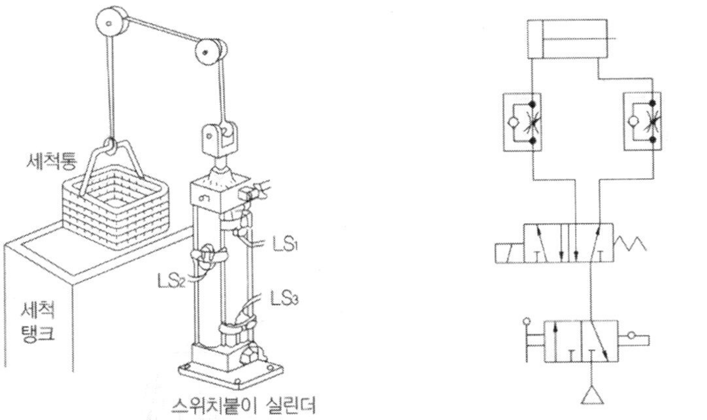

(a) 위치도 (b) 전기 공기압 회로도

[그림 3-91] 세척 장치

다. 이 멈춤 기구

[그림 3-92]는 슈트(chute)의 도중에 설치한 이 멈춤 기구를 나타낸 것이다. 즉 공기압 실린더를 스너버(snubber)로 사용한 예이다.

그림에서와 같이 둥근 형태의 중량이 있는 물건을 슈트의 위에서 아래로 굴러내려 순서대로 처리하는 경우에 물건이 많아지거나, 경사가 길어 아래쪽으로 갈수록 물건의 속도가 빨라지면 물건의 효과적 처리나, 충격 등의 영향력을 고려하여 이 멈춤 기구를 사용하면 물건을 일단 정지 후 다시 내보내는 역할을 한다.

회로에서 이 멈춤 게이트의 작동은 단동형으로 하고 3/2-way 솔레노이드 밸브는 상시 열림 상태로 하여 감압 밸브의 압력으로 이 멈춤 게이트의 작용력을 중량의 크기에 따라 조절할 수 있도록 한다. 굴러내려 오던 물건이 이 멈춤 게이트를 밀어 느린 속도로 아래쪽으로 굴러가게 된다. 이때 실린더는 배압이 작용되어 공급 압력이 상승되나, 체크 밸브에 의해 공기압 동력원으로 귀환하므로 실린더의 압력은 항상 일정한 값을 갖는다.

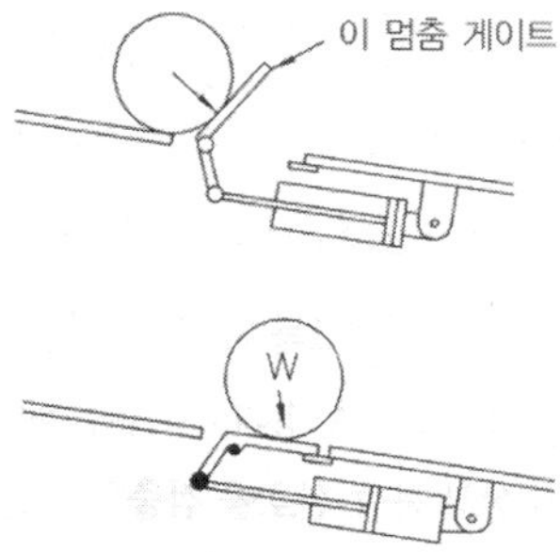

(a) 위치도

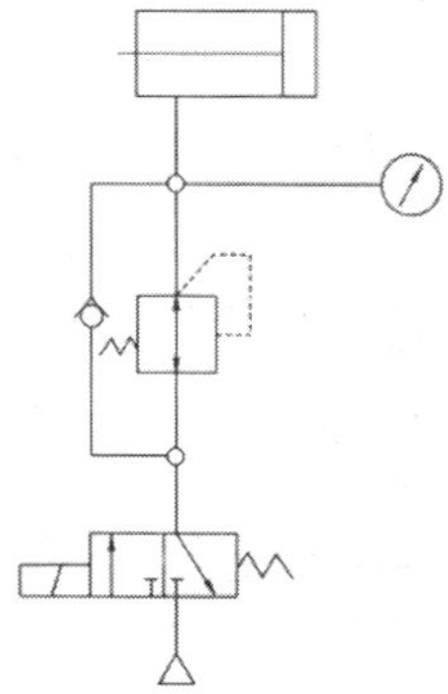

(b) 전기 공기압 회로도

[그림 3-92] 이 멈춤 기구

라. 문자의 각인장치

완성된 제품에 대한 표시나, 제품에 표시해야할 연결부 등의 각인 작업에 [그림 3-93]과 같은 각인 장치를 사용한다. 그림은 밸브의 몸체에 문자를 각인하려 할 때 사용되는 장치로서 밸브 몸체는 실린더 B에 수동으로 삽입하고 각인 장치가 있는 실린더 A에 의해서 각인한 후에 실린더 B가 전진하여 바구니로 제품을 추출한 후에 다시 원래의 위치로 귀환한다. 회로도에서 실린더 A를 작동시키는 밸브는 스프링에 의해 귀환되는 구조로서 각인한 후 즉시 귀환토록 하고 실린더 B는 제품의 이송을 그 목적으로 하고 있다.

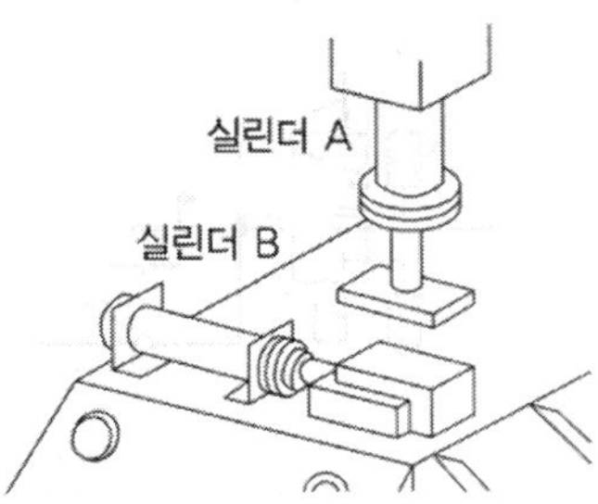

(a) 위치도

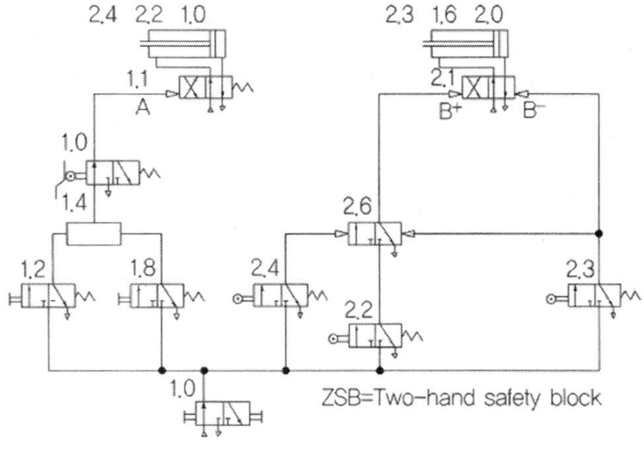

(b) 공기압 회로도

[그림 3-93] 문자의 각인 장치

마. 승강용 리프터

[그림 3-94]는 승강용 리프터의 공기압 회로를 나타내었다. 승강용 리프터가 상승, 하강할 때의 고속저속 제어와 중간 정지를 위한 회로 및 잔류 압력 배출 회로로 구성되어 있다.

회로도에서 보면 압축기에서 발생된 공기는 탱크에 저장된 후에 회로전체의 출력을 통제하는 밸브 Ⓘ에 의하여 제어된다. 리프터의 상승은 5/2-way 솔레노이드 밸브 Ⓖ가 통전되어 P에서 A로 유로가 연결되고, 3/2-way 솔레노이드 밸브 Ⓗ를 통전시켜 2/2-way 파일럿 작동 밸브의 유로가 개방되어 이루어진다. 상승시의 속도는 유량 제어 밸브 Ⓔ를 미터 인 회로로 구성하여 속도를 제어하고 리프터의 이동시 고속으로 작동시키려면 2/2-way 솔레노이드 밸브 Ⓓ를 통전시켜 속도 제어 회로의 영향을 받지 않고 바이패스 시키면 가능하다.

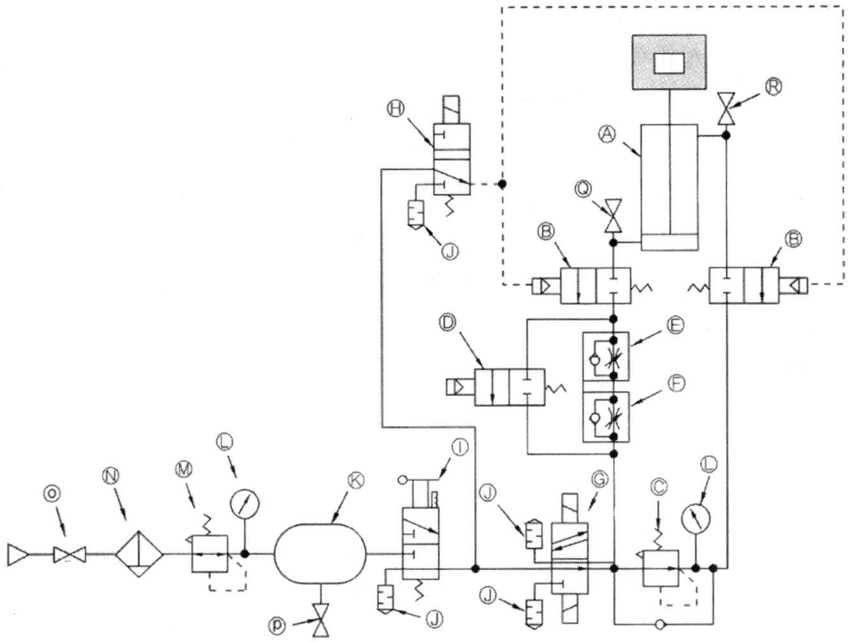

[그림 3-94] 승강용 리프터

익힘 문제

01 다음 공기압 기호를 작도하시오.

가. 에어서비스유니트

나. 공기 압축기

다. 공기탱크

라. 공기압 요동형 액추에이터

02 3/2-way 방향 제어 밸브의 정상상태 열림형과 닫힘형의 기호를 그리시오.

03 실린더의 속도제어 방법 중에서 실린더에서 배기되는 공기를 제어하는 방법을 사용하는 회로의 명칭은?

04 실린더의 속도제어 방법 중에서 실린더로 유입되는 공기를 제어하는 방법을 사용하는 회로의 명칭은?

05 공기압 밸브를 사용하여 AND 회로를 구성하고 진리표를 작성하시오.

06 공기압 밸브를 사용하여 OR 회로를 구성하고 진리표를 작성하시오.

07 공기압 밸브를 사용하여 NOT 회로를 구성하고 진리표를 작성하시오.

08 다음의 용어를 KS B0054를 기준으로 정의하시오.

가. 기호 요소

나. 기능 요소

다. 간략 기호

라. 일반 기호

마. 상세 기호

바. 선택 조작

사. 순차 조작

아. 내부 파일럿

자. 외부 파일럿

09 공기압 회로를 구성할 때 사용하는 실선의 용도를 쓰시오.

10 공기압 회로를 구성할 때 사용하는 파선의 용도를 쓰시오.

11 공기압 회로를 구성할 때 사용하는 일점 쇄선의 용도를 쓰시오.

12 공기압 회로를 구성할 때 사용하는 대원의 용도를 쓰시오.

13 공기압 회로를 구성할 때 사용하는 중간원의 용도를 쓰시오.

14 공기압 회로를 구성할 때 사용하는 소원의 용도를 쓰시오.

15 공기압 회로를 구성할 때 사용하는 직사각형의 용도를 쓰시오.

제4장

유압 기기

제1절 유압 펌프

01 유압 펌프의 개요

유압 펌프(hydraulic oil pump)는 전동기에서 공급되는 에너지를 밀폐된 용적을 갖는 실린더 등의 내부에서 기어나 베인 또는 피스톤의 왕복운동에 의하여 기계적 에너지를 유압 에너지로 변환하는 유압 기기로서 펌프 입구의 압력을 낮아지게 하여 오일을 흡입하고 이 오일을 펌프의 출구를 통하여 유압장치에 내보내게 된다.

유압 펌프는 형태나 작동 방법에 따라 여러 형태로 분류될 수 있으나 크게 강제식 펌프와 비강제식 펌프로 나누어진다.

강제식 펌프는 한 주기(cycle)의 동작이 발생되면 일정한 양의 유체가 유압장치로 공급되게 되며, 비강제식 펌프는 날개차의 회전으로 유체에 회전운동을 일으키게 하여 이때 생기는 원심력의 작용으로 압력을 증가시켜서 양수를 하기 위한 펌프로 주로 이용되는 원심 펌프와 같은 종류의 것이 있다. 비강제식은 유체가 흐르지 않는 상태에서도 회전할 수 있어 압력이 낮고 유량이 많은 경우에 적당하다.

그러나 대부분의 유압장치에서는 유체 수송의 목적 외에 고압으로 큰 출력을 얻기 위하여 강제식 펌프가 주로 이용된다. 강제식 펌프는 펌프가 작동할 때 밀실의 용적이 변화되므로 체적형 펌프라고도 하며 비강제식에 비하여 다음과 같은 장점이 있다.

① 비강제식에 비해 크기가 소형이며 체적 효율이 높다.

② 작동 조건의 변화에도 효율의 변화가 적다.

③ 높은 압력(70kgf/cm^2 이상)을 낼 수 있다.

④ 압력 및 유량의 변화에도 원활히 작동한다.

02 펌프의 종류

일반적으로 유압 펌프는 체적형 펌프는 고정형과 가변형 두 가지가 있다. 즉 한 주기기 작동할 때 토출되는 유량이 일정한 고정형과, 토출 유량의 변화가 가능한 가변형으로서 고정형의 경우는 유량을 변화시키려면 펌프의 회전 속도를 바꾸어야 하나 가변형은 작동 중에 펌프를 조절하여 회전 속도의 변화 없이 유량의 변화가 가능하다. 펌프는 유압장치의 압력 증가의 직접적인 연관은 없고 일정한 유량을 토출하며, 압력의 제어는 릴리프 밸브에서 조절하고, 가변 체적형 펌프를 사용하기도 한다. 체적형 펌프의 축이 1회전 할 때 토출되는 유량은 유압장치 내의 압력에 관계없이 거의 일정하며, 내부 구조와 작동 형태에 따라 분류된다.

〈표 4-1〉에는 펌프의 구조, 작동 및 성능에 따라 유압 펌프를 분류하였다. 각각의 펌프는 압력이나 송출량, 회전수의 범위 등에 따라 운전 조건이 정해지면 적당한 펌프를 선택하여 사용해야 한다. 양질의 유압 펌프는 결국 토출 압력이 변화해도 토출량의 변화가 적고 그때 토출량의 맥동이 적은 것을 말한다.

〈표 4-1〉 유압 펌프의 종류

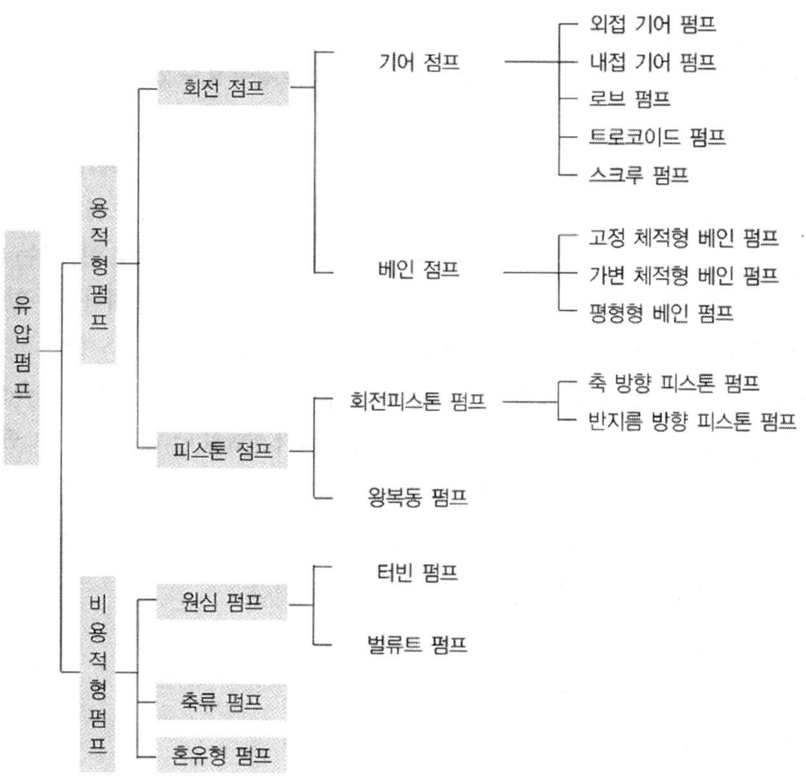

03 펌프의 동력과 효율

가. 펌프동력

유압 펌프에서 펌프 토출 압력을 P, 펌프 토출량을 Q라고 할 때 펌프가 발생하는 동력을 펌프동력(L_p)이라 하며 다음과 같이 나타낸다.

$$\text{펌프동력} \quad L_P = \frac{PQ}{7,500}(PS) = \frac{PQ}{10,200}(kW)$$

$$1PS = 75kg \cdot m/s \quad 1kW = 102kg \cdot m/s$$

$$\text{유체동력} \ L_h = \frac{P_0 Q_0}{7,500}(PS) = \frac{P_0 Q_0}{10,200}(kW)$$

$$\text{축동력} \ L_s = \frac{PQ}{7,500 \times \eta}(PS) = \frac{PQ}{10,200 \times \eta}(kW)$$

여기서, P_0 = 펌프에 손실이 없을 때의 토출 압력(kgf/cm^2)

P = 실제 펌프토출 압력(kgf/cm^2), Q_0 = 이론 펌프 토출량(cm^3/s)

Q = 실제 펌프 토출량(cm^3/s), η = 펌프의 전 효율

나. 펌프 효율

펌프는 원동기로부터 축을 통하여 받은 에너지를 유압 에너지로 변환시키는데 이 에너지 중 일부는 누설이나 저항 요소로 인한 손실로 나타난다. 그러므로 펌프가 축을 통하여 얻은 에너지 중 유용한 에너지의 정도가 어느 정도인가의 척도를 효율이라고 한다. 펌프의 전효율은 펌프동력의 축동력에 대한 비율로 나타낸다. 펌프 내의 손실 요인은 기계적 마찰에 기인하는 마찰 손실과 유압유의 토출저항에서 비롯된 누설 손실 등이다. 그러므로 손실의 정도를 계산하는 기준으로 각각 기계효율, 압력효율, 용적효율을 사용한다.

$$\text{용적 효율} \ \eta_v = \frac{Q}{Q_0}, \ \text{압력 효율} \ \eta_P = \frac{P}{P_0}, \ \text{기계 효율} \ \eta_m = \frac{L_h}{L_s}$$

따라서, 전 효율 $\eta = \frac{L_P}{L_s} = \frac{L_h}{L_P}\eta_m = \frac{PQ}{P_0 Q_0}\eta_m = \eta_v \eta_p \eta_m$

04 기어 펌프(gear pump)

기어 펌프는 한 쌍의 기어가 밀폐된 용적을 갖는 밀실 속에서 회전할 때 기어의 물림에 의한 운동으로 진공 부분에서 흡입한 후에 기어의 계속적인 회전에 의해 토출구를 통해 유체를 토출하는 원리이며, 비교적 구조가 간단하고 경제성이 있으므로 일반적인 유압 펌프로 널리 쓰이고 있다.

[그림 4-1] 외접기어 펌프

가. 외접 기어 펌프

[그림 4-1]은 외접 기업 펌프(external gear pump)를 나타낸 것이다. 기어가 서로 맞물려 돌아갈 때 유체가 배출되며, 한 쪽 기어는 전동기에 연결되어 회전하고, 다른 쪽 기어는 구동 기어와 맞물려 회전한다.

기어가 회전을 시작하면 이의 접촉 부분은 선접촉하여 입구와 출구를 차단시키며, 흡입구 측의 체적이 증가하여 압력이 낮아져 유체를 흡입하고, 토출구 측의 체적은 감소하여 유체를 토출구로 배출하게 된다.

치형에는 특수 치형도 있으나 일반적으로는 고정도(高精度)의 기어 가공이 쉬운 인벌류트 치형의 평기어가 가장 많이 쓰이고 있다. 또 토출량은 치형의 모듈과 이 폭이 클수록 많아지므로, 잇 수도 최근에는 10매 전후가 되고 있다.

요즈음 고압, 고속화되어 감에 따라 그 기어는 높은 강도와 정도(精度)가 요구되므로, 질이 좋은 표면 경화강(표면경화강)을 정확하게 기어 가공을 하여 표면 경화처리하고 있다. 불평형식 기어 펌프는 기어나 베어링에 불평형력이 작용하며 운전압력, 속도에 제한이 있다.

그러므로 고압의 기어 펌프는 [그림 4-2]와 같이 기어의 상대측 압력을 평형시킬 목적으로 기어 (a)나 케이싱 (b)처럼 평형 홈을 뚫어 압력을 평형 시켜서 베어링 하중을 경감시키고 있다. (c)는 3개의 기어가 돌면서 토출하므로 토출 체적이 양호하다.

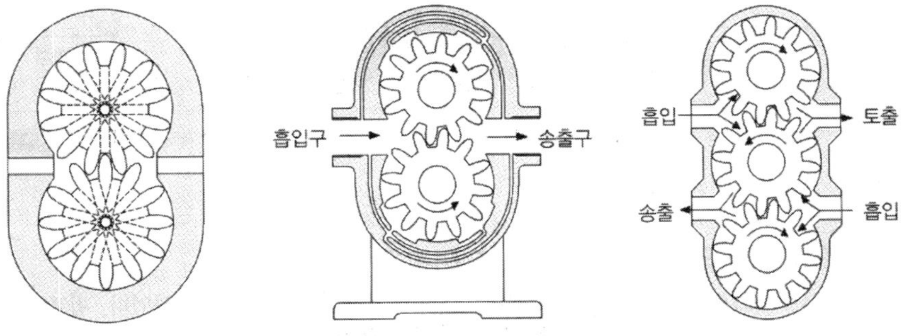

(a) 불평형형 (b) 평형형 (c) 3기어 외접형

[그림 4-2] 고압 기어 펌프의 형태

나. 내접 기어 펌프

[그림 4-3]은 내접 기어 펌프(internal gear pump)의 구조를 나타낸 것으로서 외측 기어와 펌프 중심으로부터 편심 되어 외측 기어와 접하여 회전하는 내측 기어로 구성되어 있다.

내측 기어가 외측 기어의 한 곳에서 맞물리고 초승달 형태의 스페이서(crescent-shaped spacer)에 의해 분리되어 있으며 전동기 등에 의해 내측 기어가 구동된다.

기본적인 작동 원리는 외접 기어 펌프와 같으나 두 기어가 같은 방향으로 회전하는 것이 다른 점이다.

다. 로브 펌프(robe pump)

[그림 4-4]는 로브 펌프를 나타내었다. 로브 펌프의 구동 원리는 기어 펌프와 같으며 세 개의 회전자(rotor)가 연속적으로 접촉하여 회전하므로 소음의 발생이 적다.

1회전 당의 토출량(cc/rev)은 기어 펌프보다 많으나 토출량의 변동이 약간 크다.

[그림 4-3] 내접 기어 펌프

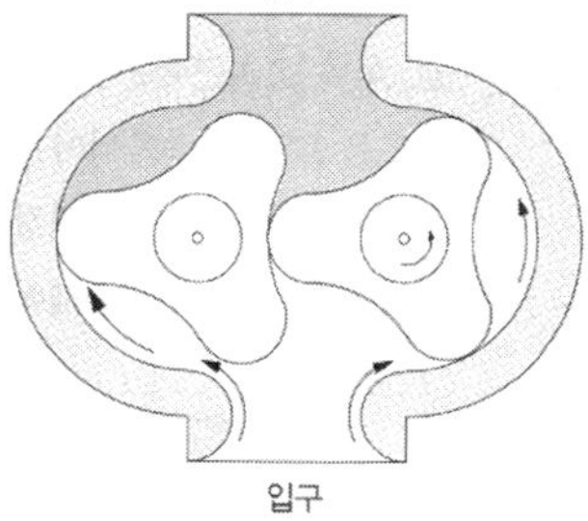

[그림 4-4] 로브 펌프

라. 트로코이드 펌프(trochoid pump)

[그림 4-5]는 트로코이드 펌프(trochoid pump)를 나타내었다. 펌프의 구동 원리는 내접 기어 펌프의 형태와 같다. 즉 내측 기어의 로터가 전동기에 의해 회전하면 외측 로터는 따라서 회전하게 된다. 내측 로터의 이수가 외측 로터보다 1개 적으므로 외측 로터의 형상에 의해 토출량이 결정된다.

마. 스크루 펌프(screw pump)

[그림 4-6]은 스크루 펌프(screw pump)를 나타낸 것이다. 2개의 정밀하게 제작된 나사가 하우징(housing) 내에서 밀폐되어 회전하며, 매우 조용하고 효율적으로 유체를 토출한다. 내측의 스크루가 회전해야 외측 로터가 같이 회전하며 유체를 토출하게 된다.

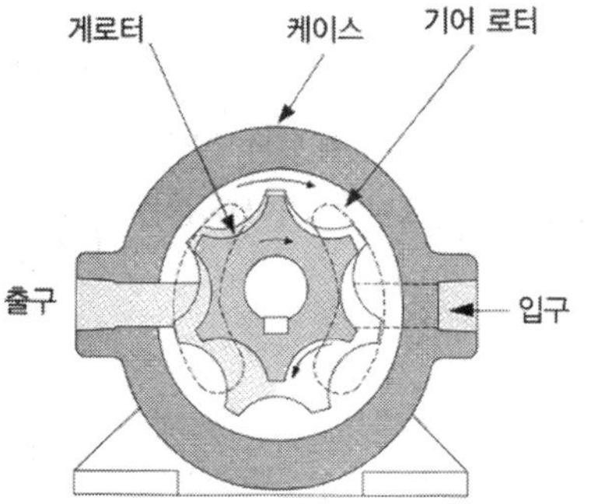

[그림 4-5] 트로코이드 펌프

[그림 4-6] 스크루 펌프

바. 기어 펌프의 송출량과 유동력

기어 펌프에서 한 쌍의 기어가 접촉하여 회전할 때의 이론적인 토출 유량은 다음과 같다.

$$Q_r = \frac{\pi}{4}(D_1^2 - D_2^2)LN \ (\mathrm{m^3/min}) \quad \text{(식 4–1)}$$

여기서, D_1 = 이끝원 지름(m), D_2 = 이뿌리원 지름(m)
L = 기어의 나비(m), N = 분당 회전수(rpm)

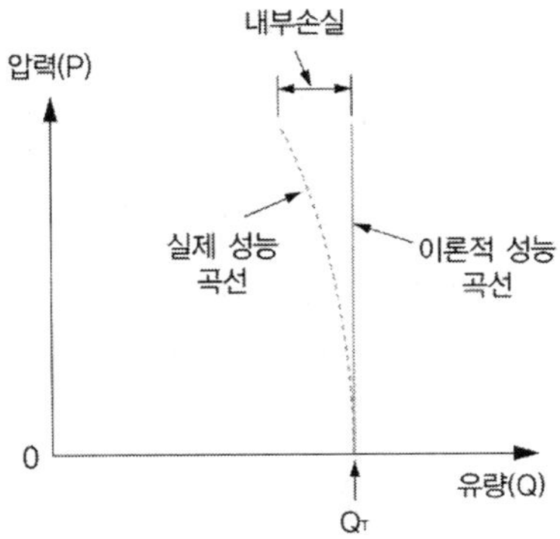

[그림 4–7] 유량–압력선도

그러므로 펌프의 토출량은 기어의 크기와 회전 속도의 변화에 관계된다. 그러나 실제로 누설되는 양이 있으므로, [그림 4-7]에 나타난 일정한 펌프 선도에서 유량 Q와 압력 P의 관계는 QT(이론적 송출량)에서 내부 누설량이 고려된 QA(실제 송출량)만큼 토출되므로, 이 관계를 다음과 같은 체적 효율의 식으로 나타낼 수 있다.

$$\eta = \frac{Q_A}{Q_T} \times 100(\%) \quad \text{(식 4–2)}$$

또한 인벌류트 표준 치형을 갖는 기어 펌프에 대한 송출량을 근사식으로 다음과 같이 표시할 수 있다.

$$Q = 2\pi m^2 ZLN \ (\mathrm{m^3/min}) \quad \text{(식 4–3)}$$

여기서, m은 모듈을, Z는 기어의 이수를 표시한 것이다.

사. 기어 펌프의 폐입 현상

[그림 4-8]은 기어 펌프에서 한 쌍의 이가 맞물려 회전할 때 발생하는 폐입 현상의 진행 상태를 나타낸 것이다. 여기서 A는 이가 물리기 시작하는 점이며 B는 이의 물림이 끝나는 점이다. t는 이가 물려있는 상태의 거리, 즉 A점과 B점 사이의 거리이며 t_0이 법선 피치 $t/t_0 = \epsilon_V$가 물림률이다.

보통 인벌류트 기어의 물림률은 1보다 크므로 그림의 빗금 친 부분과 같이 폐입된 부분이 발생한다. 폐입된 부분의 용적은 폐입을 개시하여 폐입 중앙부까지는 점차 감소하고 폐입 중앙 위치로부터 폐입 종료시까지 점차 증가한다.

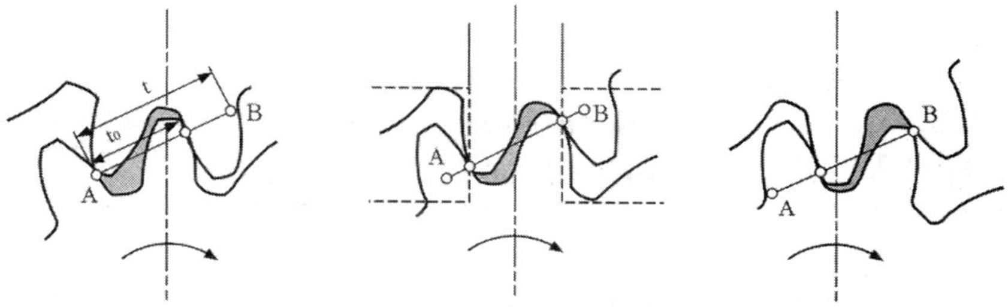

(a) 폐입 개시 (b) 폐입 중앙 (c) 폐입 종료

[그림 4-8] 기어 펌프의 폐입 진행 상태

오일은 비압축성 유체로 생각되므로 폐입 부분에서 압축시에는 고압이, 팽창시에는 진공이 형성된다. 이 영향으로 기어의 진동 및 소음의 원인이 되고 오일 중에 녹아있던 공기가 분리되어 기포가 형성되어 불규칙한 맥동의 원인이 된다. 이러한 폐입의 영향을 피하기 위하여 여러 가지 방법이 동원되는 데 릴리프 홈에 의한 방법이 널리 쓰인다.

아. 공동현상(cavitation)과 소음

기어 펌프에서 회전수가 증가함에 따라 [그림 4-9]와 같이 어떤 회전수 이상에서는 토출량이 증가하지 않게 되는데, 오일의 점도가 클 경우에 빨리 발생하며 이는 캐비테이션(cavitation) 발생에 기인한다. 또한 캐비테이션의 원인은 흡입 관로 및 스트레이너의 저항 등에 의한 압력 손실, 기어 이의 사이에 불충분한 오일의 유입이나, 이의 물림이 끝나는 부분의 진공의 영향, 기어가 편심되어 이 끝원 위의 압력 분포가 일정치 않을 때 등으로 나타난다. 또한 기어 펌프의 소음의 원인으로는 캐비테이션, 흡입관로 도중의 공기 흡입, 폐입 현상, 기어의 정도 불량, 토출 압력의 맥동 등에 기인한다.

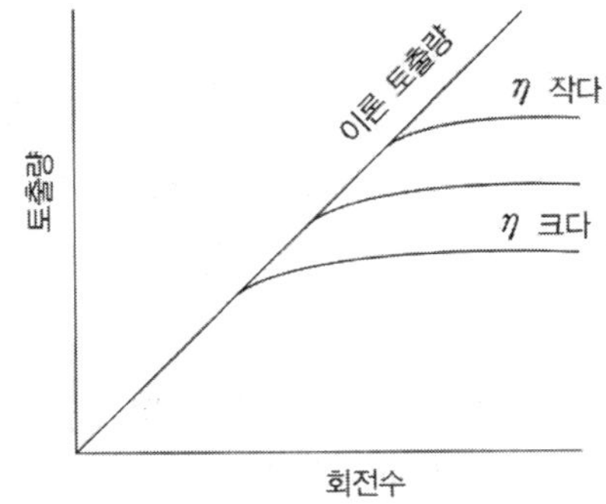

[그림 4-9] 공동현상으로 인한 토출량의 변화

05 베인 펌프(vane pump)

베인 펌프는 정 토출량형 및 가변 토출량으로서 공작기계, 프레스기계, 사출성형기 등의 산업기계장치 또는 차량용에 널리 쓰이고 있는 유압 펌프이다.

[그림 4-10]에서와 같이 A, B 2개의 원이 편심되어 있어서 B는 고정이고 베인(깃)이 붙어있는 A가 회전할 경우, 이 베인은 원심력에 의해서 바깥 둘레에 밀어 붙여지게 되므로 B의 안벽에 따라서 회전하게 되는데, 이때 XX'보다 위에서는 용적의 증가에 따라 기름을 빨아들이게 되고 XX'보다 아래에서는 반대로 토출하게 되는 이러한 계속된 작용이 이 펌프의 기본 원리이다.

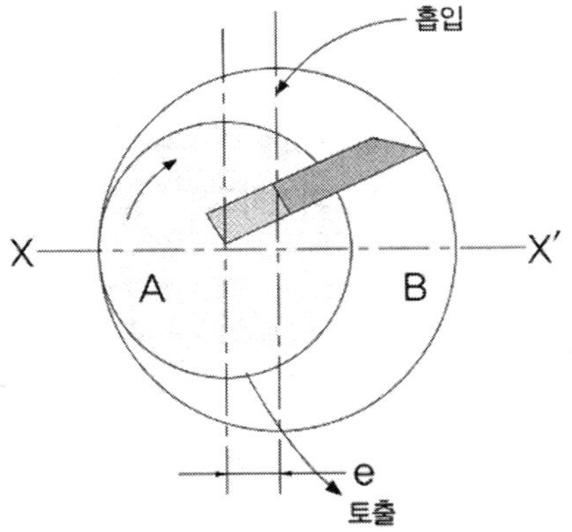

[그림 4-10] 베인 펌프의 작동원리

주요 구성요소는 [그림 4-11]의 오른쪽 그림과 같이 입구나 출구 포트(ports), 로터(rotor), 베인(vane), 캠링(camring) 등이 있으며, 카트리지(cartridge)로써 대치한다.

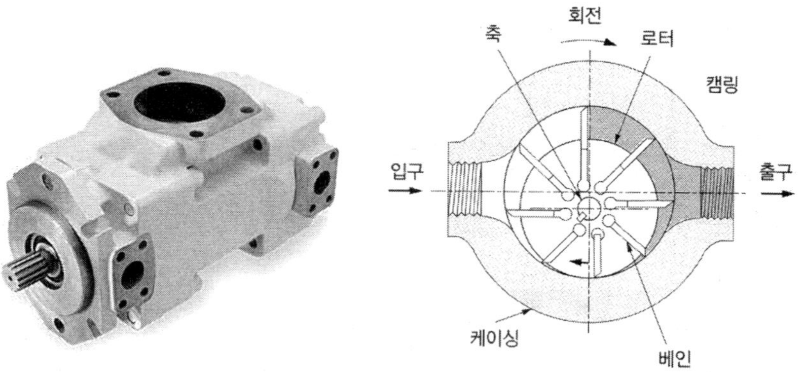

[그림 4-11] 베인 펌프의 외형 및 구조

또한 베인 펌프의 로터에는 베인 홈이 있고, 반지름 방향으로 윤활 작용을 하는 베인이 끼워져 있다. 로터는 구동축에 의해 회전하고 베인은 원심력과 토출 압력에 의해 캠링 내벽에 접촉력을 발생시키며 회전된다.

캠링은 타원형으로 되어 있으며 베인 부시(vane bush)로 구성된 유실에 용적 변화를 일으키며 오일을 흡수하고 도출시킨다.

또한 베인 펌프는 압력에 따라 〈표 4-2〉와 같이 분류된다.

베인의 구조는 〈표 4-3〉과 같이 베인의 밑부분에 토출 압력을 도입하여 캠면에 밀어 붙이는 보통 베인형과 흡입 스트로크(stroke) 중에 베인의 밀어 붙이는 힘을 경감하여 고압시 캠링이나 베인의 마모를 방지하는 특수 베인형이 있다. 보통형보다 특수형은 체적 효율과 기계적 효율이 양호한 것을 알 수 있다. 특수형의 구조와 기능을 알아보면 다음과 같다.

〈표 4-2〉 압력 성질에 따른 베인 펌프의 분류

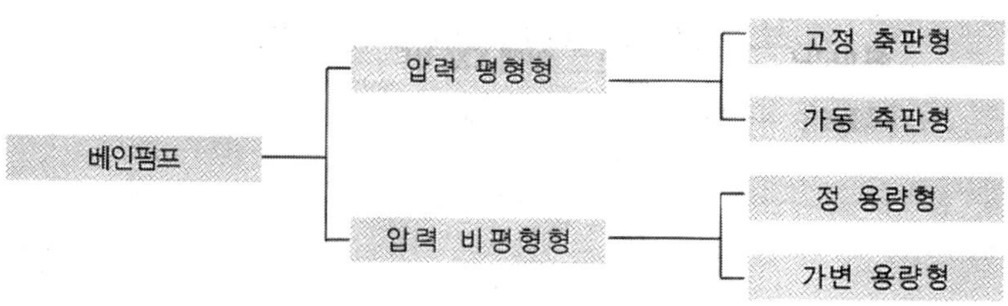

〈표 4-3〉 베인의 구조에 따른 분류

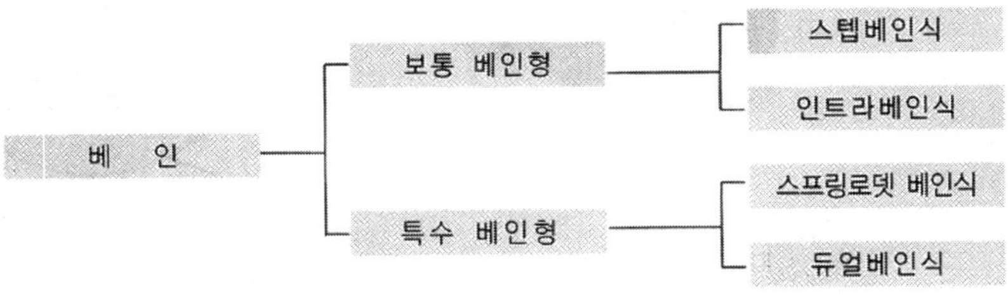

[그림 4-12]는 인트라 베인식(intra vane design)을 나타낸 것으로 로터 홈에 따라서 뚫린 통로를 통하여 계속적으로 토출 압력이 공급되고 있으며, 베인 및 인서트(insert) 밑 부분에는 로터에 뚫린 압력 평형 구멍을 통하여 압력이 작용된다.

[그림 4-13]은 듀얼 베인(dual vane)식으로 로터의 각 홈 안에 2장의 모따기 된 베인이 삽입되어 있는 형식이며 베인의 모따기 부분은 베인의 밑부분에서 선단으로 통하는 유로를 형성한다. 이 방식은 캠링과 베인의 접촉선이 다른 방식에 배가되므로 체적 효율이 양호한 반면 기계적 효율은 떨어진 것을 알 수 있다. 물론 소음도 조금 많은 편이다.

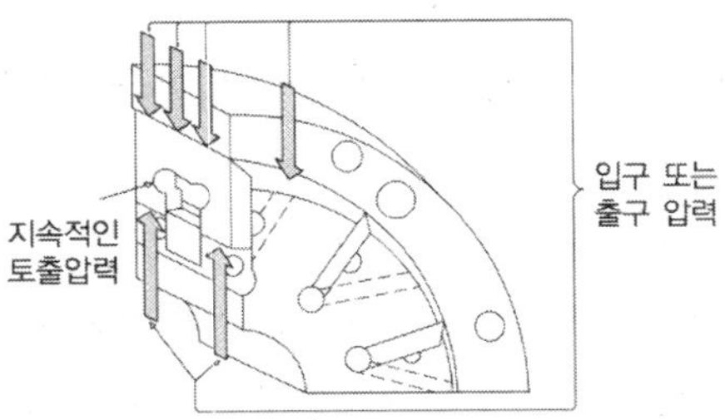

[그림 4-12] 인트라 베인식 구조

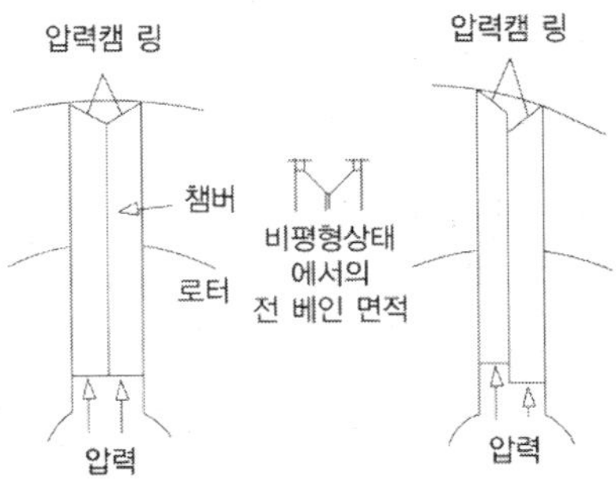

[그림 4-13] 듀얼 베인식 구조

가. 정용량형 베인 펌프(fixed delivery vane pump)

(1) 단단 베인 펌프(single type vane pump)

확실한 유압 평형을 유지하는 구조로 구성되어 있으며 축 및 베어링에 편심하중이 걸리지 않으므로 수명이 길다.(그림 4-14 참조) 또한 토출량의 변동은 최소한의 캠링을 채용하고 있으므로 운전음이 조용하고 맥동이 적으며 성능이 좋다. 그러나 토출량을 바꿀 수 없다는 단점도 가지고 있다.

기어의 마모에 의하여 토출량이 저하되는 기어 펌프와는 달리 베인 펌프는 베인의 선단이 마모되더라도 원심력과 토출 압력에 의하여 캠링과 베인이 접촉되어 있기 때문에 체적 효율이 수명이 다할 때까지 좋다.

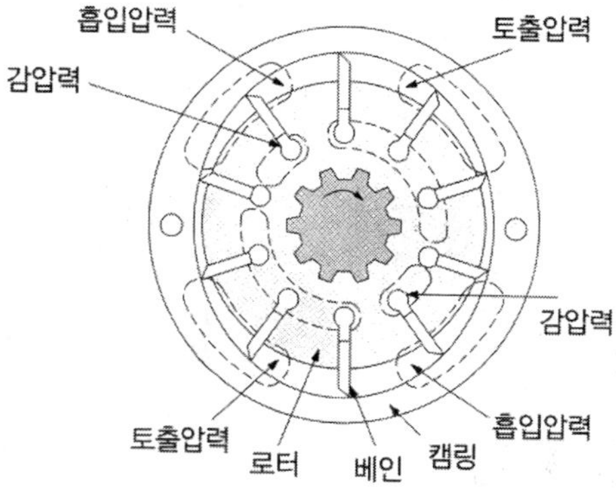

[그림 4-14] 단단 베인 펌프

(2) 2중 베인 펌프(double type vane pump)

이 펌프는 1개의 몸체 내에 2개의 카트리지가 병렬로 조립되어 1개의 구동축에 의해 회전한다. [그림 4-15]와 같이 단단 펌프의 소용량 펌프와 대용량 펌프를 동일 축 상에 조합시킨 것으로 흡입구가 1구형과 2구형이 있다. 토출구가 2개 있으므로 각각 다른 유압원이 필요한 경우나 서로 다른 유량을 필요로 할 때 사용된다. 또 편축 전동기로서 운전이 가능하며 토출량이 서로 다른 펌프를 조합시켜 동일 축으로 구동하기 때문에 설비비가 매우 경제적이다.

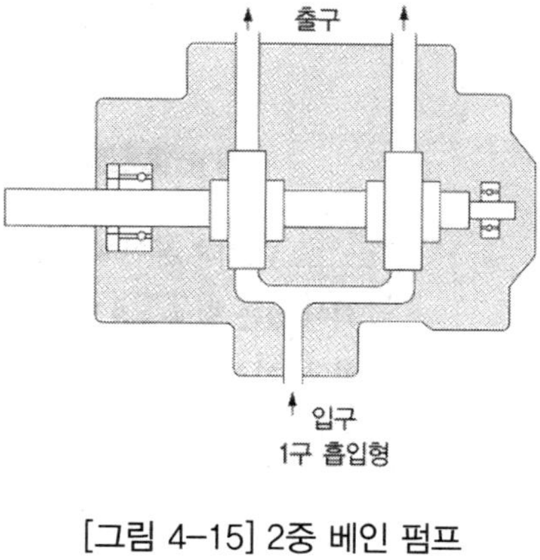

[그림 4-15] 2중 베인 펌프

(3) 2단 베인 펌프(two stage vane pump)

베인 펌프의 약점인 고압 발생을 가능하게 하기 위하여 2단 펌프는 용량이 같은 단단 펌프 2개를 1개의 본체 내에 직렬로 연결시킨 것이며 고압이므로 대 출력이 요구되는 구동에 적합하다. 일반적으로 정격 압력은 140 kgf/cm^{2}이고 최고 압력은 210 kgf/cm^{2}까지도 올릴 수 있으며 회전 속도는 600 ~ 1,500 rpm 정도이다.(그림 4-16 참조) 소음이 있다는 점이 단점이다.

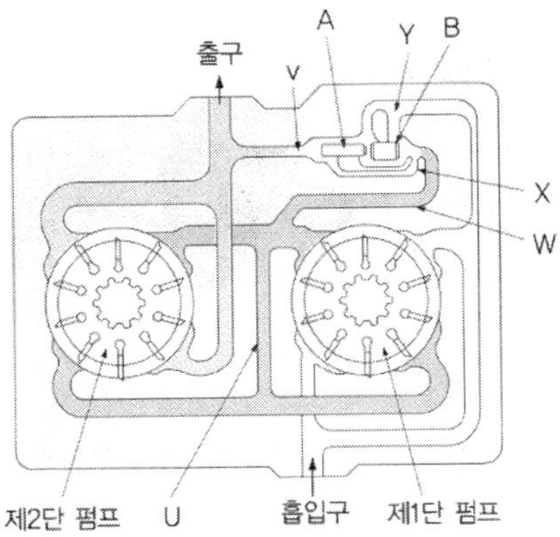

[그림 4-16] 2단 베인 펌프의 구조

(4) 복합 펌프(combination vane pumps)

복합 펌프는 고압 소 용량 펌프로서 저압 대용량 펌프와 릴리프 밸브(relief valve), 무부하 밸브(unload valve), 체크 밸브(check valve)를 1개의 본체에 조합시킨 베인 펌프이다.

또한 압력 제어를 자유로이 조작할 수 있고 온도 상승의 주원인인 릴리프 량을 줄임으로써, 오일의 온도 상승을 방지하는 효율적인 펌프이다.(그림 4-17 참조) 그러나 가격이 고가이며 체적이 크다는 단점이 있다.

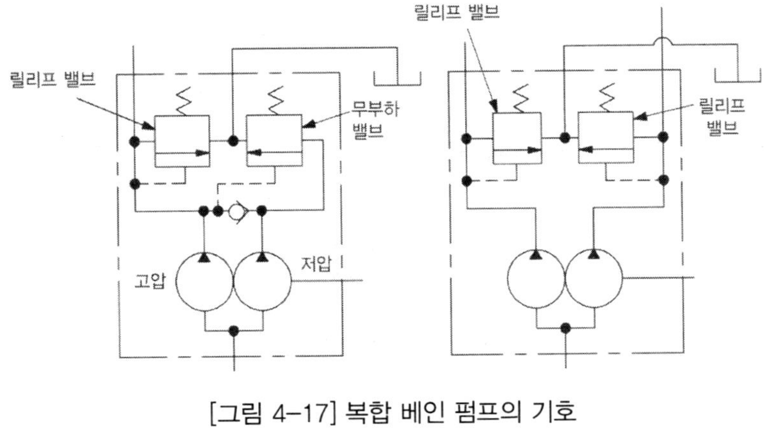

[그림 4-17] 복합 베인 펌프의 기호

나. 가변 용량형 펌프(variable delivery vane pump)

가변 용량형 베인 펌프는 로터와 링의 편심량을 바꿈으로써 토출량을 변화시킬 수 있는 비평형형 펌프이며 유압 회로에 의하여 필요한 만큼의 유량만을 토출하고 남은 유량은 토출하지 않으므로 유압회로의 효율을 증가시킬 수 있을 뿐만 아니라 오일의 온도 상승이 억제되어 전 에너지를 유효한 열량으로 변화시킬 수 있는 유압 펌프이다.

그러나 비평형형이므로 펌프 자체 수명이 짧고 소음이 많다는 단점이 있다.

(1) 단단 베인 펌프

[그림 4-18]의 단단 베인 펌프는 압력 상승에 따라 자동적으로 토출량이 감소된다. 또한 토출량과 압력은 펌프의 정격 범위 내에서 목적에 따라 무단계로 제어가 가능하며 릴리프 유량을 조절하여 오일의 온도 상승을 방지하여 소비전력을 절감할 수 있다.

(2) 2중 베인 펌프

가변 용량형 단단 베인 펌프 2개를 동일축상에 조합시킨 것으로 서로 다른 유압원이나 동일 회로에서의 서로 다른 토출량을 필요로 하는 경우에 사용 가능하다.(그림 4-19 참조)

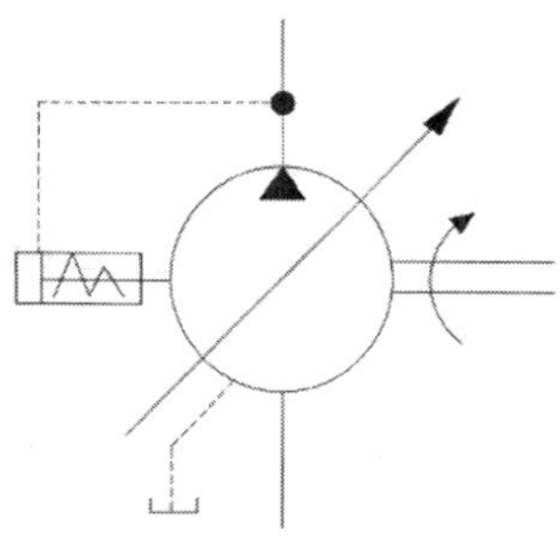

[그림 4-18] 가변 용량형 단단 베인 펌프의 기호

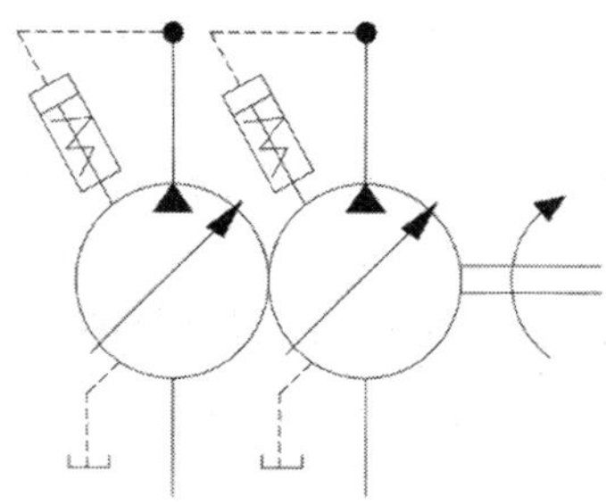

[그림 4-19] 가변 용량형 2연 베인 펌프의 기호

(3) 베인 펌프의 성능과 특성

(가) 이론 토출량(Vth)

펌프가 1 회전시 토출한 양을 말하며 평형형과 비평형형에 따라 다음과 같다.

평형형: $v_{th} = 2\pi b\ \{R_2^2 - R_1^2 - \frac{Z_t}{\pi}(R_2 - R_1)\sec\beta\}$ ------------------ (식 4-4)

비평형형: $v_{th} = 2be(\pi R - Z_t)$ ---------- (식 4–5)

여기서, b: 로터의 폭(mm), R: 캠링의 안쪽 반지름(mm)
e: 편심량(mm), R_1: 캠링의 소원호 반지름(mm)
R_2: 캠링의 대원호 반지름(mm), Z: 베인의 수
β: 베인의 경사각, t: 베인의 두께(mm)

(나) 실 토출량(QP)

실 토출량은 이론적인 토출량(Q_{th})에서 내부 누설량과 흡입 저항에 의한 손실 토출(Q_R)을 뺀 것으로 아래와 같이 표시할 수 있다.

$$Q_P = Q_{th} - \left\{\frac{C_s \cdot V_{th} \cdot \Delta P}{2\pi\mu} + Q_R\right\}$$

$$= n \cdot V_{th} - \left\{\frac{C_s \Delta P}{2\pi\mu} + Q_R\right\} \quad \text{---------- (식 4–6)}$$

여기서, C_s: 내부 누설 계수, μ: 점성 계수
ΔP: 토출과 흡입 사이의 압력차, n: 회전수

(다) 특성

① 기어 펌프, 피스톤 펌프에 비해 토출 압력의 맥동이 적다.
② 베인의 마모로 인한 압력 저하가 적다.(수명이 길다)
③ 카트리지 방식과 함께 호환성이 양호하고 보수가 용이하다.(카트리지 교체로 정비 가능)
④ 기어 펌프나 피스톤 펌프에 비하여 소음이 적다.(맥동이 적으므로)
⑤ 기어 펌프나 피스톤 펌프에 비하여 동일 토출량과 동일 마력의 펌프에서의 형상 치수가 최소이다.(단위 무게 당 밀어젖힘 용량이 크므로)
⑥ 급속 시동(start)이 가능하다. 기어 펌프는 시동 토크는 크지만 베인 펌프의 경우 시동 토크가 작으므로 급속 시동이 가능하다.

06 피스톤 펌프(piston pump)

피스톤 펌프는 피스톤의 왕복운동을 활용하여 작동유에 압력을 주는 것이며 고압(210 ~ 600 kgf/cm^2 정도)에 적합하다. 또한 누설이 적어 효율을 높일 수 있으며 [그림 4-20]과 같은 구동축과 실린더 블록의 중심축이 경사진 사축식(bent axis)과 구동축과 실린더 블록을 동일 축 상에 배치하고 경사판의 각도를 바꿈으로써 피스톤 행정을 변화하는 사판식(swash plate)이 있다.

[그림 4-20] 사축식 액셜 피스톤 펌프

가. 사축식(bent axis type) 액셜 피스톤 펌프

[그림 4-21]은 사축식 액셜 피스톤 펌프의 구조를 표시한 것으로 구동축을 회전시키면서 유니버설 링크(universal link)를 이용하여 실린더 블록 내의 피스톤이 구동축에 지지되어 구동축과 함께 회전한다. 이와 함께 실린더 구멍에 대하여 상대적으로 왕복운동을 하게 한다.

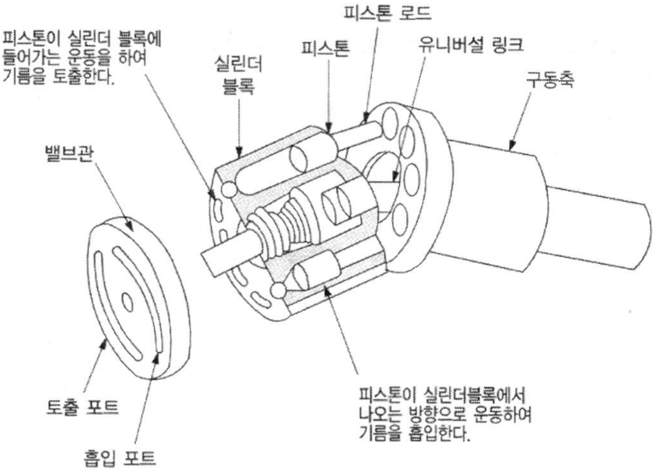

[그림 4-21] 사축식 액셜 피스톤 펌프의 구조

사축식 액셜 피스톤(axial piston) 펌프는 구동축에 대하여 실린더 블록이 일정한 각도를 유지하며 고정되어 있는 정용량형과 구동축에 대하여 실린더 블록이 요동하여 피스톤의 스트로크를 변화시키는 가변 용량형이 있다.

[그림 4-22, 4-23]은 가변 용량형 사축식 액셜 피스톤의 구조도이며 경사각(θ)을 변경함으로써 일어나는 토출량과의 관계를 도시한 것이다.

이 펌프는 유압 변속기에 잘 이용되면 일반적으로 경사각(θ)은 23 ~ 30° 정도까지 허용되며, 더 많은 각도를 요구할 시는 진동과 축 압의 과대로 수명에 큰 지장을 준다.

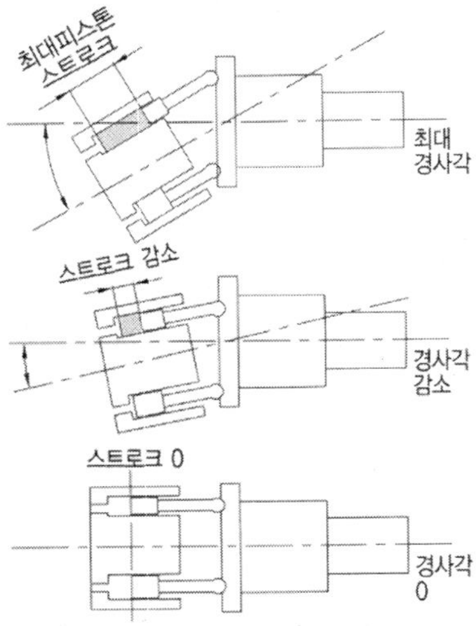

[그림 4-22] 사축식 액셜 피스톤 펌프
(가변 용량형) 작동

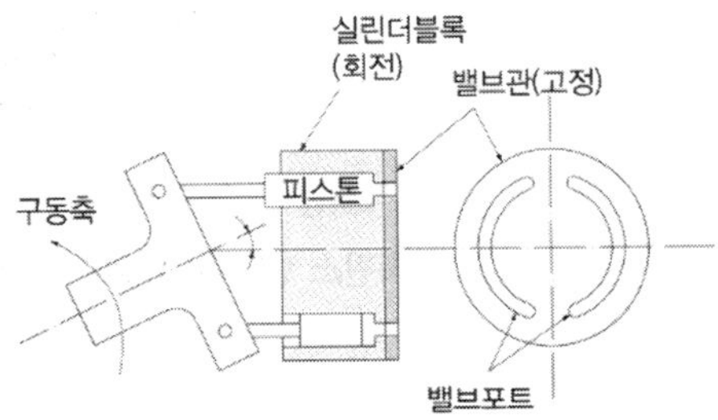

[그림 4-23] 사축식 액셜 피스톤 펌프
(가변 용량형)

나. 사판식(swash plate type) 액셜 피스톤 펌프

[그림 4-24]는 사판식 액셜 피스톤 펌프의 단면과 구조도를 도시한 것으로 실린더 블록은 구동축과 스플라인(spline)으로 결합되어 있으며 구동축의 회전에 따라 실린더 내의 피스톤이 사판과 함께 회전하게 된다.

사판을 미는 힘은 실린더 블록의 중심부에 있는 용수철의 힘에 의하여 지탱이 되고 있다. 또한 흡입구와 토출구는 밸브 플레이트에 위치하고 있으며 커버의 기능도 겸하고 있다.

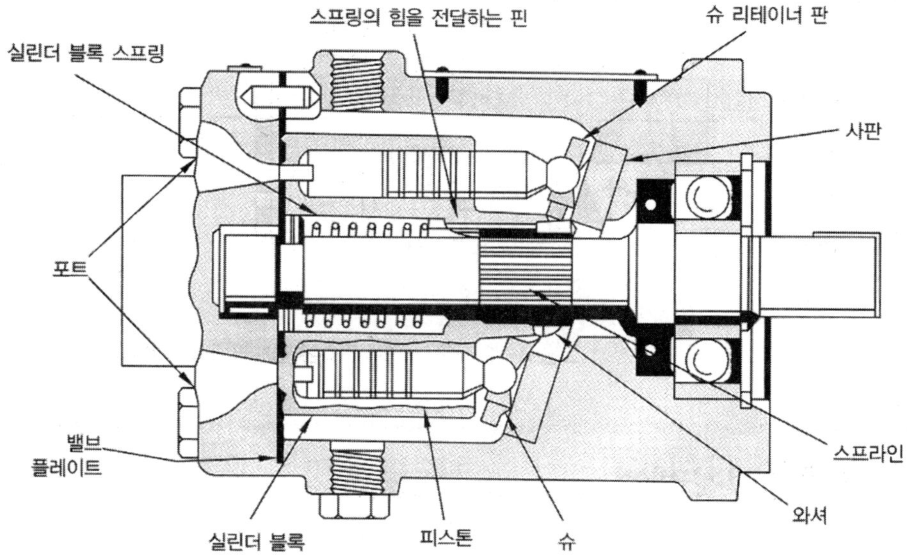

[그림 4-24] 사판식 액셜 피스톤 펌프(정용량형)

[그림 4-25]는 가변 용량형 사판식 액셜 피스톤 펌프의 구조도를 도시한 것으로 사판에 위치한 요크는 시퀀스 밸브의 작동에 의하여 움직여지며 압력 보상 제어장치가 부착되어 있는 펌프이다.

또한 사판식은 사축식에 비하여 구조가 간단하고 부품수가 적기 때문에 소형 경량이며 가격이 저렴하고 구조상 회전중량이 축 주위에 집중되어 있으므로 고속 회전에 적합하여 설치 면적이 좁은 건설차량이나 하역 운반 기계 등에 많이 사용되고 있다.

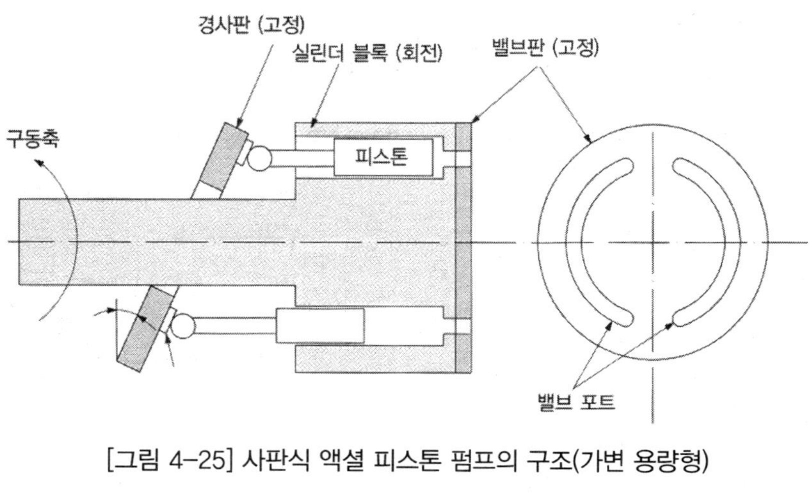

[그림 4-25] 사판식 액셜 피스톤 펌프의 구조(가변 용량형)

일반적으로 가변 용량형의 제어 방법은 다음과 같다.

① 레버 제어 방식 : 회전 중심축을 레버로 작동하는 방식
② 핸들 제어 방식 : 회전 중심축에, 웜 기어를 부착하고 핸들을 돌려 토출량을 증감하는 제어 방식
③ 서보 제어 방식 : 기계적인 서보 밸브를 이용한 제어 방식

07 펌프의 선정 방법

유압 펌프를 선정하기 전에 사용하는 압력을 얼마로 하는 것이 좋은가가 문제이다. 응답성의 관점에서 볼 때에 압력은 높을수록 좋지만 경우에 따라서 다음 여러 가지 문제가 생길 수 있다.

〈표 4-4〉 유압 펌프의 성능 비교

성능		베인 펌프	기어 펌프	피스톤 펌프
최고 토출 압력		평균보다 높다. 고성능 베인 펌프 최대 175 kgf/cm^2	평균보다 낮다. 단, 최근에 일부 고압화 되어 있다. 최대 210 kgf/cm^2	일반적으로 최고압이다.
운전 효율	평균 효율	평균적으로 높다	평균해서 낮다.	일반적으로 가장 높다.
	토출 압력과 효율	저압인 때는 낮다. 고압인 때 별로 저하하지 않는다. 펌프 내의 압력 구배 분포가 비교적 단순하므로, 가장 적절한 형태, 강성의 압력으로 설계되어 있다.	고압으로 될수록 상당히 낮아진다. 단, 최근에는 압력판을 가진 것으로 개선되었다.	전압력 범위다 높다.
	점도와 효율	점도 변화에 의한 경향을 크지 않다.	점도가 저하하면 효율도 몹시 저하한다.	영향은 가장 적다.
	마모와 효율	마모해도 저하가 적다. 링이나 베인이 마모해도 베인이 조금 밖으로 밀려 나와 마모를 보상하므로, 내부 누설(leak)은 별로 증가하지 않는다.	마모하면 몹시 저하한다.	마모하면 몹시 저하함과 동시에 내부 실린더 블록의 밸런스가 상실되어 급속히 파괴한다.

성능		베인 펌프	기어 펌프	피스톤 펌프
회전수		일반적으로 고속이다. 최고 2700rpm 최저 회전수에 제한이 있다. 최저 600 rpm [베인은 원심력과 토출 압력으로 밀려 나온다.]	평균해서 낮다. 단, 최근 일부 구미와의 기술제휴품은 고속화되어 베인을 능가하는 것도 있다. 최고 4000 rpm 최저는 베인보다 낮다.	일반적으로 저속의 것이 많다. 단, 항공기용은 매우 고속이다.(5000 rpm 이상) 최저는 베인보다 낮다.
수명	베어링	압력 밸런스 방식이므로 베어링에 하중이 걸리지 않기 때문에 매우 길다. 단, 가변 상태에서는 베어링에 부하가 걸린다.	베어링에 큰 하중(load)이 걸리므로 수명은 짧다.	베어링에 큰 부하가 걸리므로, 보통 수 개의 베어링을 사용한다.
	효율	마모 보상형이므로 가동 부품의 수명 기간 중, 거의 저하되지 않는다.	사용 개시 후, 가동 부품의 마모와 더불어 저하한다.	기어 펌프와 대략 같다.
먼지에 대한 예민성		가동 부품 간의 틈새(clearance)가 작으므로, 작은 먼지에도 예민하다. 큰 먼지에서는 스틱(stick)을 일으켜 파괴하는 수가 있다.	틈새가 크므로, 비교적 영향을 받기 어렵다. 상당히 큰 먼지라도 스틱(stick)을 일으키지 않는다.	고압이므로, 보통 베인보다 틈새가 작고, 먼지에 대해 가장 예민하다.
보수	부품수와 구조	부품수가 많고, 가공은 높은 정도를 요한다. 구조는 비교적 복잡하다.	부품수가 적고, 구조는 가장 단순하다.	부품수가 많고, 구조는 복잡하다. 가공 정도는 일반적으로 가장 정밀을 요한다.
	부품의 호환성 필드 서비스에 대한 적성	일반적으로 부품의 호환성이 양호하다. 분해 조립은 용이, 특히 카트리지 방식은 가장 편리하다.	일반적으로 부품의 호환성이 나쁘다. 분해 조립이 비교적 곤란하다.	일반적으로 부품의 호환성이 좋지 않다. 필드 서비스(field service)는 매우 곤란하다.
오일 점도의 영향	전반적인 영향	비교적 예민하고 적성점도 범위는 좁다. 단, 효율에는 별로 영향하지 않는다.	별로 예민하지 않아 적성 범위는 넓다. 단, 효율에 대해서는 영향이 크다.	예민하고 적성 점도 범위는 좁다. 단, 효율에의 영향은 적다.
	한냉시의 시동	고점도(400SSU)에서도 시도 토크는 비교적 작으므로, 급속 시동이 가능하다.	시동 토크는 커진다. 급속 시동에는 부적당하다.	기어 펌프와 대략 같다.
가격 기타		일반적으로 단가는 기어 펌프보다 높다. 흡입구, 토출구의 방향을 자유로이 선택할 수 있다. 보통, 고르기 운전이 필요 없다.	일반적으로 단가는 낮다.	평균적으로 가격은 최고이다.

또한 유압을 선정할 때에는 다음 사항에 주의하여야 한다.

① 펌프로 일정한 동력을 얻으려고 할 때에는 압력 상승과 동시에 토출량을 감소해도 된다. 다시 말해서 유압 펌프나 유압 모터 등을 보다 작게 할 수 있다.(항공기, 선박 등에 활용)
② 고압 시 작동유가 가열되기 쉬우므로, 오일 온도가 상승하여 밸브나 실 등에서 오일이 새기 쉽다.
③ 고압 시 인화되거나 폭발의 위험성이 따른다.(항공기에는 고인화점 작동유를 사용한다)
④ 너무 고압으로 할 경우 밸브류나 유압 작동기의 강도를 높이기 위하여 소형으로 할 수 없게 되고, 경량 소형으로 하는 이점을 충분히 살릴 수 있다.
⑤ 유압 펌프의 기종을 선택할 때에는 다음 사항을 참작한다.(표 4-5 참조)

〈표 4-5〉 유압 펌프의 특성에서 본 사용 구분

압력 (kgf/cm^2)	토출량 [l/min]		
	0 ~ 20	20 ~ 200	200 이상
0 ~ 20	기어 펌프 베인 펌프 회전 피스톤 펌프	베인 펌프 나사 펌프 기어 펌프	나사 펌프
20 ~ 70	기어 펌프 베인 펌프 회전 피스톤 펌프	베인 펌프 회전 피스톤 펌프 기어 펌프	베인 펌프 나사 펌프 왕복동 펌프
70 ~ 140	베인 2단 펌프 회전 피스톤 펌프	베인 2단 펌프 회전 피스톤 펌프	회전 피스톤 펌프 왕복동 펌프 베인 2단 펌프
140 이상	회전 피스톤 펌프	회전 피스톤 펌프	회전 피스톤 펌프

08 유압 펌프 취급상의 고려 사항

유압 펌프는 조작이나 보관 관리에 사전 유의하여 운전하면 거의 고장을 방지할 수 있다. 취급상의 착오 때문에 일어나는 고장에 대한 주의사항은 다음과 같다.

가. 유압 펌프를 처음으로 시동할 경우

① 차가운 펌프에 뜨거운 작동유를 사용하여 시동해서는 안 된다.
② 신품인 베인 펌프는 압력을 걸어 시동하고 최초 5분 정도는 간헐적으로 작동시켜 길들여야 한다.
③ 시동 전에 회전 상태를 검사하여 플렉시블 캠링의 회전 방향과 설치 위치를 정확히 해둔다. 그리고 필요한 곳에 주유되어 있는가를 확인한다.
④ 릴리프 밸브의 조정 나사의 위치를 바꾸지 않고 운전해 본 다음 릴리프 밸브를 사용하여 최고 압력에 설정하고 유압장치의 상태를 조사한다.
⑤ 작동유는 적절한 정도로 맑고 깨끗하게 해야 한다.

나. 내화성 작동유를 사용할 경우의 유압 펌프

노에 가까운 곳이나 아주 높은 온도의 물체를 다루는 기계(이를테면 다이캐스트기와 같은 용융금속을 다루는 기계) 옆에서 유압장치를 사용한 경우에는 내화성 작동유를 써야 하며 오일의 누설이나 파손에 의한 오일의 유출 때문에 화재가 발생하지 않도록 주의하여야 한다. 고압유 관로의 파손으로 인하여 나오는 석유계 작동유는 쉽게 퍼지게 되므로 폭발 위험성이 높다. 보통 석유계 작동유는 고온(인화점 118℃)에 노출되면 발화한다.

그러나 내화성 작동유는 불에 닿으면 타지만 그곳을 통과하면 바로 꺼지므로 석유계 작동유과 같이 연소하지 않는 특성이 있다. 내화성 작동유를 사용하는 유압장치에는 특수한 패킹이나 그 외에 고려할 점이 있으므로 보통 작동유를 쓰는 기기보다 값이 비싸다. 또한 고온물을 다루는 기계 가까이에 유압장치를 설치하는 것은 피하여야 하며 제어장치로서 이들을 어떻게 배치할 것인가를 연구 조사하여야 한다. 내화성 작동유를 사용할 경우에는 작동유로서의 성능은 표준 석유계 작동유를 사용할 때보다 약간 뒤지고 값도 비교적 높지만 인명에 대한 재해를 방지할 수 있는 것이라면 그 비용을 보충하고도 남음이 있는 것이다. 이 때문에 각국의 상업용 항공기기는 모두 내화성 작동유를 사용하도록 규정하고 있으며 일반 산업계에서도 유압 조작의 안정성을 중요시 하게 되었다.

다. 유압 펌프의 흡입구에서 캐비테이션(cavitation)

유압 펌프의 흡입 저항이 크면 캐비테이션이 일어나기 쉽다. 이 때문에 펌프의 용적 특성이 영향을 받아 유압 기기가 불규칙적으로 운동한다. 그러므로 캐비테이션에 의하여 오일이 증발하여 유압 펌프의 가압 행정에서 오일을 급격히 압축하므로 오일의 손상을 빠르게 하거나 고온으로 펌프를 파손시킬 위험이 있다.

이를 방지하기 위하여 다음 사항에 주의해야 한다.

① 오일 탱크의 오일 점도는 800 cSt(40,000 SSU)를 넘지 않도록 한다.
② 흡입구의 양정을 1 m 이하로 한다.
③ 흡입관의 굵기는 유압 펌프 본체의 연결구의 크기와 같은 것을 사용한다.(흡입 관로가 길어질 경우에는 보다 굵게 한다)
④ 펌프의 운전 속도에는 규정 속도 이상으로 해서는 안된다.

라. 펌프 운전시 주의사항(매일 점검)

① 배관의 연결부가 완전히 연결되고 있는지를 확인한다.(누유와 공기 흡입 방지)
② 오일 탱크 속에 이물질이 있는가를 확인한다. 만약 작동유가 오염되어 있으면 다음과 같은 조치를 취해야 한다. 우선 펌프와 관로내의 오일을 완전히 빼어 오일 탱크를 깨끗이 하고 먼지나 침전물을 완전히 제거한다. 다음 필터부품 또는 스트레이너를 교환하여 모든 장치를 두 번 이상 깨끗한 작동유로 씻어 내고 새 작동유를 미크론 필터나 200메시 또는 이보다 세밀한 망으로 여과시켜 오일 탱크나 펌프에 주유해야 한다.
③ 작동유의 온도는 유온계에 의해 점검한다.(일반 광유계에서는 유온이 10 ℃ 이하에서는 주의해서 펌프를 가동하고 무부하 운전을 20분 이상으로 하여 적정 온도(30 ~ 55 ℃)가 된 후 부하 운전을 하도록 하며 0 ℃ 이하에서의 운전 조작은 위험하므로 피하도록 한다.)
④ 유면계를 통하여 탱크 유량을 점검한다.

제2절 유압 밸브

01 유압 밸브의 개요

유압장치에서 유체의 압력 제어, 흐름 방향의 전환, 속도를 제어하기 위한 유량 제어 등의 기능을 하는 유압 기기를 밸브라 한다.

유압장치의 기능상 밸브의 선택은 매우 중요하며, 그 형식이나 구동 장치, 제어 능력, 크기 등이 고려되어야 한다. 또한 이들을 기능면에서 분류하면 압력 제어 밸브, 방향 제어 밸브, 유량 제어 밸브로 크게 나누어진다.(표 4-6 참조)

〈표 4-6〉 기능에 따른 유압 제어 밸브의 종류

압력 제어 밸브	방향 제어 밸브	유량 제어 밸브	유량서보밸브
• 릴리프 밸브 • 리듀싱 밸브 • 시퀀스 밸브 • 언로딩 밸브 • 카운터 밸런스 밸브 • 프레셔 스위치 • 유압 퓨즈	• 체크 밸브 • 매뉴얼 밸브 • 솔레노이드오퍼레이트 밸브 • 파일럿 오퍼레이트 밸브 • 디셀러레이션 밸브	• 오리피스 • 압력 보상형 유량 제어 밸브 • 온도 보상형 유량 제어 밸브 • 미터링 밸브	

압력 제어 밸브는 유압 회로내의 압력을 일정값으로 설정하여, 회로 내의 최고 압력을 제한하거나 사용하는 용도에 따른 압력의 크기로 감소할 때, 펌프를 무부하 상태로 할 때, 회로 내의 압력 차이에 따라 구동장치의 순서를 결정하는 용도에 사용하는 경우 등에 사용되는 것으로서 릴리프 밸브, 감압 밸브, 언로드 밸브 및 압력 시퀀스 밸브 등이 이에 속한다. 이러한 압력 제어 밸브는 밸브의 급속한 개폐시에 이상 고압이 발생하는데 이 압력을 서지 압력(surge pressure)이라

하며, 이때 유압장치를 보호하는 역할을 한다. 또 서지 압력이 발생하면 순간적으로 회로내의 압력이 정상 압력의 4배 이상 증가되는데, 충격 흡수장치를 사용하면 된다.

방향 제어 밸브는 유압 회로 내의 유체의 흐름 방향 전환 및 흐름의 단속에 사용되는 것으로 유압 액추에이터의 구동 방향을 조정하는 사용되며, 체크 밸브, 셔틀 밸브, 2방향, 3방향, 4방향 제어 밸브 등이 있다.

유량 제어 밸브는 유체의 유량을 제어하며, 압력 보상형 및 비보상형 밸브, 교축 밸브 분류 밸브가 이에 속한다. 유압 회로 내에 서로 다른 속도로 작동되는 액추에이터가 없는 경우 가변 체적형 펌프를 사용하여 유량을 제어할 수 있으나 각 개의 액추에이터 유량 조절에는 유량 제어 밸브가 사용된다. 또한 밸브의 입구와 출구의 유량은 압력에 따라 달라지므로 정확한 유량의 제어에는 압력 보상형을 사용하여야 한다.

02 압력 제어 밸브

가. 릴리프 밸브

가장 많이 사용되는 압력 제어 밸브로서 거의 모든 유압장치에 사용되며 회로의 최고 압력을 제한하는 밸브로서 회로의 압력을 일정하게 유지시키는 밸브이다.

(1) 직동형 릴리프 밸브(direct acting spring type relief valve)

직동형 릴리프 밸브는 간단히 릴리프 밸브의 역할을 만족시키는 밸브로서 [그림 4-26] (a)는 가장 기본적인 직동형 릴리프 밸브의 구조를 나타내는 것이다. 밸브에서 옆에 뚫려있는 포트(입구, 출구)는 압력 회로에, 아래로 뚫려있는 포트는 기름 탱크에 연결된다. 피스톤은 스프링 힘으로 밀어 붙이게 된다. 스프링이 누르는 힘은 상부의 조정 나사로 조절한다.

회로 압력에 의하여 밸브 피스톤을 위로 밀어 올리는 힘이 스프링의 힘보다 작은 경우에는 피스톤은 스프링 힘으로 밀어 붙이게 되어 배출구의 유로를 차단하나, 압력이 높아져 스프링이 누르는 힘보다 커지면 피스톤은 위로 밀려 작동유를 회로로부터 배출구를 거쳐 탱크로 귀환시킨다. 이것을 릴리핑(reliefing)이라 하며, 이때 압축 에너지가 열에너지로 변하므로 고열을 발생시킨다.

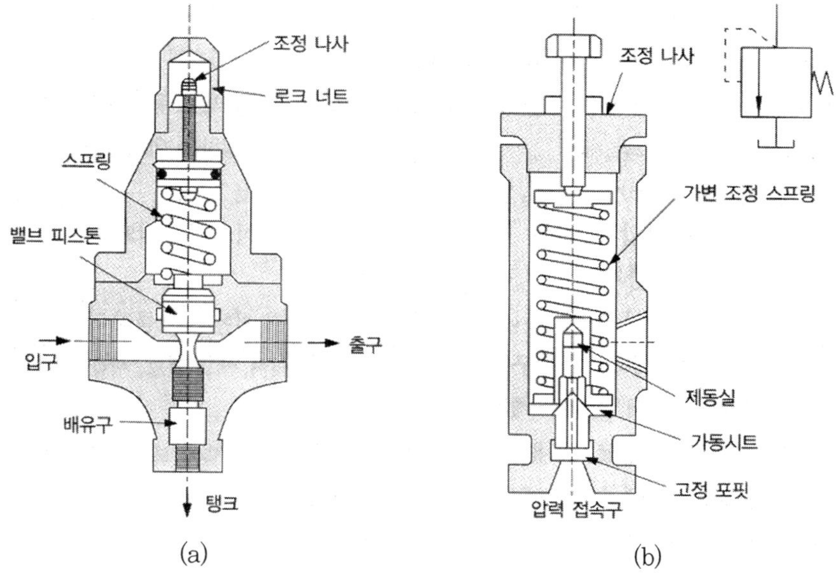

[그림 4-26] 직동형 릴리프 밸브의 구조

회로의 압력이 설정 압력보다 낮아지면 피스톤을 다시 부착된 스프링 힘으로 배출구를 막아버린다. 이와 같이 릴리프 밸브는 회로 압력을 일정 압력으로 유지시키면서 설정된 압력보다 넘지 못하게 한다.

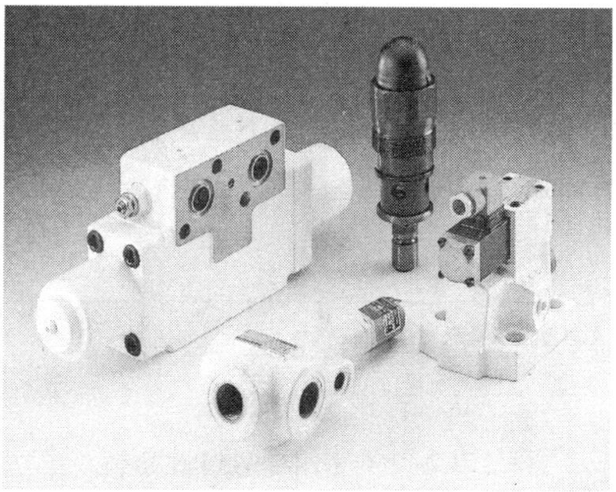

[그림 4-27] 릴리프 밸브의 외형

배출구로부터 기름이 돌아올 때의 압력을 크래킹 압력(craking pressure)이라 말한다. 직동식 릴리프 밸브에서 릴리프가 시작되어 릴리프 양이 증가하면 여기에 대응해서 압력 손실도 증가되어 회로 압력은 손실분만큼 크래킹 압력보다 높아진다. 그러므로 전유량 압력은 크래킹 압력보다 높아지고 또 전유량 압력시 스프링의 변형량도 크다. 이러한 현상은 밸브 피스톤의 진동

원인이 된다. 즉 밸브의 피스톤이 유압에 의하여 위로 올라가는 순간 회로 압력이 급강하 되므로 피스톤은 급속히 스프링 힘에 의하여 올라간다.

이때 회로 압력을 다시 상승되어 피스톤은 올라가게 된다. 이와 같은 동작이 연속으로 되풀이 되어 심한 진동과 소음이 발생한다. 이러한 현상을 채터링(chattering)이라 말한다. 채터링은 밸브 시트를 건드려 정상적인 압력 제어가 어렵게 되고 회로 전체에 불규칙한 진동을 발생케 한다.

채터링은 스프링의 강성에 의한 것이 아니고 밸브 피스톤과 밸브 시트 사이에서 압력이 속도로 변화되기 때문이므로 밸브를 설계할 때에는 밸브 유속에 유의하여야 한다.

직동형 릴리프 밸브는 작은 회로 내에 다른 릴리프 밸브보다 체크 밸브가 있을 경우에는 압력 공진이 일어나기 쉽다. 압력 공진을 개선하는 한 방법으로 [그림 4-26]의 (b)와 같이 제동실(damping chamber)을 둔다. 제동실은 압력 공진의 제동 특성을 개선시켜 준다.

전유량 압력과 크랭킹 압력과의 차압(差壓)을 압력 오버라이드(pressure over ride)라고 말한다. 직동형 릴리프 밸브는[그림 4-28]에 표시한 바와 같이 압력 오버라이드가 비교적 크다. 압력 오버라이드를 적게 하기 위하여 평형 피스톤형 릴리프가 개발되었다.

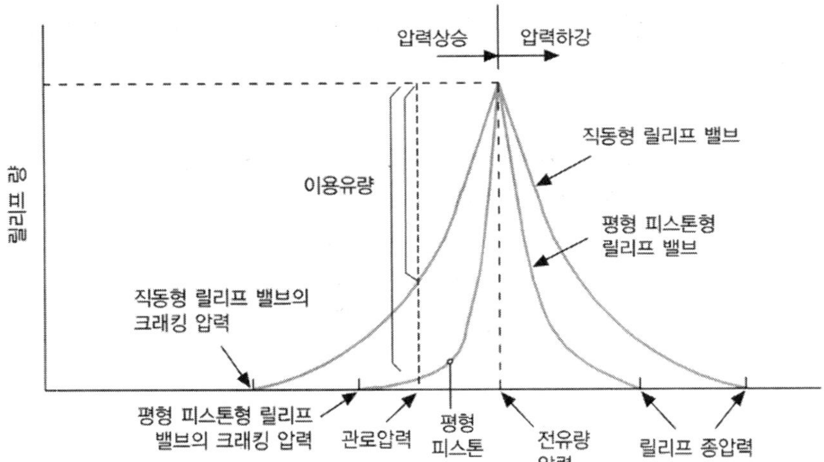

[그림 4-28] 릴리프 밸브의 특성

(2) 평형 피스톤형 릴리프 밸브(balanced piston type relief valve)

이 밸브는 상하 양면에 압력을 받은 면적이 같은 평형 피스톤을 기본으로 해서 구성된 밸브로서 조절감도가 좋고 유량 변화에 따르는 압력 변동이 무시할 수 있는 정도로 적다. 그러므로 이 밸브는 압력 오버라이드가 극히 적고 채터링이 거의 일어나지 않는다. [그림 4-29]에 이 릴리프 밸브의 단면도와 기호를 표시하였다.

평형 피스톤형 릴리프 밸브는 작동면에서 2개의 부분으로 나누어 생각할 수 있다. 하나는 평형 피스톤을 스프링의 힘으로 시트에 밀착시키는 부분을 포함한 본체 부분이고 다른 하나는 유압으로 평형 피스톤의 작동을 제어하는 파일럿 밸브의 역할을 하는 윗덮개 부분이다.

압력 설정은 조정 나사로 조절한다. 평형 피스톤의 상하면(A실과 B실)은 가느다란 유로 H로 연결되어 있고, B실과 W실(밴트실)도 유로(H보다 굵다)로 연결되어 있다.

회로 압력이 설정 압력 이하일 경우에는 A실, B실, W실의 압력은 모두 회로 압력과 같다. A실과 B실의 압력이 같을 때에는 평형 피스톤 상하면에 작용하는 유압에 의한 힘은 같으므로(압력면적이 같으므로) 평형 피스톤은 피스톤 상부에 스프링 힘에 의하여 본체의 시트에 부착되어 폐 위치에 놓인다.

또 포핏도 파일럿 스프링의 힘에 의하여 폐위치를 유지하게 된다. 만약 회로 압력(A실의 압력)이 설정 압력 이상으로 높아지면 유압은 평형 피스톤에 뚫려 있는 가느다란 유로 H를 통하여 B실의 압력도 증가하고 동시에 이 압력을 W실로 가서 파일럿 스프링의 힘을 이겨 포핏을 밀어 열게 된다.

이때 유압은 파일럿 밸브실 C를 통해서 D를 지나 탱크로 흐른다. 이와 같이 작동유가 흐르기 시작하면 A실의 작동유는 평형 피스톤 상하면 사이에는 H에서 일어나는 손실 압력만큼의 압력차가 생겨 B실의 압력은 A실보다 낮아진다.

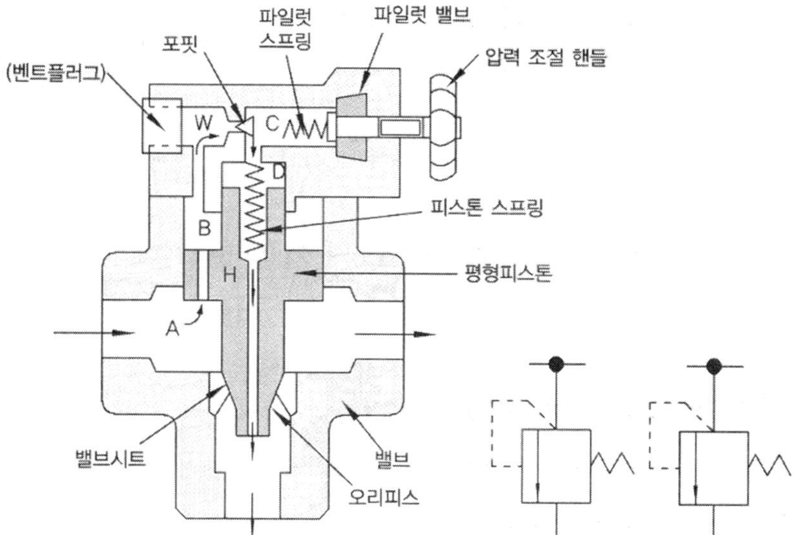

[그림 4-29] 평형 피스톤형 릴리프 밸브

회로 내의 압력(A실 압력)이 더 한층 증대하여 A실의 압력에 의해서 피스톤을 밀어 올리는 힘이 B실의 압력에 의하여 피스톤을 밀어내는 힘과 피스톤 스프링의 힘을 합한 힘보다 커지면 피스톤을 위로 밀어 올리게 되어 탱크로 통하는 유로가 열리고 여분의 압유가 탱크로 돌아온다.

이때 압력 상승의 원인이 되는 회로 내 유체 저항이 변하지 않으면 피스톤 개구 위치도 변하지 않고 그 위치에서 정지 상태로 머무른다. 회로 압력이 낮아지면 파일럿 밸브의 포핏이 닫히면서 평형 피스톤 상하 압력이 같아지므로 피스톤 스프링의 힘만에 의하여 평형 피스톤이 내려가 환유 유로를 막는다. 이와 같은 동작이 회로 압력에 따라 되풀이 되면서 회로 압력을 일정한 압력으로 유지시킨다.

벤트실(W실)은 보통은 플러그로 막은 상태에서 사용되나 이 포트에 파일럿 밸브와 같은 구조의 다른 압력 제어 밸브를 [그림 4-30]과 같이 접속하면 릴리프 밸브를 원격 조절할 수 있다.

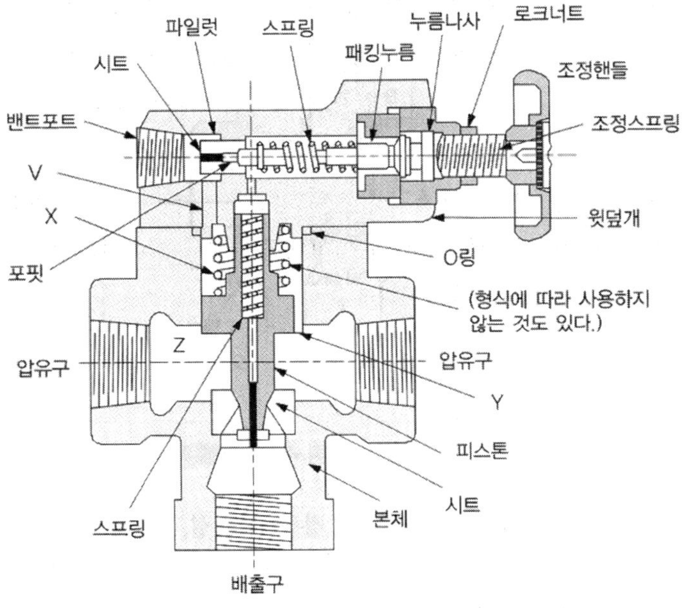

[그림 4-30] 평형 피스톤형 릴리프 밸브의 원격 제어

나. 감압밸브(pressure reducing valve)

이 밸브는 유압 회로에서 어떤 부분 회로의 압력을 주회로의 압력보다 저압으로 해서 사용하고자 할 때 사용한다.(그림 4-31 참조)

[그림 4-32]는 감압 밸브의 구조와 사용 예를 회로도를 나타낸 것으로 상부의 덮개 속에 내장되어 있는 파일럿 밸브는 포핏, 파일럿 스프링 및 조절 나사로 구성되어 있다. 조절나사로 포핏을 누르고 있는 파일럿 스프링의 힘을 조절함으로써 설정 압을 결정할 수 있다. 밸브 본체 안에는 스풀(spool)과 이것을 아래로 누르고 있는 스풀이 들어 있다. 2차 압력은 스풀의 위치에

따라 감압 출구로 통하는 C부의 개도의 크기에 의하여 제어된다. 감압 밸브의 압력이 설정 압 이하이면 C부는 그림 (a)와 같이 전체에 연결되고 유압유는 허용 유량 내에서 아무런 저항을 받지 않고 고압입구로부터 감압 출구로 흐른다. 감압 출구의 압력은 통로 D, E를 거쳐 스풀의 밑 부분에 전해진다.

또 압력은 스풀에 뚫려있는 작은 구멍을 지나 스풀의 상단에도 가해져, 결과적으로 감압 출구의 압력은 스풀의 양 단면에 가해지게 되어 유압적 평형을 이룬다.

[그림 4-31] 감압 밸브

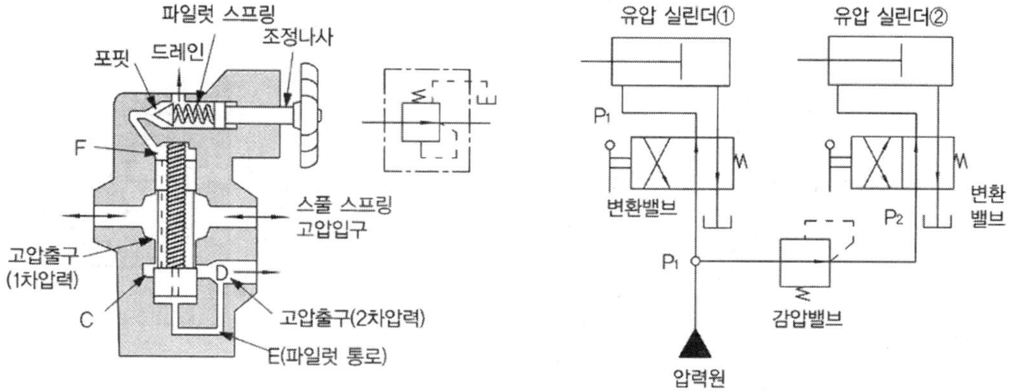

[그림 4-32] 감압 밸브의 구조와 회로도

만일 감압 출구의 압력이 설정 압력보다 높아지면 그 압력은 D, E, F를 지나 상부 덮개에 있는 포핏을 밀어 유압유의 포핏을 지나 드레인 포트를 통해서 탱크에 환유한다.

이때 스풀의 상하면, F실과 E실의 압력은 스풀 중앙에 뚫려있는 작은 구멍에서 생기는 압력 손실만큼의 압력차가 생겨 스풀의 평형이 깨져 스풀은 위로 밀려 올라가는 동시에 스풀은 C부를 교축시켜 유압유 흐름에 저항을 주어 감압 작용을 한다.

이 감압 작용은 감압 출구 압이 설정 압력으로 될 때까지 계속한다. 감압 출구로부터 고압 입구 측으로의 유압유는 감압 출구의 압력이 설정압 이하일 경우에만 가능하다. 부하에 의하여 감압측압력이 설정 압력 이상으로 되면 스풀은 C부를 막아버리는 감압측압력은 증대한다. 이와 같이 이 밸브를 출구 측으로부터 입구 측으로 역류가 생길 때 역류를 막는 작용을 하는 것이 릴리프 밸브와 본질적으로 상이한 점이다.

다. 시퀀스 밸브(sequence valves)

이 밸브는 주회로의 압력을 일정하게 유지하면서 조작의 순서를 제어할 때 사용하는 밸브이다. 예를 들면 따로따로 작동하는 2개의 유압 실린더가 있을 때 한 쪽이 행정을 완료하면 다른 한 쪽의 실린더가 작동을 시작하게끔 작동 순서를 순차적으로 제어하고자 할 때 사용한다. 그러므로 이 밸브는 다음 작동이 행해지는 동안 먼저 작동한 유압 실린더를 설정 압으로 유지시킬 수 있다.

[그림 4-33]에 밸브의 구조와 기호를 표시하였다. 구조는 무부하 밸브와 같으나 드레인 회로가 외부 드레인이다. 드레인 포트는 직접 탱크에 연결하여 사용한다.

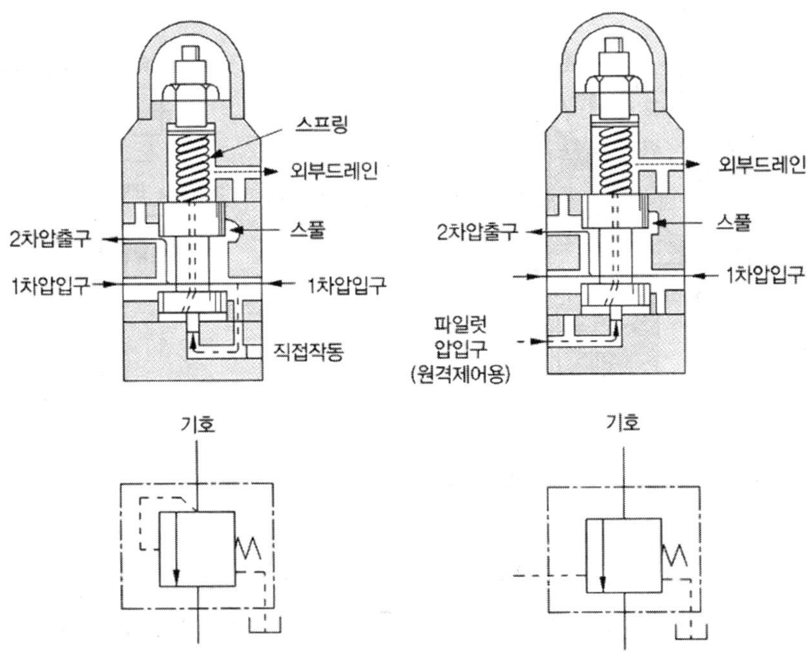

[그림 4-33] 시퀀스 밸브의 구조와 기호

만일 외부 드레인으로 하면 2차압이 스풀에 작용하여 스풀의 작동을 방해하기 때문이다. 그림의 왼쪽은 밸브를 작동시키는 파일럿 압력을 1차압 회로로부터 직접 취한 내부 파일럿형이고 오른쪽은 파일럿 압력을 외부로부터 취한 외부 파일럿형이다.

외부 파일럿형은 원격 제어가 가능하다. 시퀀스밸브도 직동식 릴리프 밸브와 같은 설정압을 밸브 내의 스풀을 밀고 있는 스프링의 변형량으로 조절한다. 내부 파일럿 형에서 1차압 입구로부터 흘러 들어오는 유압유는 파일럿 유로를 통하여 스풀 하단까지 유입되어 파일럿 압력으로 작용한다.

밸브를 흐르는 유압력이 스프링의 설정압 이하이면 스풀은 밀어 올리려는 힘이 스프링의 힘보다 적어 스풀 스프링의 힘에 의하여 밀어 내려진 상태에서 2차압 출구를 닫는다. 1차압 회로의 압력에 의하여 스풀을 밀어 올리는 힘이 설정 압력에 대응하는 스프링 힘보다 커지면 스풀은 눌려서 위로 가고 2차압 출구를 열어 순차작동을 하게 된다. 이 밸브는 2차압 회로로부터 1차압 회로에의 역류는 저지되므로 시퀀스 작동은 1차압 회로로부터 2차압 회로로 흐를 때에만 작동이 가능하다.

외부 파일럿형의 작동은 내부 파일럿 형과 같으나 다만 파일럿 압을 외부 회로에서 취하는 것이 다르다.

[그림 4-34]의 회로도는 내부 파일럿형 시퀀스 밸브의 사용 예를 나타내어 놓았다. 그림에서 실린더 a가 위로 밀려 올라가는 동안은 회로 압력은 부하 W를 올리는데 필요한 압력만이 걸린다. 시퀀스 밸브의 설정 값을 이 압력에서 열리지 않게끔 설정하면 실린더 b는 a가 작동하는 동안 작동하지 않는다. 실린더 a의 행정이 끝나 피스톤이 상단으로 올라가면 회로 압력은 증가한다. 회로 압력이 시퀀스 밸브의 설정 압력보다 높아지면 밸브가 열려 실린더 b가 작동하여 피스톤은 좌측으로 이동한다.

이 밸브는 2차압 회로로부터 1차압 회로에의 역류는 저지되므로 시퀀스 작동은 1차압 회로로부터 2차압 회로로 흐를 때에만 작동이 가능하다.

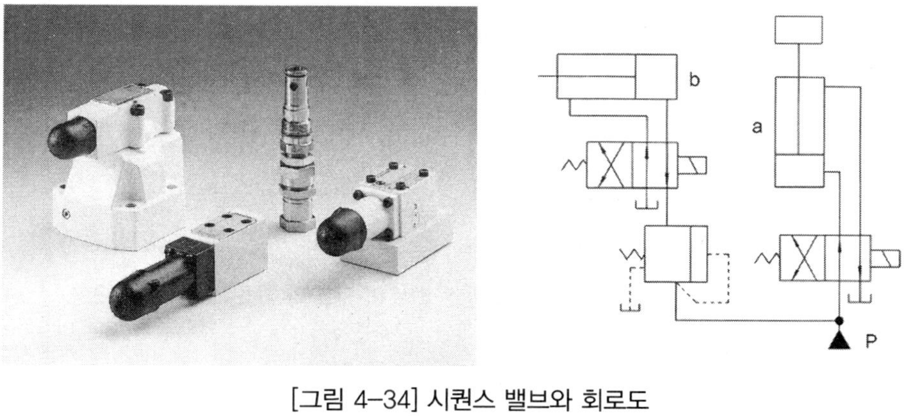

[그림 4-34] 시퀀스 밸브와 회로도

라. 카운터 밸런스 밸브(counter balance valves)

이 밸브는 회로의 일부에 배압을 발생시키고자 할 때 사용하는 밸브이다. 예를 들어 드릴 작업이 끝나는 순간 부하 저항이 급히 감소할 때 드릴의 돌출을 막기 위하여 실린더에 배압을 주고자 할 때 또는 연직 방향으로 작동하는 램이 중력에 의하여 낙하하는 것을 방지하고자 할 경우에 사용한다.

[그림 4-35]는 카운터 밸런스 구조와 기호를 도시한 그림이다. 스풀을 하부에 가해지는 파일럿 압력에 의하여 스풀이 위로 붙은 힘이 조정 스프링에 의한 설정 압력보다 작을 때는 1차압 회로와 2차압 회로는 차단되나 파일럿 압력이 설정 압력 이상이 되면 스풀은 위로 붙이게 되어 1차압 회로의 유압유가 2차압 회로에 흘러 들어간다.

2차압 회로로부터 1차압 회로에의 역유는 설정 압에 관계없이 우측에 있는 체크 밸브를 통하여 흐른다. 이 밸브와 역유로형 시퀀스 밸브의 상이점은 드레인이 내부 드레인이라는 점이 다르다.

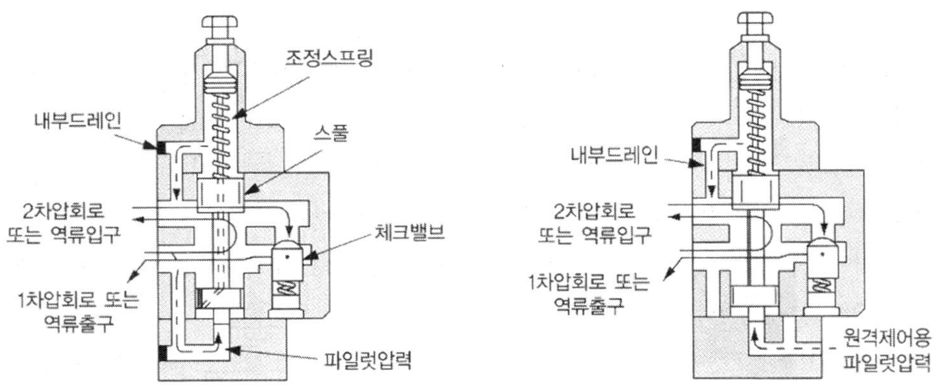

(a) 내부 파일럿형(직동형) (b) 외부 파일럿형(원격조작형)

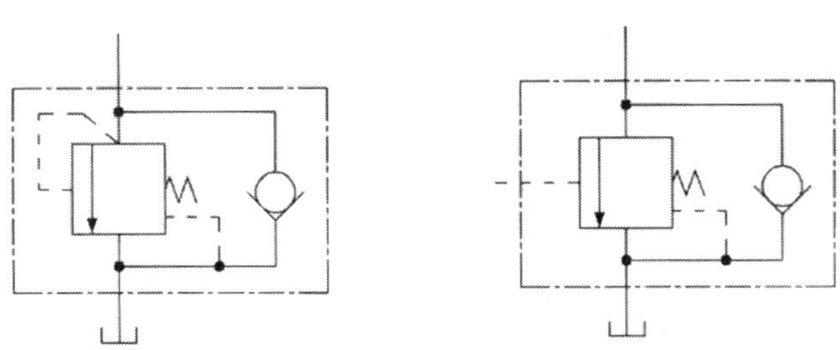

[그림 4-35] 카운터밸런스 밸브의 구조와 기호

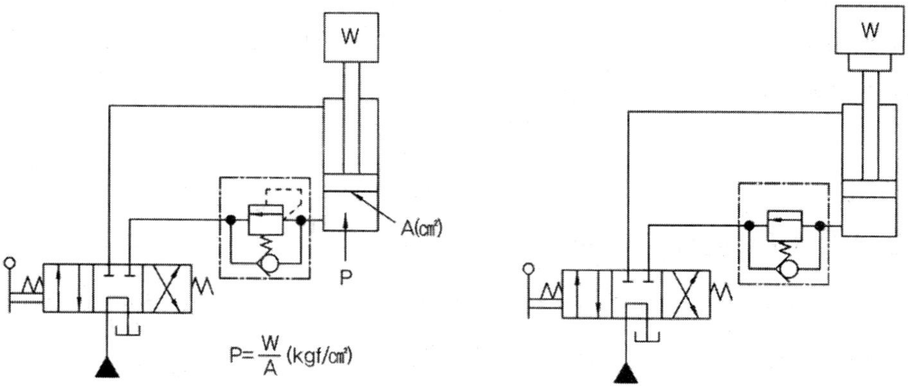

(a) 일정 부하일 때　　　　　　(b) 배압 크기가 달라질 때

[그림 4-36] 카운터밸런스 밸브의 사용 예

마. 무부하 밸브(unload valves)

유압장치에서는 작동 중 항상 펌프의 전체 송출량은 필요로 하지 않은 경우가 있다. 불필요한 작동유를 릴리프 밸브로 탱크에 환유시키면 회로의 효율, 성능상 좋지 않다. 이와 같은 경우 무부하 밸브를 사용하여 펌프를 무부하 운전시켜 동력의 절감과 유온 상승을 막을 수 있다.

이 밸브는 [그림 4-37]과 같이 통상 고압 소용량, 저압 대용량 펌프를 조합 운전할 때 설정 압이 규정 압력 이상으로 달했을 때, 저압 펌프를 무부하 운전시켜 동력 절감을 시도하고자 할 때 사용한다.

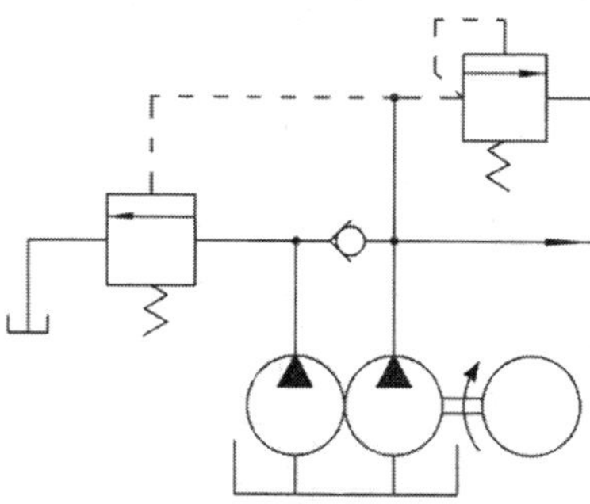

[그림 4-37] 무부하 밸브를 사용한 회로도

이 감압 작용은 감압 출구 압이 설정 압력으로 될 때까지 계속한다. 감압 출구로부터 고압 입구 측으로의 유압유는 감압 출구의 압력이 설정압 이하일 경우에만 가능하다. 부하에 의하여

감압측압력이 설정 압력 이상으로 되면 스풀은 C부를 막아버리는 감압측압력은 증대한다. 이와 같이 이 밸브를 출구 측으로부터 입구 측으로 역류가 생길 때 역류를 막는 작용을 하는 것이 릴리프 밸브와 본질적으로 상이한 점이다.

바. 압력 스위치(pressure switch)

압력 스위치는 유압 신호를 전기 신호로 전환시키는 일종의 스위치이다. 이 스위치는 전동기의 기동, 정지, 솔레노이드 조작 밸브의 개폐 등의 목적에 사용한다.

이 스위치 구조상 다음과 같은 것들이 널리 사용된다.

① 소형 피스톤과 스프링과의 평형을 이용하는 것
② 부르동관(bourdon tube)을 사용한 것
③ 벨로우즈(bellows)를 사용하는 것 등

[그림 4-38]의 왼쪽은 피스톤 방식의 압력 스위치의 설명도와 압력 스위치의 기호이다. 유압, 회로의 압력 PS는 A실로 통하고 있다.

지금까지 회로압력이 강구 ①을 밀고 있는 스프링 ⑤의 압력보다 커지면 강구(ball) ①을 위로 밀어 올려 유압유는 B실에 유입되어 피스톤 ②를 우측으로 민다. 피스톤이 우측으로 이동되면 우단부에 있는 전기 회로 개폐용 리밋 스위치를 작동시킨다. A실의 압력이 강구 ①을 누르고 있는 스프링 ⑤의 압력보다 낮아지면 강구 ①은 다시 원위치로 내려오고 B실의 유압유는 피스톤 ②를 누르고 있는 스프링 ⑥에 의하여 밀려 강구 ④를 지나 압출된다. 리밋 스위치를 원상태로 복원시키는데 요하는 시간은 교축 밸브 ③을 조절해서 결정한다.

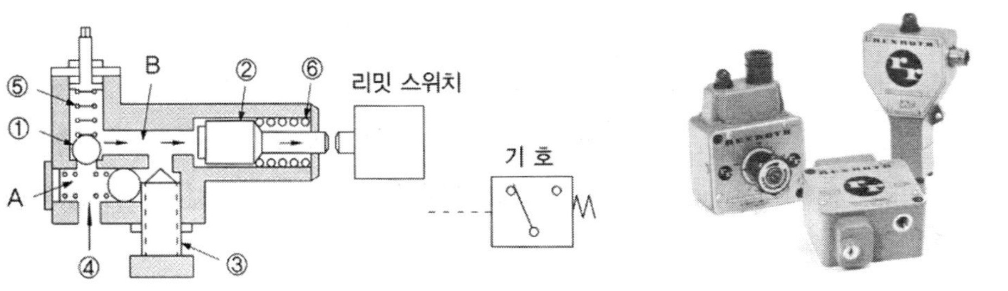

[그림 4-38] 피스톤 형 압력 스위치

[그림 4-39]는 부르동관형 압력 스위치이다. 부르동관의 자유단에 직접 스위치를 붙이든가 또는 파이프 끝의 변위를 확대 기구와 급 복원 기구에 의하여 수은 스위치를 이용해서 정도를

1 ~ 2% 전후로 한 것도 있다. 압력 스위치는 작동유의 오염, 회로의 진동, 서지 압, 유동의 난도, 관로중의 공기의 잔류 등에 나쁜 영향을 받기 쉬우므로 취급에 세심한 유의를 요한다.

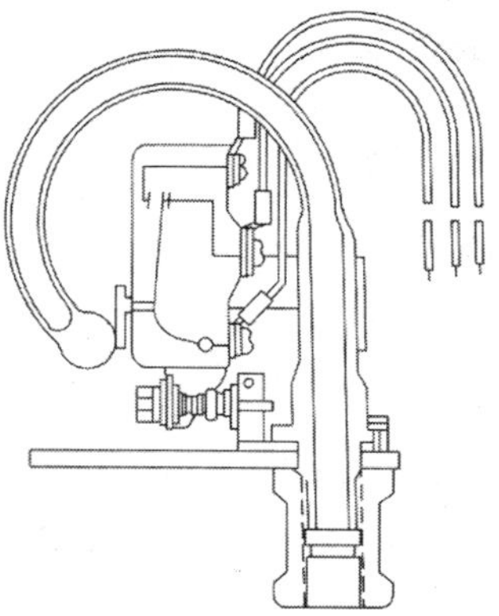

[그림 4-39] 부르동관형 압력 스위치

사. 유체 퓨즈(fluid fuse)

유체 퓨즈는 회로 압이 설정 압을 넘으면 막(膜)이 유체 압에 의하여 파열되어 유압유를 탱크로 귀환시킴과 동시에 압력 상승을 막아 기기로 보호하는 역할을 한다.

설정 압은 막의 재료 강도로 조절한다. 그러므로 여러 가지 막을 만들어 놓고 교환을 쉽게 할 수 있게 해서 소정의 막을 끼워 사용한다. 유체 퓨즈를 과대한 압력 상승으로부터 기기를 보호하는 다른 압력 제어 밸브보다도 급격한 압력 변화에 대해서 응답이 빨라 신뢰성이 좋다. 그러나 맥동이 큰 유압장치에서는 부적당하다.

03 유량 제어 밸브

유량 제어 밸브(flow control valves)는 유압장치의 제어부로서 작동유의 유량을 조절하는 밸브이며 대별하면 다음과 같다.

가. 교축 밸브(flow metering valves)

유량 조정 밸브 중 구조가 가장 간단한 밸브이며, 다음과 같이 분류한다.

· 스톱 밸브(stop valves)
· 스로틀 밸브(throttle valves)
· 스로틀 체크 밸브(throttle and check valves)

(1) 스톱 밸브

상수도용, 유압용 등의 다양한 용도에 사용되고 있는 교축 밸브이다. 조정 핸들을 조작함으로써 스로틀 부분의 단면적을 변경시켜 통과하는 유량을 조절하는 밸브이다. 그러나 유압용으로 사용할 경우 교축 전후의 압력차이가 클 때에는 미소 유량을 조정하기가 어렵기 때문에 작동유의 흐름을 완전히 멎게 하든가 또는 흐르게 하는 것을 목적으로 할 때 사용한다.

(2) 스로틀 밸브

유압 구동에서 가장 많이 사용되고 있는 밸브로서 핸들을 조작하여 밸브안의 스풀을 미소 유량으로 움직임으로서 대유량까지 조정하는 밸브이며, 일반 산업기계에 널리 사용되고 있으며 스로틀 부분은 완전한 테이퍼 부분과 V자형의 홈으로 되어 있는 부분으로 만들어져 있으며 교축 전후의 압력차가 증가해도 미소 유량을 조절하기가 용이한 것이 특징이다.(그림 4-40 참조)

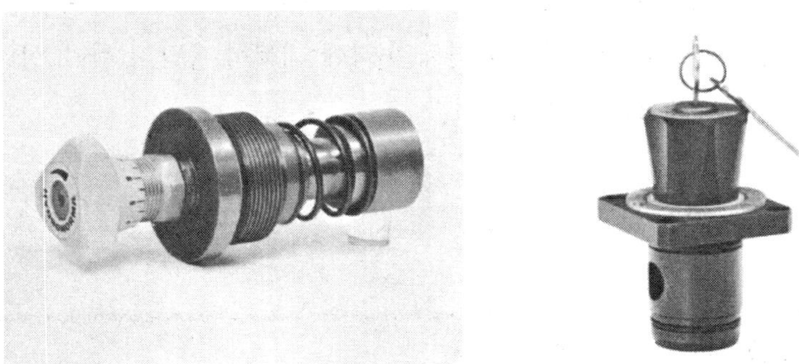

[그림 4-40] 스로틀 밸브

(3) 스로틀 체크 밸브

[그림 4-41]은 스로틀 체크 밸브와 유압 기호를 표시한 것으로 유압 기호에서 알 수 있듯이 스로틀 밸브는 양쪽 방향과 흐름에 대한 제어가 가능하지만 스로틀 체크 밸브는 한 쪽 방향으로의 흐름은 제어하고 역방향의 흐름은 제어가 불가능하다.

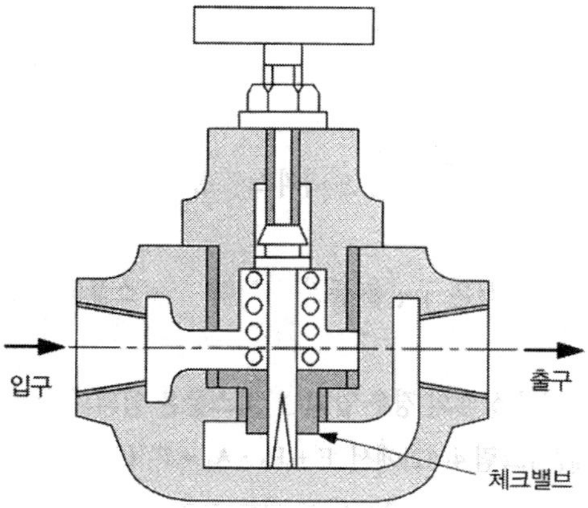

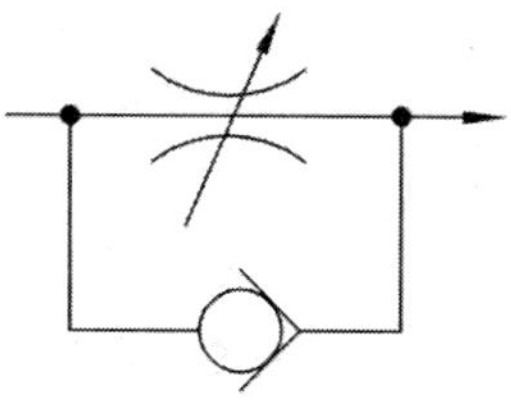

[그림 4-41] 스로틀 체크 밸브의 구조와 기호

나. 유량 조절 밸브(압력 보상) : (pressure compensated valves)

유량 조정 밸브는 압력 보상 기구를 내장하고 있으므로 압력의 변동에 의하여 유량이 변동되지 않도록 회로에 흐르는 유량을 항상 일정하게 자동적으로 유지시켜 준다.

다이얼 눈금을 선정하며 유압 모터의 회전이나 유압 실린더의 이동 속도 등을 제어한다. 또 기능별 부분을 구분하면 유량 조정부와 압력 보상부, 체크 밸브로써 이루어져 있다.

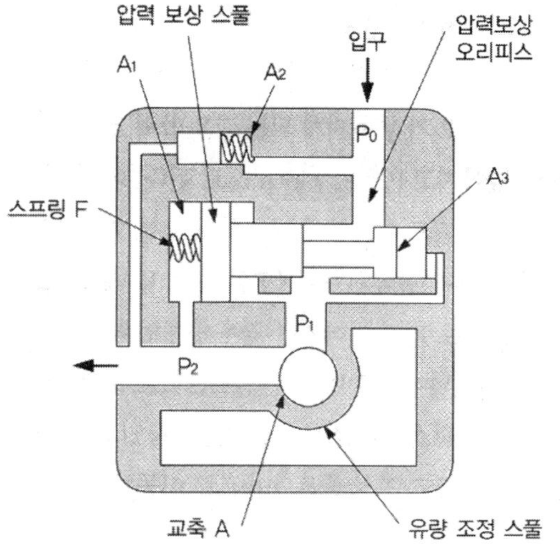

[그림 4-42] 압력 보상형 유량제어 밸브의 구조

① 유량 조정부 : 레버를 돌리면 유량 조정 측의 교축 개도(開道)가 변화하고 유량이 증감한다.

② 압력 보상부 : 압력 보상 스풀과 스프링의 작용에 의하여 유량 조정축과 교축부의 전후의 압력차를 일정하게 유지시켜 준다.

③ 체크 밸브부 : 유량 조정부가 전폐(全閉)하여도 역류는 유량 조정 범위와 압력 이 하에서 흐른다.(그림 4-42 참조)

④ 작동원리

ⓐ 오일이 입구로부터 들어가 압력 보상 오리피스와 유량 조정 교축부 A를 통하여 출구로 흐른다.

ⓑ 교축 A의 입구 압력 P_1은 적은 구멍으로 통하여 압력 보상 스풀의 A_2, A_3의 면적부에 작용한다.

ⓒ 오일이 흐르고 있는 정상 상태의 경우 압력 보상 스풀은 임의의 위치에서 평형이 되어 있으므로 그 힘의 관계는 [그림 4-42]에서 $F + P_2 \cdot A_1 = P_1(A_2 + A_3)$ 또는 $A_2 + A_3 = A_1$에 의하여 $P_1 - P_2 = F/A_1$으로 되어 교축 "A"에 대한 전후의 차압은 스프링이 힘 F와 면적 A_1으로 정해지는 일정한 값이다.

단, F : 피스톤에 작용하는 스프링의 강도

A_1 : 피스톤 왼쪽의 넓이

A_2 : 피스톤 오른쪽의 넓이

A_3 : 피스톤 오른쪽의 넓이

$P_1 - P_2$: 교축 전후의 압력차

ⓓ 입구 압력 P_0가 높아지게 되는 경우 압력 보상 오리피스로부터 유입되는 유량이 증가하여 P_1이 높아지고 $P_1 - P_2 > F/A_1$으로 된다. 이때 압력 보상 스풀에 가해진 힘의 균형이 무너져 스풀은 좌로 이동하게 되고 압력 보상 오리피스의 면적은 작아져 유입량을 감소하여 P_1이 낮아진다. 결국 $P_1 - P_2 < F/A_1$으로 될 때까지 스풀은 좌측으로 이동하게 된다.

ⓔ 또한 역으로 P_0가 낮아지는 경우에는 압력·보상 오리피스로부터 유입되는 유량이 감소하여 P_1이 낮아지고 $P_1 - P_2 < F/A_1$으로 된다. 이때 스풀은 우측으로 이동하게 되며 압력 보상 오리피스의 면적도 크게 되고 유입량이 증가하여 P_1이 낮아진다. 결국 $P_1 - P_2 = F/A_1$이 될 때까지 스풀은 우측으로 이동하게 된다.

ⓕ 출구의 압력 P_2가 변화하는 경우에도 같은 방법으로 $P_1 - P_2 = F/A_1$가 될 때까지 작동하게 된다.

ⓖ 결국 입구와 출구에 압력 변동이 있어도 교축 A의 전후 압력차는 일정하고 교축 A부의 열리는 정도가 결정되면 유량도 결정되는 것이다.

다. 바이패스(by pass) 유량 제어 밸브

바이패스 유량 제어 밸브는 펌프의 전 유량을 한 가지 기능에 사용하는 경우나 다른 기능을 위해 유량을 흘려보내야 하는 경우 등에 사용된다.

이 밸브는 오리피스나 스프링을 사용하여 유량을 제어하며 [그림 4-43]과 같이 유동량이 증가하면 바이패스(by pass)라인으로 오일을 방출하여 회로의 압력 상승을 방지한다. 여기서 바이패스된 오일은 다른 기능의 용도에 사용되거나 탱크로 귀환된다.

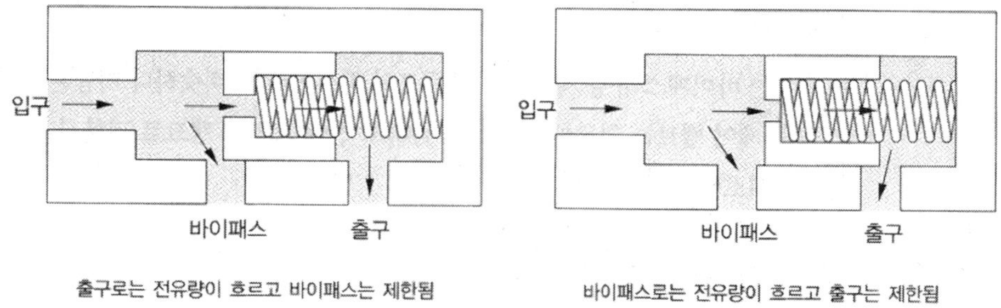

[그림 4-43] 바이패스 유량제어 밸브

라. 유량 분류 밸브

유량 분류 밸브는 유량을 제어하고 분배하는 기능을 하는 밸브이다. 유량 분류 밸브는 그 작동상의 기능에 따라 유량 순위 분류 밸브 유량 조정 순위 밸브 및 유량 비례 분류 밸브로 구분한다.

유량 순위 분류 밸브는 [그림 4-44]과 같이 몇 개의 회로에 오일 공급의 순서를 정해진 방법에 따라 공급한다. 즉 펌프에서 토출되는 오일을 한 회로에 우선 공급한 후에 다음 회로에 오일을 공급한다. 분류 밸브의 스풀은 밸브 체 안에서 미끄럼 운동을 하며 출구 한 쪽의 구멍이 좁아지면 다른 출구는 넓어지게 되는 구조이다. 입구 측 오일은 스풀의 한 쪽 끝을 밀게 되고, 스프링과 인접된 낮은 압력의 오일은 스풀의 다른 끝을 밀게 된다.

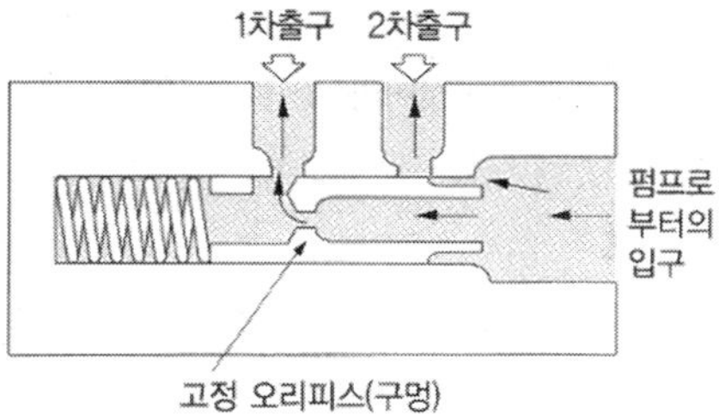

[그림 4-44] 유량 순위 분류 밸브

[그림 4-44]에서 1차 출구의 압력이 낮으면 스풀은 오른쪽으로 움직여 1차 출구의 구멍을 크게 하고 2차 출구의 압력을 제한한다.

1차 출구의 압력이 높아지면 밸브본체 내의 오리피스를 통과하는 오일의 압력이 증가하여 스풀은 왼쪽으로 움직이며 스프링을 압축한다. 밸브가 왼쪽으로 움직임에 따라 2차 출구의 구멍이 넓어져서 많은 양의 오일이 통과하게 된다. 1차 출구는 항상 오일이 충분하나 2차 출구는 항상 여분의 오일만이 통과하게 된다. 유량 조정 순위 밸브는 레버나 솔레노이드 등에 의해 스프링에 작용되는 압력을 변환시켜 1차 출구를 통과하는 유량을 조정할 수 있다.

이 밸브는 바이패스 유량 제어 밸브의 구조와 작동 방법이 비슷하나 기능은 다르다. 즉 바이패스 유량 제어 밸브는 회로에 오일을 공급하고 잔여 오일을 탱크로 귀환시키나 이 밸브는 2개의 작동회로에 오일을 공급한다.

유량 비례 분류 밸브는 [그림 4-45]와 같이 입구 측에 공급된 오일을 2개의 회로에 1 : 1에서 9 : 1의 비율로 분배할 수 있는 밸브이다. 방향 조정 장치에 사용된 밸브의 예로서 출구는 양쪽 실린더에 연결되어 같은 유량이 흐르도록 한다.

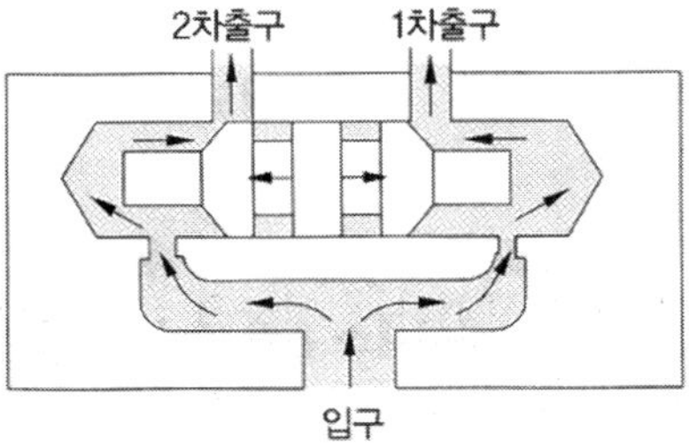

[그림 4–45] 유량 비례 분류 밸브

입구에서 스풀의 양단으로 가는 통로에 같은 크기의 오리피스가 있어, 오른쪽으로 작동될 때에는 이 밸브로부터의 배압이 스풀을 왼쪽으로 작용하여 스풀 양쪽의 압력이 같아질 때까지 2차 출구를 제한한다.

왼쪽으로 작동될 때에는 반대 현상이 생겨 1차 측의 출구를 제한하며, 스풀의 미끄럼 운동으로 항상 압력의 평형을 이루게 된다. 또 오리피스 입구와 스풀 양쪽의 압력이 같고, 오리피스를 통과하는 유체의 압력 강화가 같으므로 작동에 관계가 없이 유량 비는 양쪽 모두 같아진다. 여기서 양쪽 유량비의 조정은 오리피스의 크기를 서로 다른 크기로 하면 된다.

04 방향 제어 밸브

가. 방향 전환 밸브(directional control valves)의 형식

전환 밸브에 사용되는 밸브의 기본 구조는 포핏 밸브식(poppet valve type), 로터리 밸브식(rotary valve type), 스풀 밸브식(spool valve type)으로 구별할 수 있다.

[그림 4-46] 방향 제어 밸브

(1) 포핏 형식

이 형식은 밸브의 추력을 평형 시키는 방법이 곤란하고 조작의 자동화가 어려우므로 고압용 유압 방향 전환 밸브로서는 널리 사용되지 않는다. 그러나 밸브 부분에서의 내부 누설이 적고 조작이 확실하다는 점에서 공기압용 전환 밸브로 많이 사용한다.

(2) 로터리 형식

이 형식은 일반적으로 회전축에 직각되는 방향으로 측압이 걸리고, 또 로터리에 많은 유압유 통로를 뚫어야 하기 때문에 밸브 본체가 비교적 대형이 된다. 그러므로 고압 대용량에는 불리하다. 이 형식의 밸브는 구조가 간단하고 조작이 쉬우면서 확실하므로 유량이 적고 압력이 낮은 원격 제어용 파일럿 밸브로 사용되는 경우가 많다.

(3) 스풀 형식

이 형식은 전환 밸브로서 가장 널리 사용되고 있다. 이 형식의 밸브는 스풀 축 방향의 정적 추력 평형이 얻어지는 것은 물론, 스풀의 원주 둘레에 가느다란 홈을 파 놓으면서 측압 평형도 쉽게 얻을 수 있는 것 이외에도, 각종 유압 흐름의 형식을 쉽게 설계할 수 있는 점, 각종 조작 방식을 쉽게 적용시킬 수 있는 점 등의 특징이 있다.

그러나 밸브 실린더 안을 스풀이 미끄러지며 운동하여야 하므로 약 10 ~ 20 μm의 간격을 필요로 한다. 그러므로 이 간격을 통하여 약간의 누유가 따르게 되는 점이 결점이다. 그래서 로크(lock) 회로에는 이 형식을 쓰지 않고 포핏 형식을 사용하는 것이 장시간 확실한 로크를 할 수 있다.

나. 방향 전환 밸브의 위치수, 포트수, 방향수(number of positions, ports and ways)

(1) 위치 수(number of positions)

방향 제어 밸브 내에서 다양한 유로를 형성하기 위하여 밸브기구가 작동되어야 할 위치를 밸브 위치라 말한다.

[그림 4-47]와 같이 방향 제어 밸브에서 이용되고 있는 위치 수는 1위치, 2위치, 3위치의 것이 있고 3위치의 것이 가장 많이 사용되고 있다.

양측 스프링 부착 3위치 밸브에서 밸브의 조작 입력이 가해지지 않을 때의 위치를 중립위치라 말하고, 조작 입력을 가해서 위치를 변환시킨 후 입력을 제거하면 스스로 원위치(중립위치)로 되돌아오는 밸브를 스프링 복원형(spring off set type)이라 말한다.

3위치 전환 밸브는 중앙위치가 중립위치이고 좌우의 양위치를 양단위치(extreme position)라 말한다. 또 조작 압력이 가해지지 않을 때 스프링의 힘으로 중립위치에 되돌아오는 밸브를 스프링 중립형이라 말한다.

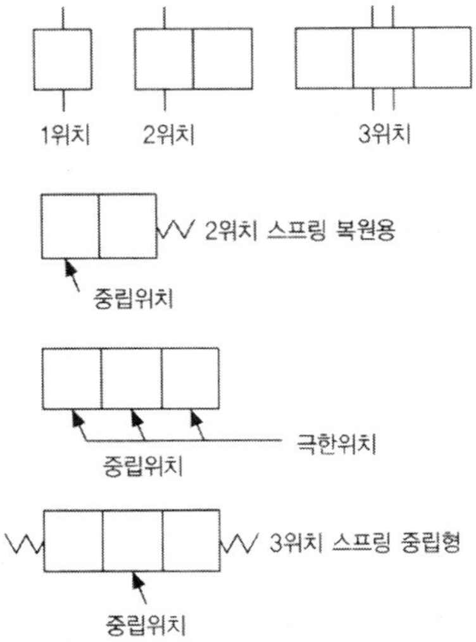

[그림 4-47] 방향 제어 밸브의 위치

양단 위치는 정(正), 역(逆)의 유로를 만드는 것이 보통이다. 중립위치에서 유로 형식은 사용 목적에 따라[그림 4-48]과 같이 여러 가지를 생각할 수 있다.

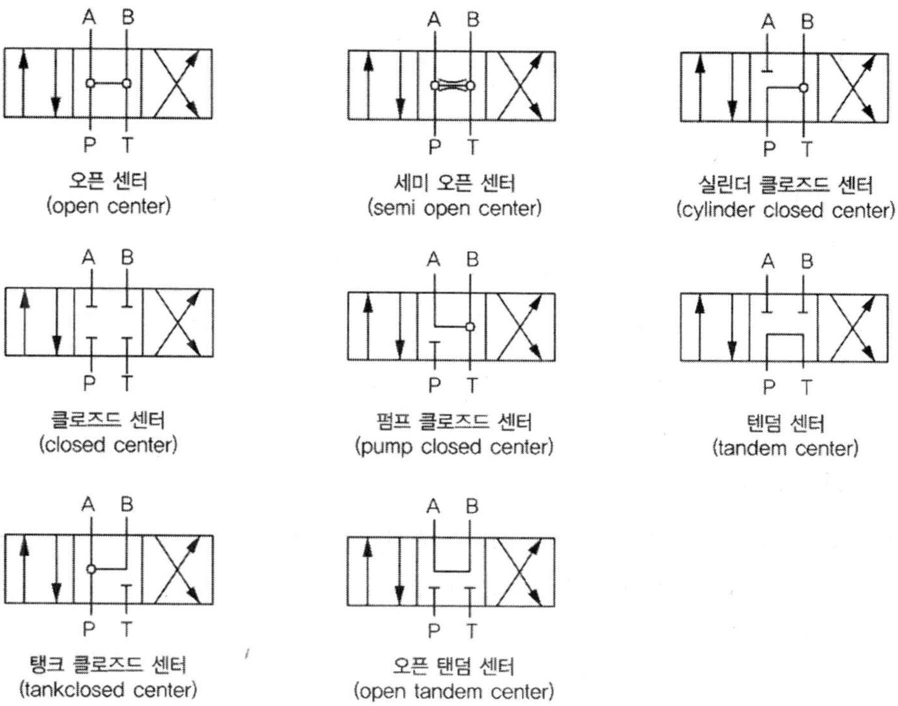

[그림 4-48] 중립 위치에서 유로의 형식

(2) 포트수와 방향수(number of ports and ways)

방향 제어 밸브에 있어서 밸브와 주관로(파일럿과 드레인 포트는 제외)와의 접속구 수를 포트 수 또는 접속 수라 한다.

포트 수는 유로 전환의 형을 한정한다. 일반적으로 2포트 밸브는 유로의 개(開), 폐(閉)만을 한정할 경우이고 3포트 밸브 1개의 유입 유압유를 2개의 방향으로 전환하는 경우나, 2개의 유입 유압유 중 하나만을 통해서 유로를 만들고자 할 때에 사용한다.

4포트 밸브는 가장 널리 사용되는 형으로서 4개의 포트 중 2개가 조합되어 밸브 내에서 1개의 유로가 만들어진다. 이 포트의 조합에 따라 조작상의 운동을 정, 역 또는 정지 등의 전환을 행할 수 있다.

방향 제어 밸브의 방향수는 밸브에서 생기는 유로 수(3위치 밸브에서 중립 위치는 제외)의 합계를 말한다.(그림 4-49 참조)

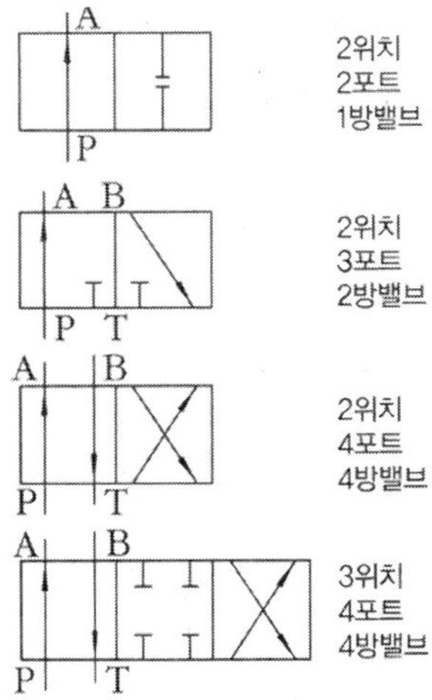

[그림 4-49] 방향 제어 밸브의 포트 수와 위치 수

(3) 전환 조작 방법

조작 방식은 수동 조작(인력 조작), 기계적 조작, 솔레노이드 조작(전자방식, solenoid), 파일럿 조작, 솔레노이드 제어 파일럿 조작 방식이 사용되고 있다. 이들 조작 방식을 기호로 표시하면 [그림 4-50]과 같다.

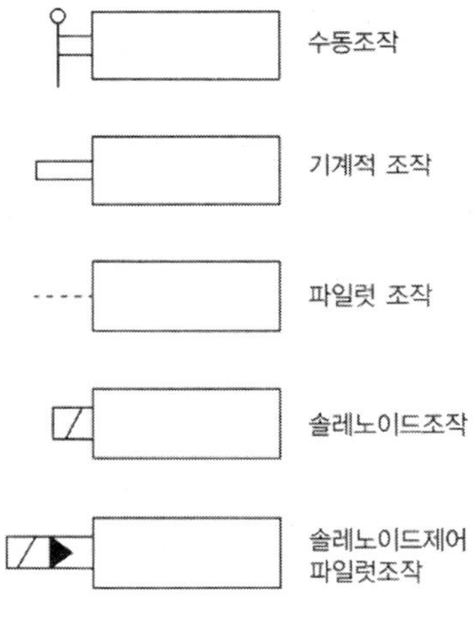

[그림 4-50] 방향 제어 밸브의 조작 방식

다. 2위치 2포트 밸브(two position two port connection valves : 2/2-way valves)

[그림 4-51]와 같이 1개의 유로가 단순한 개폐 작용만하는 전환 밸브이다. 밀폐 부분에 유압유가 들어가면 국부적으로 승압되어 측압이 걸리는 것을 막기 위하여 드레인 포트를 탱크에 연결시켜 사용한다. 이 밸브는 상시 열림형과 상시 닫힘형이 있고 비교적 저압 소용량에 사용한다.

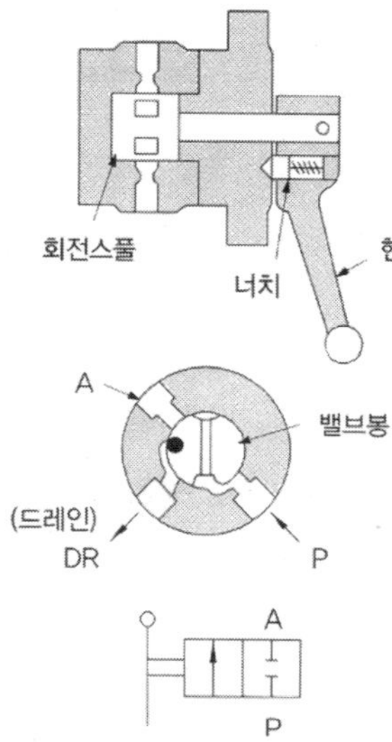

[그림 4-51] 2위치 2포트 밸브(로터리 형)

라. 2위치 3포트 밸브(two position three port connection valves : 3/2-way valves)

[그림 4-52]에 표시한 구조를 갖는 방향 제어 밸브로서 주 포트는 P, A, B 포트만이고 T포트는 없다. 스풀의 전환은 2위치에서 작동되어지고 1차측 P의 유압유는 밸브 내에서 2개의 유로(A나 B)로 통하게 되므로 2방향 밸브라 한다.

드레인 포트는 탱크에 접속하나 A 또는 B로부터의 귀환유를 탱크에 환유시키는 것이 아니고 밸브 내부에서 누설된 유압유를 방출시켜 전환 작동을 가볍게 한다.

이 밸브는 B포트를 막으면 1방향 밸브로도 쓸 수 있다.

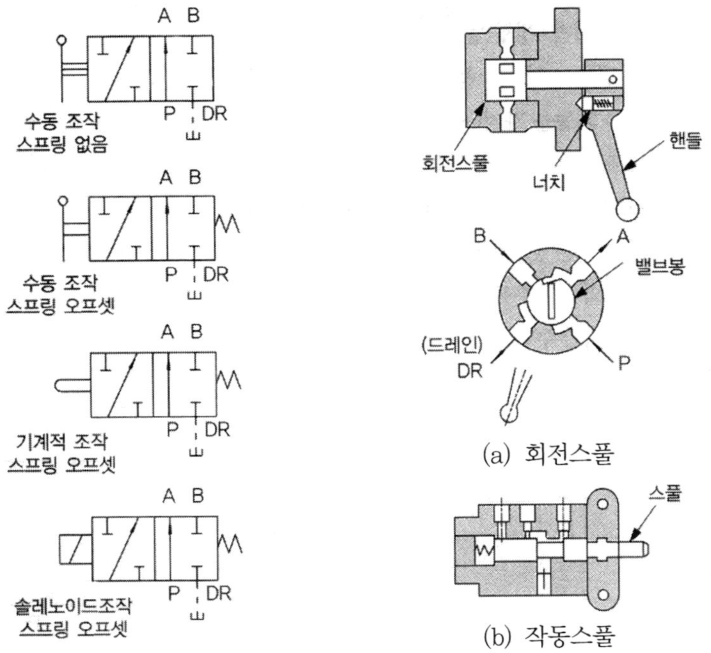

[그림 4-52] 2위치 3포트 밸브 의 구조와 기호

마. 4방향 밸브(4 way valves)

이 밸브는 P, T, A, B의 4개의 포트를 갖고 스풀의 이동에 따라 밸브 내에서 4개의 유로를 형성하는 방향 전환 밸브로서 보통 4방향 밸브라 말한다. 4방향 밸브는 회전 스풀과 직동 스풀이 있고 2위치 밸브와 3위치 밸브가 보통 사용된다.

(1) 2위치 4방향밸브(two position four way valves : 4/2-way valve)

이 밸브는 회전 스풀형 로터리 밸브(rotary valve)와 직선 위를 미끄러져 운동하는 직동 스풀 밸브(slide spool valve)가 있다.

(가) 로터리 밸브

이 밸브는 유압적 평형이 어렵고 측압을 받으므로 핸들을 작동하는데 많이 이용된다.

(나) 직동 스풀 밸브

이 밸브는 유압적 평형이 쉽게 이루어지므로 고압 대용량의 밸브에도 적합하다. 이러한 이유로 가장 널리 사용되고 있는 밸브형이다. 2위치 4방향 밸브의 T포트를 플러그로 막으면 2위치 2방향 밸브가 된다. 또 T포트와 A, B 중 어느 한 포트를 막으면 1방향 밸브로도 사용할 수 있다.

(2) 3위치 4방향 밸브(three position four way valves)

이 밸브는 직동 스풀 밸브로서 스풀의 전환 위치가 3개이나 그중 좌우 양단 위치는 밸브와 동일한 기능을 가지나 중립위치에서 밸브 특유의 유로를 형성시켜 여러 가지 기능을 갖는 밸브로도 된다. 중립위치의 형식 중 기본적인 것을 들면 다음과 같다.

(가) 오픈 센터형(open center type)

이 형식은 중립위치에서 모든 포트가 서로 통하게 되어 있다. 그러므로 펌프 송출유는 탱크로 귀환되어 무부하 운전이 된다. 또 전환시 충격도 적고 전환 성능이 좋으나 실린더를 확실하게 정지시킬 수가 없다.(그림 4-53의 (a) 참조)

(나) 세미 오픈 센터형(semi open center type)

이 형식의 밸브는 오픈 센터형의 밸브를 전환시 충격을 완충 시킬 목적으로 스풀 랜드(spool land)에 테이퍼를 붙여 포트 사이를 교축시킨 밸브이다. 그러므로 대용량의 경우에 완충용으로 사용한다.(그림 4-53의 (b) 참조)

(다) 클로즈드 센터형(closed center type)

이 밸브는 중립위치에서 모든 포트를 막은 형식이다. 그러므로 이 밸브를 사용하면 실린더를 임의의 위치에서 고정시킬 수 있다. 그러나 밸브의 전환을 급격하게 작동하면 서지 압(surge pressure)이 발생하므로 주의를 요한다.(그림 4-53의 (c) 참조)

(라) 펌프 클로즈드 센터형(pump closed center type)

이 형식은 중립위치에서 P 포트가 막히고 다른 포트들은 서로 통하게끔 되어 있는 밸브이다. 이 형식의 밸브는 3위치 파일럿 조작 밸브의 파일럿 밸브로 많이 쓰인다.(그림 4-53의 (d) 참조)

(마) 탠덤 센터형(tandem center type)

일명 센터 바이 패스형(center by pass type)이라고도 한다. 중립위치에서 A, B 포트가 모두 닫히면 실린더는 임의의 위치에서 고정된다. 또 P 포트와 T 포트가 서로 통하게 되므로 펌프를 무부하시킬 수 있다.(그림 4-53의 (e) 참조)

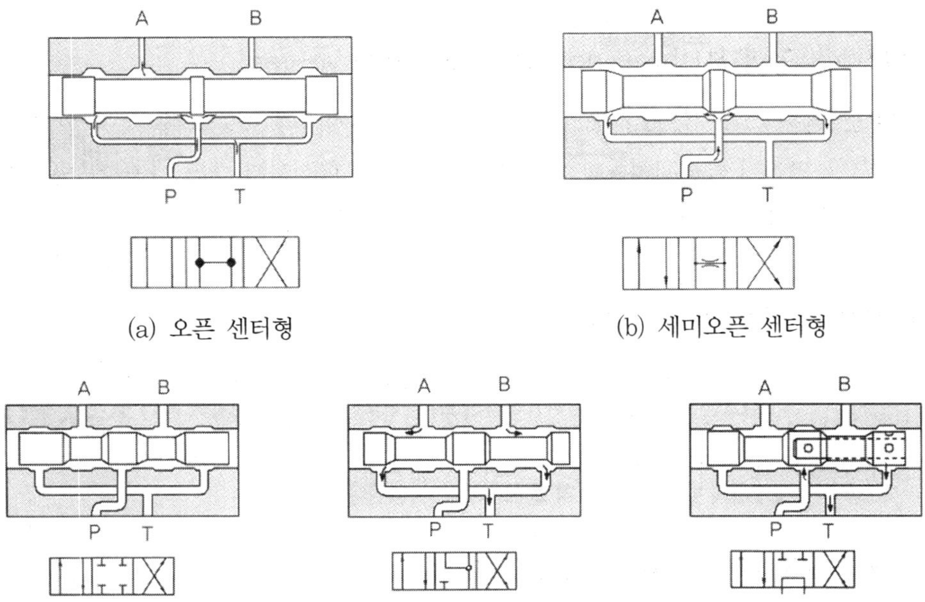

(a) 오픈 센터형

(b) 세미오픈 센터형

(c) 클로즈드 센터형

(d) 펌프 클로즈드 센터형

(e) 탠덤 센터형

[그림 4-53] 3위치 4방향 밸브

바. 체크 밸브(check valves)

체크 밸브는 한 방향의 유동을 허용하나 역방향의 유동은 완전히 저지하는 역할을 하는 밸브로서 [그림 4-54]와 같이 밸브 본체 포핏 또는 볼, 시트, 스프링 등의 부품으로 구성되어 있다. 또 형식에 따라 흡입형, 스프링 부하형, 유량 제한형, 파일럿 조작형으로 나눈다.

(1) 흡입형 체크 밸브

이 형의 밸브는 공동 현상 발생을 방지할 목적으로 사용한다. 즉 펌프 흡입구 또는 유압 회로의 부(-)압 부분에 이 밸브를 사용하여 유압이 어느 정도 압력 이하로 내려가면 포핏이 열려 압유를 보충한다.

(2) 스프링 부하형 체크 밸브

[그림 4-54]의 (a)와 같이 앵글형과 인라인형이 있다. 보통 이 밸브는 관로 내에 항상 유압유를 채워 놓을 경우나 열 교환기나 필터에 급격한 고압유가 흐르는 것을 막고 기기를 보호할 목적으로 사용하는 일종의 안전밸브이다.

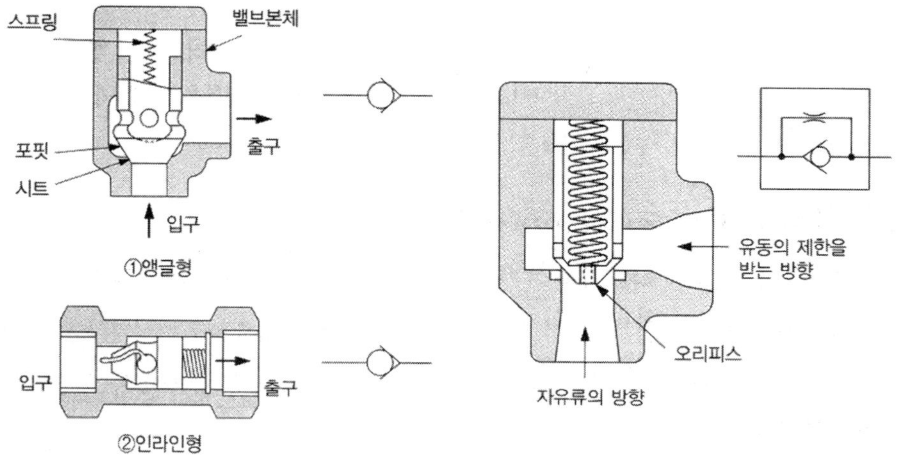

(a) 체크 밸브(스프링 부하형)의 구조와 기능 (b) 유량 제한형 체크 밸브

[그림 4-54] 체크 밸브

(3) 유량 제한형 체크 밸브(throttle and check valves)

이 형의 밸브는 한 방향의 유동은 자유 유동이 허용되고 역류는 오리피스를 통하게 하여 유량을 제한하는 밸브이다.(그림 4-54의 (b)의 참조)

(4) 파일럿 조작 체크 밸브(pilot operated check valves)

이 형식은 작동 방식이 스프링 부하형과 같으나 필요에 따라서는 파일럿 작동에 의하여 역류도 허용될 수 있는 밸브이다.

[그림 4-55]에 있어서 유압유는 입구 A로부터 유입해서 출구 B로 유출한다. 만일 출구 B의 압력이 입구 A의 압력보다 높을 때 파일럿 포트 P의 압력에 의하여 파일럿 피스톤을 상승시키면 포핏도 밀려올라가 역류된다.

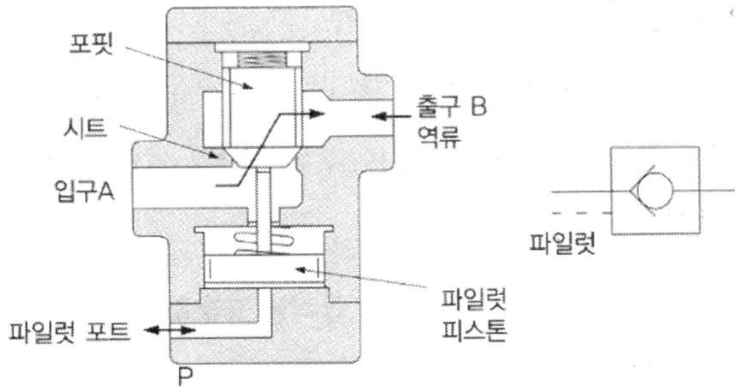

[그림 4-55] 파일럿 조작 체크 밸브

사. 감속 밸브(deceleration valves)

적당한 캠 기구로 스풀을 이동시켜 유량의 증감 또는 개폐작용을 하는 밸브로서 상시 개방형과 상시 폐쇄형이 있다.(그림 4-56 참조) 또 귀환 유동을 자유로이 하기 위하여 체크 밸브를 내장시킨 것이 있다. 이들 감속 밸브의 스풀 끝에는 롤러 또는 캠이 붙어 있어 이것에 의하여 스풀을 작동시킨다.

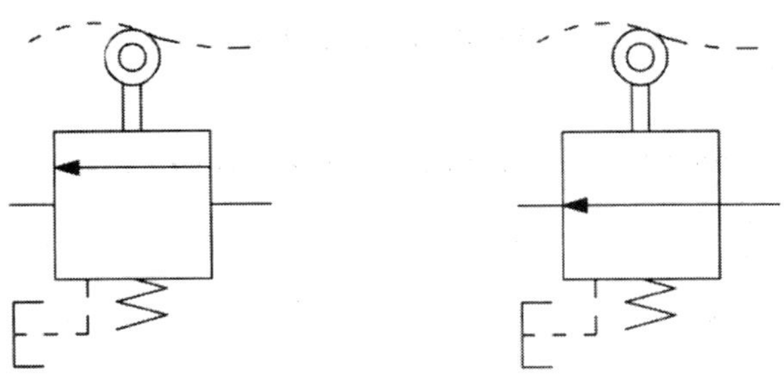

(a) 상시 개방　　(b) 역류 측 상시 개방

[그림 4-56] 감속 밸브

아. 셔틀 밸브(shuttle valves)

셔틀 밸브는 [그림 4-57]에 표시한 구조로서 출구 측 포트는 2개의 입구 측 포트 관로 중 고압 측과 자동적으로 접속되고, 동시에 저압 측 포트를 막아 항상 고압 측의 유압유만을 통과시키는 전환 밸브이다.

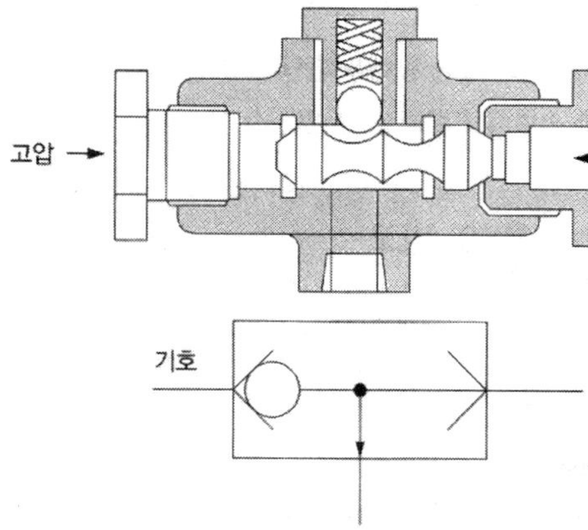

[그림 4-57] 셔틀 밸브

05 비례제어 밸브

비례제어 밸브는 기계의 메카니즘에서 요구되는 액추에이터의 동작 특성에 따라 밸브로의 입력신호가 계속 변하게 되는데, 이 입력신호에 대한 출력신호도 비례적으로 변하게 되는 밸브를 비례제어 밸브라 한다.

위치 제어기능이 없는 전자비례 밸브는 히스테리시스나 반복 정확도가 떨어지나 가격적인 측면에서 장점을 가지고 있다. 이는 Open-loop에서 정밀도가 높은 전자비례밸브를 사용할 경우 Closed-loop 시스템의 결과 치와 동일한 효과를 얻을 수 있다.

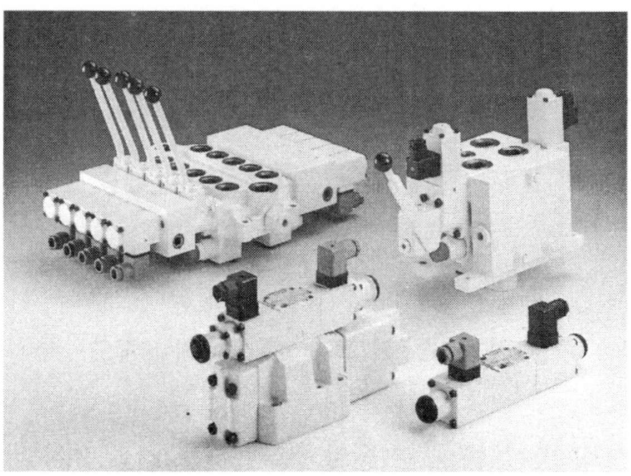

[그림 4-58] 비례제어 밸브의 외형

비례제어 밸브는 전기적으로 제어되며 전기 유압 서보 밸브와 작동 방법이 흡사하다. 그러나 서보 밸브와 비례제어 밸브는 많은 차이점이 있다. 서보 밸브에서는 토크 모터가 시계방향 또는 반시계 방향의 토크를 발생시켜 밸브 내 스풀의 운동을 제어한다.

비례제어 밸브는 코일의 전류에 비례하여 힘을 발생시키는 솔레노이드가 사용된다. 따라서 솔레노이드 코일에서 제어되는 전류에 의해 스풀의 위치가 제어된다.

전류의 크기에 따라 스풀의 위치가 제어되므로 스풀의 위치결정은 무한대로 생각할 수 있다.

비례제어 밸브는 비례 압력 제어 밸브, 비례 유량제어 밸브 등으로 설계되나 비례 방향제어 밸브가 가장 많이 사용된다.

비례 방향제어 밸브의 작동은 일반적인 솔레노이드 밸브와 같아 보인다. 그러나 비례제어 밸브의 스풀은 유압 액추에이터의 정밀한 속도제어와 위치 제어를 위해 정밀하게 설계한다. 또한 정밀제어를 하기 위하여 스풀랜드와 밸브 내경 사이의 간극은 매우 작다.

06 서보 밸브

서보 밸브는 유체의 흐름 방향을 조절할 수 있으며, 유량을 조절하는 기능도 한다. [그림 4-59]에는 위치 조정을 하기 위하여 힘을 증폭하는데 사용된 기계식 서보 밸브(servo valve)를 나타내었다.

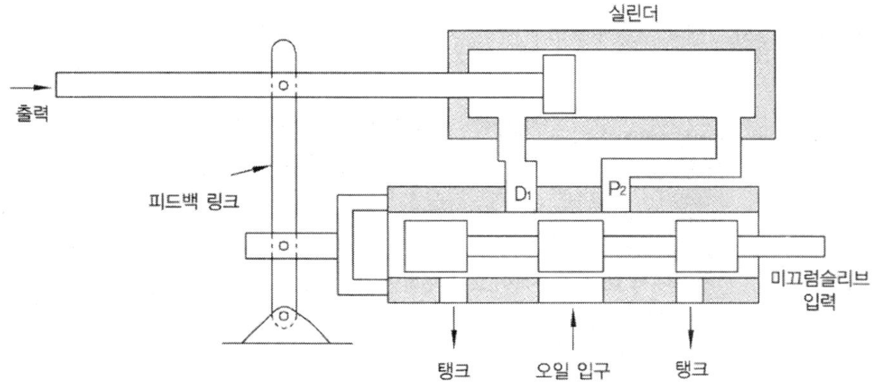

[그림 4-59] 기계식 서보 밸브의 개략도

밸브의 스풀이 힘을 가해 오른쪽으로 이동시키면 유체는 P1을 통하여 실린더 내부에 작동하여, 이때 증폭된 힘이 피스톤 로드를 후진시키면 피드백(feed-back) 기구가 미끄럼 슬리브를 오른쪽으로 이동시켜 피스톤, 로드가 밸브의 막힐 위치까지 이동할 수 있도록 조정한다.

이러한 밸브는 축의 운동 방향 및 변위를 결정하며, 자동차의 조향장치 등에 많이 사용된다. 즉 자동차의 핸들이 회전하는 미소한 양만큼 적당한 크기를 바퀴의 방향을 조절하게 된다. 근래에는 기계적 서보 형식 대신에 전기 전자적인 장치와 결합되어 소형이며 간편하고 유용하게 사용하고 있다.

07 카트리지 밸브

튜브 및 호스, 커플링 등에 의하여 유압 밸브를 연결시켜 회로를 구성하는 방식은 세계적 시장 경쟁에서 보다 효율적이고 경제적인 유압 시스템이 요구되었다.

집적 유압회로는 이러한 향상을 이룰 수 있는 검증된 방법으로서 여러 가지 카트리지 밸브와 그 외의 부품을 하나의 가공된 매니폴드 블록에 통합하여 구성한 집적된 유압시스템이다.(그림 4-60 참조)

[그림 4-61]과 같은 카트리지 밸브는 요구된 기능을 수행할 수 있도록 매니폴드 블록의 공간에 단일 밸브 또는 다른 카트리지 밸브와 유압 부품이 함께 조립될 수 있게 설계되었다.

밸브의 조립은 나사형 설계 또는 슬립인 설계에 의하여 매니폴드 안에 조립되어 있다. 약화하고, 다시 회로를 하나의 블록으로 집약할 수 있다는 점이다.

[그림 4-60] 카트리지 밸브를 조합한 매니폴드 블록

[그림 4-61] 카트리지 밸브

08 로직 밸브

종래의 유압 시스템에서는 방향, 유량, 압력, 시간 등을 제어하기 위해 기능의 수만큼 밸브들을 설치하였다. 로직 밸브의 최대 특징은 이러한 여러 가지 제어 기능을 하나의 밸브에 복합적으로 집약화하고, 다시 회로를 하나의 블록으로 집약할 수 있다는 점이다.

가. 기본 구조

로직 밸브는 얼핏 보아 체크 밸브와 같지만 구조적인 차이가 있다. [그림 4-62]은 로직 밸브의 구조를 나타낸 것이다. [그림 4-62]의 (b)와 같은 체크 밸브의 경우 구멍이 B포트와 스피링이 있는 방(카트리지 엘리먼트에서는 PP포트)을 연결하고 있으므로 오일은 A에서 오직 B로 통과시킨다.(체크 기능)

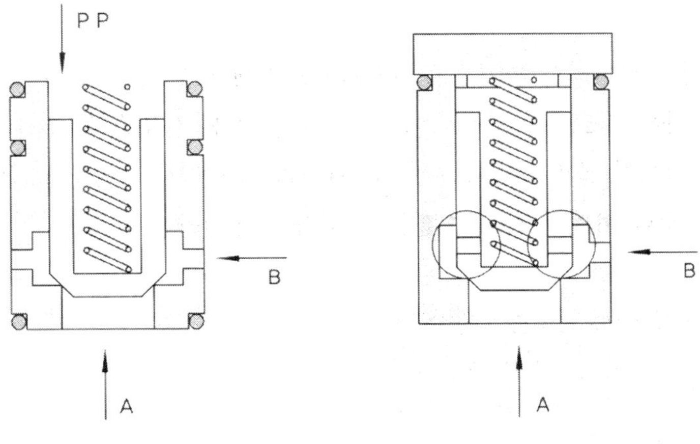

(a) 카트리지 엘리먼트 (b) 체크 밸브

[그림 4-62] 로직 밸브의 기본 구조

그러나 로직 밸브의 경우는 PP를 어떻게 제어하는가에 따라 작용도 여러 가지로 바뀌게 된다. 예를 들면, [그림 4-63]과 같이 PP포트와 B포트를 연결하는 것으로 체크 밸브와 같은 기능을 갖게 할 수도 있다.

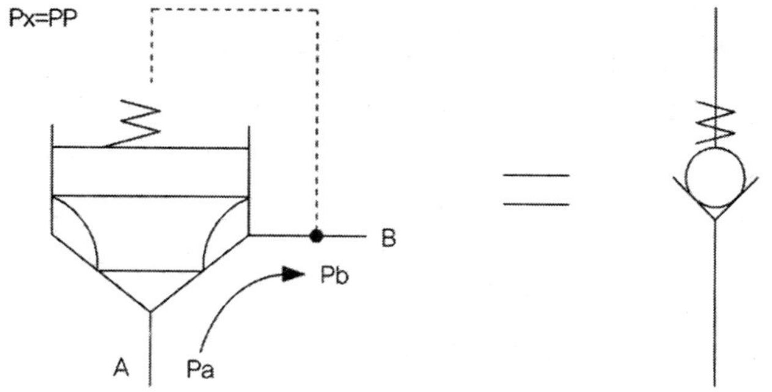

[그림 4-63] 로직 밸브의 기능

나. 각 포트 사이의 압력 밸런스

로직 밸브의 제어를 생각하기 위해 우선 포핏에 작용하고 있는 힘의 평형을 살펴보자. [그림 4-64]는 카트리지 엘리먼트를 나타낸다.

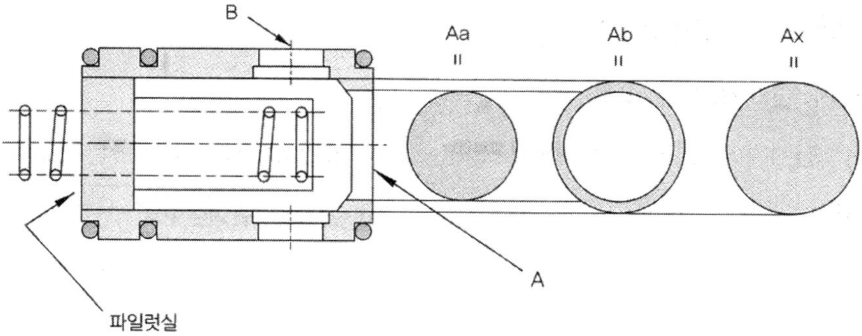

[그림 4-64] 각 포트 사이의 압력 평형

여기서 A포트부, B포트부, PP포트부의 수압 면적을 각각 Aa, Ab, Ax로 하면, Aa+Ab=Ax이고, 또 각각에 걸리는 압력을 Pa, Pb, Px 스프링 힘을 Fs라고 했을 경우, 포핏을 밸브 시트로 미는 힘 F는

$$F = Px \times Ax + Fs - Pa \times Aa - Pb \times Ab$$

로 나타난다.

Px×A는 포핏을 미는 힘, Fs는 스프링 힘, Pa×Aa는 A포트쪽 압력이 포핏을 밀어 올리는

힘, Pb×Ab는 B포트쪽 압력이 포핏을 밀어 올리는 힘이다.

따라서 F 〉 0 이면, 포핏은 닫히고, F 〈 0 이면 포핏은 열린다.

조금 전의 PP포트와 B포트를 연결한 것을 예로 계산해 보자.

여기서, Pb = Px이므로

$$
\begin{aligned}
F &= Px \times Ax + Fs - Pa \times Aa - Pb \times Ab \\
&= Pb(Aa+Ab) + Fs - Pa \times Aa - Pb \times Ab \\
&= (Pb \times Aa) + (Pb \times Ab) + Fs - (Pa \times Aa) - (Pb \times Ab) \\
&= Fs - (Pa - Pb)Aa
\end{aligned}
$$

여기서, (P - Pb)가 크랭킹 압보다 크면, 크랭킹 압은 Fs/Aa 이므로, F 〈 0 이 되어 포핏은 밀어 올려져 기름이 A→B로 흐르게 된다. 또 반대로 Pa 〈 Pb 이면, 항상 F 〉 0 이 되므로, 포핏은 밸브 시트쪽으로 밀려 기름은 B→A로 역류하지 않는다. 즉, 체크 기능을 하는 것이다.

다. 로직 밸브의 제어 기능

(1) 방향제어 밸브로서의 작용

방향제어 밸브 가운데 체크 밸브에 대해서는 앞의 설명과 같다. 여기서는 shut-off 기능에 대해 설명한다.(그림 4-65 참조)

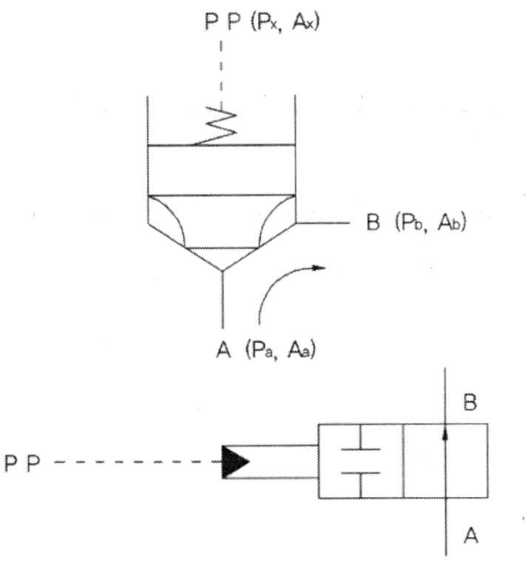

[그림 4-65] 로직 밸브의 방향 제어 밸브 기능

(가) 포핏을 연다.

Px = 0이고, Pa×Aa + Pb×Ab의 힘이 스프링 힘 Fs 보다 크면 포핏은 열려 A, B 포핏 사이는 연결된다.

(나) 포핏을 닫는다.

Px ≥ Pa 또는 Px ≥ Pb 이면 스프링 힘 Fs에 의해서 포핏은 밸브 시트쪽으로 밀려 A, B 포트 사이는 차단된다.

밸브의 제어 방향으로서는 A→B의 흐름을 기본으로 하고 있다. 이것은 B→A의 흐름 방향에 비해 B→A의 흐름 방향은 각 포트 수압 면적비 등에 의한 압력 평형을 취하기 어렵고, 밸브의 성능 면에서 떨어지기 때문이다.

다음으로 스풀 타입 방향제어 밸브를 살펴보자. 스풀 타입 방향제어 밸브는 밸브의 개폐(스풀이동) 때의 랩 량을 무시할 수 없고, 스풀이 움직여도 유로가 전환되지 않는 부분(불감대)이 있다.

그러나 로직 밸브는 포핏 타입 밸브를 사용하고 있기 때문에 랩 량이 없고, 포핏 자체의 질량도 작으므로 유로의 개폐가 신속하기 되어 응답성이 좋은 밸브가 된다.

또한, 밸브 중립위치에서 누유에 대해 스풀 타입은 적은 오버랩 부분에서 누유를 방지하는데 비해 로직 밸브는 주유로인 A, B포트 사이에 시트면에 의한 시일 구조를 형성하고 있어 누유는 대단히 작고, B포트, PP포트 사이에서도 스풀 타입에 비해 틈새가 작고, 랩 량도 크기 때문에 누유가 매우 작다. 따라서 로직 밸브의 누유는 로직 밸브 자체보다 오히려 파일럿부에 사용되는 밸브의 누유가 중요하다.

(2) 유량제어 밸브로서의 작용

로직 밸브를 유량 제어의 목적으로 이용할 때는 유량 포핏의 리프트량, 즉 밸브 열림 정도를 제한해 주면 된다. 실제로는 [그림 4-66]에 표시한 바와 같이 포핏의 리프트량을 조정하는 스토퍼를 설치하고 있다.

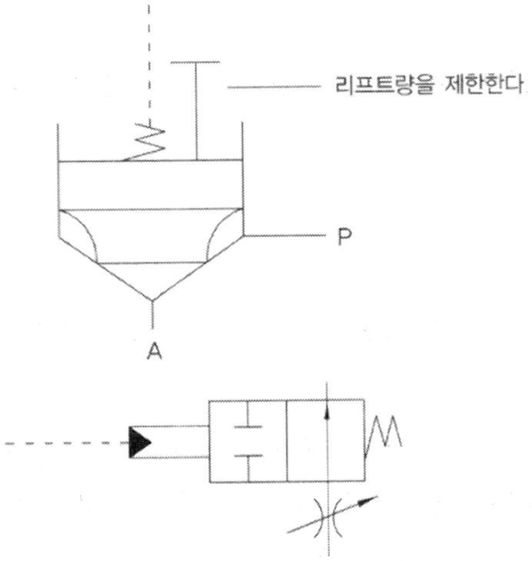

[그림 4-66] 로직 밸브의 유량 제어 밸브 기능

(3) 압력 제어 밸브로서의 작용

로직 밸브를 압력 제어 밸브로 사용할 수 있다. [그림 4-67]은 평형 피스톤형 릴리프 밸브의 기능을 할 수 있는 로직 밸브이다.

먼저 로직 밸브의 포핏에 쵸크 C를 설치한다. 로직 밸브의 A, B포트가 각각 릴리프 밸브의 P, T 포트에 상당한다.

즉, A 포트에서 쵸크 C를 통해 PP포트로 들어간 기름은 PP포트의 릴리프로 제어되어 PP포트의 압력을 일정하기 유지한다. 그리고 PP포트의 릴리프보다 A포트의 압력이 높아지면 포핏은 오른쪽으로 가서 A→B로 기름이 흐른다.

반대로 PP포트의 릴리프보다 A포트의 압력이 낮아지면 포핏은 왼쪽으로 가서 A포트로부터의 압력을 유지하도록 작용한다.

PP포트와 A포트의 압력이 쵸크 C를 사이에 두고 평형한 점에서 압력을 제어할 수 있도록 되어있다. 여기서 릴리프 밸브를 예로 들었는데, 이것의 응용인 시퀀스 밸브, 카운터 밸브의 기능도 로직 밸브로 얻을 수 있다는 것을 알 수 있다. 또한 포핏의 면적비와 쵸크의 지름을 바꿈으로서 감압밸브로서의 기능도 얻을 수 있다.(그림 4-68) 이 경우, 기름의 방향은 B→A로 제어하고 시트면은 사용하지 않는다.

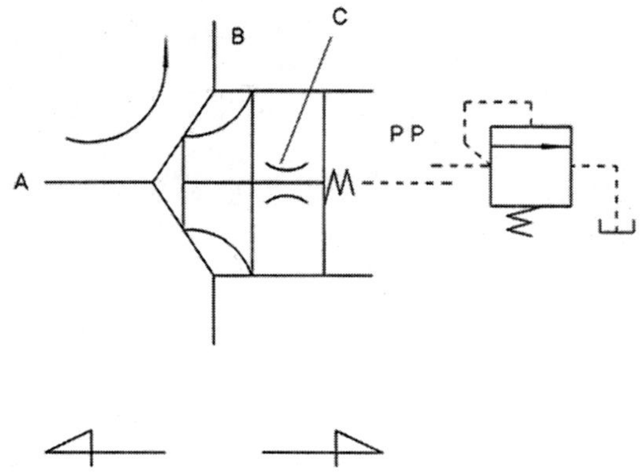

[그림 4-67] 로직 밸브의 압력 제어 밸브 기능

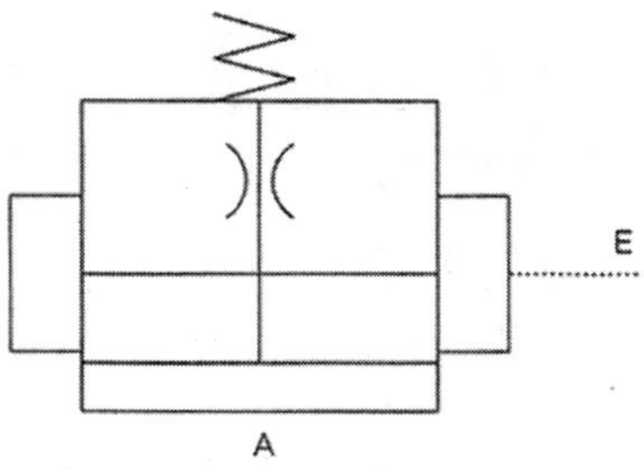

[그림 4-68] 로직 밸브의 감압 밸브 기능

제3절 유압 액추에이터

01 유압 액추에이터의 개요

유압 펌프가 일정 거리에 있는 작동기에 압력을 보내기 위해 에너지를 유압장치에 가하는 기구인 반면에 유압 액추에이터는 펌프에서 보내어진 작동유의 압력 에너지를 기계적 에너지로 바꾸는 기기이다. 〈표 4-7〉는 유압 액추에이터의 종류를 나타내었다.

유압 액추에이터는 직선 왕복운동을 주로 하는 유압 실린더와 회전운동을 하는 유압 모터로 구분될 수 있다.

유압 모터는 연속적인 회전을 하는 형태와 일정하게 제한된 각도 내에서 왕복 각 운동을 하는 것이 있다. 연속적인 회전의 경우를 보통 유압 모터라 하며, 제한 운동을 하는 것을 진동 유압 모터(vibration hydraulic oil motor) 또는 요동형 모터라고 한다. 유압 모터는 형상이 펌프와 같으나 하는 일은 반대이다.

〈표 4-7〉 유압 액추에이터의 종류

02 유압 실린더

유압 실린더는 작동형식에 따라 단동식과 복동식이 있다. 일반적으로 단동식의 경우는 피스톤 측에 압력이 작용하여 한 쪽 방향으로 유용한 일을 하고 귀환은 반대 방향에서의 중력이나 실린더 내부에 있는 스프링에 의해서 이루어진다.(그림 4-69 참조)

프레스나 리프팅(lifting) 장치 등의 간단한 작동장치에 많이 사용된다. 복동 실린더는 [그림 4-70]과 같이 피스톤의 양쪽에 유체의 출입구(port)가 있어 실린더의 양쪽 방향으로 유용한 일을 할 수 있으며, 유압이 작동되면 다른 한 쪽의 오일은 귀환 관호를 통하여 탱크로 되돌려진다.

또한 피스톤을 중심으로 양쪽에 피스톤 로드가 설치된 양측 로드형 실린더도 있다. 또한 단동식이나 복동식의 어느 형식이든 오일의 누출을 방지하기 위한 패킹이나 개스킷이 설치되어 있다.

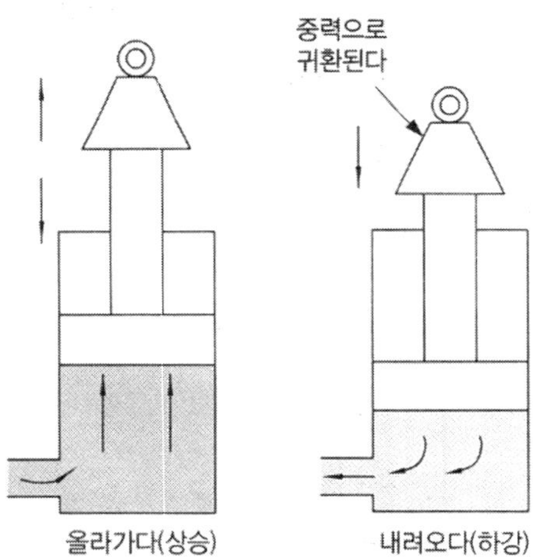

[그림 4-69] 단동 실린더

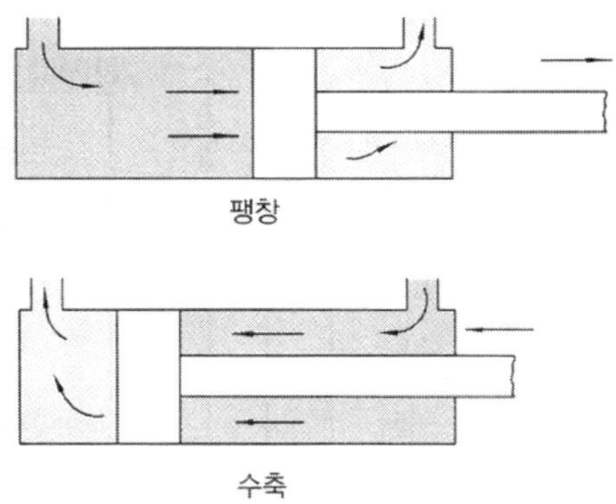

[그림 4-70] 복동 실린더

[그림 4-71]은 단동 실린더의 구조이다. 작동방법은 피스톤 측(그림의 왼쪽)의 오일 입구를 통해 오일이 일정 압력으로 공급되면 피스톤 로드가 오른쪽으로 진행하여 유용한 일을 하고 작용된 오일의 귀환은 피스톤 로드 측에 작용하는 부하에 의해서 하게 된다. 실린더의 피스톤 로드 측, 즉 공기구멍이 있는 쪽은 대기와 통해져 있다. 실린더의 로드 측 끝에는 로드 와이퍼 실(wiper seal)이 있어 로드의 청결을 유지한다.

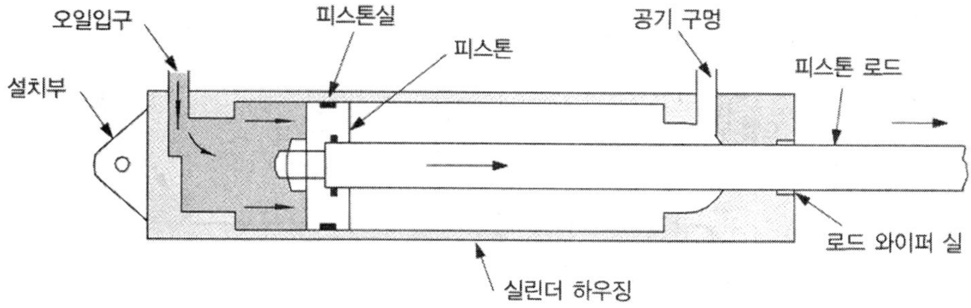

[그림 4-71] 단동실린더

[그림 4-72]는 램형 실린더(ram type cylinder)의 구조를 나타내었다.

램형은 피스톤이 없이 로드 자체가 피스톤의 역할을 하며, 로드의 지름은 피스톤 지름보다 작게 설계한다. 실린더 내부에 있는 로드의 끝에는 대부분 홈을 파서 링을 끼워 로드가 빠져 나가지 못하게 되어 있다.

램형은 피스톤형에 비해 로드가 굵기 때문에 부하에 의한 휨의 영향이 적고, 패킹이 실린더 내부에 설치되지 않으므로 실린더 내부가 보호되며 공기구멍이 필요치 않다.

일반적인 수동 작동 유압잭의 구조는 램형 실린더의 형태이다.

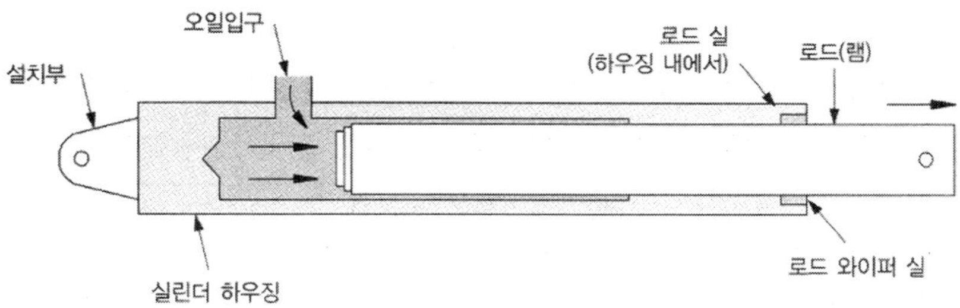

[그림 4-72] 램형 유압실린더

[그림 4-73]은 복동 실린더의 구조를 나타내었다. 복동식은 피스톤측과 로드측에서 모두 유압이 작용하므로 피스톤 로드의 전후진시에 유용한 일을 하게 된다. 이 형식의 실린더는 로드가 한 쪽 또는 양쪽의 설치여부에 따라 로드형과 양측 로드형으로 분류하는데 한쪽 로드형은 피스톤 로드 측의 수압 면적이 피스톤 측보다 로드의 면적만큼 작으므로 작동력의 크기가 다르게 된다. 따라서 피스톤 측에 압력이 가해지면 속도는 약간 느리나 큰 힘을 전달하고, 로드 측에 압력이 작용하면 속도는 다소 빨라지나 힘의 전달력은 작아지게 된다. 그러나 양측 로드형은 양측의 수압 면적이 같으므로 작동력의 크기가 같게 된다.(그림 4-74 참조)

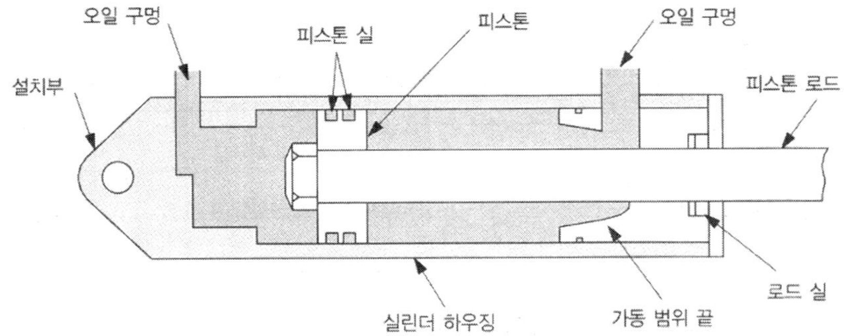

[그림 4-73] 복동 실린더

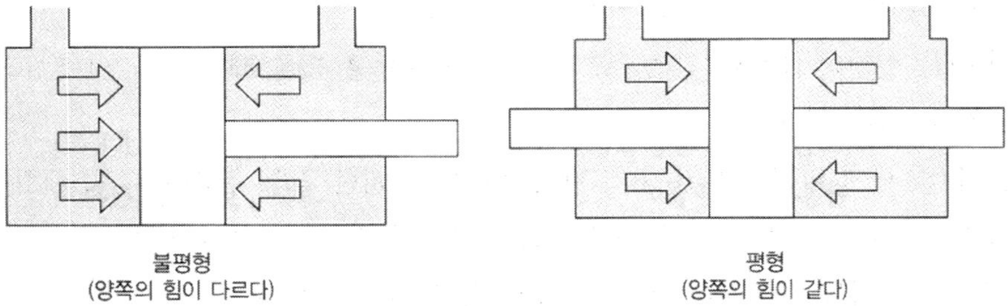

[그림 4-74] 편 로드형과 양 로드형의 작동력

복동 실린더에 작동되는 힘과, 속도를 피스톤 측에 압력을 가해서 전진운동을 했을 경우와 로드 측에 압력을 가해 후진운동이 일어났을 때를 비교하면 다음 식으로 구할 수 있다.

- 전진운동 : $F(kgf) = P(kgf/cm^2) \times AP(cm^2)$

  $V(m/s) = Q(m^3/sec) / AP(m^2)$

- 후진운동 : $F(kgf) = P(kgf/cm^2) \times [AP - Ar(cm^2)]$

  $V(m/s) = Q(m^3/sec) / [AP - Ar(m^2)]$

여기서, F = 힘, P = 가해진 압력, V = 속도, Q = 유량, AP = 피스톤 면적 Ar = 로드 면적이다. 또한 실린더 작동에 필요한 동력(PS)은 다음 식으로 구할 수 있다.

$$L(ps) = F \cdot V/75 \ (kgf \cdot m/s)$$

이외의 실린더는 이미 공기압 액추에이터에서 설명한 것과 같이 다단 실린더 등이 있다.

다단 실린더는 텔레스코프형과 디지털(digital)형이 있는데 텔레스코프형은 유압 실린더내의 수개의 실린더가 내장되어 있어 압력이 실린더에 작용하면 순차적으로 실린더가 이동하여 실린더 길이에 비하여 긴 행정 거리를 얻을 수 있는 엘리베이터와 덤프트럭 등에서 사용되며, 디지털형은 다위치형과 같은 형태이다.

가. 유압 실린더의 구조

유압 실린더는 사용 목적이나 조건 등에 따라 여러 가지 형태의 구조가 있게 된다. 그러나 이것을 구성하고 있는 기본적인 부품들은 일반적으로 결정되어 있는 실린더 튜브, 피스톤 로드, 커버, 패킹 등이 있다.

* 주 : KS B 6370은 2013.12.30. 폐지

(1) 실린더 튜브

이것은 내압, 내마모성이 높은 항장력으로서 절삭성이 좋은 것이 필요조건이다. 그 재료로는 주철, 미하나이트 주철, 압력 배관용 탄소강, 기계 구조용 탄소강관, 스테인리스강, 알루미늄합금, 청동 등이 사용되고 있다.

최근에는 유압 전용으로 만들어진 인발강관을 사용하는 경우가 많다. 강관은 마모나 부식을 방지하기 위해서 두께 0.05mm 정도의 경질 크롬 도금을 하든가 방식(防食)처리를 해야 한다.

패킹이 닿는 튜브의 내면의 조도(粗度)를 유지하기 위하여 내면 가공은 호닝(honing) 연마, 경면 다듬질 등을 하고 튜브 안지름의 진원도 원통도를 고려하여야 한다.

실린더 튜브 안지름의 가공공차는 피스톤의 실에 피스톤링을 사용하는 경우에는 H7, 패킹을 사용하는 경우에는 H9, 실린더 안지름과 피스톤 바깥지름과의 틈새는 패킹의 빠짐은 일으키지 않는 범위 내로해야 하며 또 패킹의 조속한 마모를 방지하기 위해서는 H9 이하의 공차가 적당하다.

실린더 튜브는 얇은 원통과 같이 생각할 수 있으므로 두께는 다음 식으로 구할 수 있다.

$$t = \frac{PD}{2\sigma_W}$$

t = 두께 (mm)

P : 최대 압력(kgf/cm^2)

D : 실린더 튜브의 안지름(mm)

σ_W : 허용 인장 응력

σ : 인장 강도의 최저값(kgf/cm^2)

S : 안전율

(2) 피스톤

피스톤은 실린더 튜브의 양면을 손상하는 일이 없이 원활하게 작동하고 압력, 압축, 휨, 진동 등의 하중에 견디는 것이 아니면 안된다. 또 마모, 부식 등에 대하여도 보증할 수 있는 것이라야 하며, 또한 피스톤 외주부분의 미끄럼 부분은 횡압(피스톤의 횡압은 최대 추력의 1/200 정도로 한다)이나 피스톤의 자중에 견딜 수 있는 면적을 갖고 있어야 한다.

그 재료는 미하나이트 주철 3종, 구상 흑연 주철, 탄소강 단강품 2종, 일반 구조용 압연봉강 2종 등이 사용되고 있다.

(3) 피스톤 로드(pistion rod)

피스톤 로드는 피스톤과 일체로 되어 있는 경우도 있으나 별개로 만들어지고 볼트 또는 나사 장착을 하고 있는 것도 있다. 재료는 기계 구조용 탄소강 또는 특수강 단조품을 열처리하여 사용하고 있다. 또 손상되기 쉬운 것을 방지하기 위해서는 경질 크롬 도금을 하고 연삭 가공 또는 초 다듬질 가공을 하면 더욱 좋다.

(4) 커버

커버에는 헤드 커버와 로드 커버가 있다. 커버는 내압에 대한 충분한 강도를 갖고 있어야 하며, 일반적으로 주철, 탄소강, 주강 형 단조품 등을 사용하여 피스톤 봉의 마찰부에는 롱 로드(long rod) 베어링을 사용하고 있다. 그러나 피스톤 봉에 먼지가 붙을 염려가 있는 경우에는 로드 와이퍼(rod wiper)를 장치하는 것이 좋다. 이와 같이 하면 아무리 진흙탕이 되어도 패킹을 손상시키지 않는다.

(5) 패킹

패킹은 소모품이지만 내유, 내마모, 내열, 내압성 등이 좋은 재료를 써야 한다. 재료로는 합성 고무인 O링, V링, 캠패킹, 피혁의 캠패킹 등이 사용되고 있다. 최근 합성 고무보다 훨씬 내마모성이 우수한 우레탄 고무가 패킹 재료로서 널리 사용되고 있다. 그러나 이것은 고온 수증기에 닿으면 가수 분해를 일으키므로 더스트 와이퍼에는 사용할 수 없다.

패킹의 형태와 재질의 선정에는 오일의 종류, 온도, 속도, 압력 등에 대하여 검토하여야 한다. 피스톤의 평균 수명은 지정되지 않은 경우 30 ~ 200mm/sec 정도를 억제하는 것이 좋다. 압력이 높아지면 패킹에 의한 저항이 증가하여 발열하고 패킹의 마모가 심하게 되므로, 특히 주의하지 않으면 안 된다.

피스톤 패킹의 종류와 그 기호를 〈표 4-8〉과 같다.

〈표 4-8〉 패킹 기호

재료	고무	포입고무	피혁	금속	기타
기호	H	L	F	M	T

형상	성형 패킹						O 링	피스톤링
	V 패킹	L 패킹	U 패킹	J 패킹	Y 패킹	X 링		
기호	V	L	U	J	Y	X	O	P

(6) 기타

유압 실린더에 쿠션장치를 장착하면 피스톤의 스트로크 끝에서 충격 발생을 방지할 수 있다. 이런 경우 먼지 등이 끼지 않는 구조로 해야 한다.

무부하 상태에서의 유압 실린더의 최저 작동 압력은 정격 압력의 1.5 % 또는 1.5 kgf/cm^2 중 어느 쪽이나 큰 치수인 것을 넘지 않아야 하며, 또 정격 압력의 1.5배의 유압유를 실린더에 공급한 경우에는 외부 누출, 헐거움, 영구 변형, 부품의 파괴 등이 일어나서는 안 된다.

나. 유압 실린더의 선택 방법

(1) 유압 실린더의 호칭 법

용도에 적합한 유압 실린더를 선택할 때 실린더의 안지름, 행정거리, 로드의 지름, 쿠션의 유무, 패킹의 종류 등을 참고하여 선택한다.

KP140H Series

- 표준형 유압 실린더(타이로드방식)입니다.
- 70/140kgf/㎠용이며 내경 Ø40 에서 Ø250까지 대응 가능합니다.
- 쿠션밸브는 쿠션조정이 용이하며 전후 충격을 감소 시킵니다.
- SD, LA, LB, FA, FB, FY, FZ, FC, FD, CA, CB, TC, TA등의 다양한 취부를 제공합니다.

사양

종류	표준형		스위치 부착형	
형식	C로드	B로드	C로드	B로드
실린더 내경 (mm)	Ø32, Ø40, Ø50, Ø63, Ø80, Ø100, Ø125, Ø140, Ø150, Ø160, Ø180, Ø200, Ø250		(Ø32), Ø40, Ø50, Ø63, Ø80, Ø100	
사용압력	70kgf/㎠ (7.1MPa)	140kgf/㎠ (14.3MPa)	70kgf/㎠ (7.1MPa)	140kgf/㎠ (14.3MPa)
최고허용압력	헤드측:90kgf/㎠ (9.2MPa) 로드측:110kgf/㎠ (11.2MPa)	헤드측: 180kgf/㎠ (18.4MPa) 로드측: 180kgf/㎠ (18.4MPa)	헤드측:90kgf/㎠ (9.2MPa) 로드측:110kgf/㎠ (11.2MPa)	헤드측: 180kgf/㎠ (18.4MPa) 로드측: 180kgf/㎠ (18.4MPa)
내압력	105kgf/㎠ (10.7MPa)	210kgf/㎠ (21.4MPa)	105kgf/㎠ (10.7MPa)	210kgf/㎠ (21.4MPa)
최저작동압력	헤드측 3kgf/㎠ (0.31MPa)이하, 로드측 B로드 4.5kgf/㎠ (0.46MPa)이하, C로드 4kgf/㎠ (0.41MPa)이하			
사용속도 범위 ?	Ø32 ~ Ø63 : 8~400mm/sec Ø80 ~ Ø125 : 8~300mm/sec Ø140 ~ Ø250 : 8~200mm/sec		Ø32 ~ Ø63 : 8~400mm/sec Ø80 ~ Ø100 : 8~300mm/sec	
사용온도 범위	-10 ~ 80℃		-10 ~ 70℃	
쿠션방식	메탈감압방식			
사용작동유	일반광물성 작동유			
나사공차	KS 2급			
튜브재질	기계구조용 탄소강		스테인리스	
지지형식	SD, LA, LB, FA, FB, FY, FZ, FC, FD, CA, CB, TC, TA			

[그림 4-75] 유압 실린더의 선택_KCC정공KP140H 시리즈

(2) 유압 실린더의 선정법

유압 실린더를 선정함에 있어서 우선 [그림 4-76]의 계산 도표를 사용하여 필요한 추력(推力), 속도, 사용 압력 및 실린더의 안지름을 구한다. 그러나 실제로는 피스톤이 움직이고 있을 때의 추력은 배압과 충돌 부분에 마찰 저항의 영향을 받으므로 사용 압력은 계산 값 보다 약간 크게 잡아야 하며, 실린더 안지름과 소요 피스톤의 속도에서 소요 유량이 구해진다. 유량은 펌프나 밸브류의 크기를 구하는 경우에 실린더 패킹류의 선정에도 중요하다.

다음에는 유압 실린더의 결부 방법, 최대 스트로크, 피스톤 로드 선단 붙임쇠 쿠션의 유무 등을 결정한다.

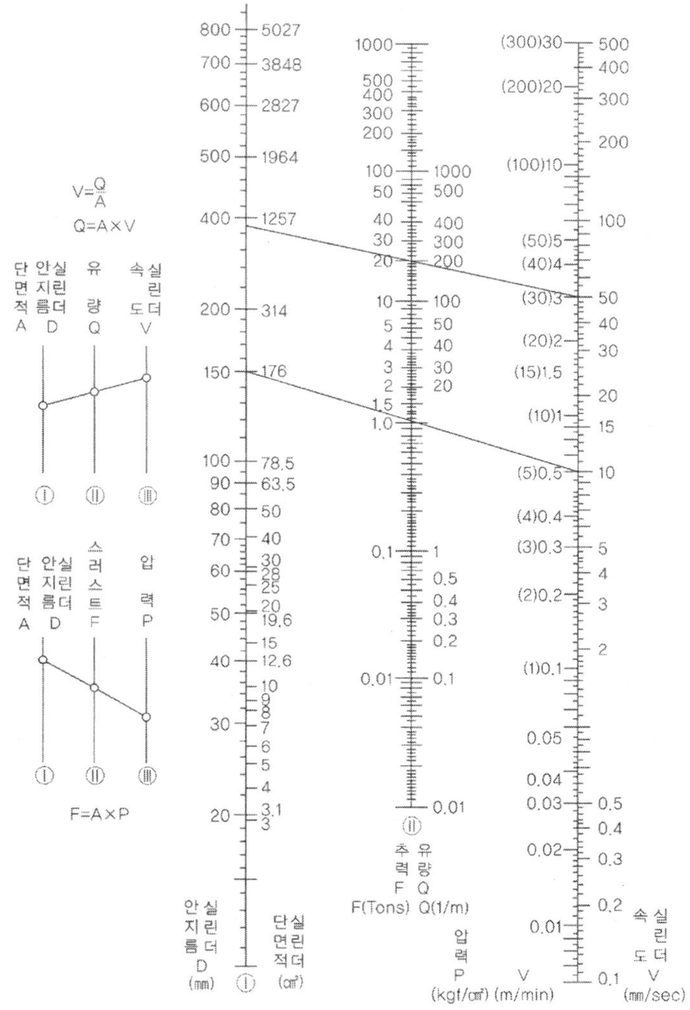

[그림 4-76] 유압 실린더의 성능 계산 도표

다. 유압 실린더 취급상의 주의사항

(1) 유압 실린더의 설계상의 주의사항

유압 실린더의 설계에 있어서는 적당한 재료를 선택하면 표면 거칠기와 내마모성을 고려하여 되도록 표준 부품을 채용함으로써 부품의 교환성을 용이하게 하는 동시에 실을 정확하게 사용하여 제작 공차를 잘 살펴보는 것이 중요한 일이다. 다음에 훌륭한 유압 실린더를 설계하기 위한 주요 사항은 다음과 같다.

① 피스톤이 실린더 양단부에 도달하여도 실린더 튜브 내에 유압이 걸리게 할 수 있고, 피스톤의 구동에 지장이 없도록 한다.(그림 4-77 참조)

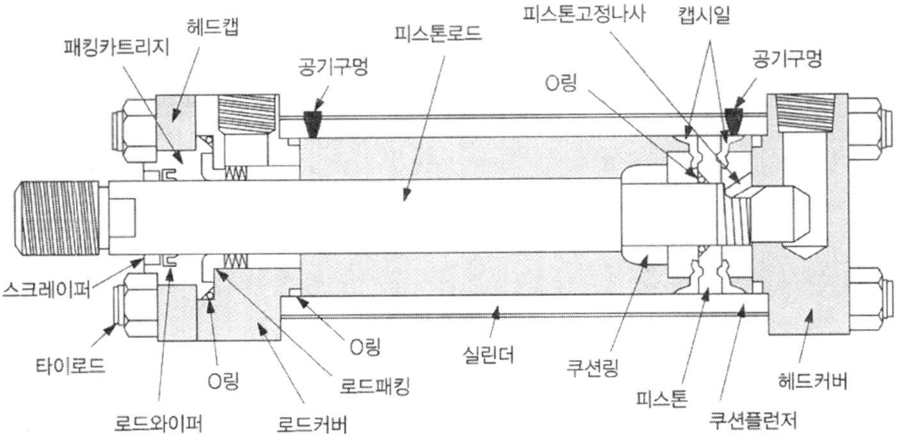

[그림 4-77] 유압 실린더의 내부 구조

또 피스톤 행정의 양단에는 필요하다면 쿠션 기구를 부착한다.(그림 4-78 참조)

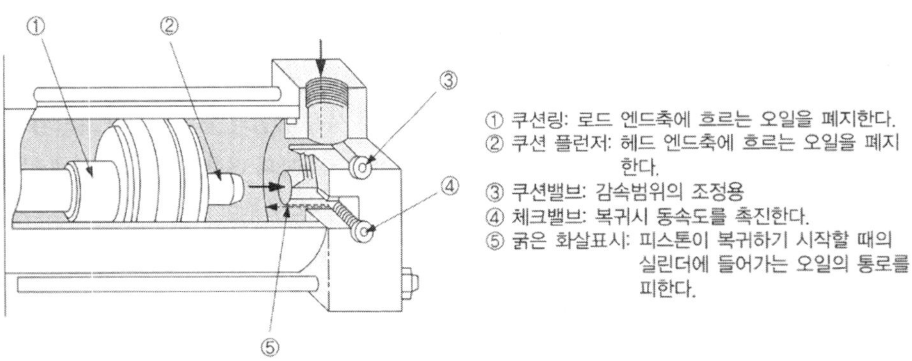

[그림 4-78] 유압 실린더 쿠션 장치

② 유압 실린더를 가볍게 만들기 위해서는 강 대신 양극 산화 알루미늄의 실린더와 피스톤 로드를 사용하면 좋다.

③ 하중이 주로 축 방향에 걸리는 경우에는 축받이의 길이는 피스톤 로드 지름의 약 1.5배 정도가 적당한 것으로 되어 있다.

④ 유압 실린더의 전 압축에서 전 인장까지의 과정 중 작용압력이 크게 변화하고 지름이 방향의 굽힘이 문제가 되지 않는 경우에는 압력 변화에 따라서 실린더 튜브 외벽에 테이퍼를 준다.

⑤ 실린더 안지름 및 봉 지름의 결정에 있어서는 규격화된 실린더 튜브재가 실을 사용할 수 있도록 배려하는 것이 좋다.

⑥ 유압 실린더는 적당한 위치에 공기구멍을 장치한다.

⑦ 유압 실린더는 원칙적으로 더스트 와이퍼를 연결해야 한다.

⑧ 오일 누출 : 유압 실린더의 내부 누출은 동작 특성에 영향을 끼치므로 피스톤 실에는 특히 주의해야 한다. 실링(sealing)의 방법으로는 예를 [그림 4-79, 80]에 제시한다.

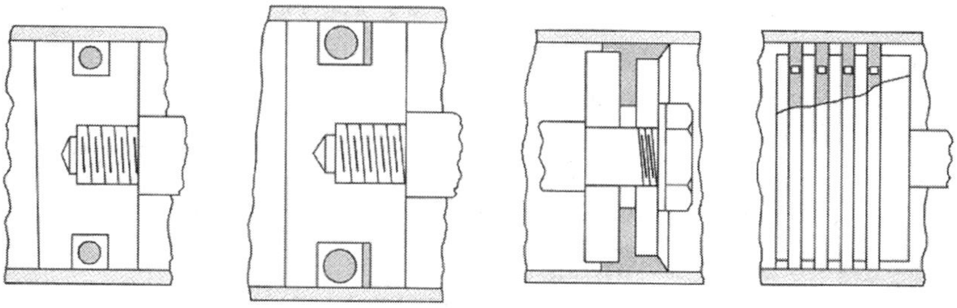

[그림 4-79] 실린더 튜브와 피스톤 사이의 실링

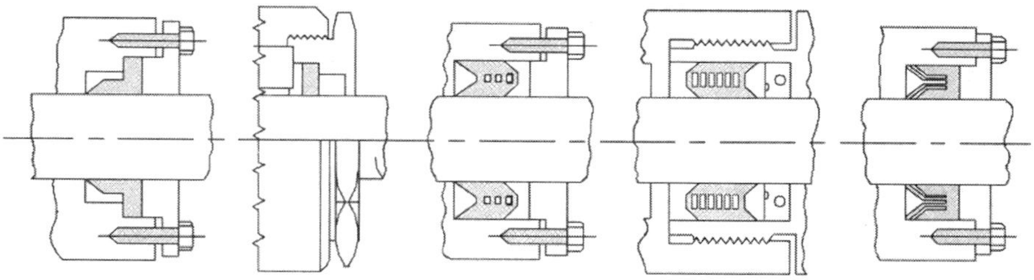

[그림 4-80] 피스톤 로드의 실링

(2) 유압 액추에이터의 취급상 주의사항

① 유압 실린더를 사용함에 있어서 가장 문제가 되는 것은 오일의 누출이다.(틈새, 점도, 실 등의 영향에 유의 요망)

② 비교적 많은 고장예로서는 연결부와 사용 방법의 불량에 의한 로드의 휨이나 파손, 회로에 이상 압력이 발생하여 생기는 실린더 튜브의 변형, 이물질 흡입에 의한 사용 상태의 불량 및 피스톤의 눌어붙기 등 이러한 것들은 외부의 사정에 의한 것이다.

③ 요동 모터는 회전축의 윤활을 충분히 하여 로드에 필요 이상의 굽힘력이 걸리지 않도록 한다.

④ 충동(衝動)부분의 패킹은 소모품이므로 언제나 예비품을 준비하여 두고 예측하지 못한 오일 누출에 대해서도 곧 교환할 수 있도록 한다.

03 유압 모터

가. 유압 모터의 동력

유압 펌프는 외력에 의해 구동되면 그 토출구로부터 유압유가 토출되고, 반대로 그 토출구에 기름을 압입하면 회전력을 얻게 되어, 원리적으로는 유압 모터로서의 작동을 한다.

기본식은

$$L = \frac{2\pi TN}{60 \times 100 \times 75} \fallingdotseq \frac{TN}{71,620}(\mathrm{PS})$$

$$L = \frac{qNP}{60 \times 100 \times 75}(\mathrm{PS})$$

$$T = \frac{qP}{2\pi}(\mathrm{kgf \cdot m})$$

$$\text{각 가속도} = \frac{T}{J}(\mathrm{rad/sce^2})$$

$$\text{정정시간} = \frac{2\pi NJ}{60 \times T}(\mathrm{sec})$$

여기서, L: 유압 모터의 마력(PS)
N: 유압 모터의 회전수(rpm)
T: 유압 모터의 출력 토크(kgf·m)
P: 작동유의 압력($\mathrm{kgf/cm^2}$)
q: 유압 모터의 1회전당 배출량($\mathrm{m^3/rev}$)
J: 회전부 관성능률($\mathrm{kg \cdot cm \cdot sec^2}$)

정정시간(整正時間)은 최대 공급 압력시, 무부하 유압 모터를 정지 상태에서 최대 연속운동 속도까지 가속하는데 필요한 시간을 말한다. 위 식들은 어느 것이나 효율이 100%로 가정한 계산식이다.

나. 유압 모터의 종류

(1) 기어 모터(gear motor)

유압 모터 중 구조면에서 가장 간단하며 출력 토크가 일정하고, 또한 정회전과 역회전이 가능하다. 그 구조는 2개의 기어가 하나의 하우징 속에서 서로 맞물려 상호 구동, 종동 역할을 하면서 회전하고 그 한 쪽의 축에서 토크를 발생시킨다.(그림 4-81 참조)

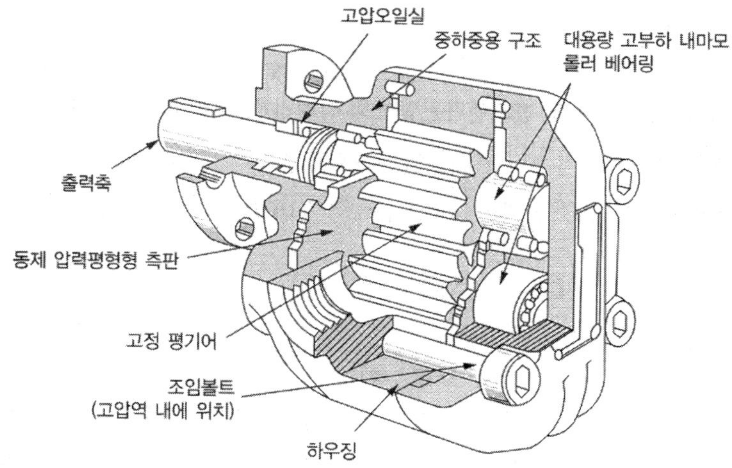

[그림 4-81] 기어 모터

최근 고압 기어 모터는 축 방향과 오일 방향의 압력 부하를 없애기 위하여 기어 주위의 압력을 평형시킴에 의해서 고압이라도 베어링의 부하를 줄이고 수명을 길게 하며 효율을 높이고 있다.

기어 모터 회전 당 흡입량 Q_m(cm^3/rev)는

$$Q_m = \frac{\pi b(R_1^2 - R_2^2)}{\eta_V}$$

여기서, R_1: 이 끝원 반지름　　　　R_2: 이 뿌리원 반지름

　　　b: 이 너비　　　　η_V: 용적 효율

$$\text{회전속도(N)} = \eta_m \Delta P G_C = \eta_m \frac{\Delta P Q_m}{2\pi}$$

$$\text{출력토크(Tm)} = \Delta P G_C\ \eta_m = \frac{\Delta P Q_m}{2\pi}\eta_m = \Delta P \frac{b}{2}(R_1^2 - R_2^2)\eta_m\ \text{(kgf·cm)}$$

여기서, η_m: 기계 효율

　　　ΔP: 기어 모터의 입구와 출구의 입력차

　　　GC: 기하 모멘트 = Qm/2π

이론 토크의 순간 값은 기어가 1회전하는 동안에 이수와 같은 수만큼 포물선상의 맥동을

반복하지만, 그 맥동률은 이 수가 증가함에 따라서 감소한다.

유압 모터의 토크 효율은 약 75 ~ 85%이며, 용적 효율은 기어 펌프보다 약간 작으며 94% 이하이다. 조작 압력으로는 최대 140 kgf/cm^{2}정도이고 전 효율은 압력, 속도, 작동유의 점도, 기어 모터의 형상 등에 따라서 다르지만 일반적으로는 80% 전후이다.

기어 모터가 원활하게 구동되는 최저 속도는 150 ~ 500rpm 정도이므로 정밀한 서보 기구에는 적합하지 않다.

(2) 베인 모터

이 모터는 구조면에서 베인 펌프와 동일하며 공급 압력이 일정할 때 출력 토크가 일정, 역전가능, 무단 변속가능, 가혹한 운전가능 등등의 장점이 있다.

최고 사용 압력 70kgf/cm^2, 동력 5㏋ ~ 30㏋, 회전수 200 ~ 1800rpm 정도의 것이 많다. 최저 200rpm이라고 하는 속도 한계는 출력 토크의 변동이 적다.

일반적으로 저압이라든가 저속에는 효율이 나쁘고, 토크의 변동이 증대되는 단점도 있다. 베인 모터(vane motor)와 베인 펌프는 베어링에 평형 하중이 걸리도록 되어 있는 점은 동일하나 베인 모터에는 베인을 항상 밀어붙여 놓기 때문에 로킹 암(locking arm) 또는 코일 스프링을 사용하고 있다는 것이 다른 점이다.(그림 4-82 참조)

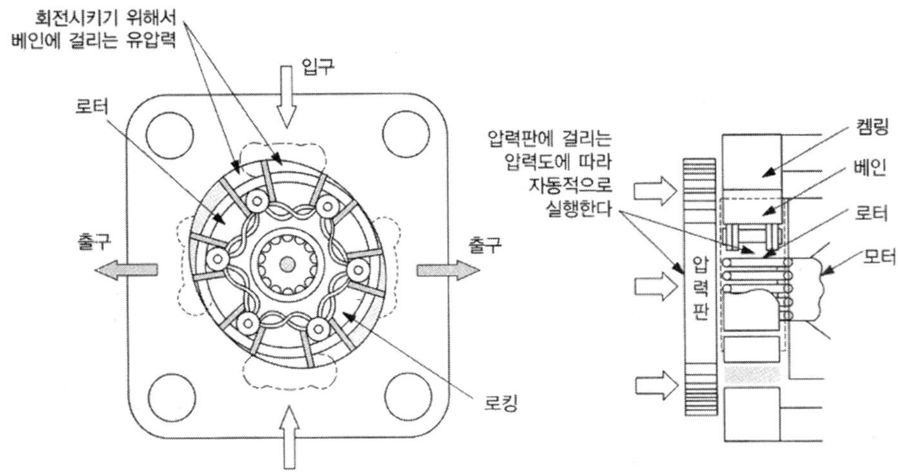

(a) (b)

[그림 4-82] 로킹 암형 베인 모터

로킹 암형 베인 모터는 [그림 4-82]에 표시한 바와 같이 클립(clip)의 중심이 핀에 붙는 로킹 암을 사용하여 서로 90° 떨어진 위치에 있는 베인의 밑 부분을 기계적으로 밀어붙여 올리고 있다.

지금 한 쪽의 베인이 캠링에 의해 로터 홈으로 밀어 넣어지면 다른 쪽의 베인은 홈으로부터 밀어지도록 작용하여 회전 중에서 스프링과 같이 휘지 않고 핀을 중심으로 로크 암으로서의 작용을 한다.

[그림 4-82]의 (b)는 압력 판을 설명한 것이며, 이것은 내부 누설을 감소시키기 위해 부하의 힘에 따라서 모터의 측면 간극을 자동적으로 조절하게 되어 있다. 로터 측면에서 축에 따라 일어나는 내부 누설은 내측 베어링을 윤활하면서 드레인 구멍에서 배출하도록 되어 있다. 따라서 드레인 배관을 반드시 시설할 것이며, 이 구멍을 막고 사용하면 유압 모터를 손상하게 되므로 특별히 주의해야 한다.

(3) 회전 피스톤 모터

회전 피스톤 모터(rotary piston motor)는 액시얼(axial) 피스톤 모터와 레이디얼(radial) 피스톤 모터로 구분되고 이것들은 각각 정용량형과 가변 용량형이 있다.

(가) 액시얼 피스톤 모터(axial piston motor)

액시얼 피스톤 모터의 구조는 펌프와 같다. 액시얼 피스톤 모터에는 사축형과 사판형이 있고, 1회전 당 배출 유량이 고정된 것과 가변형이 있다.

전자를 정용량형 모터, 후자를 가변용량형 모터라 한다.

① 사축형 유압 모터

실린더 블록의 각도에 따라 배출 유량을 바꾸는 구조의 것으로써, [그림 4-83]은 사축형 유압 모터의 구조이다.

유압유가 입구로 들어가 밸브 플레이트의 피스톤을 밀면 유압 모터의 출력측은 화살표 방향으로 돌려진다. 피스톤을 미는 힘은 출력 축방향의 추력과 주축 플랜지 원주상의 토크 성분으로 나누어져 전자인 추력은 스러스트 베어링으로 지지되고 후자인 회전력만 출력축에 전달된다.

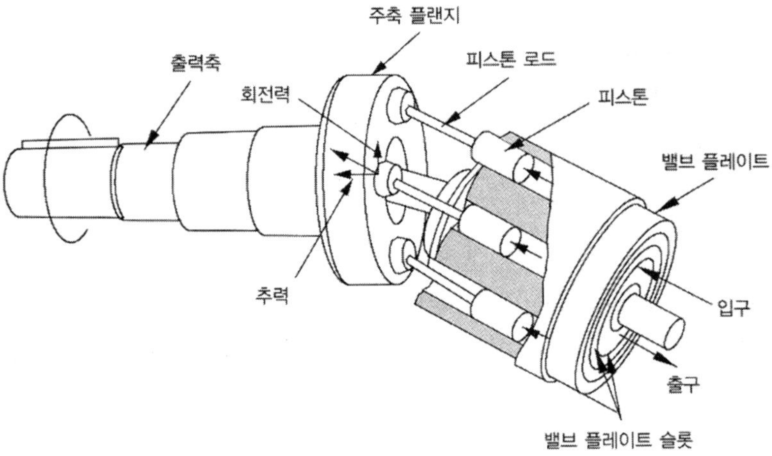

[그림 4-83] 사축형 유압 모터

[그림 4-84]는 유압 동력의 전달효율을 표시한 것으로 양호한 편이다.

사축형 유압 모터의 결점으로는 다른 형식의 것에 비하여 부품수가 많고, 복잡한 기구로 인하여 값이 비싸다는 점이다. 이러한 결점을 없애기 위해 사판형이 출현한 것이다.

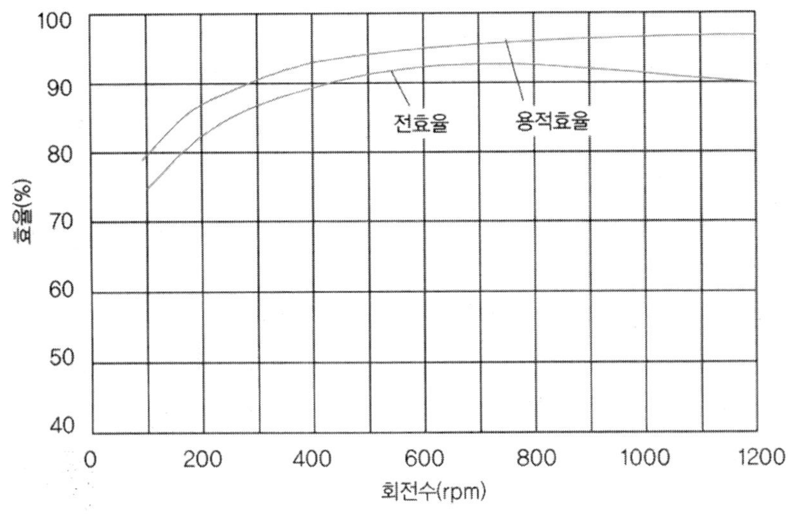

[그림 4-84] 사축형 유압 모터의 특성

② 사판형 유압 모터

피스톤의 한 쪽이 사판에 따라 미끄러지면서 회전을 생성시키는 구조로 되어 있다. 구조가 간단하기 때문에 제작이 용이하며 가변 용량형은 사판의 경사량을 조정하므로 정확한 조절이 가능하다.

최고압은 약 350kgf/cm^{2}이며, 다른 형식에 비해 고압이라는 점이 유리하나 회전 속도를 높일 수 없다는 약점이 있다.(그림 4-85 참조)

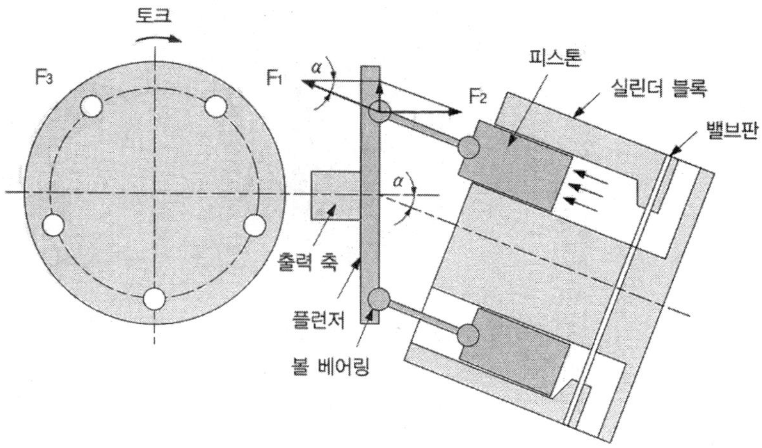

[그림 4-85] 사판형 유압 모터

(나) 레이디얼 피스톤 모터(radial piston motor)

레이디얼 피스톤 모터는 피스톤과 실린더가 방사상으로 배치되어 있다.

① 헬쇼형 유압 모터

편심축을 갖고 있는 원판 캠의 주위에 방사상으로 피스톤 실린더가 배치되고, 유압 에너지에 의해 펌프 작용과 아주 반대로 캠축을 회전시키고 있는 것이 헬쇼형 유압 모터의 원리이다.

[그림 4-86]에서 주축, 캠, 회전 밸브는 동기 회전이고, 캠의 회전 위치에 의해 회전 밸브의 상하에 있는 기름 홈이 플런저 유실로 통하는 유로의 전환을 하고 있다.

기름의 출입구 (a), (b)는 유압 모터의 회전 방향에 따라 전환된다. 유로는 플런저의 수만큼 있고 유홈은 그 유로에 몇 개인가를 중복되게 연결시키고 있다.

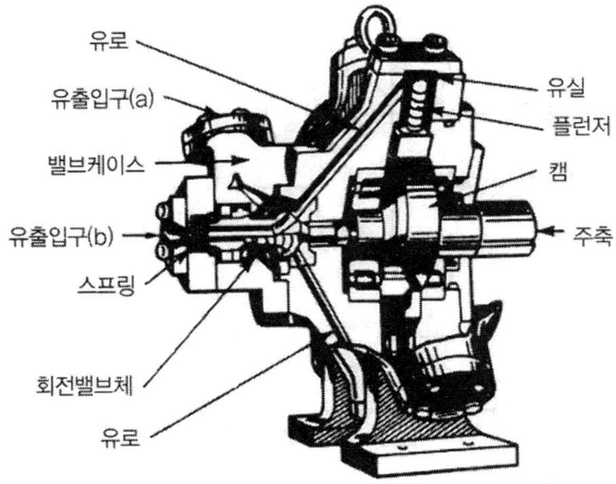

[그림 4-86] 헬쇼형 유압 모터

② 오일 기어형 유압 모터

[그림 4-87]에서와 같이 실린더 블록이 피스톤을 안은 채 편심한 축의 둘레를 회전할 수 있도록 되어 있으며 유압 에너지가 피스톤을 왕복 운동시켜 실린더 블록을 돌게 하고 있다. 이 대표적인 제품으로서는 오일 기어 성형 피스톤 모터가 있다.

③ 볼 피스톤형 유압 모터

오일 기어형 유압 모터의 피스톤 대신에 강구를 사용한 구조의 것을 볼 피스톤이라 말하고 있다.(그림 4-88 참조)

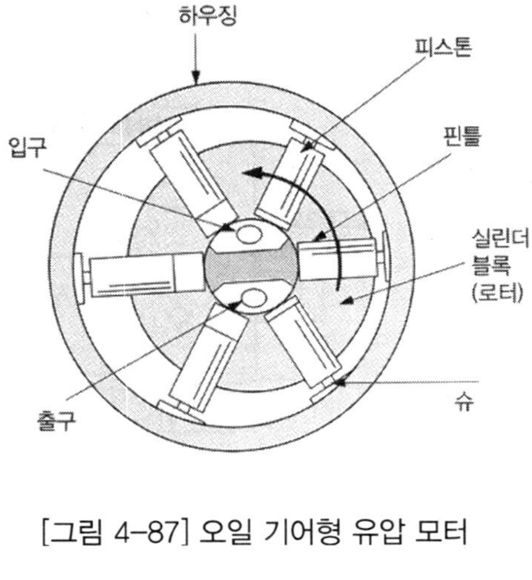

[그림 4-87] 오일 기어형 유압 모터

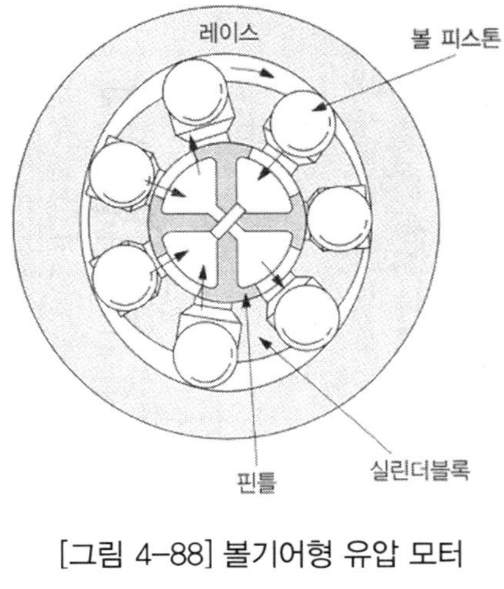

[그림 4-88] 볼기어형 유압 모터

(4) 요동 모터

(가) 요동 모터의 구조

일명 로터리 실린더라고도 하며, [그림 4-89]와 같이 가동 베인이 칸막이가 되어있는 파이프를 왕복하면서 토크를 발생하는 구조로 되어 있으며, 360° 전체를 회전할 수는 없으나 출구와 입구를 변화시키면 보통 ±50° 정, 역 회전이 가능하며 가동 베인의 양측 압력에 비례한 토크를 낼 수 있다.

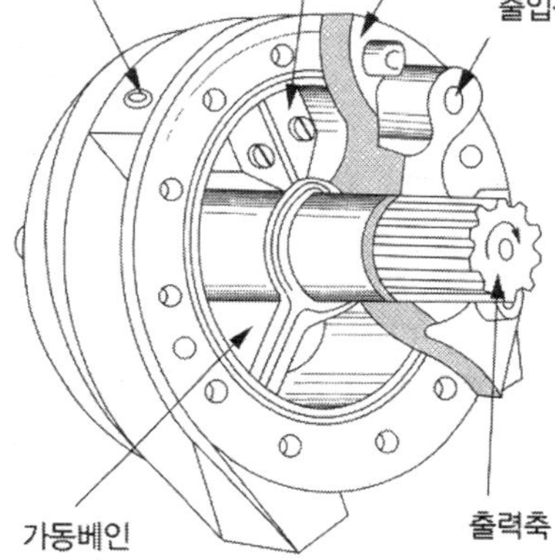

[그림 4-89] 요동 모터

(나) 취급상의 주의사항

① 요동 모터(rotary actuator motor)의 선정에는 먼저 회전각과 작동 압력에 있어서의 필요한 토크를 정한다. 이 경우 20% 이상의 여유를 두고 결정하는 것이 모터 수명을 길게 한다.

② 회전 부분의 질량이나 속도가 작은 경우에는 요동 모터의 내부의 위치결정 스토퍼(stopper)만으로도 무방하나 이들이 커지면 사용할 수 없다. 반드시 부하에 따른 기계적 스토퍼를 따로 설치한다.

③ 속도가 빠르거나 관성이 큰 경우에는 변환시의 충격 압력이 상당히 커진다. 이런 경우에는 [그림 4-90]과 같은 감도가 좋은 릴리프 밸브를 요동 모터의 출입구 가까이 설치하면 좋다.

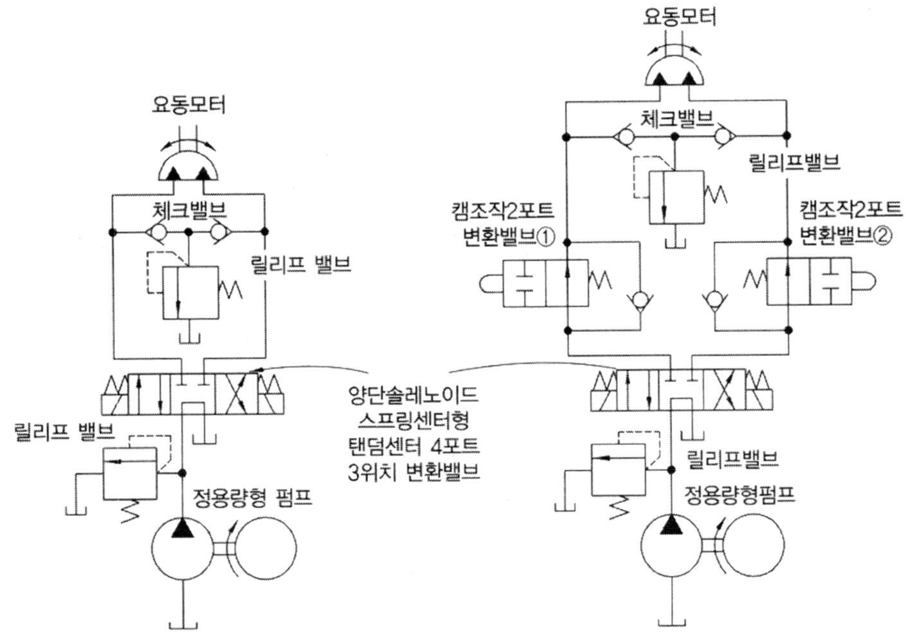

(a) 서지압을 흡수하기 위하여 릴리프 밸브를 사용한 회로

(b) 엔드 스트로크의 약간 앞에서 캠조작 감속 밸브를 사용하여 서지압을 감소키기고 있는 회로

[그림 4-90] 릴리프 밸브 설치한 요동 모터 회로

④ 결합부에는 중심(center)을 정확히 내는 것이 중요하다. 또 토크에 정확한 특성을 갖는 것을 선정하는 것이 중요하다.

다. 유압 모터의 선정법

유압 모터의 종류별 각각의 특성과 장·단점을 잘 파악해 사용 목적에 가장 적합한 선택을 한다는 것이 기계들의 수명뿐만 아니라 그 장치의 정확한 기능과도 직결된다.

(1) 유압 모터의 장·단점

(가) 장점

① 소형 경량으로서 큰 출력을 낼 수 있고 고속 차종에 적당하다.

② 속도나 방향의 제어가 용이하여 릴리프 밸브를 달면 기구적 손상을 주지 않고 급속 정지를 시킬 수 있고, 시정수(時定數)는 2 ~ 6m·sec 정도이다.

③ 시동, 정지, 역전, 변속 등은 미터링 밸브(metering valve) 또는 가변·토출 펌프에 의해서 간단히 제어할 수 있다.

④ 종이나 전선의 권취기와 같이 토크 제어의 기계에 사용하면 편리하다.

⑤ 나사고정식 기계와 같이 최대 토크를 제한하려는 기계의 구동에 사용하면 편리하다.

⑥ 2개의 배관만을 사용해도 되므로 내폭성이 우수하다.

(나) 단점

① 작동유내에 먼지나 공기가 침입하지 않도록, 특히 보수에 주의하지 않으면 안된다.

② 수명은 사용 조건에 따라 다르다. 보통 지정시간을 사용한 다음에는 분해 검사하는 것이 좋다.

③ 작동유는 인화하기 쉬우므로 화재 염려가 있는 곳에서의 사용은 매우 곤란하다.(Mill H5606의 인화점은 약 118℃)

④ 작동유의 점도 변화에 의해서 유압 모터의 사용에 제약을 받는다. 일반적인 사용 온도 범위는 20 ~ 80℃이다.

(2) 각종 유압 모터 특성 비교와 사용 예

유압 모터는 종류에 따라 각각의 특성에 있으며, 〈표 4-9〉는 응용분야를 표시한다.

(3) 유압 모터의 선택 순서

사용목적에 적합한 유압 모터를 선정하고 그 회로를 결정하는 순서는 다음과 같다.

① 부하 특성, 즉 부하 토크와 속도의 관계를 조사 후 선정한다.

② 부하의 조건을 충족시키는 유압 모터를 선정한다.

③ 부하 토크와 유압 모터의 크기에서 작동 압력이 정해지고 배관, 부품의 강도를 검토 후 선정한다.

④ 유압 모터 속도에서 유량이 정해지고 배관이나 부품, 유로의 안지름의 크기를 선정한다.

⑤ 구하는 압력, 유량을 기초로 하여 릴리프 밸브, 체크 밸브, 방향 제어 밸브, 여과기, 축압기 등의 부속 기기를 선정하여 유압 모터 회로를 결정한다.

〈표 4-9〉 각종 유압 모터의 사용 예

종류/응용	공작기계	일반 산업기계	차 량	선 박	항 공 기
기어 모터	변속기 이송나사 구동 분할대의 구동	컨베이어의 구동 목공용 기계톱 테이블 구동 열교환기의 블로어 구동	콘크리트 믹서 철도용 사석의 클리너 홈파기 기계의 컨베이어 구동 냉동기 구동	윈치 구동	
베인 모터	분할대의 구동	컨베이어 구동 목공용 톱기계 테이블 구동	윈치 크레인의 구동 콘크리트 믹서 홈파기 기계의 컨베이어 구동	윈치 크레인의 구동	
액슬 피스톤 모터	변속기 선반, 밀링 연삭기의 주축구동	쇄석기 전선 피복장치 전선 감기장치 크레인의 구동 원심분리의 구동	기중기의 구동 변속기 팬 구동	윈치의 구동 양묘기의 구동 포탑의 구동 양탄기 공장용 크레인	포탑의 구동 발전기의 정속 구동 터빈 엔진의 시동 안테나 구동
레이디얼 피스톤 모터	변속기		윈치의 구동 장갑차의 포탑 구동	윈치의 구동	
요동 모터	트랜스퍼 머신	밸브의 개폐		해치 커버의 개폐	바람 방지 유리의 와이퍼

라. 유압 모터 취급상 주의사항

(1) 작동유

동일 회로 내에 유압 펌프와 유압 모터가 다른 형식일 경우 작동유의 선정 기준이 다르므로 주의하지 않으면 안 된다. 보통 유압 펌프를 기준으로 우선 선정한다.

(2) 압력과 속도

최고 압력 및 최대 속도는 강도, 성능, 수명의 면에서 정해지므로 제작회사의 지정을 지키지 않으면 안 된다.

또 지정 속도 이하로는 원활한 작동을 얻을 수 없고 소기의 토크도 얻지 못하는 경우가 많이 있다.

(3) 드레인과 배관

반드시 독립적으로 하고 배압(back pressure)이 높지 않도록 한다.

(4) 부하와의 연결방법

직결의 경우에는 플렉시블 조인트를 사용하고 부하의 회전축의 축심과 모터 축심을 일치시키고 V 벨트, 체인, 기어 등으로 증속 또는 감속시킬 때에는 벨트풀리, 체인 휠, 기어의 지름을 충분히 크게 잡아 축에 걸리는 추력을 억제해야 한다.

제4절 유압 부속 장치

01 오일 탱크

가. 오일 탱크의 크기

오일 탱크(oil tank)의 크기는 그 속에 들어가는 유량이 펌프 토출량의 적어도 3배 이상으로 할 것이 표준화되어 있다. 이것은 펌프 작동 중의 유면을 적정하게 유지하고 발생하는 열을 방산하여 장치의 가열을 방지하며, 오일 중에서 공기나 이물질을 분리시키는데 충분한 크기이다. 또 운전 정지 중에는 관로의 오일이 중력에 의해서 넘치지 않고 파이프를 분리할 때에는 오일 탱크에서 넘쳐흐르지 않을 만큼의 크기로 한다. 따라서 오일 탱크의 크기는 냉각 장치의 유무, 사용압력, 유압회로의 상태에 따라서 달라진다. 오일 탱크 각부의 명칭은 [그림 4-91]과 같다.

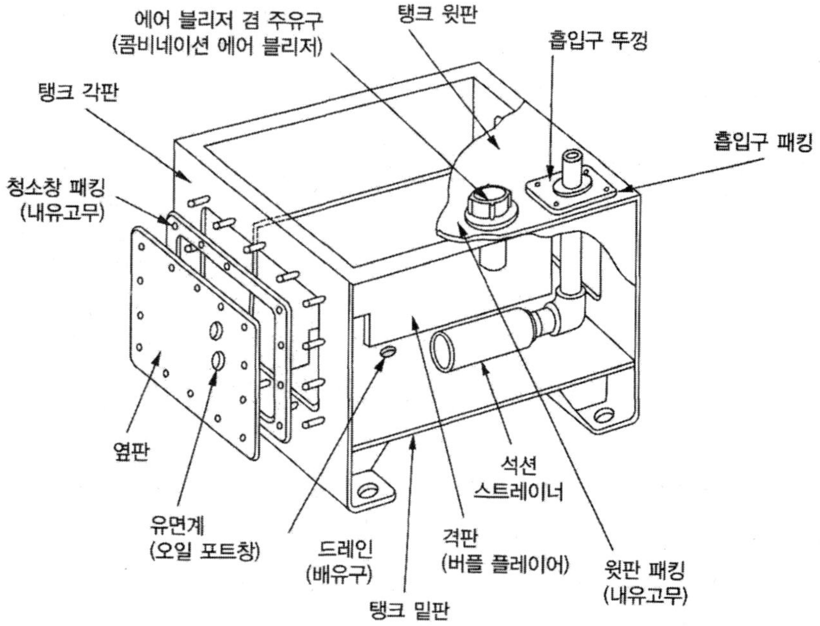

[그림 4-91] 오일 탱크의 명칭

나. 오일 탱크의 필요 조건

① 오일 탱크 내에서는 먼지, 절삭분, 윤활유 등의 이물질이 혼입되지 않도록 주유구에는 여과망과 캡 또는 뚜껑을 부착한다.

② 공기(빼기) 구멍에는 공기청정기를 부착하여 먼지의 혼입을 방지하고 오일 탱크내의 압력을 언제나 대기압으로 유지하는데 충분한 크기인 것으로 비말 유입(飛沫流入)을 방지할 수 있어야 한다. 공기청정기의 통기 용량은 유압 펌프 토출량의 2배 이상 되면 된다. 소형 오일 탱크는 에어 블리저가 주유구를 공용시켜도 무방하다.

③ 오일 탱크의 용량은 장치의 운전중지 중 장치내의 작동유가 복귀하여도 지장이 없을 만큼의 크기를 가져야 한다. 또 작동 사이클 중에도 유면의 높이를 적당히 유지할 수 있어야 한다.

④ 오일 탱크 내에는 격판으로 펌프 흡입 측과 복귀 측을 구별하여 오일 탱크 내에서의 오일의 순환 거리를 길게 하고 기포의 방출이나 오일의 냉각을 보존하며, 먼지의 일부를 침전케 할 수 있도록 한다. 복귀 유를 오일 탱크의 측벽에 따라서 흐르도록 하는 것은 좋은 방법이다.(그림 4-92 참조)

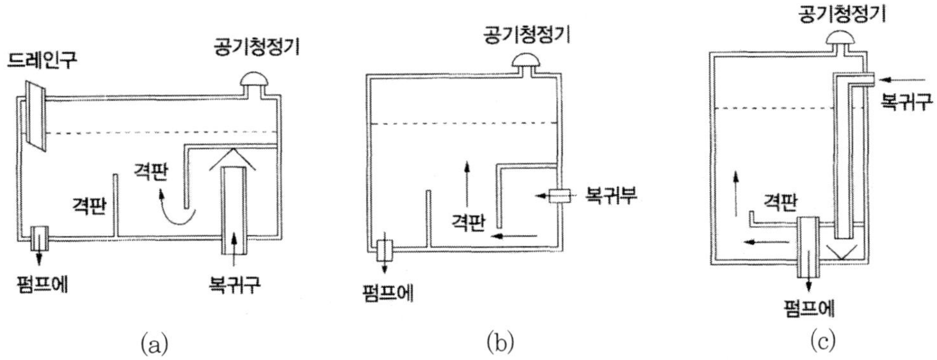

[그림 4-92] 오일 탱크 격판 배치 형태

⑤ 오일 탱크의 바닥면은 바닥에서 최소 간격 15cm를 유지하는 것이 바람직하다. 각부(脚部)에서 적당한 연결구멍을 설치한다.

⑥ 운전 중에도 보기 쉬운 곳에 유면계를 설치한다. 유면계에는 유압 펌프 운전중에 있어서의 유압의 최고와 최저 위치를 나타내는 표를 해 둔다. 유압 펌프 정지시의 최고 유면위치에 표를 해두면 더욱 편리하다. 유면계는 오일 탱크의 상부 벽과 같은 높이에 설치한다.

⑦ 오일 탱크는 완전히 세척할 수 있는 방법을 고려해 두고 또 오일 탱크의 바닥은 작동유의 방출이나 세척에 필요한 형식으로 만든다.

⑧ 오일 탱크에는 스트레이너의 삽입이나 분리를 용이하게 할 수 있는 출입구를 만든다.

⑨ 스트레이너의 유량은 유압 펌프 토출량의 2배 이상의 것을 사용한다.

⑩ 오일 탱크의 내면은 방청을 위하여 또 수분의 응축을 방지하기 위하여 양질의 내유성 도료를 도장하든가 도금한다.

⑪ 업세팅(upsetting) 운반용으로서 적당한 곳에 훅(hook)을 단다.

02 어큐물레이터(accumulator)

어큐물레이터는 용기 내에 오일을 고압으로 압입하여 유용한 작업을 하는 유압유 저장 용기이다.

가. 종류와 특징

어큐물레이터의 구조상 종류와 특징은 〈표 4-10〉과 같다.

〈표 4-10〉 구조상으로 본 축압기의 종류와 특징

종류	구조	특징
중추형	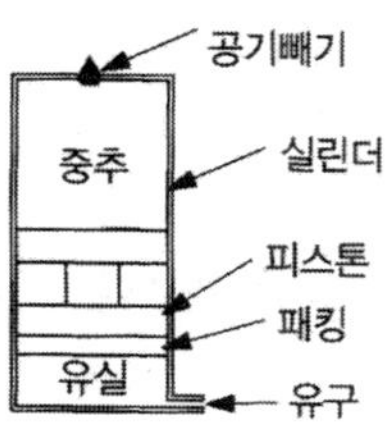	① 일정 유압을 공급할 수 있다. ② 일반적으로 크고 무거워 외부 누설방지가 곤란하다.
스프링형	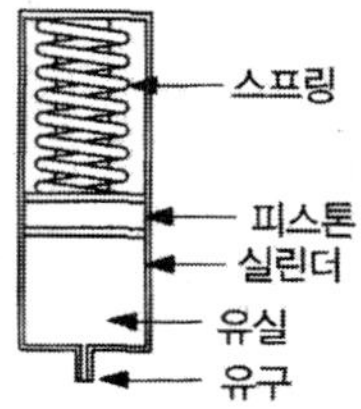	① 저압용에 사용된다. ② 일반적으로 소형 ③ 비교적 염가
다이어프램형	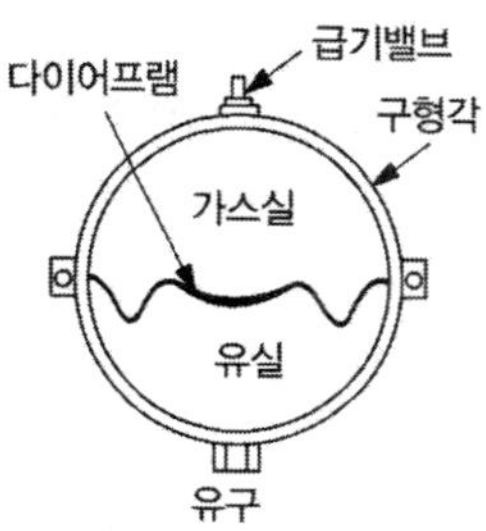	① 유실에 가스 침입의 염려가 없다. ② 구형각의 용기를 사용하므로 소형 고압용에 적당하다.
고무튜브형	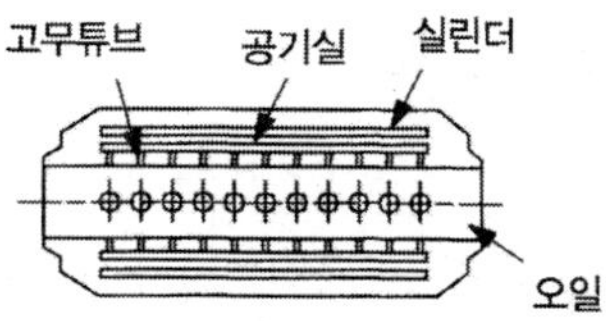	① 배관의 일부분에 연결, 맥동 방지에 사용된다. ② 축유량이 적으므로 동력원에는 이용할 수 없다.
피스톤형	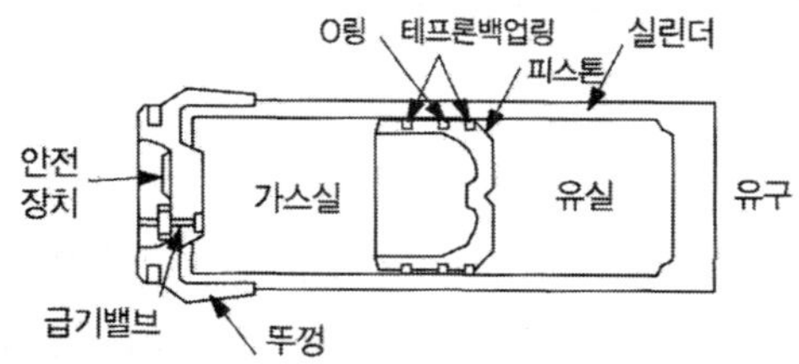	① 형상이 간단하고 구성품이 적다. ② 대형도 제작용이 ③ 축유량을 크게 잡을 수 있다. ④ 유실에 가스 침입의 염려가 있다.
브러더형	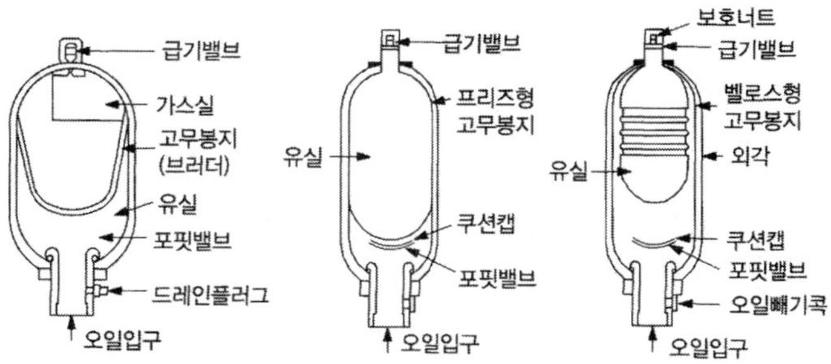	① 유실에 가스 침입의 염려가 있다. ② 대형도 제작 용이 ③ 비교적 가볍게 만들어진다.

나. 어큐물레이터의 용도

(1) 유압 에너지의 축적

간헐 운동을 하는 펌프의 보조로 사용하는 것에 의하여 대토출 펌프를 대신할 수 있다. 또 정전이나 사고 등으로 동력원이 중단될 경우 축압기에 축적한 압력유를 방출하여 유압장치의 기능을 유지시키거나 펌프를 운전하지 않고 장기간 동안 고압으로 유지시키고자 할 때에 사용한다. 이 경우에는 서지 탱크라고도 부르고 있다.

(2) 2차 회로의 구동

기계의 조정, 보수 준비 작업 등 때문에 주 회로가 정지하여도 2차 회로를 동작시키고자 할 때 사용된다.

(3) 압력 보상

유압 회로 중 오일 누설에 의한 압력이 강하나 폐회로에 있어서의 유온 변화에 수반하는 오일의 팽창, 수축에 의하여 생기는 유량의 변화를 보상한다.

(4) 맥동제거

유압 펌프에 발생하는 맥동을 흡수하여 이상 압력(異常壓力)을 억제하여 진동이나 소음 방지에 사용한다. 이 경우 노이즈 댐퍼(noise damper)라고도 한다.

(5) 충격 완충

유압 회로 중 밸브를 개폐하는 것에 의하여 생기는 유격(oil hammer)이나 압력 노이즈는 축압기를 사용하면 제거될 뿐만 아니라 충격에 의한 압력계, 배관 등의 누설이나 파손을 방지할 수 있다.

(6) 액체의 수송

유독, 유해, 부식성의 액체를 새지 않고 수송하는 데 사용된다. 이 경우 트랜스퍼 배리어(transfer barrier)라고도 부른다.

다. 축압기 취급상의 주의사항

① 가스봉입 형식인 것은 미리 소량의 작동유(내용적의 약 10%)를 넣은 다음 가스를 소정의 압력(최저 유량의 60 ~ 70%)으로 봉입한다.

② 봉입 가스는 질소가스 등의 불활성 가스 또는 공기압(저압용)을 사용할 것이며, 산소 등의 폭발성 기체를 사용해서는 안 된다.

③ 펌프와 축압기 사이에는 체크 밸브를 설치하여 유압유가 펌프에 역류하지 않도록 한다.

④ 축압기와 관로와의 사이에 스톱 밸브를 넣어 토출 압력이 봉입 가스와 압력보다 낮을 때는 차단한 후 가스를 넣어야 한다.
⑤ 축압기에 부속쇠 등을 용접하거나 가공, 구멍 뚫기 등을 해서는 안 된다.
⑥ 축압기는 점검, 보수에 편리한 장소에 결합한다.
⑦ 운반, 결합, 분리 등의 경우에는 반드시 봉입 가스를 빼고 그때의 취급에는 특히 주의한다.
⑧ 봉입 가스 압은 6개월마다 점검하고 항상 소정의 압력을 예압시킨다.
⑨ 충격 완충용에는 가급적 충격이 발생하는 곳에 가까이 설치한다.

03 실(seal)

유체의 누설 또는 외부로부터 이물질의 침입을 방지하기 위해 사용되는 기구는 종래 패킹(packing)이라 하여, 고정 부분 또는 운동 부분의 구별이 없이 혼용하여 왔으나 현재는 용어의 통일이 이루어졌으며 패킹 및 개스킷(gasket) 용어에 의하면 실은 밀봉 장치라 그들을 총칭하고 고정 부분에 사용되는 실을 개스킷, 운동 부분에 사용되는 실을 패킹이라 한다.

재료에는 내열성, 내유성, 내노화성이 우수한 합성 고무류나 또 획기적인 합성 수지인 사불화에틸렌 수지(테프론, PTFE)가 등장하고, 형상에서는 회전축의 실로서 메커니컬 실이나 오일 실 등이 현저한 진보를 이루고 있다.

가. 실의 분류

실을 사용상 또는 구조상에서 분류하면 〈표 4-11〉과 같다. 유압용 실로는 주로 비금속 개스킷과 접촉성 실인 셀프 실(self seal) 패킹, 글랜드 패킹(gland packing) 메커니컬 실(mechanical seal), 오일 실(oil seal) 등이 중요한 것이다. 실은 분류표에서 보는 것과 어떠한 조건에도 적합한 만능인 실이 없다는 것을 나타내는 것으로 사용 조건을 잘 파악하여 목적에 가장 적합한 것을 선택하는 것이 중요하다.

〈표 4-11〉 실의 분류

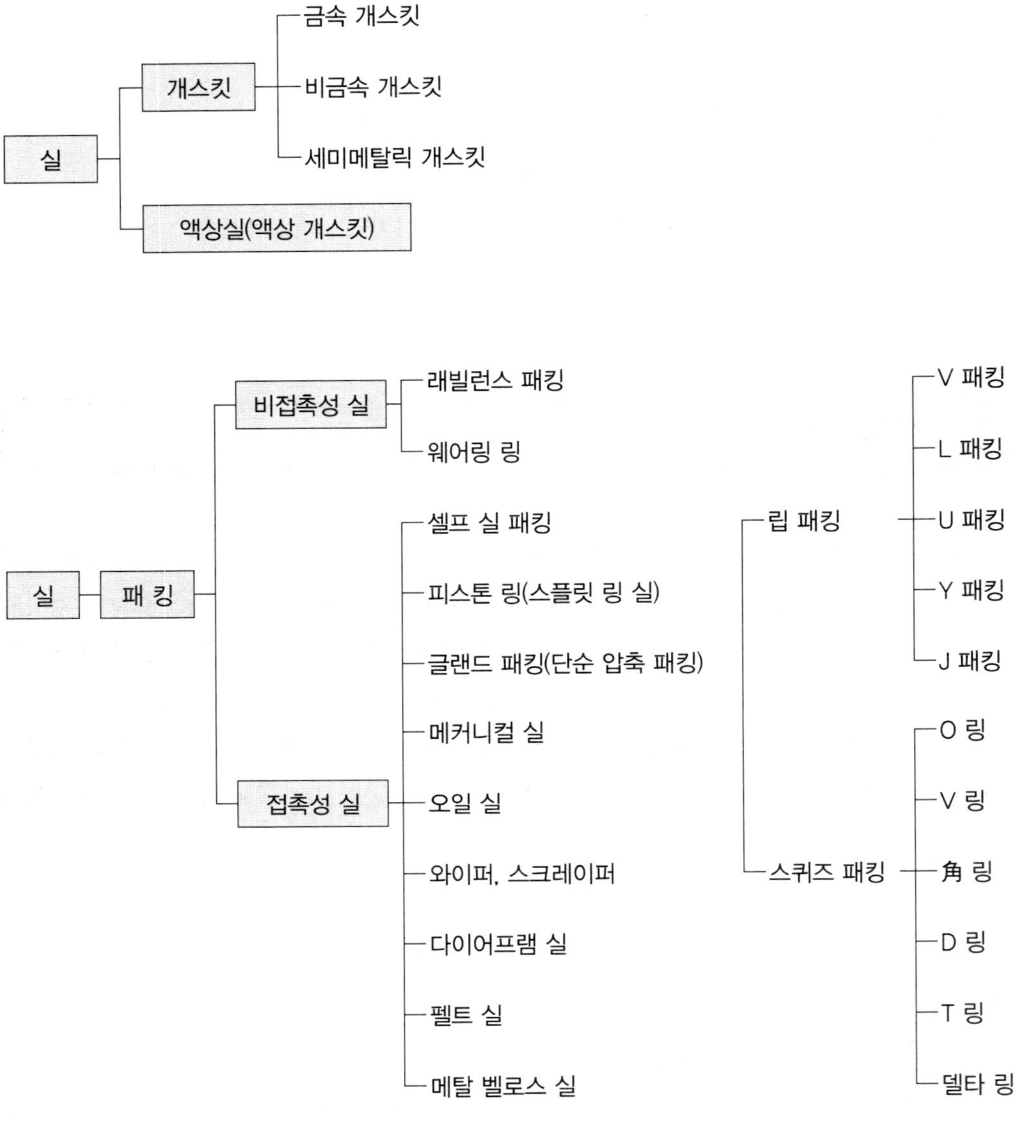

나. 유압용 실

유압용 실에 요구 조건은 개스킷의 경우 우선 작동유에 대하여 적당한 저항성이 있고, 온도, 압력의 변화에 충분히 견딜 수 있어야 한다. 패킹의 경우는 이것에 대해서 운동 방식(왕복, 회전, 나선 등), 속도, 허용, 누설량, 마찰력, 접촉면의 조밀(粗密)에 의한 영향 등도 고려해서 목적을 달성하는 것이어야 한다.

(1) 개스킷

개스킷은 압력 용기나 파이프의 플랜지면, 기기의 접촉면, 그 밖의 고정면에 끼우고 볼트 기타 방법으로 결합, 실 효과를 주는 것이다. 누설은 허용되지 않는다.

주로 비금속 개스킷이 쓰이고 고무질을 주체로 한 O링, 각(角)링 등과 같은 셀프 실 형의 것과 식물질 섬유의 오일 시트, 코르크 시트, 광물질 섬유의 석면과 고무를 결합 가황한 석면 조인트 시트, 동물질 섬유의 가죽, 고무질, 사불화에틸렌 수지(PTFE) 등의 판형 평형의 것이 주요한 것이다. 특별 고온의 경우에는 금속 개스킷도 사용된다.

개스킷의 결합은 그 종류에 따라서 적당한 값이 있으며 최소 결합 압력, 개스킷 계수 등을 참고로 해서 사용해야 한다.

(2) 오일 실

오일 실은 그다지 압력이 걸리지 않는 부분에 사용되며 저속에서 고속까지 넓은 범위에 사용된다. 구조가 간단하여 취급하기가 쉽고 장착 공간이 적어도 되는 등 많은 이점이 있는 회전용 실이다.

(3) 패킹

패킹은 기기의 접합면 또는 접동면의 기밀을 유지하여 그 기기에서 처리하는 유체의 누설을 방지하는 밀봉장치이다. 어떤 상대적 운동이 있는 곳에 사용되는 동적 실을 패킹, 서로 접하는 부분 사이에 상대적 운동이 없는 곳에 사용되는 정적 실을 개스킷이라 한다.

같은 O링이라도 정적 실로서 사용될 경우에는 개스킷이라 하고 동적 실로서 사용될 때에는 패킹이라 한다.

패킹의 기기 운동 상태 및 유체를 밀봉하는 기능에 따라 〈표 4-12, 13〉과 같이 분류된다.

〈표 4-12〉 기능에 따른 분류(Ⅰ)

축의 운동	기 기	패 킹
왕 복	컨트롤 밸브 플런저 펌프 프레스 유압 실린더	셀프 실 패킹, 샘 타입 패킹 셀프 실 패킹, 샘 타입 패킹 셀프 실 패킹 셀프 실 패킹
회 전	와류 펌프 베어링 케이스	잼 타입 패킹, 메커니컬 실 오일 실
나 선	밸브	셀프 실 패킹, 잼 타입 패킹

〈표 4-13〉 기능에 따른 분류(II)

- 패킹
  - 셀프 실 패킹
    - 스퀴즈 패킹(O, D, X링 등)
    - 립 패킹(V, U, L 패킹 등)
  - 잼 타입 패킹
  - 오일 실
  - 메커니컬 실
  - 기타

(4) 립 패킹

[그림 4-93]과 같은 단면 형상의 립 패킹은 립에 탄성을 갖게 하고, 유압 자체에 의하여 실압을 발생시켜 누설 방지기능을 발휘시킨 것이며, 주로 왕복 운동이나 저속 회전용에도 사용된다.

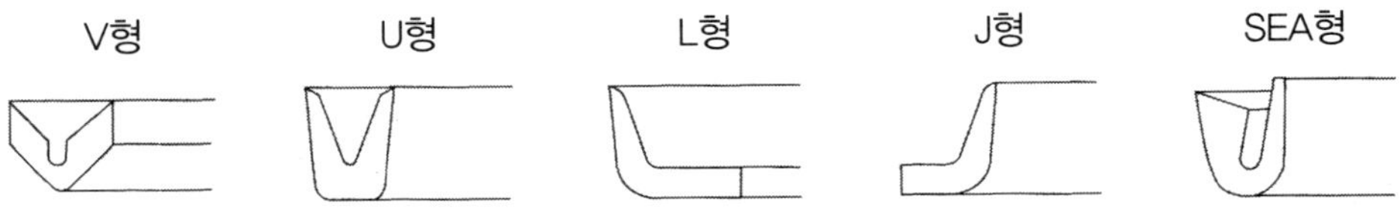

[그림 4-93] 립 패킹의 단면

재질로는 가죽, 고무(천연고무, 합성고무), 수지, 고무와 전(무명, 나일론, 석면)으로 대별된다.

04 열 교환기

가. 오일 쿨러(oil cooler)

유온을 항상 적당한 온도로 유지하기 위하여 사용되는 냉각장치이다. [그림 4-94]는 다관식 열교환기의 구조이다.

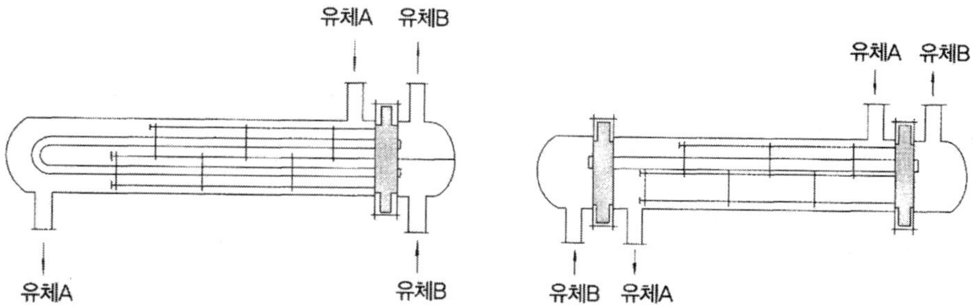

(a) 고정관판식 (b) U자관식

[그림 4-94] 다관식 열 교환기

오일 쿨러의 종류는 다음과 같다.

〈표 4-14〉 오일 쿨러의 종류

- 오일 쿨러
  - 수냉식
    - 다관식
    - 사관식(蛇管式)
    - 이중관식
    - 평판식
  - 공냉식
    - 흡입형
    - 토출형
  - 냉동식
    - 프레온 가스
    - 암모니아 가스

(1) 수냉식의 장·단점 및 선정방법

(가) 장점

① 소형으로 냉각능력이 크다.

② 경음이 적다.

③ 자동유로 조정이 가능하다.

(나) 단점

① 냉각수의 설비가 요구된다.
② 기름 중에 물이 혼입할 우려가 있다.

(다) 선정방법

10℃ 전후의 온도가 낮은 물이 사용될 수 있어야 한다.

(2) 공랭식의 장·단점 및 선정방법

(가) 장점

① 냉각수 설비가 필요 없다.
② 보수비가 적다.

(나) 단점

① 경음이 적다.
② 냉각식에 비하여 대형이며 고가이다.

(다) 선정방법

교환 열량이 적은 곳에서 사용된다.

(3) 냉동식의 장·단점 및 선정 방법

(가) 장점

① 냉각수와 환기설비가 필요 없다.
② 운반이 용이하며 대기 온도나 물의 온도 이하의 냉각이 용이하다.
③ 자동 유온 조정에 적합하다.

(나) 단점

대형으로 고가이다.

(다) 선정방법

일반적으로 히터와 같이 가용되며 이동형 열교환기로서 사용된다.

나. 히터(heater)

온도가 낮은 지역에서 유압기기를 작동하면 작동유의 점성이 커져 펌프가 출입하지 못하는 수가 있으며, 이와 같은 것을 배제하기 위하여 펌프 기동전에 작동유를 가열하여 필요한 온도까지 유온을 상승시키는 장치이다.

일반적으로 투입 히터, 밴드 히터, 증기히터가 있으며, 다음과 같은 특징이 있다.

(1) 투입 히터

① 소형이며 설치가 용이하다.
② 보수 관리가 간단하고 가격이 싸다.
③ $100l \sim 500l$ 정도의 기름 탱크게 적당하다.
④ 히터 둘레의 기름을 강제적으로 순환시킨다.

(2) 밴트 히터

① 소형이나 설치하기가 어렵다.
② 화재의 위험성이 높으며 보수 관리가 간단하다.
③ 주배관의 보온에 사용된다.
④ 히터의 보호막에 상처를 내지 않도록 주의하여 이물질이 묻지 않도록 조심한다.

(3) 증기 히터

① 증기를 열원으로 하며 대형이다.
② 설치가 어렵고 고가이다.
③ 인화성이 없는 곳에 사용 한다.

05 여과기

"유압장치의 보수에 있어서 고장의 75%는 오일의 불순에 의한다."라 말하는 것처럼 오일의 오염은 유압장치 전체에 있어서 많은 손실의 원인이 되고 있다. 특히 서보밸브를 이용하는 유압장치에서는 미세한 먼지나 작동을 불안전하게 하는 원인이 되는 경우가 많다.

유압장치의 작동에 악영향이 있는 유해물을 완전히 작동유로부터 제거하기 위하여 사용하는 것을 보통 필터라 하고 있다.

가. 스트레이너(strainer)

스트레이너는 펌프를 고장 나게 할 염려가 있는 약 1000메시 이상의 먼지를 제거하기 위하여 오일 필터와 조합하여 사용하는 것이 바람직하다.

스트레이너의 여과 능력은 펌프 흡입량의 2배 이상의 용적을 갖게 한다. 스트레이너가 막히면 펌프가 규정 유량을 토출하지 못하거나 소음을 발생시킨다.

스트레이너 눈의 막힘은 흡입 진공 압력을 측정하는 것에 의하여 판정할 수 있다. 스트레이너의 연결부는 오일 탱크의 작동유를 방출하지 않아도 분리가 가능하도록 하여야 한다.

또 [그림 4-95]에서와 같이 그 윗면을 유면보다 10 ~ 15cm 이상의 깊이로 되게 하고 오일 탱크 바닥 부분에서 약간 떨어지게 세팅하여 오일 탱크 바닥에 침전하는 먼지나 슬래그 등을 스트레이너에 흡입되지 않는 위치에 배치시키는 것이 중요한다. 또 펌프 흡입관은 유니언으로 접속하고 그 이은 곳은 오일 속에 들어가도록 한다.

보수는 오일을 교환할 때마다 완전히 청소하고 적어도 3개월에 한번씩 정도는 여과재를 분리하여 깨끗하게 손질한다. 스트레이너에 부착되어 있는 먼지는 용제(가솔린, 트리클렌) 등에 장시간 담근 다음 솔질을 하여 엘리먼트의 내측에서부터 외측에 압축공기로 역취하면 제거된다. 또 초음파 청소기를 사용하면 더욱 깨끗이 된다.

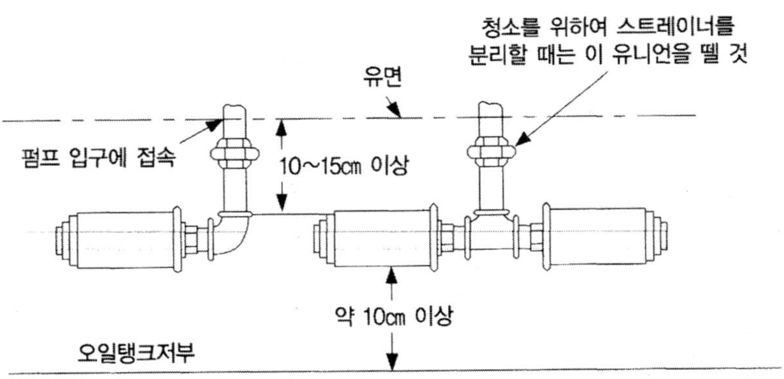

[그림 4-95] 스트레이너 연결법

나. 필터(filter)

유압장치에 사용되는 필터에는 표면식, 적층식, 자기식으로 대별된다. [그림 4-96]은 표면식과 적층식을 나타내었다.

표면식 필터는 철망이나 여과기에 의한 여과와 같이 표면에서만 이루어진다.(그림 4-97 참조)

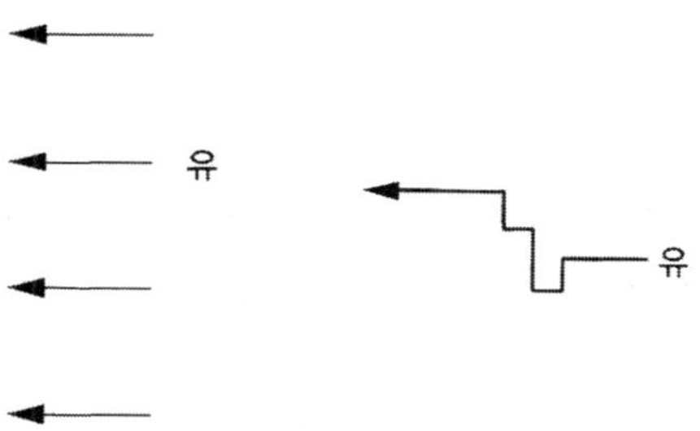

[그림 4-96] 표면식과 적층식 원리

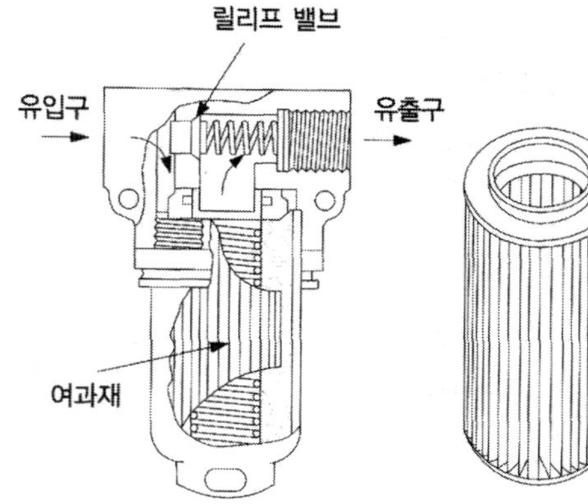

[그림 4-97] 표면식 필터

적층식 필터는 여과면이 여러 개 중첩되고 각각의 면은 작은 틈새가 있다.(그림 4-98 참조)

자기식 필터는 오일 중에 흡입되고 있는 자성 고형물을 자석에 흡착시키는 것에 의하여 여과하는 것이다.(그림 4-99 참조)

자기 필터는 여과공의 대소에 따라서 그 여과능력을 비교하는 것이 아니고 자력에 의하여 그 성능이 좌우된다. 자기 필터는 1회의 통과에 의하여 자성체의 고형물을 완전히 제거하는 것은 불가능하므로 횟수를 거듭하여 정화하는 것으로써 다른 두 가지 형식과는 스스로 다른 여과 작용을 하고 있다.

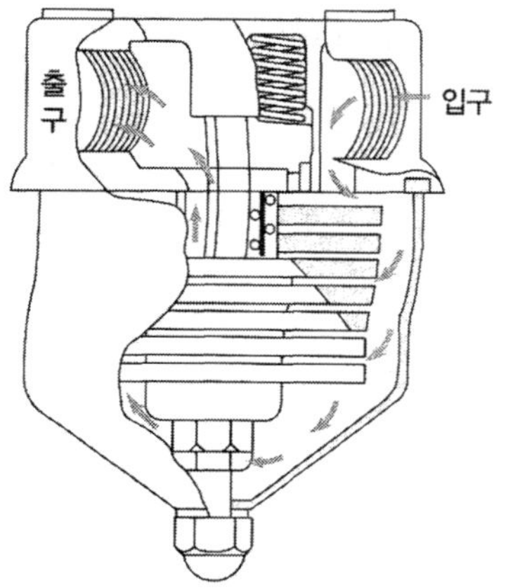

[그림 4-98] 적층식 필터

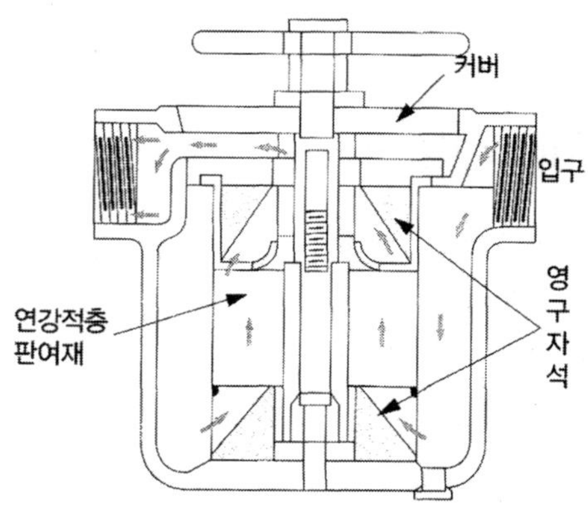

[그림 4-99] 자기식 필터

스트레이너나 다른 필터에 의해서 제거할 수 없는 미소한 철분에 대하여는 오일 탱크 내의 복귀측과 흡입측 스트레이너 사이에 적당한 개수의 자석을 부착하는 등의 방법도 이용된다.

표면식 필터와 적층식 필터를 비교해 보면, 표면식 필터에서는 여과되는 먼지의 크기가 여과재의 구멍의 크기에 따라서 결정된다.

적층식 필터의 여과 재료 구멍의 크기는 제거하고자 하는 먼지의 크기보다 약간 큰 것을 사용한다. 적층식 필터를 통과하는 먼지의 최대값의 한계는 [그림 4-100]에서와 같이 그다지 명확하지 않고 여과 재료 구멍 크기의 균일성, 구멍의 분포 상태에 따라서 변화한다.

표면식 필터의 여과 재료는 구멍 크기가 일정한 것이 적당하고 강인하거나 극히 접착력이 강한 여과 재료(직포, 철망)가 사용되고 있다.

적층식 필터의 여과 재료로서는 구멍 배치가 굴곡이 많은 것이 필요하다. 즉 입상(粒狀)인 것이라든가 섬유 상태의 것을 부드럽게 굳힌 것을 많이 사용하고 있다. 그 외로 특수하게 짠 철망, 금속 리본을 감은 것, 자기 등을 사용하고 있다.

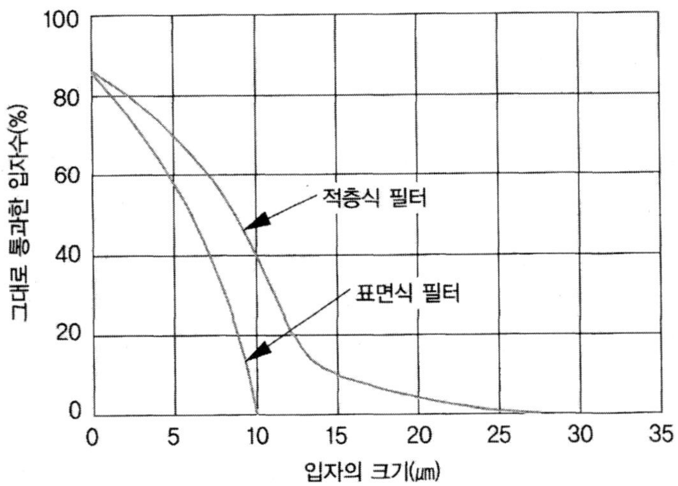

[그림 4-100] 표면식과 적층식의 입자 제거 능력

다. 필터 성능 표시

· 통과 먼지 크기
· 먼지의 정격 크기
· 여과율(정격 크기)
· 여과 용량
· 압력 손실
· 먼지 분리성

(1) 필터 용량

필터의 압력 손실이 규정압력 이상으로 되지 않는 범위에서 필터에 쌓이는 먼지의 중량으로 나타낸다. 여과 용량은 중량만이 아니라 먼지의 종류에 따라서 달라진다.

필터의 여과 용량을 측정하는 데는 순환하는 유압 회로 중에 필터를 장치하고 정기적으로 표준입자의 먼지를 넣어 압력 손실을 측정하여 그것이 규정 압력에 도달한 때의 먼지의 첨가량을 구하면 된다.

(2) 압력 손실

필터의 압력 손실은 단위 여과 표면적당의 압력 손실로 나타내고 있다. 이 허용값은 여과 재료의 강도에 의하여 정해진다.

또 유압 회로의 설계에도 관계한다. 예를 들면 펌프 흡입 측에서는 그 압력 손실이 0.1kgf/cm^2 이하가 바람직하고 토출 측에서는 0.5kgf/cm^2 정도까지 사용할 수 있다.

압력 손실은 먼지의 첨가량, 유량, 점도, 필터의 종류에 따라서도 다르다.

라. 필터의 보수 점검

필터는 정기적으로 점검하고 여과재를 교환 또는 청소해야 한다. 보통의 사용 상태로는 3개월에 1회 정도 여과 재료를 분류하고 청소하면 되나 작동유가 열화하여 불용성 슬러지로 되고 이것에 실밥이나 미세한 먼지가 정착한 경우에는 여과 재료를 본래와 같은 상태로 하기에는 곤란하다. 특히 종이 여과 재료는 재생이 곤란하다. 이 경우에는 여과 재료를 교환한다. 여과 재료 교환의 기준으로는 차압 지시계부 필터를 사용하면 편리하다. 소결금속 필터는 비교적 간단하게 청소할 수 있으므로 장기간 반복 사용할 수 있는 이점이 있다.

청소법으로는 보통 용제에 장시간 담근 다음 브러시질을 하고 여과기 재료의 측면에서 외측으로 압축 공기를 거꾸로 분사하면 좋다.

마. 여과기의 연결 장소

필터는 어느 장소에 연결하는 필터의 여과도, 미세도, 계의 압력과 유량, 청소나 교환의 빈도, 가격 등 여러 가지 요인에 따라서 정하지 않으면 안된다. 필터의 대표적 연결부 위치를 [그림 4-101]에 제시한다.

(1) 스트레이너 또는 흡입(suction) 필터

보통 오일 탱크의 펌프 흡입 관로에 연결된다. 눈의 크기는 100 ~ 200메시의 거친 것으로써 압력강화를 되도록 작게 해야 한다.

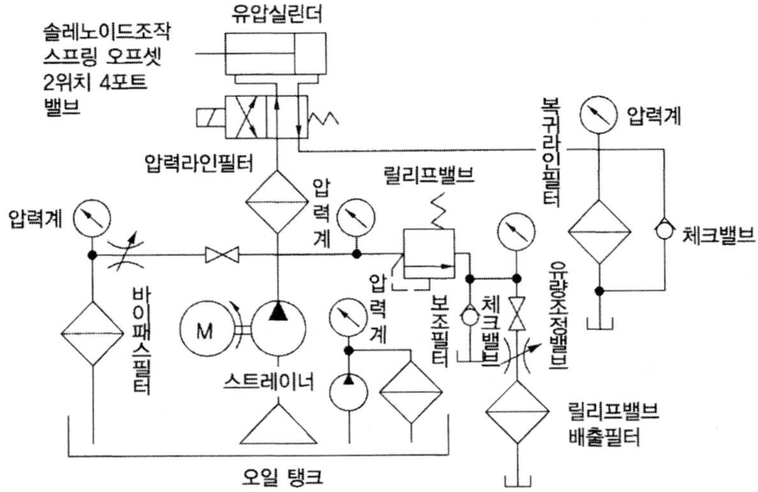

[그림 4-101] 필터의 연결 장소

(2) 바이패스 필터

전 유량을 여과할 필요가 없는 경우에는 펌프 토출량의 10% 정도를 흡수형 필터로 항시 여과하는 방법이 사용된다. 이 연결 위치는 압력 관로의 어느 곳이나 가능하며 비교적 작은 필터로서도 충분하다.

(3) 압력 라인 필터

전 유량 또는 회로 중의 일부분을 여과하고자 하는 경우에 사용된다. 서보 밸브에는 반드시 이 위치에 필터로 연결한다.

(4) 릴리프 밸브 배출 필터

기계의 작동 중 다량의 작동유가 릴리프 밸브에서 오일 탱크에 복귀되는 경우에 사용하면 유효하다.

이 위치에 필터를 연결하는 경우에는 릴리프 밸브에 배압이 걸려 작동 불량이 되지 않도록 보조 릴리프 밸브나 체크 밸브를 설치할 필요가 있다.

(5) 복귀 라인의 필터

회로의 복귀측에 필터를 연결하면 유압 실린더나 유압 모터에서의 복귀 오일의 전량을 여과할 수 있다. 유압 펌프의 토출량이 언로드 밸브나 릴리프 밸브를 통하여 오일 탱크에 복귀하는 시간이 긴 경우에는 이 위치에 필터를 놓은 것이 바람직하지 못하다.

복귀 관로의 서지압에 대하여 필터를 보호하는데 체크 밸브를 설치할 필요가 있다.

(6) 보조필터

저압 소요량의 보조 펌프와 저압 필터에 의하여 여과시키는 방법이며, 장치의 일부분으로서 설치하거나 포터블 유닛(portable unit)으로 하여 가끔 여과하는 방식으로 사용하면 좋다.

이 보조 필터는 바이패스 필터를 사용할 수 없는 큰 장치에 사용된다.

바. 공기청정기(air cleaner)

오일 탱크의 통기구(通氣口)에는 공기 청정기를 연결하여 공기 중의 먼지가 흡입되지 않도록 하여야 한다. 먼지가 매우 많은 곳에서는 오일배스 형식의 것이 먼지 제거에 가장 효과적이다. 어느 경우에나 청정기를 정상적으로 작동시키기 위해서는 정기적으로(보통 3개월에 1회) 용제(溶劑 : 가솔린, 세유 합성세제 등) 속에서 세척하는 것이 바람직하다.

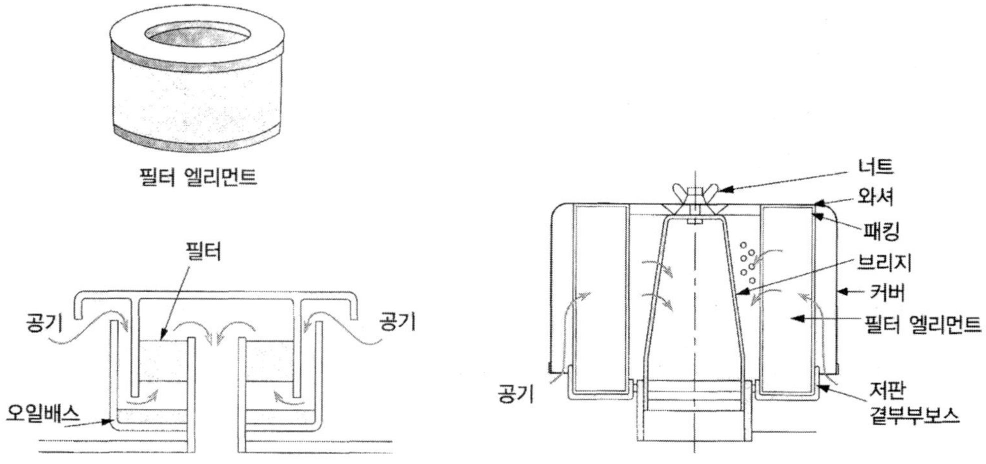

(a) 오일배스형 공기청정기 (b) 여과기 공기청정기

[그림 4-102] 공기 청정기

[그림 4-102]는 폴리비닐의 엘리먼트를 사용한 공기청정기로서 통기저항은 약 10mmAg이다.

공기청정기는 보통 오일 탱크의 위쪽에 연결한다. 램이 큰 프레스 등에 대한 공기청정기는 다량의 공기를 흡입할 수 있는 것을 사용할 필요가 있다. 이들 용량에 대하여는 대개 경시하는 경우가 있으나 주의할 필요가 있다.

06 배관

유압장치에 사용하는 파이프나 파이프 이음도 유압기기와 마찬가지로 유압장치의 구성요소이다. 유압기기가 아무리 우수하여도 파이프나 파이프 이음에 문제가 있으면 정확한 기능을 발휘할 수 없다. 또한 유압장치는 작동 중에 유압 펌프, 실린더, 모터 등에서 발생하는 주기적인 장치의 진동과 오일의 유동 현상에서 발생하는 진동이 끊임없이 발생하고 있다. 특히 고압하에서 밸브를 전환할 경우에는 충격파(surge pressure)가 수반되어 배관의 각 부분에 진동이 전달되어 배관 및 이음부의 이완이나 파손 등의 고장이 생겨 장치 전체의 기능을 정지시키는 사고가 발생되므로 선택에 충분한 고려를 한다.

먼저, 유압장치용 배관, 파이프 이음으로서 구비되어야 할 조건을 보면

① 분해와 조립이 쉽고 재현성이 있을 것
② 특수 공구를 필요로 하지 않을 것
③ 통로 넓이에 심한 변화를 미치지 않을 것
④ 조인트부가 차지하는 최대 바깥지름 및 길이가 소형일 것
⑤ 충격, 진동에 대해 강하고, 이완되지 않을 것 등이 있다.

가. 파이프

유압용의 파이프에는 강관(鋼管), 스테인리스강관, 고무 호스 등이 있다.

(1) 강관(steel tube)

펌프 토출측에 사용하는 압력 100 ~ 1,000kgf/cm^2 정도의 고압관에서는 고압관용 탄소강 강관(STS-35)를 사용하고 있다. 유압배관 중, 특히 플레어형을 사용하는 것으로써 유압배관용 정밀 탄소강관(OST)이 있는데 그 강도, 정밀도, 휨성 등이 우수하므로 널리 사용되고 있다.

이상의 강관 두께는 다음 식에 의해서 구한다.

$$P = \frac{200\delta_t t}{D}$$

여기서, P: 내압력 (kgf/cm^2)

δ_t: 인장강도 (kgf/cm^2)(통상 항복점의 60% 값)

D: 파이프의 바깥지름 (mm)

t: 파이프의 두께 (mm)

(2) 스테인리스강관

매우 높은 압력에 대하여 큰 구경(口徑)의 강관을 사용하면 파이프의 두께가 두꺼워져 굽히거나 플레어로 하는데 곤란하다. 이런 경우 또는 중량을 절감시키고 싶은 경우에는 스테인리스강관이 사용된다. 이 파이프는 풀림을 잘하면 굽히거나 플레어로 가공할 수 있다.

(3) 동관

동관은 풀림을 하면 상온가공이 용이하므로 20kgf/cm^2 이하의 저압관이나 드레인관에 많이 사용된다. 보통은 동관 또는 동합금류는 석유계 작동유에는 사용하면 안 된다. 동은 오일의 산화에 대하여 촉매 작용을 하기 때문이다. 따라서 카드뮴 또는 니켈도금을 하여 사용하는 것이 바람직하다. 심레스(seamless)동관의 두께는 다음 식에 의해서 구해진다.

$$P = \frac{840t}{D}$$

여기서, P : 내압력(kgf/cm^2)

t : 동관의 두께(mm)

D : 동관의 바깥지름(mm)

(4) 고무호스

합성 고무로 만든 고무호스에는 저압, 중압, 고압용의 3종류가 있다. 저압 호스에는 합성 고무의 외측을 면사로 짠 것을 피복하여 튼튼하게 한 것과 고무관뿐인 것 등이 있다. 고압용은 면사와 강선으로 짠 것을 피복하여 보강하고 있다. 고무호스의 사용 내압은 적어도 5배의 안전계수를 갖게 할 것이며, 연결부에는 비틀림, 당김, 급한 휨 등을 피하고 충분한 여유를 주어야

한다.(그림 4-103 참조)

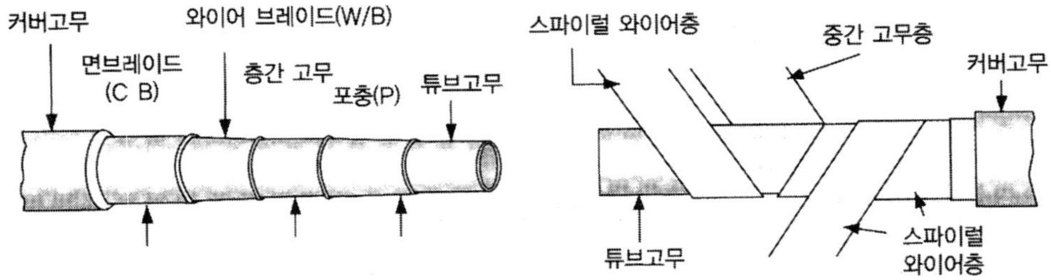

[그림 4-103] 고무 호스의 내부 구조

나. 파이프 이음(pipe joint)

파이프 이음에는 나사 이음, 플랜지 이음, 플레어 이음, 바이트형 이음, 용접 이음 등이 있다. 나사 이음은 주로 저압이거나 분리의 필요가 있는 곳에 사용된다. 고압용이거나 분리할 필요가 영구적으로 필요치 않은 곳에서는 용접 이음이 사용된다.

(1) 나사 이음(screw joint)

나사 이음 중 정확하게 절삭된 것은 상당한 실 효과가 있으나 조잡하게 절삭된 것은 누설을 방지하기에 곤란하다. 테이트 실 등은 일시적으로 실이 될 수 있으나 장기간에는 진동에 의하여 헐거워지는 등의 문제가 생긴다.(그림 4-104 참조)

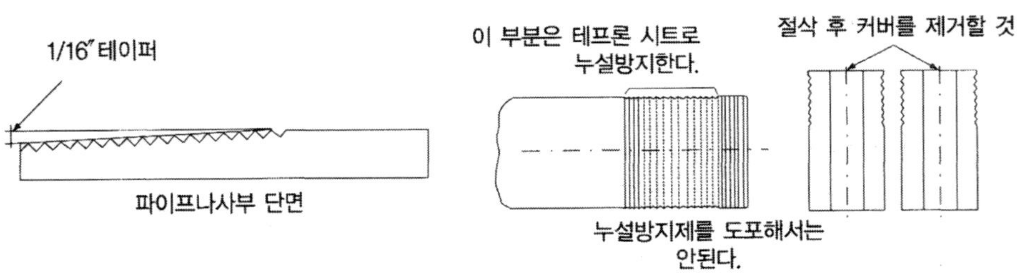

[그림 4-104] 관용 테이퍼 나사

(2) 플랜지 이음

플랜지 이음은 수개의 볼트에 의하여 조임의 힘이 분할되기 때문에 조임이 용이하여 대형관의 이음으로써 편리하다.(그림 4-105 참조)

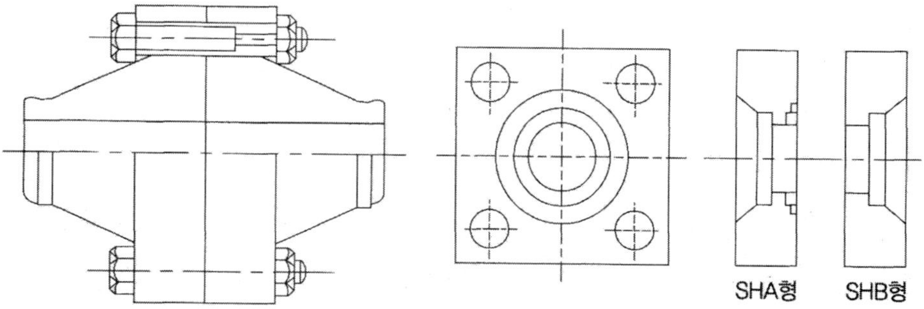

[그림 4-105] 플랜지 이음

(3) 플레어 이음(flared joint)

[그림 4-106]에서와 같이 본체, 슬리브, 너트의 세 가지 부품으로 형성되어 있다. 플레어 각도는 37° 및 45°의 2종류가 있다. 37°의 것이 접촉면이 길고 플레어로 하는 변형도 적어 너트의 조임에 높은 접촉력을 얻을 수 있으므로 고압에 적당하다.

45°의 것은 자동차의 브레이크 계통이나 연료관 등의 저압이고 극히 얇은 것에 적당하며 슬리브가 없는 것이 많다. 플레어로 하기 위한 파이프는 비교적 연질이고 두께가 얇은 것이 바람직하다.

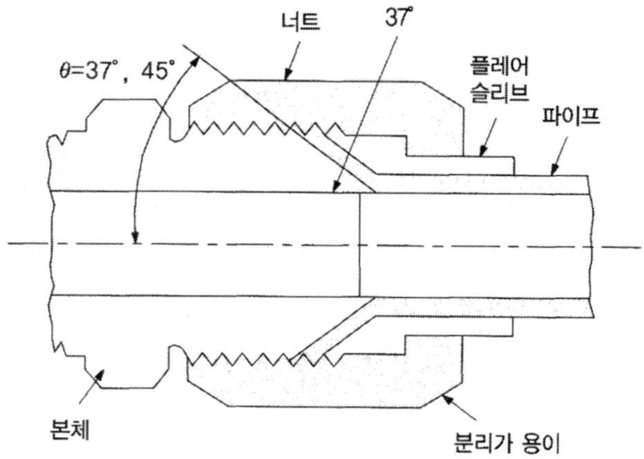

[그림 4-106] 플레어 이음

(4) 바이트형 이음

[그림 4-107]에 제시한 바와 같이 본체, 슬리브, 너트의 세 가지 부품으로 형성되어 있다. 너트의 조임에 의하여 슬리브는 본체의 테이퍼 부분과 파이프와의 사이에 밀어 넣어지고 선단에 에지가 파이프에 파고 들어가 강한 금속 접척에 의하여 오일 누설을 방지한다. 바이트형 이음은

나사 절삭, 플레어 가공, 용접 작업 없이 파이프를 필요한 길이로 끊어 적당한 강도로 조이는 것만으로 그 기능이 확실하기 때문에 각국에서 규격화되어 항공기, 자동차 공작 기계, 산업 기계 등 모든 분야의 고압 이음에 사용되고 있다.

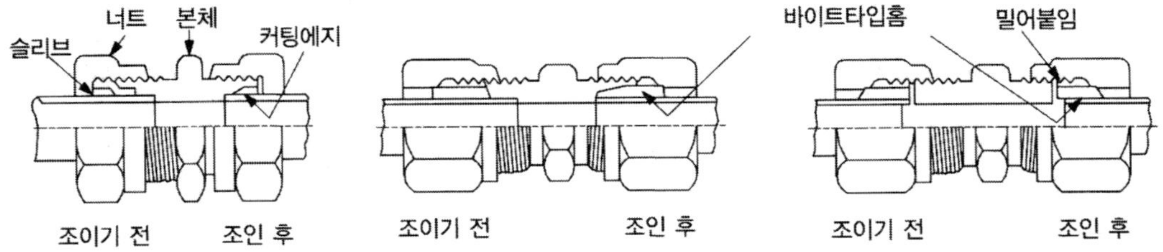

(a) 엘메트식 (b) 테이퍼식 (c) 밀어붙이기식

[그림 4-107] 바이트 형 이음

(5) 용접 이음(welded joint)

용접 이음에는 유니언형과 플랜지형의 두 가지 형식이 있다. [그림 4-108]의 (a)는 O링에 의한 실을 평면에서 하는 방식으로서 배관은 쉬우나 파이프의 심이 제대로 내어져 있지 않으면 O링 부분에서 누설할 염려가 있다. [그림 4-108]의 (b)는 O링이 끼워지는 방식으로서 배관은 어려우나 누설에 대하여는 (a)보다 우수하다. 플랜지 용접 이음은 [그림 4-109]와 같다.

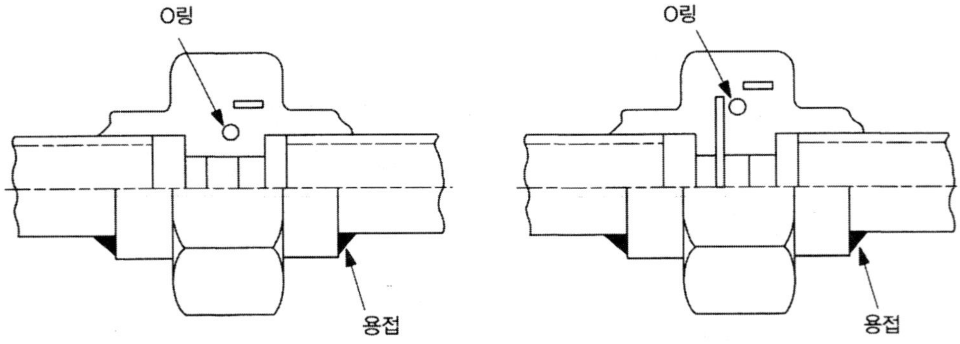

(a) (b)

[그림 4-108] 유니언형 용접 이음

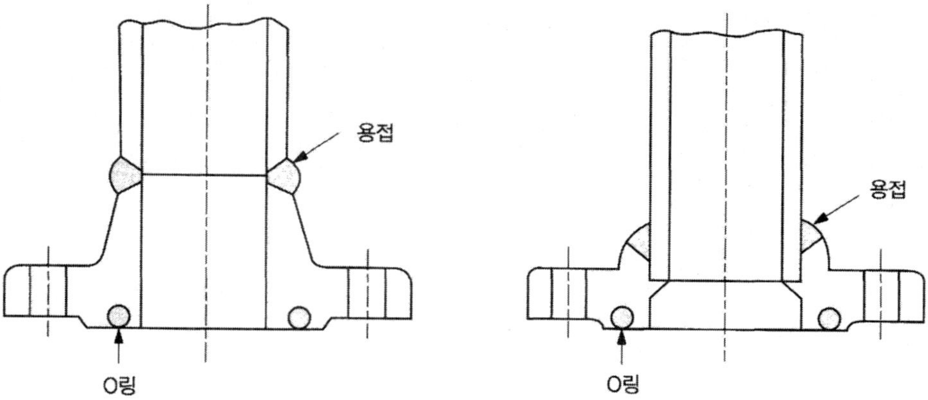

[그림 4-109] 플랜지형 용접 이음

다. 배관

파워 유닛의 배관에 있어서는 파이프의 내측에 부착되어 있는 유지(油脂), 녹 인발 때의 첨가제, 스케일, 탄소 부착물 등의 오물을 알칼리성의 세척제 또는 벤젠으로 세척하여 청결하게 한 다음 연결한다.

파이프의 지름은 소요 유량에 대하여 적절한 크기이어야 한다.

배관의 진동이나 이에 대한 피로, 절손 등을 최소한으로 그 요소를 확실하게 지지할 필요성을 중요시해야 한다. 배관은 지지 없이 하거나 공간에 매달거나 하지 않는다.(그림 4-110 참조)

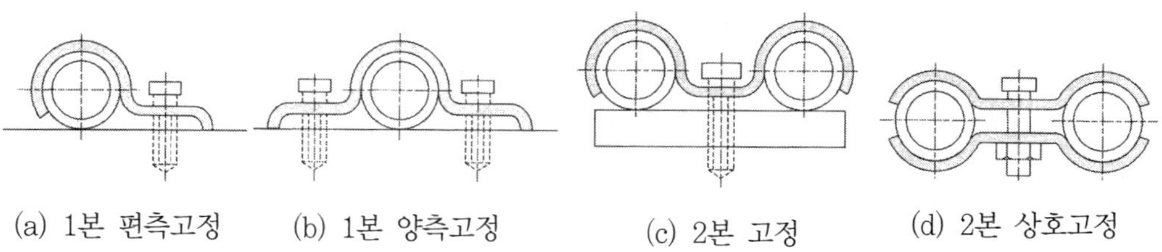

[그림 4-110] 배관의 지지 방법

파이프에 손상을 주지 않도록 설계해야하며 지지하기 위하여 용접으로 고정하면 안 된다. 또 배관은 되도록 일체로 하여 조인트를 작게 한다.

장치의 부품을 분리하지 않고 배관의 분해를 할 수 있도록 설계하는 것이 바람직하다. 2개 이상의 관로가 평행으로 근접한 곳에서는 접촉과 진동을 방지하기 위해 코로실로 배관을 튼튼하게 조인다.

제5절 유압 작동유

01 유압 작동유의 구비 조건

유압 장치를 유효하게 운전시키려면 우선 적합한 작동유를 선택하는 것이 중요하다. 그래서 작동유로는 매우 질이 좋은 윤활유, 특히 유압기기용으로 제작한 기름을 사용하는 것이 바람직하다. 이와 같은 기름을 얻을 수가 없을 경우에는 지정된 성질의 터빈유로 대체하여도 무방하다.

기타 물, 원유, 수용성유, 동식물성유 등은 절대로 사용해서는 안된다. 쉽게 입수될 수 있다하여 베어링유나 기계유를 사용하는 경우가 있으나 이들 기름은 유압장치용으로서의 성질을 전부 구비하고 있지 않으므로 효율을 저하시키든가 기계의 수명을 단축시키는 결과를 가져온다.

유압 장치에 있어서 우수한 성능의 작동유를 얻기 위하여, 물리적 성질로서 비중, 점도, 압축성, 인화점, 연소점, 잔유탄소, 색, 유동점 그리고 실용적 성질로서 점도의 온도 의존성, 산화 안정성, 함유화성, 녹 및 방식성 등을 검토하여야 한다.

물리적 성질이 좋은 것만으로는 양질의 작동유라 말할 수 없다. 작동유로서 구비하여야 할 성질을 간추려 보면 다음과 같다.

① 비압축성이어야 한다.(동력 전달 확실성 요구 때문)
② 장치의 운전온도 범위에서 회로 내를 유연하게 유동할 수 있는 적절한 점도가 유지되어야 한다.(동력 손실 방지, 운동부의 마모 방지, 누유 방지 등을 위해)
③ 장시간 사용하여도 화학적으로 안정하여야 한다.(노화 현상)
④ 녹이나 부식 발생 등이 방지되어야 한다.(산화 안정성)
⑤ 열을 방출시킬 수 있어야 한다.(방열성)
⑥ 외부로부터 침입한 불순물을 침전 분리시킬 수 있고, 또 기름 중의 공기를 속히 분리시킬 수 있어야 한다.

유압 장치에 있어서 양질의 작동유를 선택하였을 때 효율을 높일 수 있고 수명을 연장시킬 수 있음은 물론 작동유 자체의 내구성도 있으므로 초기 가격은 약간 고가라 할지라도 이것을 택하는 것이 경제적이다.

02 작동유의 종류

작동유로 사용하고 있는 액체를 분류하면 다음과 같다.

가. 석유계 작동유

작동유의 대부분은 석유계를 사용한다. 석유계 작동유는 원유로부터 정제한 윤활유의 일종이다. 그러므로 작동유의 성상은 원유의 종류, 정제 방법에 따라 다르다. 석유계 작동유는 주로 파라핀기(基) 원유를 정제하여 산화방지, 방청 등의 첨가제를 첨가한 것이다. 파라핀기 원유는 파라핀기 탄화수소를 많이 함유한 것으로써 대표적인 것은 미국 펜실베니아산 원유가 있다. 점도를 가져야 한다. 그러나 점도가 너무 크면 효율이 저하, 소음발생, 유동저항을 초래하며, 밸브의 응답 속도가 늦어진다. 그러므로 작동유의 점도는 펌프의 형식, 사용압력, 온도 및 장치의 구조 등으로부터 결정되어진다. 펌프 형식에 따라서 대체적인 사용 기준을 소개하면 〈표 4-15〉와 같다.

일반적으로 작동유의 점도는 운전온도에서 13cSt(70 SSU)보다 낮아서는 안된다. 만일 점도가 이것보다 낮아지면 작동유는 기계 부품 간의 실과 윤활 효과를 충분히 만족시킬 수 없다. 또 유압 펌프의 시동시에 탱크 속의 유압유는 880 cSt(4000 SSU) 이상의 점도를 가져서는 안된다. 점도가 880 cSt 이상이 되면 유동성이 감소되고 펌프 흡입구에서 공동 현상을 일으킨다. 〈표 4-16〉 참조.

〈표 4-15〉 내화성 작동유의 특성 비교

작동유 \ 특성	합성작동유	함수형작동유	
	인산에스테르계	수글리콜계	임파티드 에멀전계
윤활성	첨가광유 다음으로 좋은 윤활특성을 갖는다. 고압이 되면 점도가 상승하는 경향이 크다.	윤활성은 좋지 않다.	기름에 물이 함유되어 있으므로 윤활성은 비교적 양호하다.
고무실재	불소, 브틸, 실리콘, 에틸렌, 프로필렌 고무가 적합하다. 니트릴(nitrile), 아크릴(acryl)등의 내유고무는 팽윤이 크다.	고무는 문제가 없다. 아스베스토스, 코크스, 가죽 등 수분을 흡수하는 것은 적합하지 않다.	좌 동
도 료	거의 모든 도료를 용해하므로, 탱크내 도장은 피할 것. 나일론기, 페놀기, 에폭시기는 비교적 내성이 있다.	페인트, 에나멜, 니스 등을 용해한다.	좌 동
부식성	고분자화합물이므로 금속표면에 흡착되는 경향이 있어 방청효과는 우수하다.	우 동 특히 아연, 카드뮴(cadmium), 알루미늄, 마그네슘류와 수소화물을 만들어 부식을 일으킨다.	물을 기로 하기 때문에 녹과 부식에 큰 문제가 된다. 기상부분에 녹이 발생하기 쉽다.
조작온도	고온성(80℃ 이상)에서도 운전가능, 저온성 양호(유동점은 −57℃)	상한온도는 약 70℃ 저온성 비교적 양호(유동점 −40℃)	상한온도 40 ~ 70, 하한온도 5℃ 이하에서는 불가
압 력	고압(210kgf/cm^2 이상)에서도 양호한 윤활성을 나타낸다.	고압, 고하중의 윤활에 문제가 있다.	고압에서 점도가 저하
보 수	혼입수분의 제거에 특히 주의를 요한다.	물(증류수)의 보급과 온도 점검을 요한다.	좌 동

〈표 4-16〉 유압 펌프 형식에 따르는 적정 점도 범위

주위온도℃(℉)		4.4℃(40) ~ 37.8℃(100)	37.8℃(100) ~ 82℃(180)
펌프 \ 점도		100℉에서의 점도 SSU(cSt)	100℉에서의 점도 SSU(cSt)
기어펌프		140(30) ~ 325(70)	500(110) ~ 700(154)
베인펌프	70kgf/cm^2 이상	140(30) ~ 225(49)	200(43) ~ 350(77)
	70kgf/cm^2 이상	250(54) ~ 325(70)	300(65) ~ 450(99)
피스톤펌프		140(30) ~ 325(70)	500(110) ~ 1000(220)

나. 인화점과 연소성

기름을 가열해가면 일부가 증발하여 공기와 혼합한다. 이곳에 화염을 가까이 하면 순간적으로 착화한다. 이때 기름의 온도를 "인화점"이라 한다. 다시 기름을 계속해서 가열하면 연속해서 연소가 지속된다. 이때 기름 온도를 "연소점" 또는 "발화점"이라 한다. 작동유의 인화점은 대략 170 ~ 220℃의 범위이다.

다. 압축성

고압(300kgf/cm^{2}정도까지)을 사용하면 장치가 소형 경량화 된다. 또 일반적으로 구동력이 커짐과 동시에 고압 사용의 이점이 증대된다. 그러나 작동유는 저, 중압에서는 비압축성으로 취급하여 별 문제가 없으나 고압 대형의 유압 장치가 되면 압축성은 큰 문제가 된다.

작동유 중에 약간의 공기라도 혼입되어 있으면, 압축률은 크게 변화한다. 따라서 유압장치를 취급하는 데 있어서 작동유의 공기가 혼입되지 않도록 특히 주의하지 않으면 안된다.

라. 잔류탄소의 색

잔류탄소는 작동유를 도가니 안에 넣고 가열하여 증발, 태웠을 때 도가니 안에 남는 탄소분을 중량(%)으로 표시한 값이다. 색은 성질에 거의 관계가 없으나 불순물 혼입을 조사하는데 도움을 준다.

마. 유동성

시험관에 작동유를 넣고 냉각해가면 점도가 점차 증대되어 시험관을 비스듬히 기울이더라도 서서히 움직일 정도일 뿐 흐르지 않게 된다. 이런 상태를 "유동점"이라 하고 다시 냉각을 계속하면 움직이는 것까지도 정지된다. 이 상태를 "응고점"이라 부른다.

유동점은 원유의 종류, 정제법, 첨가제의 유무에 따라 상당한 차이가 있다 일반적으로 나프텐계의 압유는 파라핀계 유압유에 비하여 낮은 유동점을 갖는다. 유동점은 동계 운전에서 고려하여야 할 문제이다.

03 실용적 성질

가. 온도에 따른 점도 변화

작동유의 점도는 기계적 효율, 마찰손실, 발열량, 마모량, 유막의 형성 및 두께, 유속 등 장치에 직접적인 영향을 미치므로 점도는 작동유의 성상 중 가장 중요하다. 작동유의 점도가 장치에 대하여 부적당한 경우 운전상에 미치는 영향을 생각하면 다음과 같다.

(1) 점도가 너무 높을 경우

① 내부 마찰의 증대와 온도 상승(캐비테이션 발생)
② 장치의 파이프 저항에 의한 압력 증대(기계 효율 저하)
③ 동력 손실의 증대(장치 전체의 효율 저하)
④ 작동유의 비활성(非活性)(응답성 저하)

(2) 점도가 너무 낮을 경우

① 내부 누설 및 외부 누설(용적 효율 저하)
② 펌프 효율 저하에 따르는 온도 상승(누설에 따른 원인)
③ 마찰 부분의 마모 증대(기계 수명 저하)
④ 정밀한 조절과 제어 곤란 등의 현상이 발생한다.

보통 작동유의 점도 결정은 계통에서 사용되는 펌프 형식에 따라 37.8℃(100°F)의 온도를 기준으로 한 점도를 가지고 선택하나 작동유의 점도는 온도에 따라 크게 변한다. 또 유압장치에서는 사용 온도의 변화가 크다. 따라서 시동 시와 상온에서의 점도와 함께 운전 온도에서의 점도를 알 필요가 있다. 실제로 운전상 중요한 의의를 갖는 것은 운전 온도에서의 점도인 것이다. 그러므로 유압장치 전체의 효율을 최고로 발휘시키기 위하여 요구되는 가장 알맞은 점도는 실용 실험에 의하여 결정하는 것이 보통이다.

[그림 4-111]은 반대수방안지에 직선으로 표시된다. 그러므로 두 온도에서의 점도를 알면 두 점을 연결하여 그 기름 온도에서의 점도를 알아낼 수 있다.

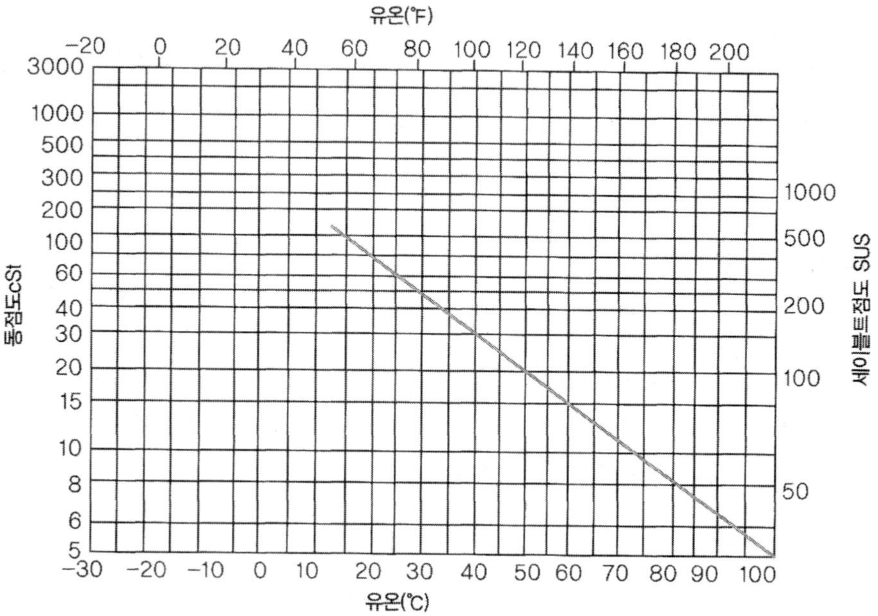

[그림 4-111] 점도-온도 선도

나. 점도 지수(viscosity index)

작동유의 점도가 온도의 영향을 받으므로 실용상의 점도를 추정하는 척도로서 점도 지수를 사용한다. 점도 지수는 작동유 점도의 온도에 대한 변화를 나타내는 값이다.

일반적으로 점도 지수가 크면 클수록 온도 변화에 대한 점도 변화가 작다. 따라서 작동유로서는 장치의 효율을 최대로 하기 위하여 점도 지수가 큰 작동유를 선정하는 편이 유리하다. 반대로 점도 지수가 작은 작동유를 사용하면 저온에서 작동할 때 점도가 커서 정상 운전까지의 예비 운전이 길어져 경제적 운전이 될 수 없다. 또 정상 운전에 들어가서도 점도 지수가 큰 작동유에 비하여 온도의 조절 범위가 좁아져 운전에 한층 주의를 필요로 한다. 높은 온도에 있어서는 점도 저하가 누유의 증대, 유압의 유지 곤란, 마모의 촉진, 효율의 급저하 등의 문제를 발생시킨다.

다. 압력과 점도와의 관계

최근 유압 장치의 진보와 함께 작동 압력은 점차 높아지고 있고, 동일 용량의 장치로 큰 일을 하고자 하는 경향이 있다. 압력이 높아짐에 따라 점도도 변하므로 압력과 점도 사이의 상관 관계도 극히 중요시 되고 있다. 즉 일반적으로 점도는 압력의 증대에 따라 지수함수적으로 증가하나 그 증가율은 원유의 종류에 따라 다르고 파라핀계유나 나프테인계유에 비하여 변화율은 적다. 보통 300kgf/cm^2 정도까지는 운전상 압력의 영향을 고려할 필요는 거의 없으나, 이 압력 이상이 되면 영향은 커지므로 주의를 요한다.

라. 중화수(中和數)

중화수란 작동유의 산성을 나타내는 척도이다. 양질의 작동유는 낮은 중화수를 갖는다. 각종의 작동유는 각각 다른 방법으로 정제되므로 서로 다른 여러 가지 산을 함유한다. 따라서 모든 작동유에 적용할 수 있는 시험법은 아직 발견되어 있지 못하다. 또 작동유로서의 모든 특성을 전부 최고 성능으로 유지시킨다는 것도 불가능한 일이다.

마. 산화 안전성

사용 중의 작동유가 공기 중의 산소와 반응하여 물리적 화학적으로 변질하는 것을 저항하는 성질을 산화 안정성이라 말한다. 산화 안정성은 작동유의 성분에 따라 다르고, 또 운전 온도, 운전 압력, 외부로부터 침입하는 이물질 등에 따라 영향을 받는다. 산화 원인을 분류하면 다음과 같다.

(1) 작동유의 성분, 원유의 종류, 정제법, 첨가제의 유무

일반적으로 파라핀계유는 산화물이 생기더라도 기름에 녹아버리므로 그리 큰 피해는 없으나 나프테인계유는 산화물이 생기면 녹지 않고 중합침전물로 남으므로 해가 많다.

(2) 운전 온도

많은 경험으로부터 유압장치의 최적 온도는 45~55℃로 알려져 있다. 작동유가 60℃ 이하에서는 산화 속도가 비교적 완만하다. 60℃를 넘으면 산화 속도가 크다. 0.5℃ 상승 때마다 수명이 반감되므로 펌프 흡입측 온도는 55℃를 넘어서는 안된다.

(3) 운전 압력

압력이 증가함에 따라 계통내의 작동유 점도가 증가하여 유온의 상승을 초래하므로 작동유의 산화를 촉진시킨다. 또 작동유 속에서 용해하는 공기량은 압력 증가와 함께 증가하므로 산화 촉진을 일으킨다.

(4) 외부로부터 이물질 침입

외부로부터 침입하는 수분, 절삭유, 윤활유, 이음새용 도료 등의 산화를 촉진한다. 또 마찰도 산화를 촉진한다.

바. 항유화성(抗乳化性)

작동유 중의 수분이 미치는 영향은

· 윤활 능력의 저하
· 밀봉 작용의 저하
· 금속 촉매 작용의 활성화

등을 들 수 있다.

작동유중에 수분이 침입하면 잘 정제된 작동유는 속히 수분을 침전 분리시키거나, 특히 산화 안정성이 나쁜 작동유 내에서 작동유를 유화유(乳化油)로 만든다. 작동유의 유화는 유압장치의 기능을 저하시킴과 동시에 작동유의 수명을 현저하게 단축시킨다. 작동유는 계통 내에 들어온 수분을 빨리 탱크 안에서 분리시켜 유화물이 만들어지지 않도록 산화 안정성이 좋은 것을 선택하여야 한다. 유화 방지를 위해 계통 내의 수분이 침입할 수 없도록 적극적으로 방지하여야 한다.

사. 소포성(消泡性)

작동유에는 보통 용적비율로 5 ~ 10%의 공기가 용해되어 있다. 용해량은 압력증가에 따라 증량한다. 이러한 작동유를 고속분출시키든가, 압력을 저하시키면 용해된 공기가 분리되어 물거품이 일어난다. 이 물거품은 작동유의 손실을 초래하게 되며 심지어는 펌프의 작동을 불능케 한다.

작동유 중에 공기가 혼입하면 물의 경우와 마찬가지로 윤활작용의 저하나 산화의 촉진을 야기시킨다. 또 압축성이 증대되어 유압기기의 작동이 불규칙하게 되고 펌프에서 공동현상발생의 원인이 된다. 그러므로 작동유는 소포성이 좋아야 하고 만일 물거품이 발생하더라도 유조 내에서 속히 소멸되는 것이 요망된다. 작동유의 소포제로서 실리콘유가 사용된다.

아. 방청 방식성(anti-rust and anti-corrosion properties)

유압계통의 부식은 작동유의 산화에 의하여 생성된 유기물, 외부로부터 침입한 수분, 기타 이물질에 의하여 일어난다. 녹은 작동유에 함유되어 있는 공기의 작용으로 금속표면이 산화되기 때문에 일어난다. 발생된 녹이 작동유 속으로 혼입되면 정밀하게 가공된 펌프나 밸브 등의 활동면을 손상시켜 성능을 저하시킨다. 그러므로 작동유는 녹의 발생, 금속의 부식을 방지하는 성질이 요망된다. 첨가제를 첨가시켜 금속 표면에 막을 생성시켜 공기나 수분 등의 접촉을 막아 방청 방식 작용을 한다.

익힘 문제

01 유압 펌프의 크기(용량)를 결정하는 기준을 쓰시오.

02 유압 펌프의 1회전당 토출량의 단위는?

03 트로코이드 내접기어 펌프에서 내접 로터와 외접로터의 회전방향은?

04 기어 펌프에서 부압에 의해 기포가 발생하여 이상 압축으로 소음, 진동이 발생하는 현상은?

05 유압 펌프 중에서 가장 효율이 좋은 펌프는?

06 기어 펌프의 가장 일반적인 치형의 형태로 적합한 것은?

07 전동기 한 대로 보통 베인 펌프의 2배 압력이 될 수 있도록 설계한 펌프는?

08 유압 펌프의 송출압력이 60 [kgf/cm^2], 송출 유량이 25[ℓ /min]일 때 펌프 동력은 몇 [kW]인가?

09 유압 펌프의 송출압력이 30 [kgf/cm^2], 송출 유량이 40[ℓ /min], 회전수 1000[rpm], 소비 동력이 3[PS]라면 펌프의 효율은?

10 유압 펌프의 토출압력이 40 [kgf/cm^2], 송출 유량이 48[ℓ /min], 회전수 1200[rpm], 소비 동력이 3.9[kW]라면 펌프의 전효율은?

11 트로코이드 펌프의 바깥쪽 로터의 잇 수가 7매이면 안쪽 로터의 잇 수는?

12 유압 펌프 동력 계산식에서 실제의 토출 유량을 이론 토출 유량으로 나눈 값이 나타내는 효율은?

13 로브 펌프는 어떤 펌프에 해당되는가?

14 단단 베인 펌프 2대를 동일축 상에 조합시킨 것으로 서로 다른 유압원이나 동일회로 상에서 서로 다른 토출량을 필요로 할 때 사용하는 펌프는?

15 단단 베인 펌프의 최고 토출량은 어느 정도인가?

16 단단 베인 펌프의 카트리지 구성 부품을 쓰시오.

17 가변용량형 베인펌프가 토출량을 변화시키는 가장 좋은 방법은?

18 복합 베인펌프의 연결방법을 쓰시오.

19 기어 펌프에 폐입 현상을 일으키는 주된 원인은?

20 피스톤 펌프에서 각도를 변화시키면 행정거리가 변하는 펌프는?

21 유압 펌프 중 350 [kgf/cm^2] 이상의 고압을 생성할 수 있는 펌프는?

22 가변 용량형 유압펌프에서 작동유의 탱크 유면이 낮은 경우나 설정 압력이 낮은 경우에 일어날 수 있는 고장은?

23 유압펌프에서 작동유 중에 공기가 혼입되고 구동축의 중심이 마모되어 일어날 수 있는 고장은?

24 분기 회로의 압력 제어에 사용되는 밸브는?

25 유압회로의 압력이 높아지면 얇은 금속판이 파괴되어 설정 압력 이상으로 되는 것을 방지하는 유압 요소는?

26 릴리프 밸브의 가장 중요한 기능을 쓰시오.

27 릴리프 밸브 등에서 나타나는 현상으로 밸브시트를 두드려서 비교적 높은 음을 발생시키는 일종의 진동현상은?

28 압력 제어 밸브 중에서 상시 열림 상태가 기본인 것은?

29 고정회로에서 정위치를 유지하기 위해 사용되는 밸브는?

30 작은 지름의 파이프에 유량을 미세하게 조절하는 유량제어 밸브는?

31 유압을 증가시키면서 유량을 분배하는 밸브는?

32 릴리프 밸브의 스프링이 약하면 일어날 수 있는 현상은?

33 두 개 이상의 분기 회로에서 실린더나 모터의 작동 순서를 압력의 차이에 의해서 제어하는 밸브는?

34 관로와 접촉되어 있는 방향제어 밸브의 접촉구의 명칭은?

35 유압회로 내의 압력변화에도 동일한 유량을 유지할 수 있는 밸브는?

36 동기회로에서 두 개의 실린더가 같은 속도로 움직일 수 있도록 하는 밸브는?

37 파일럿 조작으로 시퀀스 밸브를 작동시키는 조작 방법은?

38 프레필 밸브의 역할은?

39 유압 작동유의 압력 상승, 하강을 감지하여 작동하는 스위치는?

40 유압 모터의 가장 큰 특징을 쓰시오.

41 불평형 복동실린더가 팽창할 때 속도와 힘은?

42 유압 탱크에 사용하는 스트레이너의 여과 능력은 펌프 흡입량의 몇 배인가?

43 유압 작동유의 적당한 점도 지수는?

44 일반적으로 유압 작동유의 냉각기 설치 위치로 가장 적당한 위치는 어디인가?

45 오일 탱크 내에 있는 부속품을 3가지 쓰시오.

46 석유계 오일의 흡입라인과 리턴 라인에 사용되는 호스는?

47 공업용 점도계를 3가지 쓰시오.

48 유압유의 온도 변화에 따른 점도의 변화 비율을 나타내는 것은?

제5장

유압 회로

제1절 유압 기본 회로

기계장치에서 구상하는 기능을 달성하기 위하여 기계 요소의 물리적인 것과 화학적인 것을 만족시키며 경제성까지 만족을 시키려면 많은 검토와 연구가 필요할 것이며 또한 그뿐만 아니라 서로의 내용을 언어, 문자, 기호를 이용하여 알아들을 수 있고 알아볼 수 있어야 한다. 때문에 서로간의 약속, 즉 기호, 문자, 용어 측면에서 공통되어야만 되기 때문에 KS나 ISO의 규격이 필요하게 되었다. 따라서 이 장에서는 KS 규격을 기준으로 표현하기로 한다.

한 눈에 유압장치의 짜임새를 알 수 있도록 한 장의 그림에 나타낸 것을 유압 회로도라 한다. 다시 말하면 유압 회로를 설명하는 수단으로서 단면 회로도, 총식 회로도(總式回路圖), 기호 회로도가 있다. 단면 회로도는 기기와 관로의 단면도를 가지고 압유가 흐르는 회로를 알기 쉽게 나타낸 회로도로서 기기의 작동을 설명하는데 편리하다. 총식 회로도는 기기의 외형도를 배치한 회로도로서 과거에는 견적도 승인도 등의 상용(商用)에 널리 사용되었다.

일반적으로 사용되고 있는 유압장치의 회로가 매우 복잡하게 보이나 회로를 분석하면 몇 개의 기본 회로의 조합이라는 것을 알 수 있다.

01 압력 설정 회로

모든 유압 회로의 기본이며 회로 내의 압력을 설정압력으로 조정하는 회로로서 압력이 설정 압력 이상시는 릴리프 밸브가 열려 탱크에 작동유를 귀환시키는 회로이다. 그래서 때로는 안전 측면에서도 필수적인 것이라고도 말할 수 있다.(그림 5-1 참조)

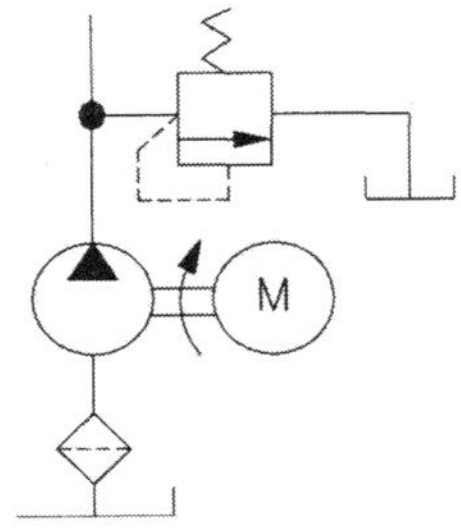

[그림 5-1] 압력설정회로

02 펌프 무부하 회로

회로에서 작동유를 필요로 하지 않을 때, 즉 조작단의 일을 하지 않을 때 작동유를 탱크로 귀환시켜 펌프를 무부하로 만드는 회로를 무부하 회로(unloading hydraulic circuit)라 한다. 펌프의 구동력 절약, 장치의 가열 방지, 펌프 수명 연장, 전효율 양호, 유온 상승 방지, 유압유의 노화 방지 등의 장점이 있다.

가. 전환 밸브에 의한 무부하 회로

이 회로는 중립 위치가 탠덤 센터(tandem center)형인 3위치 전환 밸브를 사용하여 비교적 간단히 무부하 시킬 수 있는 회로이다. 일반적으로 저압, 소용량에서 사용하는 것이 좋고 조작단의 수가 여러 개로 구성되어 있는 회로에서는 각 조작단을 동작하는 전환 밸브의 탱크측 포트에 다음 밸브의 압력 포트를 차례로 직렬로 연결하고, 최종단의 탱크측 포트와 유압 탱크를 연결하여 무부하 시킨다.(그림 5-2 참조)

임의의 조작단을 작동시키고자 할 경우에는 해당하는 밸브를 작동시키면 가능하다.

나. 단락(short circuit)에 의한 무부하 회로

펌프 송출량의 전량을 저압 그대로 탱크에 귀환시키는 회로이다. 이 회로는 구성이 간단하고, 회로에 압력이 전혀 필요하지 않을 때 용이하다.(그림 5-3 참조)

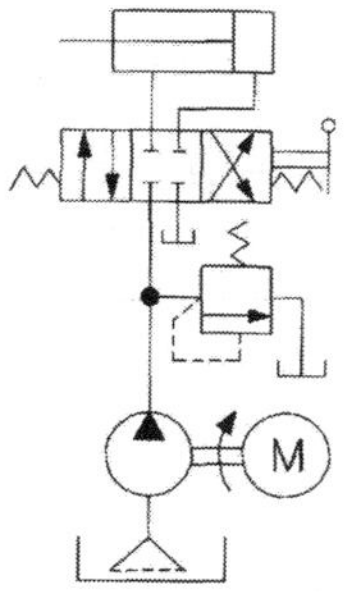

[그림 5-2] 전환 밸브에 의한 무부하 회로

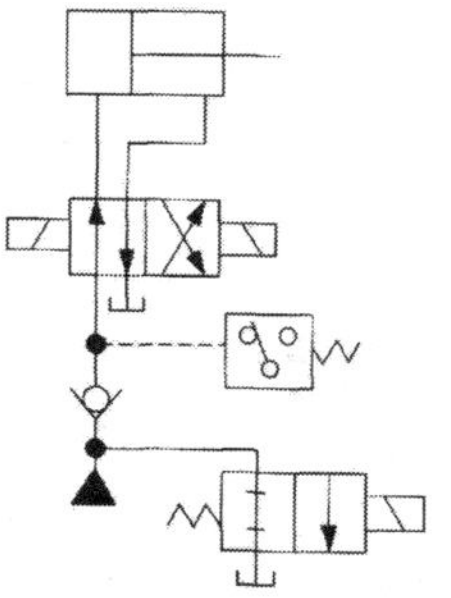

[그림 5-3] 단락에 의한 무부하 회로

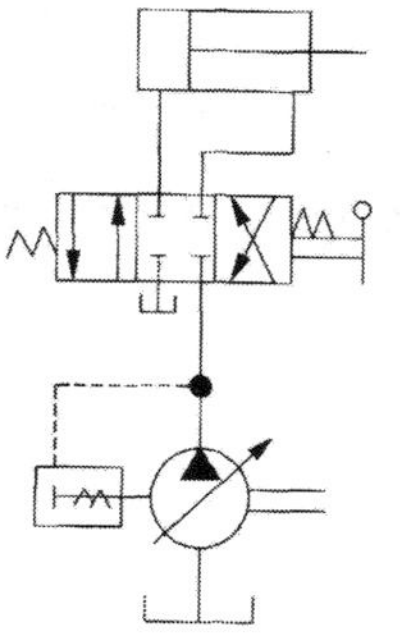

[그림 5-4] 압력보상 가변 용량형 펌프에 의한 무부하 회로

다. 압력보상 가변용량형 펌프에 의한 무부하 회로

이 회로는 펌프의 송출압에 따라 송출량을 보상하는 가변용량형 펌프를 사용하여, 펌프의 동력을 경감시키는 회로이다. [그림 5-4]에 있어서 방향 전환 밸브로서 클로즈 센터를 사용하면 이 밸브가 중립 위치에 있을 때 펌프는 밸브의 누유에 상당하는 양만큼 보충하면 되므로 최소 토출 상태가 되어 동력 소비를 절약할 수 있다.

03 압력 제어 회로

회로의 최고압을 제어하든가 또는 회로의 일부 압력을 감압해서 작동 목적에 알맞은 압력을 얻는 회로이다.

가. 최대 압력 제한 회로

이 회로는 프레스에 잘 응용하는 회로로서 고압과 저압의 2종의 릴리프 밸브를 사용한다. 실제로 일을 하는 하강 행정에서는 고압용 릴리프 밸브로 회로 압력을 제어하고, 상승 행정에서는 저압용 릴리프 밸브로 회로 압력을 제어한다. 피스톤이 상승 행정의 끝까지 상승 했을 때 회로 압력은 램 자중에 의한 하강을 막을 정도의 압력만을 필요로 하므로 저압 릴리프 밸브를 이 압력으로 설정하여 놓으면 동력을 절약할 수 있다.

만일 저압용 릴리프 밸브를 사용하지 않고 고압용 릴리프 밸브 하나만으로 회로 압력을 제어하면 펌프는 상승 행정의 정점에서 전유량이 고압으로 릴리프 되므로 압유는 고압이 되어 충격 진동과 더불어 패킹의 파손, 유막의 파괴, 압유의 노화 원인이 된다.(그림 5-5 참조)

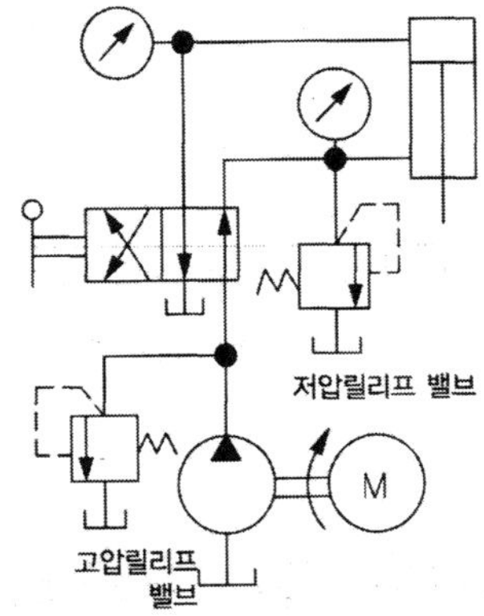

[그림 5-5] 최대 압력 제한 회로

나. 감압 밸브에 의한 2압력 회로

2개의 실린더가 있는 유압 시스템에서 1개의 실린더가 유압 회로의 계통 압력보다 낮은 압력이 필요할 경우에는 감압 밸브를 사용해야 한다. [그림 5-6]에 표시한 회로는 점 용접기에 응용한 회로이다. 유압 구동의 점 용접기에서 양호한 용접을 하려면 누르는 압력을 일정하게 제어할 필요가 있다. 그림에서 고정 실린더의 고정 압력은 릴리프 밸브의 설정 압력으로, 용접 실린더의 접합 압력(감압 밸브의 설정 압력)은 릴리프 밸브의 설정 압력보다 낮은 범위에서 조정해야 한다.

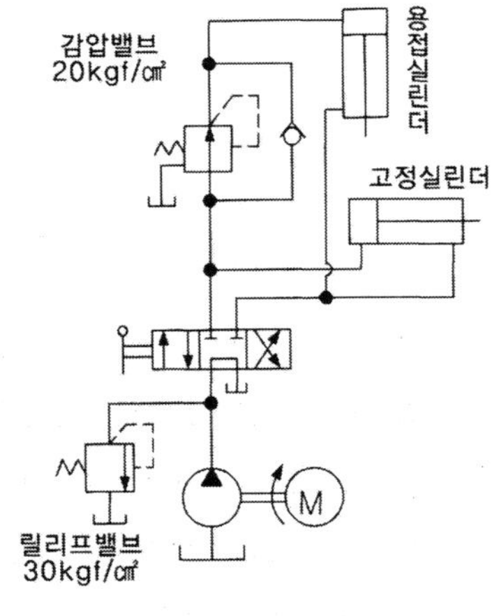

[그림 5-6] 감압 밸브에 의한 2압력 회로

04 속도 제어 회로

유압 모터나 유압 실린더의 속도를 임의로 쉽게 제어할 수 있다는 것이 유압장치의 큰 장점인 것이다. 속도는 실린더의 크기, 유량, 부하 등에 의하여 정해진다. 속도 제어에는 유량 제어 밸브를 사용하는 것 이외에 여러 가지 방법이 있다.

가. 미터 인 회로(meter in circuit)

이 회로는 유량 제어 밸브를 실린더의 입구 측에 설치한 회로로서, 이 밸브가 압력 보상형이면 실린더 속도는 펌프 송출량에 무관하고 일정하다. 이 경우 펌프 송출압은 릴리프 밸브의 설정압으로 정해지고, 펌프에서 송출되는 여분의 유량은 릴리프 밸브를 통하여 탱크에 방유되므로 동력 손실이 크다.

이 회로에서는 만일 부하의 하중이 작용하면 피스톤이 자주(自走)할 염려가 있다. [그림 5-7]의 (a)는 실린더의 입구측에 유량 제어 밸브와 체크 밸브를 붙여 단로드 실린더의 전진 행정만을 제어하고 후진 행정에서 피스톤측으로부터 귀환되는 압유는 체크 밸브를 통하여 자유로이 흐를 수 있도록 한 회로이다. 그림 (b)는 단로드 실린더의 전·후진 양행정을 제어하기 위하여 실린더와 유량 제어 밸브 사이에 방향 제어 밸브를 끼워 넣은 회로이다.

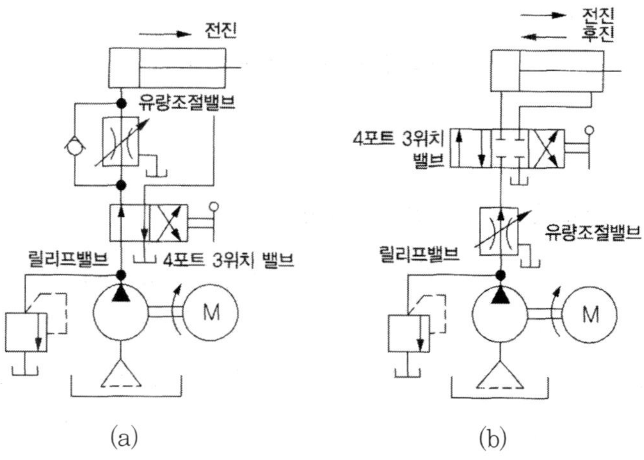

[그림 5-7] 미터 인 회로

나. 미터 아웃 회로(meter out circuit)

이 회로는 유량 제어 밸브를 실린더의 출구측에 설치한 회로로서, 실린더에서 유출되는 유량은 제어하여 피스톤 속도를 제어하는 회로이다. 이 경우 펌프의 송출 압력은 유량 제어 밸브에 의한 배압과 부하 저항에 의해 결정되며, 미터 인 회로와 마찬가지로 불필요한 압유는 릴리프 밸브를 통하여 탱크로 방유되므로 동력 손실이 크다. 이 회로는 실린더에 배압이 걸리므로 끌어당기는 하중이 작용해도 자주(自走)할 염려는 없다. 따라서 밀링, 보링 머신 등에 사용되며, [그림 5-8]의 (a)는 실린더의 출구측에 유량 제어 밸브와 체크 밸브를 사용한 전진 운동의 속도 제어 회로이고, 그림 (b)는 왕복 행정을 제어한 회로이다.

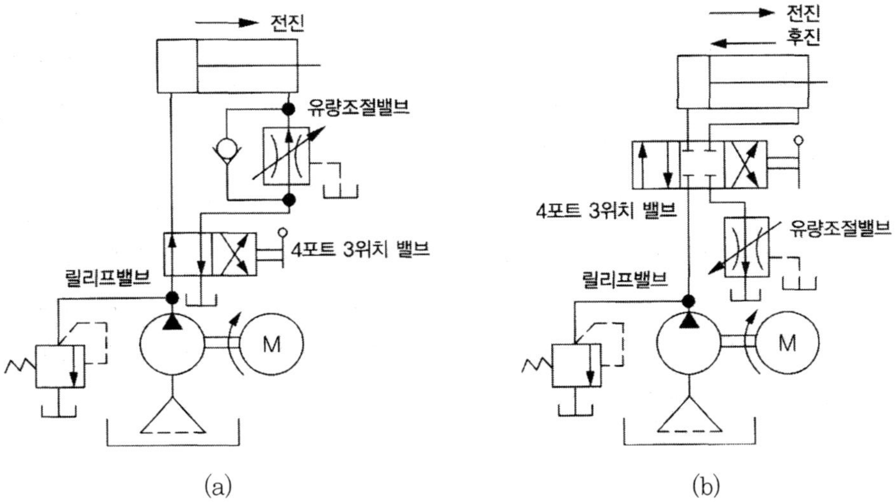

[그림 5-8] 미터 아웃 회로

다. 블리드 오프 회로(bleed off circuit)

이 회로는 [그림 5-9]와 같이 실린더 입구의 분지 회로에 유량 제어 밸브를 설치하여 실린더 입구측의 불필요한 압유를 배출시켜 작동 효율을 증진시킨 회로이다. 이 회로는 실린더에 유입하는 유량이 부하에 따라 변하므로 미터 인, 미터 아웃처럼 피스톤 이송을 정확하게 조절하기가 어렵다.

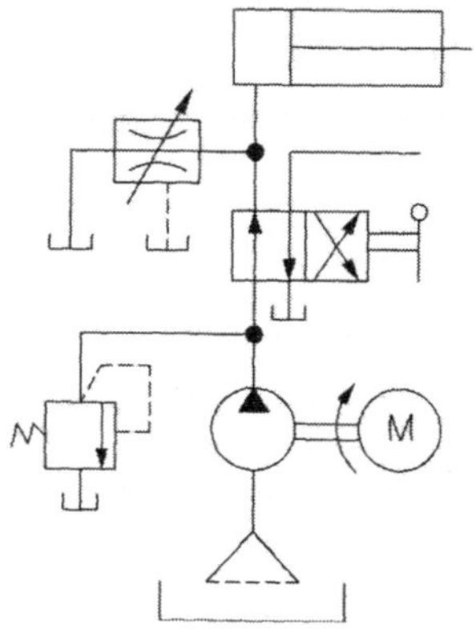

[그림 5-9] 블리드 오프 회로

05 어큐뮬레이터 회로

유압 회로에 어큐뮬레이터(축압기)를 이용하면 압력유지, 동력의 절감, 안전, 사이클 시간 단축, 완충 작용은 물론 보조 동력원으로 사용할 수 있다.

[그림 5-10]은 공구를 전진시킬 경우 축압기는 압력 스위치의 설정압력까지 축압된다. 이어 압력 스위치에 의하여 솔레노이드조작 개폐 밸브를 작동시켜 펌프를 무부하시킨다. 만약 전력의 공급이 끊겨도 3/2-way 밸브에 의해 압유가 탱크에 접속되어 축압기에 의해 유압 실린더를 원위치로 귀환시킨다.

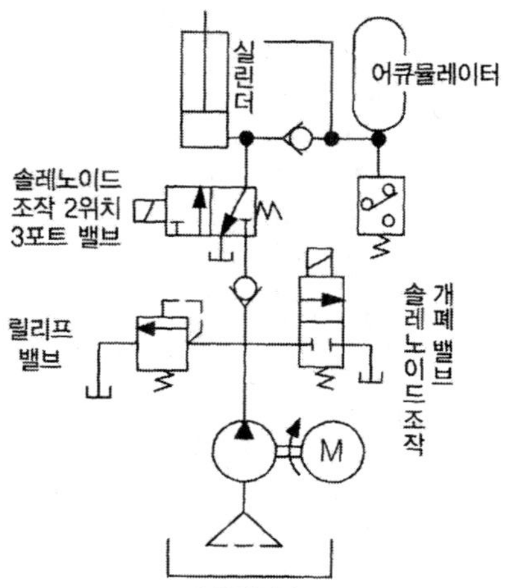

[그림 5-10] 어큐뮬레이터 회로

06 증압 및 증강 회로

계의 일부 압력을 높이는 회로를 증압 또는 증강 회로(booster and intensifier circuit)라 말한다. 고압력으로 수초 이상 유지하여야 할 경우라든가, 공기, 유압의 조합기구에서 현장의 압축공기를 사용하여 큰 힘을 얻고자 할 때 사용한다. 증압기는 유압 실린더 가까이에서 짧은 관로를 고압으로 유지시키고자 할 경우 사용하면 유리하다. 이것을 이용하여 고가인 고압 펌프의 역할을 대행할 수가 있어 장치의 유지비를 감소시킬 수가 있다. 장소 관계로 대형 실린더를 사용할 수 없을 경우 증압시켜 소형 실린더로 대치시킨다. 또 탠덤 실린더(직렬연결실린더)를 사용하는 저압 회로에서는 고성능의 작동을 시킬 수 있다.

가. 증강 회로(force multiplication circuit)

[그림 5-11]은 탠덤 실린더를 사용하여 실린더의 램을 급속히 전진시켜 그리 높지 않은 압력으로 강력한 압축력을 얻을 수 있는 증강 회로이다. 그림에서 솔레노이드 조작 3위치 4방향 밸브를 움직여 소형 실린더 내에 압유를 유입시켜 실린더 피스톤의 클램프를 작업물에 급속히 접근시킬 수가 있다. 클램프가 작업물에 도달하면 대형 실린더측의 관로압이 상승하여 시퀀스 밸브가 열리면서 압유는 대형 실린더의 피스톤을 민다. 이때 클램프가 작업물에 가해지는 힘은 2개의 유압 실린더의 수압면적과 압력과의 계산으로 클램프력을 증강시킬 수 있다. 4방향 밸브를 반대위치로 움직이면 펌프의 송출압은 실린더의 로드측으로 유입되어 피스톤을 복원시킨다.

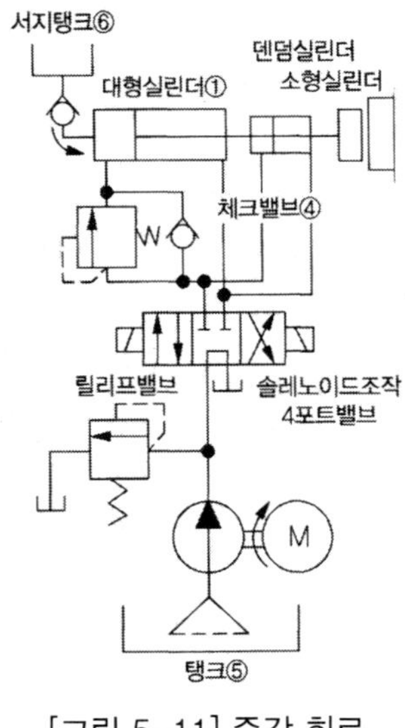

[그림 5-11] 증강 회로

이 회로를 사용하면 대형 실린더를 사용하여 동일 속도로 조작시키는 데 소요되는 펌프 용량보다 작은 용량의 펌프로 실린더를 조작할 수 있다. 대형 실린더의 피스톤이 급속히 이동되는 사이에 대형 실린더의 좌측에 공기가 혼입되는 것을 막기 위하여 그림과 같이 체크 밸브를 사용하여 서지 탱크로부터 압유를 보충할 수 있는 회로를 설치할 필요가 있다.

나. 공기압-유압의 증압 회로

이 회로는 공기압-유압의 증압기를 사용하여 공기압보다 높은 압력을 얻는 회로이다. 그림에서 수동조작 2위치 밸브의 위치를 1의 위치로 하면 공기압은 위에 있는 공기-유압 혼입 탱크에 유입되어 탱크 내의 압유를 밀어, 실린더에 압유를 보낸다. 실린더(3개의 실린더)의 램이 하강하여 공작물에 닿으면 공압은 상승되어 시퀀스 밸브를 열고 증압기의 피스톤 상부를 가압한다. 이때 증압기의 플런저가 하강되어 플런저 하측의 압유는 고압으로 되어 피스톤을 세게 민다. 2위치 밸브의 위치를 2하면 아래쪽에 있는 공기-압유 혼입 탱크의 압유가 실린더의 로드쪽에 유입되어 실린더를 후퇴(상승)시키면서 공기압은 증압기의 하부에 유입되어 증압기의 플런저 위치를 복원시킨다.

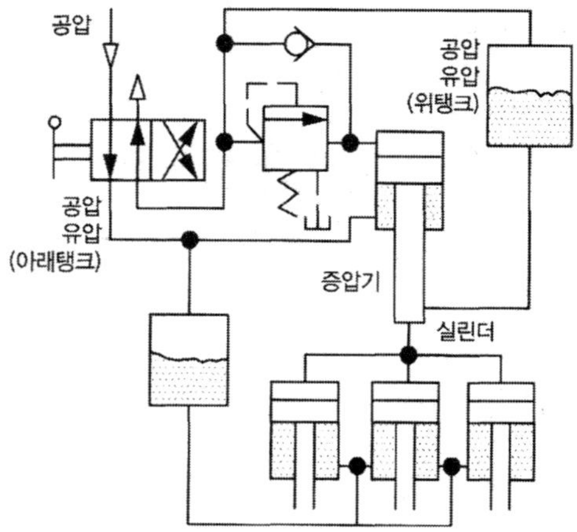

[그림 5-12] 공기압-유압 증압회로

07 시퀀스 회로

유압으로 구동하고 있는 많은 기계는 여러 가지 조작을 순차자동적으로 행한다. 이들 시퀀스 동작이 전기적, 기계적, 유압적으로 어떻게 사용되어지고 있는가에 대해서 설명한다.

가. 시퀀스 밸브에 의한 시퀀스 회로

이 회로는 드릴링 머신에 응용되고 있는 회로로서, 피가공물의 고정, 드릴 작업 완료 후의 드릴 상승, 피가공물의 해체 작업 순으로 작업할 수 있는 회로이다. [그림 5-13]에서 2위치 4포트 밸브를 조작하면 먼저 1의 운동을 한다. 실린더의 행정 끝에 달하면 압력이 상승되어 시퀀스 밸브가 열려 그의 운동이 자동적으로 연결된다. 2위치 4포트 밸브를 반대 위치로 조작하면 드릴용 실린더가 3의 운동을 하고 행정 끝에 도달하면 압력이 상승되어 아래에 있는 시퀀스 밸브가 열려 4의 운동이 순차적으로 작동된다.

나. 독립적 작동 시퀀스 회로

이 회로는 수동조작 밸브에 의한 각 실린더를 작동시키는 예이다. 이 경우 시퀀스 밸브는 한쪽 밸브가 작동하고 있는 사이에 다른 실린더가 유압을 유지해서 작동하지 않게 하기 위하여 사용한다.(그림 5-14 참조)

다. 전기 제어 시퀀스 회로

이 회로에서는 실린더 피스톤의 운동에 의하여 리밋 스위치를 작용시켜 그 전기적 신호에 따라 전자 밸브를 전환하여, 시퀀스 작동을 한다. [그림 5-15]에서 시동 버튼을 누르면 솔레노이드 a가 통전되어 좌측의 전자 밸브가 전환되고 동시에 좌측 실린더가 1의 방향으로 이동한다. 그 행정 끝에서 로드에 붙어있는 캠의 리밋 스위치 LS2를 작용시켜 솔레노이드 c를 통전시키게 되어 우측 전자 밸브가 전환되면서 우측 실린더를 2의 방향으로 이동시킨다. 행정 끝에서 LS3을 작용시키면 솔레노이드 b가 통전되어 좌측 실린더를 3의 방향으로 이동시킨다. 이 행정 끝에서 LS1을 작용시키게 되어 솔레노이드 d가 통전되고 우측 실린더를 4의 방향으로 이동시킨다. 이와 같이 그림에 표시한 순서로 양실린더가 왕복운동을 하게 된다. 2개의 시퀀스 밸브는 한쪽 실린더가 운동할 때 다른 실린더 내의 압력을 유지시켜 운동하지 않도록 하기 위하여 사용하였다.

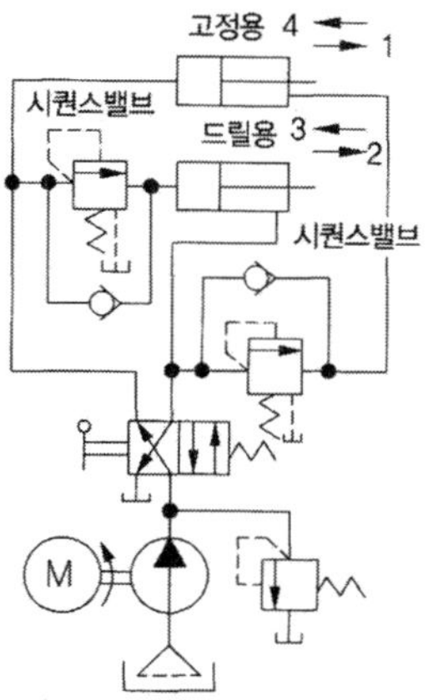

[그림 5-13] 시퀀스 밸브에 의한 시퀀스 회로

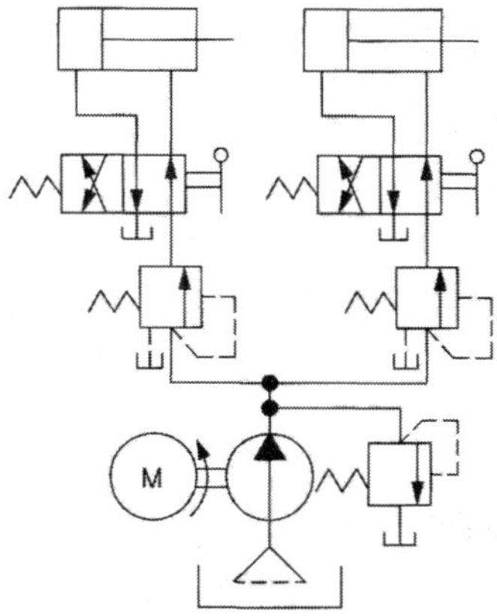

[그림 5-14] 독립 작동 시퀀스 회로

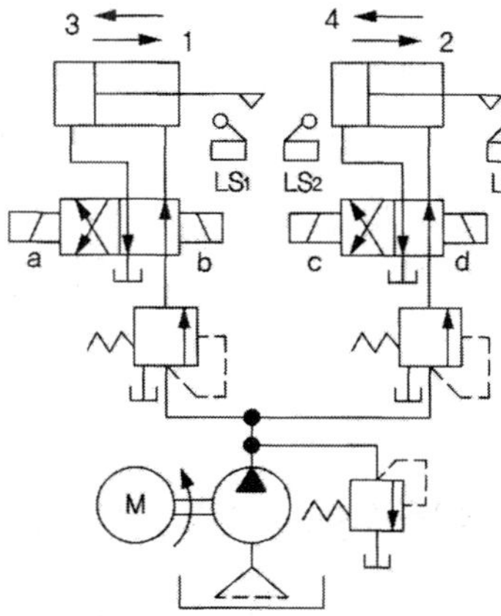

[그림 5-15] 솔레노이드 밸브 사용한 시퀀스 회로

08 동조 회로

같은 크기의 2개의 유압 실린더에 같은 양의 압유를 유입시키면 이들 실린더는 동조 운동을 할 것으로 생각되나 실제로는 유압 실린더의 치수, 누유량, 마찰 등이 완전히 일치하지 않기 때문에 완전한 동조 운동이란 불가능한 일이다. 또 같은 양의 압유를 2개의 실린더에 공급한다는 것도 어려운 일이다. 다음에 표시한 회로들은 동조 운동의 오차를 최소로 줄이는 회로를 몇 개 소개한다.

가. 래크와 피니언에 의한 동조

[그림 5-16]에 표시한 바와 같이 2개의 실린더의 피스톤 로드에 래크를 설치하고 이것에 각각 서로 맞물리는 2개의 피니언을 1개의 회전축에 붙여 기계적으로 연동시킨다. 피스톤 로드 사이를 래크와 피니언으로 연동시키는 대신 케이블과 풀리 또는 체인 전동장치가 사용되는 경우도 있다.

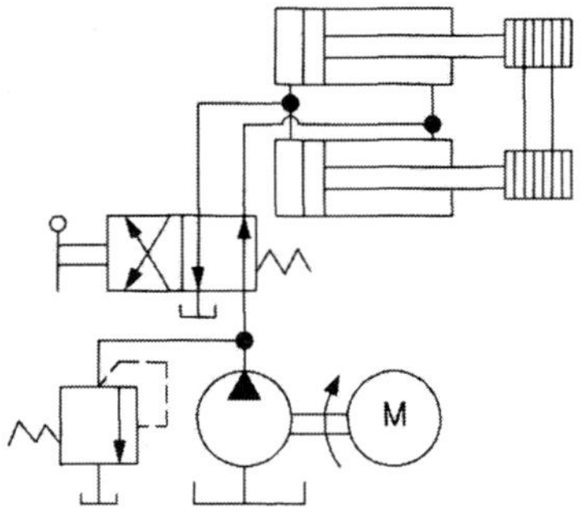

[그림 5-16] 래크와 피니언에 의한 동조

나. 실린더의 직렬 결합에 의한 동조

같은 치수의 복동 실린더를 [그림 5-17]과 같이 직렬 배관하면 이론적으로 정확히 양 실린더를 동조시킬 수 있다. 그러나 실제로는 압유의 누유, 압유 속의 공기 혼입 유온의 변화 등으로 동조 오차가 발생한다. 이 오차의 누적은 동조를 곤란케 한다.

이 오차의 누적을 보장할 수 있는 회로가 [그림 5-17]의 (b)이다. 수동조작 3위치 밸브를 조작하여 실린더 ①, ②를 상하 운동시킨다. 동조 오차가 발생하여 만일 실린더 ①이 먼저 귀환(상방(上方)행정)되었다고 하면 행정 끝에서 리밋 스위치를 a를 작동시켜 솔레노이드 밸브 A를 조작해서 파일럿 조작 체크 밸브 c를 연다. 이와 같이 하여 유압 실린더 ②의 여유압유를 탱크에 배출시킨다. 만일 유압 실린더 ②가 먼저 귀환행정(상방행정)에 도달되면 리밋 스위치 b를 작동시켜, 솔레노이드 밸브 B를 조작, 실린더 ①의 하부에 압유를 송입시켜 귀환을 촉진시킨다.

유압 실린더의 내부 누유는 작동에 악영향을 미치므로 특히 주의를 요한다. 피스톤이 마모되면 신품으로 교환하여야 하며 누유 방지를 위해 개스킷이나 충진물로 처치해서는 안된다. 또 회로에 공기가 흡입되면 동조 불량은 물론 고장의 원인이 되므로 주의를 요한다.

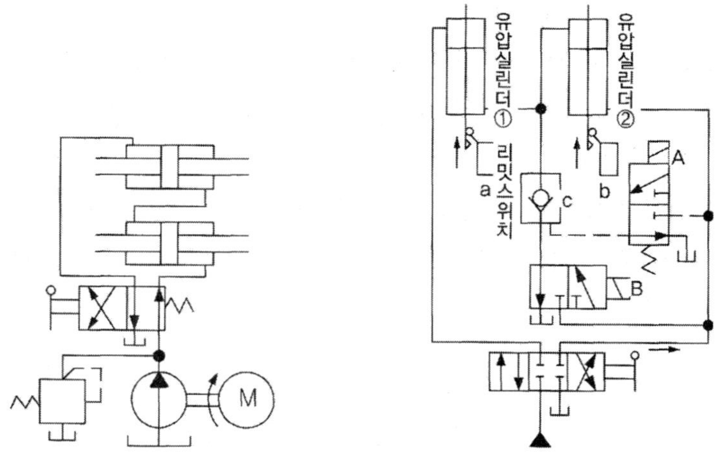

(a) (b)

[그림 5-17] 실린더의 직렬 결합에 의한 동조

09 방향 제어 회로

방향 제어 회로는 일반적으로 압유의 흐름 방향을 제어하여 조작 끝의 운동 방향을 제어하는 회로로서 보통은 실린더 피스톤을 임의 위치에서 고정하는 로킹 회로, 압력 스위치나 리밋 스위치 등을 사용하여 방향 전환 밸브 등을 조작하는 회로를 말한다.

가. 로크 회로(locking circuit)

실린더 행정 중 임의위치에서 또는 행정 끝에서 실린더를 고정시켜 놓을 필요가 있을 때라 할지라도, 부하가 클 때 또는 장치 내의 압력 저하에 의하여 실린더 피스톤이 이동되는 경우가 발생한다. 이 피스톤의 이동을 방지하는 회로를 로킹 회로라 말한다.

[그림 5-18]은 임의 위치에서 실린더 피스톤을 로크 시키는 회로의 한 예이다. 탠덤 센터 3위치 4방향 밸브를 사용하여 중립위치에서 유압 실린더를 로크 시키고, 펌프를 무부하할 수 있다. 그러나 피스톤 로드에 큰 외력이 가해지면 4방향 밸브로부터의 내부 누유 때문에 완전 로크가 어려운 단점이 있다. [그림 5-19]는 체크 밸브를 사용하여 로크의 불안성을 보충한 회로이다.

[그림 5-19]의 (a)는 자중에 의해 하강 방지용이다.

그림 (b)는 2위치 4포트 밸브를 사용 시 양끝 어느 위치에서도 로크가 가능하다. 이것은 공급압력에 의한 힘보다 큰 외부부하에 대해서도 로크 되므로 압력 스위치 등을 사용하여 과부하 압력장치를 붙여야 한다.

단조기계나 압연기계 등과 같이 큰 외력에 대항해서 정치 위치를 확실히 유지하려면 [그림 5-20]과 같이 파일럿 조작 체크 밸브를 사용한다. 이 체크 밸브는 고압에 대하여 확실히 정지시킬 수 있다.

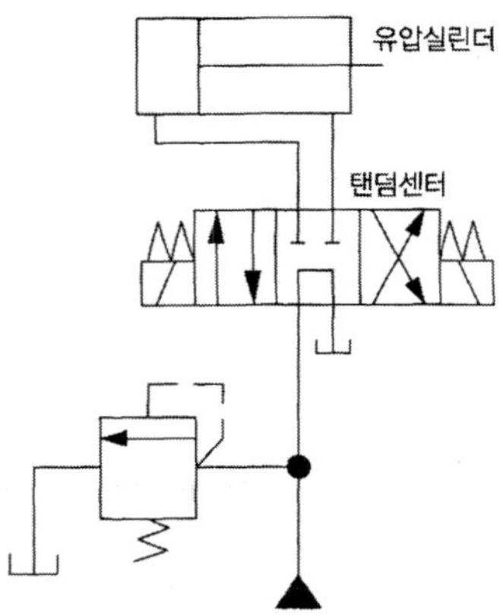

[그림 5-18] 임의 위치 로크 회로

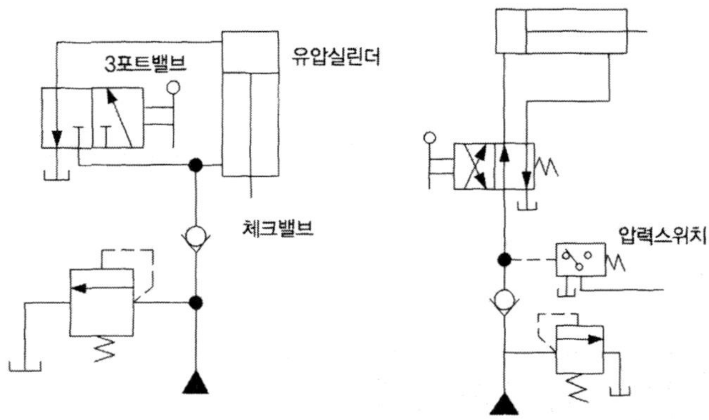

(a) (b)

[그림 5-19] 체크 밸브를 이용한 로크 회로

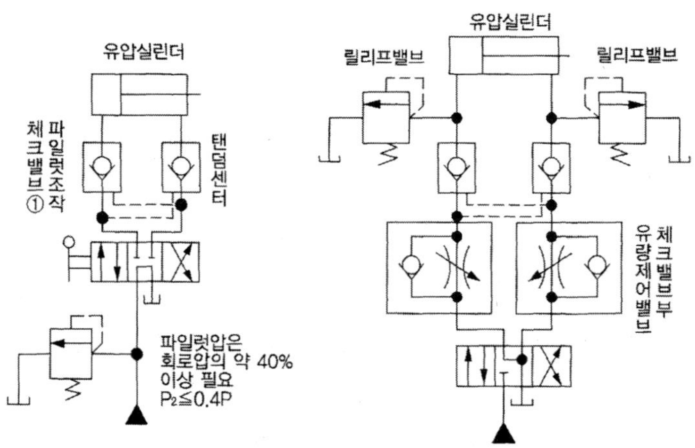

[그림 5-20] 완전 로크회로(파일럿 조작 체크 밸브 사용)

나. 파일럿 조작 회로

파일럿 압력을 사용하여 밸브를 작동시키면 원격조작이나 자동 운전조작을 쉽게, 그리고 값이 싼 회로로 만들 수가 있다. 파일럿 조작원으로써 공기압을 사용하면 전기적 제어가 위험한 장소에서도 안전하게 조작할 수가 있다. 파일럿 압의 대부분은 별개의 회로로부터 유압원을 취하고 있으나, 이때 주회로를 무부하시키더라도, 파일럿 압은 유지되게끔 하여야 한다.

[그림 5-21]은 자동 운전 회로의 예이다.

그림 (a)는 그라인딩 머신 등의 왕복 운동을 시킬 경우에 사용된다. 그림에서 개폐 밸브를 막으면 펌프 송출유는 파일럿 조작 4방향 밸브를 통하여 유압 실린더의 로드측으로 유입된다. 피스톤이 좌행 행정이 완료된 지점에서 캠을 누르면 파일럿 유압이 유로가 변하여 파일럿 조작 4방향 밸브의 유로를 전환시킨다. 펌프 송출유는 실린더의 피스톤측으로 유입되어 피스톤은 우행 행정을 한다. 행정 끝에서 캠 조작 밸브는 피스톤이 후퇴 되게끔 다시 유로를 전환한다. 이와 같은 피스톤의 왕복 운동은 개폐 밸브를 열어 펌프를 무부하시킬 때까지 계속한다.

그림 (b)는 1개의 유압원으로 2조 이상의 유압 실린더를 독립적으로 자동 운전시키고자 할 때 사용하면 좋다.

일반적으로 유압 실린더에 큰 중량이 걸려 있을 때에는 파일럿 압유를 교축시키든가 또는 파일럿 조작 4방향 밸브의 스풀랜드(spool land)에서 교축이 되게끔 제작하여 밸브 전환시의 충격을 완화시키는 방법을 강구하는 것이 중요하다.

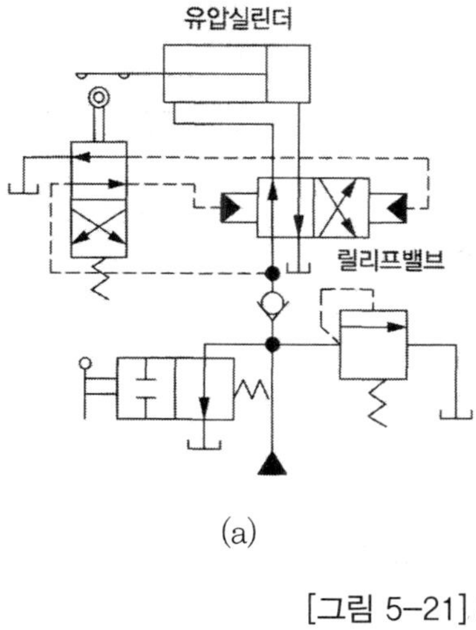

(a)

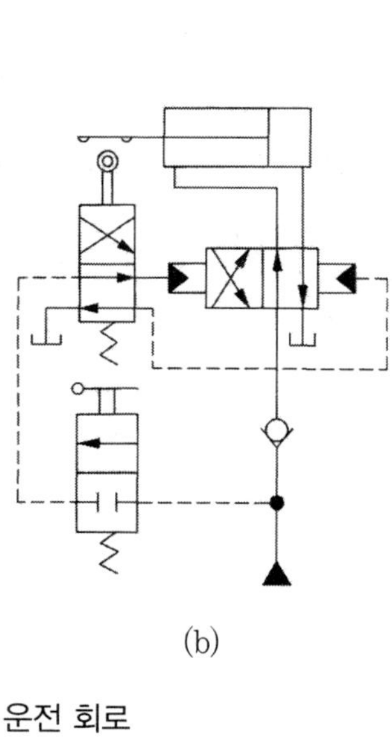
(b)

[그림 5-21] 파일럿 조작 자동 운전 회로

10 유압 모터 속도 제어 회로

유압 모터의 출력 토크는 공급 유압에 관계한다. 그러므로 유압 모터의 공급 압력을 제어하면 그 출력 토크를 제어할 수가 있다. 공급 유량을 제어하면 유압 모터의 속도가 제어된다. 또 가변위 유압 모터를 사용하면 정마력(定馬力)운전을 할 수 있다.

가. 브레이크 회로

시동시의 서지 압력 방지나, 정지시키고자 할 경우에 유압적으로 제동을 부여하는 회로를 브레이크 회로라 말한다.

[그림 5-22]는 릴리프 밸브를 사용한 브레이크 회로이다. 유압 모터에 공급한 압유를 끊는다 하더라도 유압 모터는 그 관성과 유압 모터에 연결되는 부하의 관성 때문에 급정지가 어렵고 얼마간 회전을 지속한다. 이때 유압 모터는 펌프 작용을 하게 되므로 모터 입구 포트는 공기가 흡입되지 않도록 배관 시 주의를 요한다.

이 회로에서는 4포트 3위치 밸브의 위치에 따라, 유압 모터는 구동, 공전 정지, 제동 정지가 된다.

수동조작 4방향 밸브를 (1)의 위치에 놓으면, 펌프 송출유는 유압 모터를 구동한다. 밸브 유압 모터의 브레이크 회로를 (2)의 위치로 하면 유압 모터의 입구, 출구측은 대기압으로 되어, 유압 모터 자신과 부하의 관성에 의하여 회전하면서 서서히 공전 정지한다. (3)의 위치에 놓으면 펌프는 무부하로 되고, 유압 모터는 릴리프 밸브의 저항에 의하여 제동 정지된다.

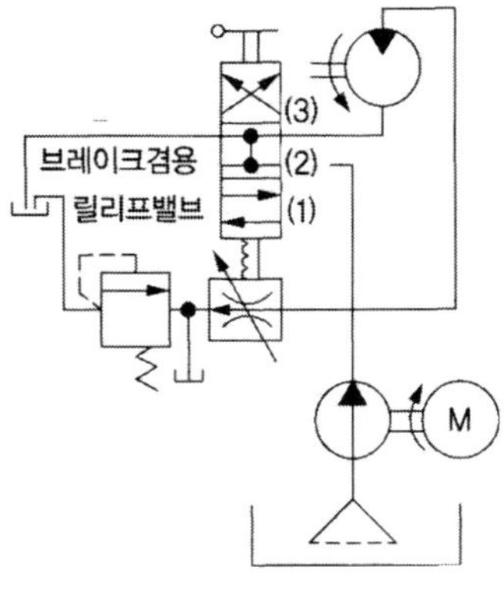

[그림 5-22] 브레이크 회로

나. 정토크 구동 회로

가변 용량형 펌프의 송출압력을 일정하게 유지하고 정변위 유압 모터를 구동하면 정토크 구동이 얻어진다.

[그림 5-23]의 위치에서는 유압 모터는 정지되고 있는 상태이나, 솔레노이드를 통전하면 소형 펌프의 송출유는 파일럿 조작 2방향 밸브에 작용하여 가변송출 펌프의 송출유를 차단하여 모터를 회전시킨다. 유압 모터의 부하가 과대해지면, 압력 스위치를 작동시켜, 솔레노이드의 통전을 풀어 가변 펌프의 송출유를 탱크에 배유시키면서 펌프는 무부하 운전된다. 동시에 유압 모터는 브레이크 밸브에 의하여 제동정지된다. 이 회로는 유압 모터축의 최대 토크를 전 속도 범위에 걸쳐 일정히 할 수 있으므로 인쇄기계, 제지기계, 고무나 직물기계 등의 구동에 적합하다.

[그림 5-24]는 블리드 오프 회로에 유량 제어 밸브를 사용한 정용량형 펌프와 정변위 유압 모터를 가진 정토크를 구동시키는 회로이다. 이 방법은 가변용량 펌프를 사용한 회로보다도 설비비는 염가이나, 효율은 좋지 않다. 이 회로는 트럭의 콘크리트 믹서를 구동시키기 위하여 사용되고 있는 예로서 동력은 트럭 엔진으로부터 취하고 있다. 이 경우 유압 모터의 속도 변화는 펌프를 구동하고 있는 엔진의 속도를 변화시켜 얻는다. 엔진 속도가 일정할 경우에는 블리드 오프 밸브에 의하여 유압 모터의 속도를 변환시킨다.

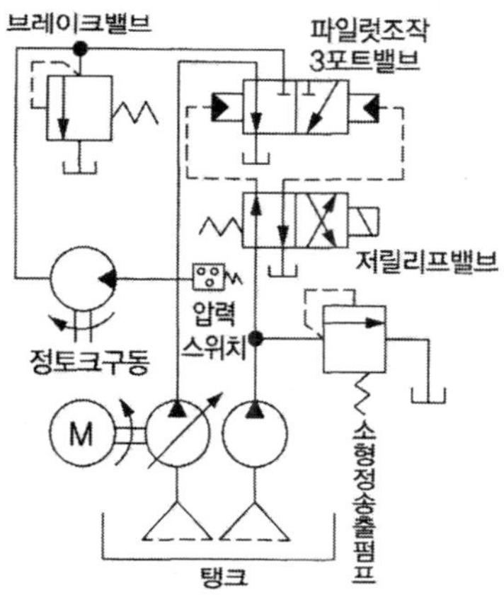

[그림 5-23] 정토크 구동회로

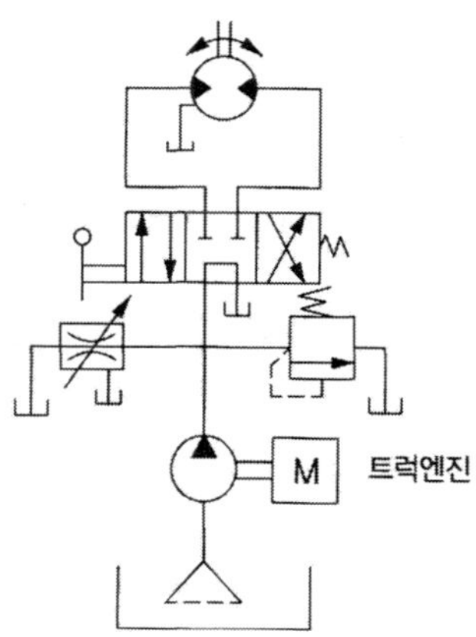

[그림 5-24] 정토크 구동회로

다. 정 출력 구동 회로

펌프의 송출압력과 송출유량을 일정히 하고 정변위 유압 모터의 변위량을 변화시켜 유압 모터의 속도를 변화시키면서 정마력 구동이 얻어진다.

[그림 5-25]는 정 송출 펌프와 서보제어 가변 유압 모터를 조합해서 얻어지는 정마력 구동 회로이다. 제동정지를 시키기 위하여 브레이크 밸브와 솔레노이드 조작 2방향 밸브를 구비하고 있다.

감아올리는 구동장치는 롤의 지름이 증대하더라도 장력을 항상 일정하게 유지시켜야 할 경우가 생긴다. 이러한 경우에는 롤의 지름이 커짐에 따라 회전속도를 반비례해서 늦추어야 한다. 일정압력으로 운전하고 있는 정용량 펌프와 가변 유압 모터를 조합시키면 이러한 요구를 충족시킬 수 있다.

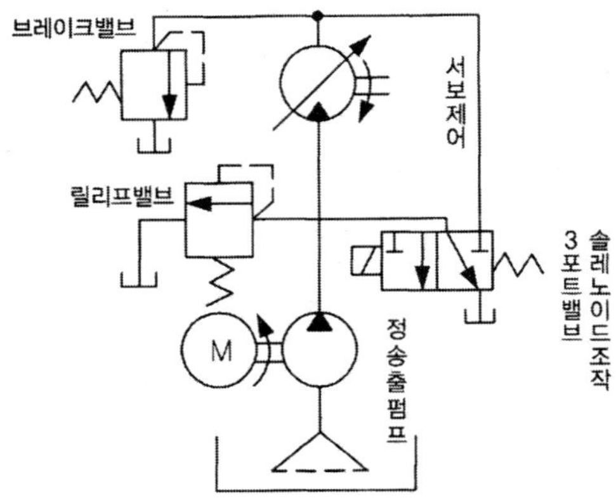

[그림 5-25] 정 출력 구동회로

제2절 유압 실용 회로

01 유압 응용장치

가. 힘을 증대하는 기계

압력은 오일을 사용하여 발생시키는 유압장치로 파스칼의 원리를 이용하는 경우가 많다. 가장 간단한 예를 유압잭으로 나타내었다.(그림 5-26 참조)

유압잭은 자체의 무게는 경량이면서 그 중량의 수배에서 수십 배까지 무게를 들어 올릴 수 있다. 유압잭의 원리는 지레의 원리와 같이 비교될 수 있는데 그림의 지레를 보면 10kgf의 힘으로 100kgf의 무게를 들어올리기 위해서는 OA의 길이가 OB의 10배가 되면 된다. 이것을 유압에 적용시키면 큰 힘을 내기 위하여 실린더 내의 양쪽 피스톤 면적비를 크게 하면 된다.

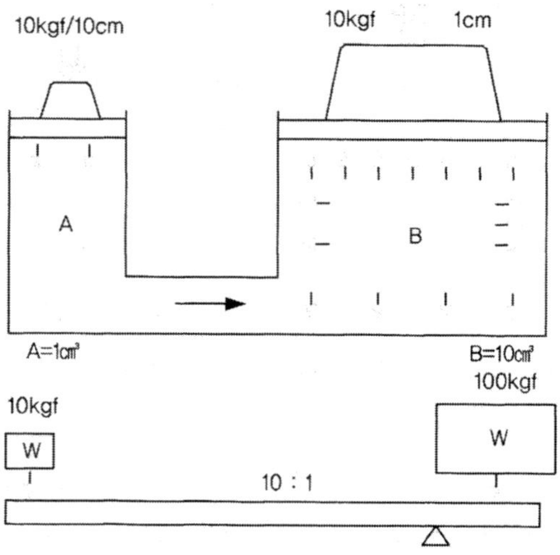

[그림 5-26] 힘의 증대를 이용한 기계

나. 오일의 순응성을 이용한 기계

일반적인 기계는 강성 기구로 되어 있으나, 유압기구는 이에 비하여 많은 융통성을 가지고 있다. 기계적인 기구에서는 힘의 크기가 증가할 때 기구가 파괴될 때까지 힘이 작용하므로 고장의 우려가 있으나 유압은 무단 변속 등의 특성으로 조절이 용이하여(감압 밸브 등의 사용) 사고에 대한 미연 방지와 장해에 대한 순응성을 갖게 할 수 있다.

이와 같은 성질을 프레스 등에 이용하면 일정 압력 이상이 되지 않으며, 행정의 조절 등이 기계적 프레스에 비해 매우 효과적으로 이용된다.

다. 오일의 점성을 이용한 기계

오일의 점성을 이용하여 진동을 흡수하거나 충격을 완화시킬 수 있는데 진동 흡수 댐퍼 또는 쇼크 업소버(shock absorber) 등을 예로 들 수 있다.

라. 오일의 유속을 이용한 기계

오일의 유속을 이용한 기계에는 커플링(coupling)이나 토크 컨버터(torque converter) 등이 있고, 이 밖에 오일의 팽창, 수축을 이용한 압력계, 온도계, 진동 개폐 밸브 등도 있다.

02 실제 회로

가. 다축 보링 머신

드릴, 탭, 리머 등에 의한 구멍 뚫기 작업을 실시하는 기계이므로, 보링 머신의 유압화는 일반적으로 스핀들의 이송이 목적이다. 그러나 다축 보링 머신(multi-boring machine)이 되면 전용기의 특성을 갖는다. 이 회로 예에서는 가공물의 클램프나 인덱스도 유압에 따라서 자동화하고 있다.

유압화의 문제점은 스핀들의 급속 이송과 지체 이송(절삭 이송)의 전환을 확실히 하여 절삭물이 되도록 가공물에 가깝게까지 신속히 접근되는 것과 관통 구멍을 절삭하는 경우, 빗나감으로써 절삭물이 급진하는 것을 막을 수가 있다.

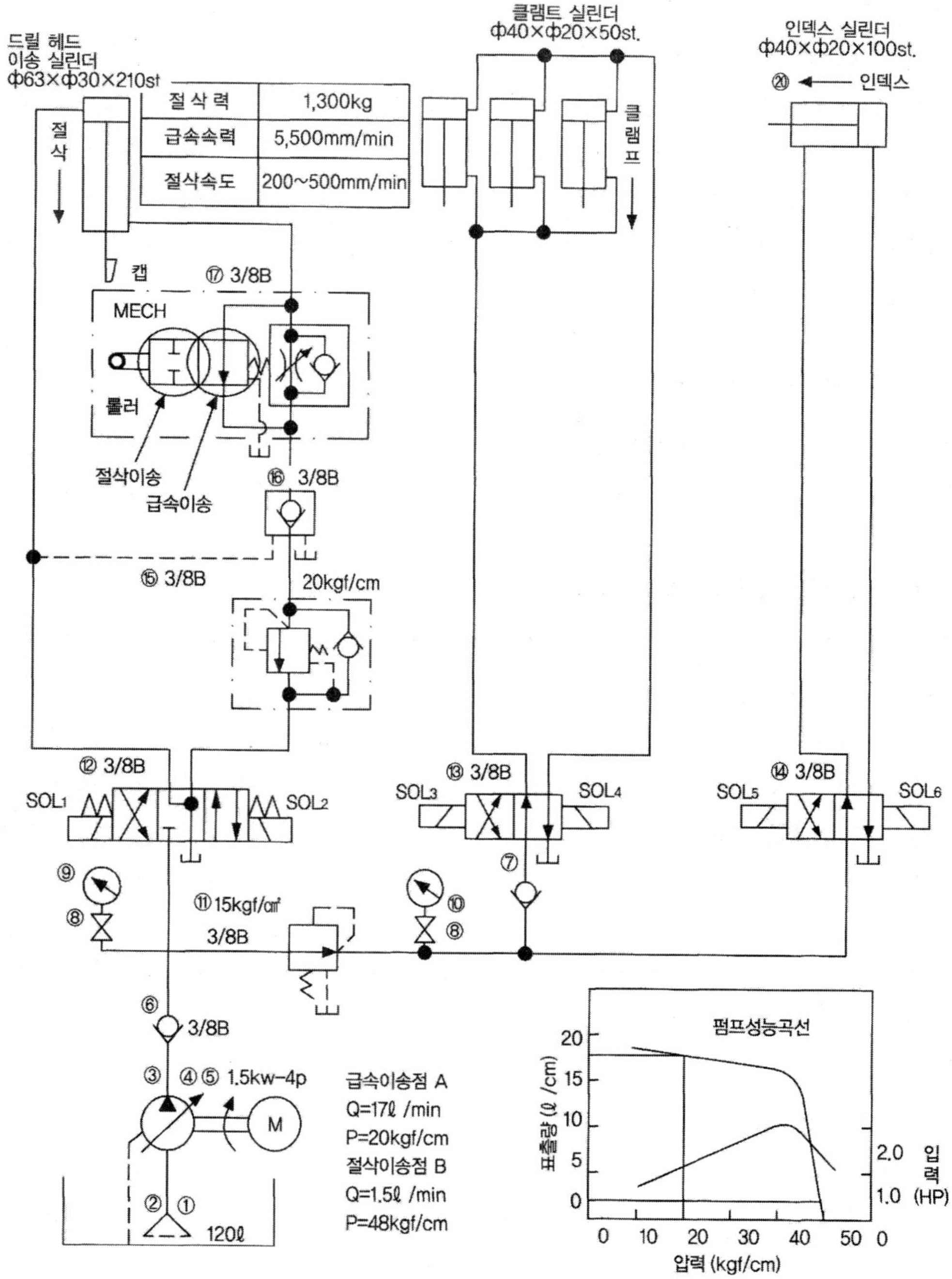

[그림 5-27] 다축 보링 머신

(1) 가공 시간 단축

시간 단축의 목적으로 절삭물이 되도록 가공물에 접근할 때까지 급속 이송을 시키고서 절삭 이송으로 바꾼다. 그 전환은 솔레노이드 밸브와 유량 조절 밸브를 조합시킨 솔레노이드 방식과 디셀러레이션 밸브와 유량 조절 밸브를 조합시킨 기계적 방식이 있으나 여기서는 후자를 택하기로 한다. 이유는 솔레노이드 방식을 타이머, 릴레이, 리밋 스위치 등을 조합하여 목적에 알맞은 제어 회로를 구성할 수가 있는 반면에 정전이나 전기 주위의 고장에 따라 문제가 발생할 우려가 있어 회로구성에서는 불리한 반면 기계적 방식이면 고장이 적고, 전환시 쇼크 방지가 용이하며 제어위치가 정확하므로, 워크에 절삭물을 가까이 접근시킬 수가 있기 때문이다. 보링 머신의 제어 회로는 복잡하지는 않으므로, 기계적 방식 밸브를 사용하는데 따라서 안전하며 높은 작업성을 얻고 있는 셈이다.

(2) 부하가 감소할 때 급진 방지

관통 구멍의 경우에는 관통시에 부하가 급히 감소하므로 스핀들이 급진해 버린다. 방지하기 위해서는 수직, 수평 실린더를 막론하고 유량 조절 밸브를 미터 아웃 회로로 설치하여야 한다.

(3) 가변 토출량 펌프의 선택 이유

만약, 여기서 정토출량 펌프를 사용한다고 하면[그림 5-28]의 경우, 토출량으로서는 실린더 급속이송시의 유량이 또 압력으로서는 절삭시 시추력이 필요하며 그것들을 각각 최대 값으로 동시에 구동시키는 것이 된다. 더구나, 필요가 없을 때에도 그대로 구동시키는 것으로 불필요한 힘이 소비된다. 그것을 피하는 하나의 방법으로써 [그림 5-29]와 같이 2개의 정토출량 펌프를 사용하여 절삭시에는 PF1(고압 소용량), 급속이송시에는 PF2(저압 대용량)으로 각각 분류 사용하면 소비시키는 것을 피한다. 그러나 구성기기가 많아지므로, 설비비가 높아지는 것을 피할 수 없다.

이러한 이유로 여기서는 가변 토출량 펌프를 사용하였다. 따라서 토출량을 자동적으로 조정시켜 주므로 펌프도 소형화 할 수 있다.

(4) 미소 유량의 제어

정밀 보링 머신 등 일부의 예외는 별도로 하고 일반의 보링 머신에서는 특히 고정도의 미속 이송이 요구되는 일은 없으므로, 온도 보상형의 유량 조정 밸브에 의한 속도 제어 방식으로 충분하다. 이 방식에 의해 얻어지는 경우에는 미터링 밸브 방식을 사용하며 점핑(jumping)현상도 일어나지 않으며, 50cc/min 전후의 안정된 최소 제어유량이 얻어진다.

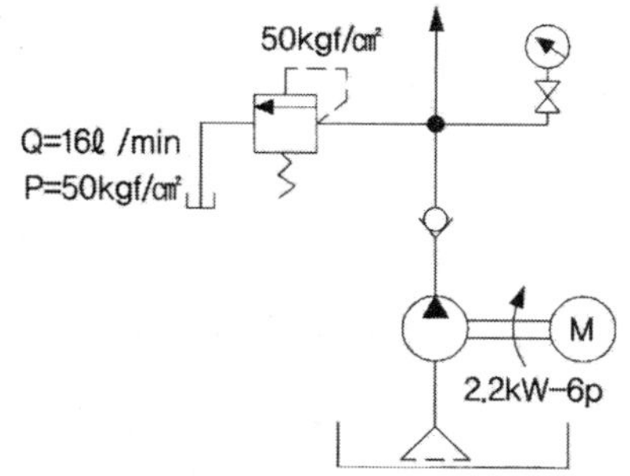

[그림 5-28] 정 토출량 펌프(1개 사용)

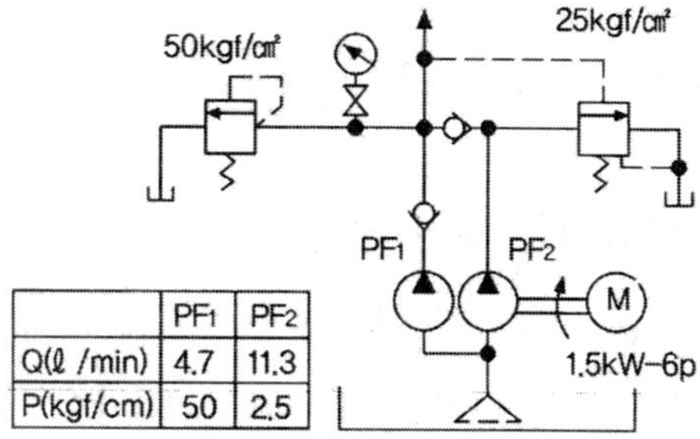

	PF1	PF2
Q(ℓ /min)	4.7	11.3
P(kgf/cm)	50	2.5

[그림 5-29] 정 토출량 펌프(2개 사용)

나. 플레이너

플레이너는 대형 가공물의 수평면, 경사면, 홈 등을 수평 절삭하는 셈으로 그 자체가 무거운 테이블에 다시 무거운 가공물을 올려놓고 작동시키기 때문에 대출력이 필요하며 전환점에서 쇼크를 방지할 것, 가공물이나 절삭의 조건에 따라 이송속도를 변경할 것, 광범위하게 무단 변속할 것 등의 조건이 요구된다.

회로에는 특수한 5포트 변환 밸브를 레버로 조작하여 고속·저속의 변환을 실시하여 절삭물 올리기와 절삭물의 스텝 이송을 로터리 밸브로 연동시키고 있다.

(1) 무거운 테이블에 고속 절삭 이송

가공물의 중량을 합하면 대단히 무거운 테이블을 고속으로 절삭 이송하는 때도 있으므로, 고압 대용량의 정토출량 펌프를 사용하여 블리드오프 회로를 짜서 회로압의 무리한 상승을 피하고 있다.

(2) 전환점에서 쇼크 발생

테이블 이송의 전환점에서 쇼크를 완화하는 데는 유압 제어 또는 유량 제어 조정의 두 가지 방식이 있으나 여기서는 유량 조정 방식을 채택하여 2단 타리이모션(tarry motion) 전환 밸브를 사용하는 등 쇼크 완화에는 특히 충분한 대책을 취하고 있다.

(3) 저속·고속 범위 분류

고속 범위로는 최소한의 실린더 유효면적(수압면적)으로 펌프 토출량을 최대한으로 이용하기 때문에 자동 회로를 구성하지만 3방 5포트의 특수한 전환 밸브를 사용하고 있으므로 고속 범위와 저속 범위로는 레버 하나로 용이하게 전환할 수가 있다. 더욱이 고속 구동에서는 실린더의 실래킹의 선정 그랜드부의 윤활에도 주의를 기울일 필요가 있다.

(4) 광범위한 무단 변속

무거운 가공물의 절삭이나 거친 절삭 등 중절삭의 경우, 저속범위는 회로 예에 의하면 5 ~ 40m/min, 마무리 절삭 등의 경절삭에서는 10 ~ 75m/min와 변속 범위는 각각 광범위하다. 어느 것이나 유량 조정 밸브의 다이얼로 용이하게 무단 변속이 된다. 그러나 평삭 작업과 밀링 작업 또는 연삭 작업을 복합적으로 기계가 구성되면 0.1 ~ 100m/min와 같이 가일층 광범위한 속도 제어가 요구되는 수가 있으므로 대용량의 유량 조정 밸브를 사용하여 블리드오프로 토출하는 방법이라도 미소유량의 조정이 불가능하게 된다. 이와 같은 경우는 소용량의 유량 조정 밸브를 미터 인(또는 미터 아웃) 방식에 따라 정확한 속도 제어를 실시할 수가 있다.

[참고 1] 유온 관리

정토출량 펌프를 사용할 경우 저속시에 대용량의 기름이 릴리프 밸브로부터 복귀되므로 열이 발생한다. 따라서 그 대책으로 쿨러를 사용할 필요가 있다.

[참고 2] 쇼크 완화 방식

(1) 정토출량 펌프를 사용할 경우

① 압력 제어 방식

② 릴리프 밸브의 압력을 쇼크리스(shock less) 밸브 등으로 서서히 올리든지, 내리든지 한다.

③ 주 회로압을 내리고 싶지 않을 때에는 배압을 서서히 올리는 방법이 있다.

(2) 유량 조정 방식

① 교축 밸브에 따라 파일럿 유량을 교축한다.

② 파일럿을 기계식 밸브에 의해 조작한다.

③ 고속 전환의 경우는 2단 타리이모션 붙이 변환 밸브를 사용한다.

④ 교축 밸브를 조정하기 위해 감압 밸브를 사용한다.

※ 플레이너의 회로에서는 ①②③, 평면연삭에서는 ④의 방식이 각각 채택되고 있다.

(3) 가변 토출량 펌프를 사용

폐 회로를 구성하여 전환시에 자연스럽게 유량 변화를 시킬 수가 있다. 그러나 이 방법은 가격이 비싸므로, 플레이너가 대형의 경우에 채택된다.

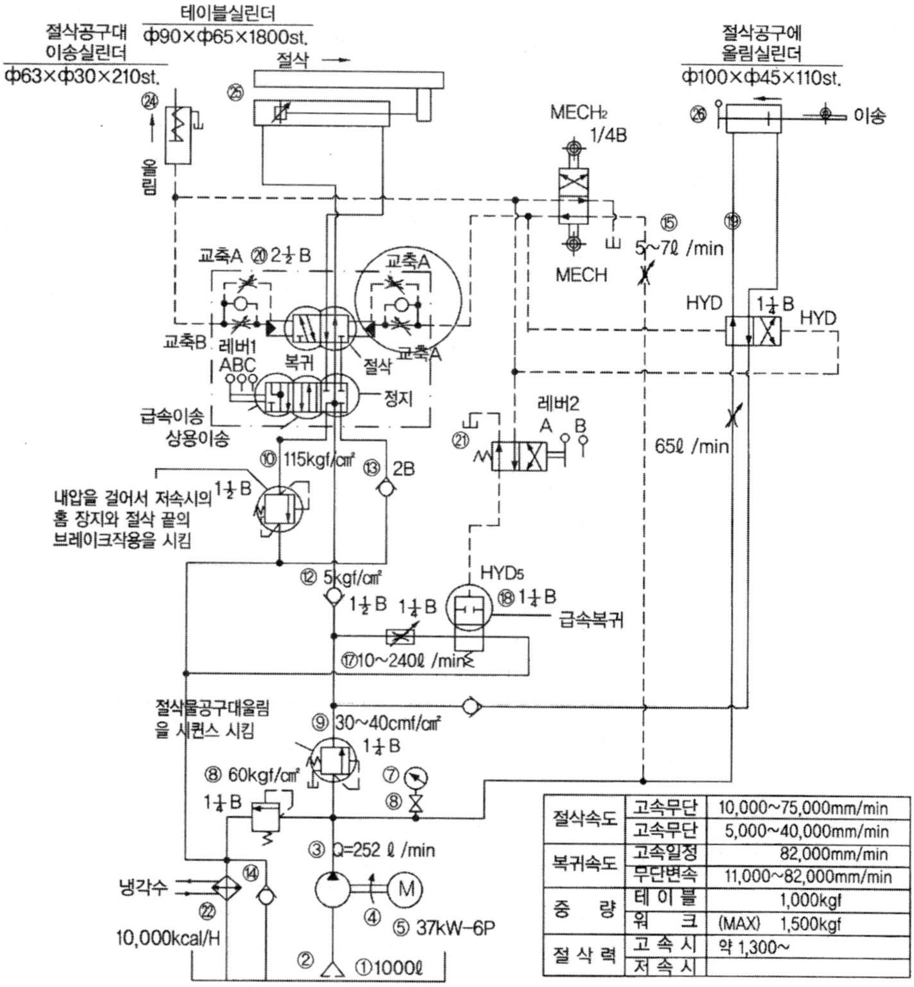

절삭속도	고속무단	10,000~75,000mm/min
	고속무단	5,000~40,000mm/min
복귀속도	고속일정	82,000mm/min
	무단변속	11,000~82,000mm/min
중 량	테 이 블	1,000kgf
	워 크	(MAX) 1,500kgf
절 삭 력	고 속 시	약 1,300~
	저 속 시	

[그림 5-30] 플레이너 회로

다. 180톤 프레스

판금 프레스는 펀치(상형)와 다이(하형)의 형상을 변경하면 형압(型押), 전단, 펀칭과 넓은 응용 범위를 가진 프레스이다.

유압화의 목적은 램의 상하 운동이지만 프레싱(pressing)까지는 급속하강을 시키는 것, 전동기·출력을 유효하게 이용하기 위한 펌프 언로드, 가압 후 램의 복귀 과정에 일어나는 쇼크를 제거하기 위해서 압력빼기 등이 포인트가 된다.

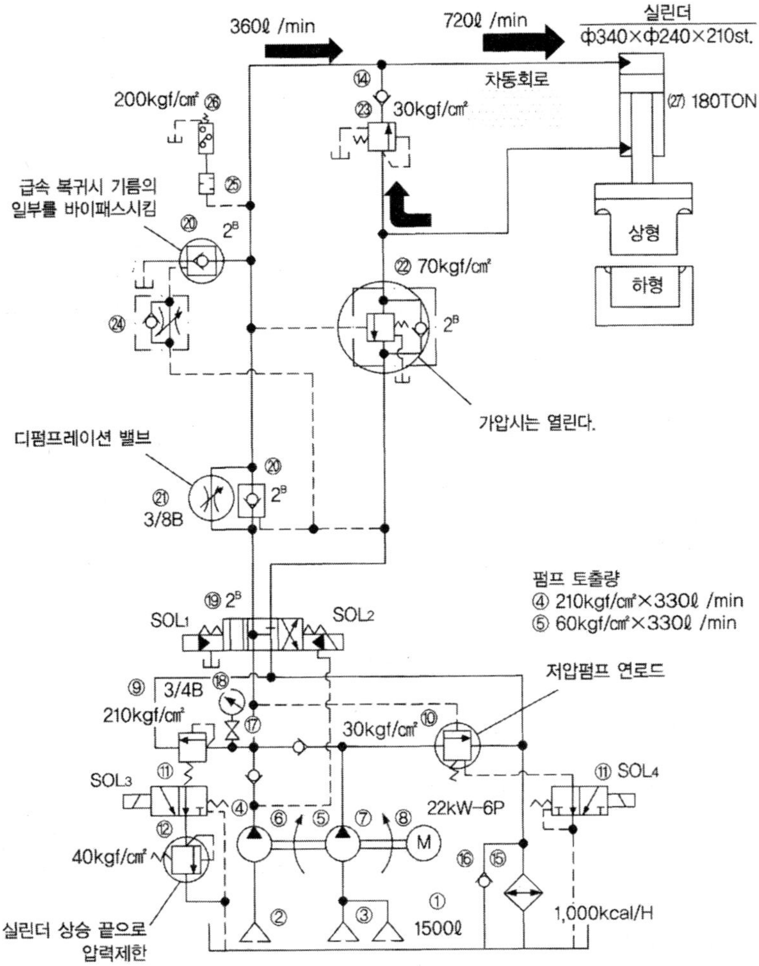

[그림 5-31] 180톤 프레스

(1) 무부하시 빠른 작동

램(ram)의 급속하강이 필요하다. 램의 중량이 크면 자중하강으로 할 수 있으나, 중량이 작을 때에는 ① 자동 회로에 의하는 방식, ② 저압 대용량 펌프에 의하는 방식, ③ 키커(kicker) 실린더에 의하는 방식 등을 이용하고 있다.

이 회로 예로는 ①, ②의 방식을 병용하여 급속 하강시키고 있다.

(2) 전동기의 효율

고압 라인에서의 파일럿 압력에 따라 무부하 작동시켜 대용량 펌프를 무부하 시키는 셈이지만 직동형 밸브를 사용하는 경우에는 그 압력 오버라이드가 크므로 전동기의 부담이 크며, 오버로드가 되어 문제를 일으키기가 쉽다. 그 대책으로는 다음과 같다.

(가) 밸런스형의 언로드 밸브를 사용

이 회로에서 사용한 방법이다. 단, 파일럿 압이 커지게 되므로 고압 펌프의 용량에는 충분한 배려가 필요하다.

일례로서 $1\frac{1}{4}$ 크기의 밸브로 세트 압력을 90kg/cm^{2}로 하였을 경우의 각 파일럿 압 때의 필요 유량을 표시한 것이 〈표 5-1〉이다.

〈표 5-1〉 밸런스형 언로드 밸브의 압력과 유량

파일럿 압력	유 량
100(kgf/cm^2)	1(l/min)
150(kgf/cm^2)	3(l/min)
200(kgf/cm^2)	5(l/min)
250(kgf/cm^2)	6(l/min)

(나) 릴리프 밸브를 사용

언로드 밸브 가까이에 압력 오버 로드의 작은 릴리프 밸브를 세트하여 저압 회로의 최고압을 규제하도록 한다. 더욱이 전동기 용량 그것에 대하여는 프레스의 펌프가 고압 대용량이므로, 피크시에 극히 커다란 출력이 필요한 한편, 프레스 사이클은 무부하 공정과 아이들 타임이 적지 않다. 따라서 소요 출력은 2승 평균법에 의해 결정하면 효과적인 전동기의 선정이 된다.

(3) 실린더 복귀 시 큰 쇼크가 발생

가압에 의한 기름의 압축(압력 1kgf/cm^{3}에 대하여, 1 ~ 2만분의 1비율) 실린더나 배관의 내압에 의한 팽창, 기계의 신장 등의 형태로 에너지가 축적되므로 가압공정에서 복귀과정으로 옮길 때 큰 쇼크가 발생한다. 그래서 이 에너지를 일시에 개방하지 않고 서서히 방출하도록, 압 빼기(decompression)가 필요하며, 100톤 이상의 프레스에서는 이 압 빼기를 잊어서는 안 된다.

압 빼기 때문에 회로의 구성이 필요하며 어떠한 방법을 선택하는가는 유닛 전체의 회로 구성에 따라 정하며 밸브의 용량은 압 빼기 시간의 길이를 얼마나 하는가에 따라서 정한다. 이 시간을 정하는데는 여러 가지 조건에 따라 다르나, 보통 0.5 ~ 7sec로 생각하면 좋을 것이다. 이 회로에서는 교축 밸브를 압 빼기 작용을 시키고 있다.

익힘 문제

01 유압 회로 구성에 사용되는 밸브의 종류 3가지를 쓰시오.

02 적은 양의 오일을 이용하여 급속 이송의 효과를 얻는데 사용하는 회로는?

03 무부하 회로 사용의 장점 3가지를 쓰시오.

04 유압 회로 중에 증압기를 설치하는 이유는 무엇인가?

05 유압 실린더의 속도 제어방식 중 실린더에서 배출되는 유량을 제어하는 방법은?

06 유압 실린더의 속도 제어방식 중 실린더로 공급되는 유량을 제어하는 방법은?

07 지름이 크고 행정이 짧은 실린더를 단시간에 작동시킬 때 사용되는 어큐뮬레이터를 사용하는 회로의 명칭은?

08 고정회로에서 정지위치를 유지하기 위해 사용하는 밸브는?

09 동조회로를 구성하는데 방해되는 요소 3가지를 쓰시오.

10 유압 브레이크 회로에서 유압모터를 정지하려고 오일 공급을 중단했을 때 유압 모터에 나타나는 현상은?

11 차동회로를 설치했을 때 피스톤의 전진 속도는?

12 피스톤의 감속회로를 많이 사용하는 기계는 어떤 것이 있는가?

13 실린더와 병렬로 유량제어 밸브를 설치하고 공급되는 오일을 제어하는 유압회로의 명칭은?

14 유압 장치에서 조작 사이클의 일부에 짧은 행정 또는 순간적으로 고압을 필요로 할 때 사용되는 회로는?

15 용적형 펌프의 안전장치용으로 과부하 방지에 꼭 필요한 회로는?

16 두 개 이상의 실린더나 모터를 동일 속도 또는 같은 위치로 제어하려할 때 사용되는 회로는?

17 유보충 밸브를 이용하여 실린더의 피스톤 또는 램을 급속 이송시키는 회로는?

18 연삭기 테이블의 이송장치에 많이 이용되는 회로는?

19 입력되는 복수 조건 중에서 어느 한 개라도 입력 조건이 충족되면 출력이 되는 회로는?

20 2개 이상의 조작 방식 중에서 어느 하나에 의해 조작하는 방식은?

21 드레인 유로를 기기 내부에 있는 귀환 유로에 접속시켜 드레인이 귀환 유체에 합류되는 방식은?

22 파일럿 조작용 유체를 조작하는 기기의 내부로부터 공급하는 방식은?

익힘 문제 해답

제1장 공유압 개론

01. 절대 압력
02. 길이
03. 차원
04. 질량 = M, 길이 = L, 시간 = T
05. 1[N]
06. 1[dyne]
07. 밀도
08. 비중량
09. 비체적
10. 1.0336[kgf/cm^2], 1013 [hPa]
11. 진공
12. 점성계수
13. 동점성계수
14. 스토크, 센티스토크
15. P=F/A
16. $Q = A_1 V_1 = A_2 V_2$
17. $Z_1 + \frac{v_1^2}{2g} + \frac{P_1}{\gamma} = Z_2 + \frac{v_2^2}{2g} + \frac{P_2}{\gamma}$
18. cc/s, l/min, m^3/s
19. 102 [kgf/cm^2], 735 [W]
20. 735 [W]

제2장 공기압 기기

01. 가. 압축공기의 에너지를 쉽게 얻을 수 있다.
    나. 동력 전달 방법이 간단하고 용이하다.
    다. 힘의 증폭 및 속도 조절이 용이하다.
    라. 인화의 위험이 없다.
    마. 에너지 축적이 용이하다.
02. 가. 작은 장치로 큰 힘을 얻을 수 있다.
    나. 무단 변속이 가능하다.
    다. 일의 방향을 쉽게 변화 시킬 수 있다.
    라. 전기 신호와 결합하여 자동 제어가 가능하다.
    마. 마찰 손실이 적고 효율이 좋다.
03. 전동기, 엔진
04. 필터, 배수기, 건조기, 애프터 쿨러
05. 압력 제어 밸브, 유량제어 밸브, 방향제어 밸브
06. 공기압 실린더, 공기압 모터
07. 오일 탱크, 펌프
08. 압력 제어 밸브, 유량제어 밸브, 방향제어 밸브
09. 유압 실린더, 유압 모터
10. 토출공기 압력 1 [kgf/cm^2] 이상인 기계
11. 토출공기 압력 1 [kgf/cm^2] 미만인 기계
12. 토출공기 압력 0.1 [kgf/cm^2] 미만인 기계
13. 가. 고속회전이 가능하다.
    나. 진동이 적다.
    다. 토출압의 맥동이 적다.
14. 가. 압축기의 능력과 탱크의 용량을 고려한다.
    나. 흡입필터를 청결히 한다.
    다. 설치장소를 충분히 고려한다.
15. 나사이음, 플랜지 이음, 플레어 이음
16. 이슬점 온도를 낮추는 원리 이용
17. 실리카겔, 활성 알루미나
18. 공기중의 이물질 제거, 수분 제거
19. 원심력을 이용한 분리, 충돌 판에 부딪히게 하여 분리, 흡습제 사용 분리, 냉각하여 분리
20. 가. 공기 압력의 맥동을 평준화 한다.
    나. 급격한 압력 강하를 방지한다.

다. 응축수를 분리한다.

21. 수증기 분압 / 포화 수증기 분압
22. 가. 261.8 [g/min]
    나. 19.91 [g]
    다. 5.34 [g/m^3]
23. 70 ~ 40 [μm]
24. 40 ~ 10 [μm]
25. 10 ~ 5 [μm]
26. 부록1 참조 [KS B 0054]
27. 플로트식, 파일럿식, 전동기 구동식
28. 고정 벤츄리식, 가변 벤츄리식, 윤활유 입자 선별식
29. 터빈 오일 1종(무첨가), 터빈 오일 2종(첨가)
30. 공기 압축기에서 생산된 압축공기를 사용 공기압 장치에 적당한 압력으로 감압하여 안정된 공기압을 공급하는 목적으로 사용한다.
31. 무부하 밸브
32. 압력 스위치
33. 압력 시퀀스 밸브
34. P
35. A, B, C
36. X, Y, Z
37. R, S
38. 포트 수 : 기호의 4각형 1개에 연결된 포트의 수
    제어 위치의 수 : 1개 이상의 4각형이 겹쳐 있는 수
39. 인력조작, 파일럿 조작, 기계적 조작, 솔레노이드 조작
40. 포핏 밸브, 스풀 밸브, 슬라이드 밸브
41. 논리턴 밸브이며 한 방향의 흐름은 허용하고 반대편 방향의 흐름은 허용하지 않는 밸브
42. 고압 우선형이므로 500 [hPa]
43. 저압 우선형이므로 300 [hPa]
44. 램 형 실린더
45. 다이어프램 실린더, 벨로우즈 실린더
46. 단동형, 복동형, 차동형
47. 풋형, 플렌지형, 클레비스형, 트러니언형, 회전형
48. 안지름 × 행정거리
49. 다단형 피스톤 로드를 가진 실린더로 긴 행정거리를 얻을 수 있다.

제3장 공기압 회로

01. 부록 1 참조 [KS B 0054]
02. 부록 1 참조 [KS B 0054]
03. 미터아웃 회로
04. 미터 인 제어
05.

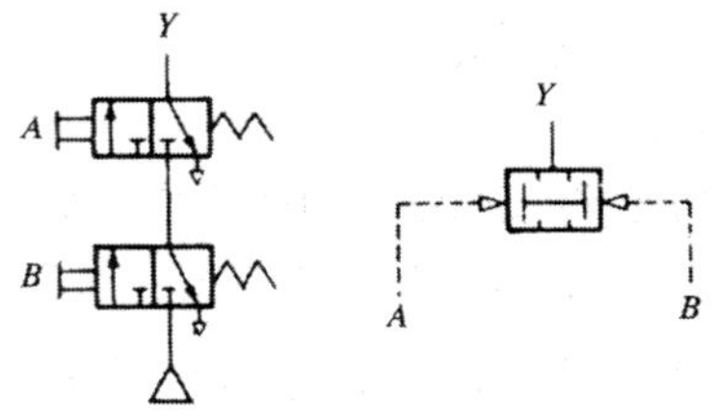

(a) (b)

$A \cdot B = Y$

입력신호		출력
A	B	Y
0	0	0
0	1	0
1	0	0
1	1	1

06.

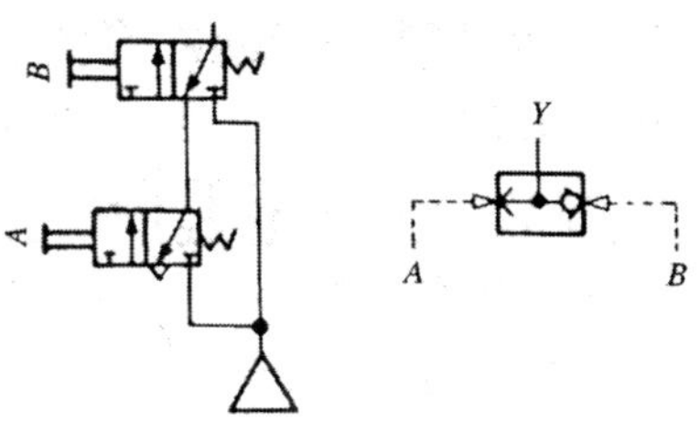

(a) (b)

$A+B=Y$

입 력 신 호		출 력
A	B	Y
0	0	0
0	1	1
1	0	1
1	1	1

07.

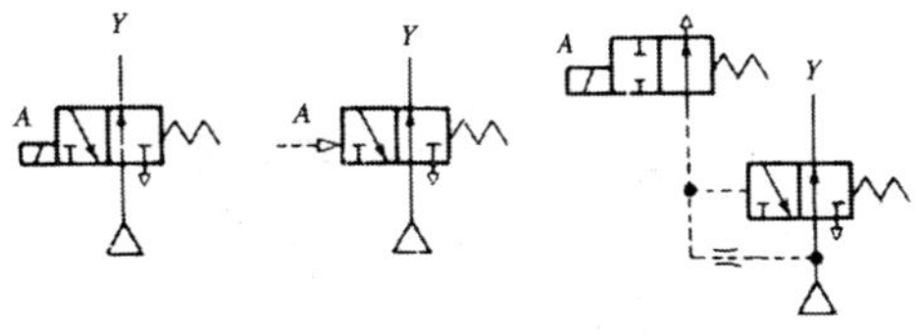

$A=Y$

입력신호	출 력
A	Y
0	1
1	0

08. 가. 기기, 장치, 유로 등의 종류를 기호로 표시할 때 사용하는 기본적인 선, 도형
  나. 기기, 장치의 특성, 작동 등을 기호로 표시할 때 사용하는 기본적인 선, 도형
  다. 제도의 간략화를 시도하기 위하여 기호의 일부를 생략하든가 또는 다른 간단한 기호로 대체시키는 경우에 사용하는 기호
  라. 기기, 장치의 상세한 기능, 형식 등을 명기할 필요가 없는 경우에 사용 하는 대표적인 기호
  마. 기호를 간략화 일반화 시키지 않고, 기능을 상세히 명시하는 경우에 사용하는 기호이다. 보통 간략 기호, 일반기호에 대비하여 사용한다.
  바. 2개 이상의 조작 방식 중 어느 하나에 의하여 조작하는 방식
  사. 2개 이상의 조작 방식을 사용하여 조작하는 방식
  아. 파일럿 조작용 유체를 조작하는 기기의 내부로부터 공급하는 방식
  자. 파일럿 조작용 유체를 조작하는 기기의 외부로부터 공급하는 방식
09. 주관로, 파일럿 공급관로, 전기 신호선
10. 파일럿 조작 관로, 드레인 관로, 필터, 밸브의 과도 위치
11. 포위선
12. 에너지 변환기기
13. 계측기, 회전이음
14. 체크 밸브, 링크, 롤러
15. 실린더, 밸브, 피스톤, 특정의 조작 방법

제4장 유압 기기

01. 압력, 토출량
02. [cc/rev]
03. 서로 같은 방향이다.
04. 캐비테이션
05. 피스톤 펌프
06. 인벌류트 치형
07. 2단 베인 펌프
08. 2.45 [kW]
09. 88.7 %
10. 80.5 %
11. 6개
12. 용적 효율
13. 기어 펌프
14. 2연 베인 펌프
15. 300 [l /min]
16. 베인, 캠링, 로터, 부시
17. 로터의 회전 중심 변화, 캠링의 이동
18. 2개의 펌프 카트리지, 릴리프 밸브, 무부하 밸브, 체크 밸브를 본체 속에 넣고 구동축으로 작동한다.
19. 기포

20. 사축식 피스톤 펌프
21. 피스톤 펌프
22. 토출 유량이 적고 압력이 상승하지 않는다.
23. 소음과 진동이 심하다.
24. 감압 밸브
25. 1:1 - 9:1
26. 유체 퓨즈
27. 실린더 내의 힘이나 토크를 제한하여 과부하를 방지한다.
28. 채터링 현상
29. 파일럿조작 체크밸브
30. 니들 밸브
31. 유량분류 밸브
32. 채터링 현상
33. 압력 시퀀스 밸브
34. 포트
35. 압력보상형 유량제어 밸브
36. 유량분류 밸브
37. 원격 조작
38. 서지 밸브의 역할
39. 압력 스위치
40. 무단 변속이 용이하다.
41. 속도가 약간 느리고 큰 힘을 전달한다.
42. 2배 이상
43. VI 90 - 120 정도
44. 귀환 관로의 저항이 작은 위치
45. 버플, 스트레이너, 공급 및 귀환 파이프
46. 직물 브레이드 호스
47. 레드우드 점도계, 세이볼트 점도계, 앵글러 점도계
48. 점도 지수(VI)

제5장 유압 회로

01. 압력 제어 밸브, 방향제어 밸브, 유량제어 밸브
02. 차동 회로
03. 장치의 가열 방지, 유온 상승 억제, 펌프 수명 연장
04. 저압 대용량의 펌프를 고압 소용량으로 사용하기 위함이다.
05. 미터 아웃 제어
06. 미터 인 제어
07. 급속 작동 회로
08. 파일럿조작 체크 밸브
09. 실린더의 안지름 차이, 마찰의 차이, 내부 누설의 차이
10. 관성과 부하의 영향으로 잠시 공회전 한다.
11. 빨라진다.
12. 공작 기계
13. 블리드오프 회로
14. Hi - Lo 회로
15. 압력설정 회로
16. 동기회로
17. 급속이송 회로
18. 미터 인 회로
19. OR 회로
20. 선택 조작
21. 내부 드레인
22. 내부 파일럿

공유압일반

3판 1쇄 2023년 1월 5일

저 자 이상호
발행인 송광헌
발행처 복두출판사
주 소 서울특별시 영등포구 경인로82길 3-4
센터플러스 807호 (우) 07371
전 화 02-2164-2580
FAX 02-2164-2584
등 록 1993. 11. 22. 제 10-902 호

정가 : 27,000원

ISBN : 979-11-6675-210-0 93550

한국과학기술출판협회 회원사

* 본 도서의 자료 업데이트가 있을 경우 본사 홈페이지 자료실에 업로드 됩니다. 정기적으로 들러서 유익한 자료를 받아가시기 바랍니다.